大学入試

坂田アキラの
物理基礎・物理
[力学・熱力学編]
の解法が面白いほどわかる本

坂田　アキラ
Akira Sakata

ドカン!! と 〈天下無敵〉 の 〈新しい〉参考書日本上陸!!

Why? なぜ 無敵なのか…?
そりゃあ，見りゃわかるっしょ!!

理由その☝ 死角のない問題が**ぎっしり**♥
〈1問やれば効果10倍！ いや20倍!!〉

つまり，つまずくことなく**バリバリ進める**!!

理由その✌ 前代未聞！ 他に類を見ない**ダイナミック**な解説！
〈詳しい… 詳しすぎる… これぞ完璧なり♥♥〉

つまり，**実力**&**テクニック**&**スピード**がつきまくり！
そしてデキまくり!!

理由その✌+☝ かゆ〜いところに手が届く**用語説明**&**補足説明満載**！
〈届きすぎる！〉

つまり，「なるほど」の連続! 覚えやすい!! 感激の嵐!!!

てなワケで，本書は，すべてにわたって**最強**であ――る！

本書を**有効に活用**するためにひと言♥

本書自体，**天下最強**であるため，よほど下手な使い方をしない限り，
絶大な効果を諸君にもたらすことは言うまでもない！

しか――し，最高の効果を心地よく得るために…

ヒケツその☝ まず比較的**キソ的**なものから固めていってください！

レベルで言うなら，`キソのキソ` 〜 `キソ` 程度のものを，スラスラで

きるようになるまで，くり返し，くり返し**実際に手を動かして**演習してくださいませ♥　同じ問題でよい

ヒケツその✌　キソを固めてしまったら，ちょっと**レベルを上げて**みましょう！

　そうです，標準に手をつけるときがきたワケだ!!　このレベルでは，**さまざまなテクニック**が散りばめられております♥　そのあたりを，しっかり，着実に吸収しまくってください！

　もちろん!!　**くり返し，くり返し，**同じ問題でいいから，スラスラできるまで**実際に手を動かして**演習しまくってくださーい♥♥

　これで一般的な「力学・熱力学」の知識はちゃーんと身につきます。

ヒケツその✌　さてさて，**ハイレベルを目指すアナタ**は…　ちょいムズ & モロ難 から逃れることはできません!!

　でもでも，キソのキソ 〜 標準 までをしっかり習得しているワケですから**無理なく進める**はずです。そう，解説が詳しーく書いてありますからネ♥　これも，くり返しの演習で，『物理基礎・物理の超完璧受験生』に変身してくださいませませ♥♥

　いろいろ言いたいコトを言いましたが本書を活用してくださる諸君の♥**幸運**♥を願わないワケにはいきません！

　あっ．言い忘れた…。本書を買わないヤツは **負け組決定** だ!!

さすらいの風来坊講師
坂田アキラ より

も・く・じ

はじめに		2
この本の特長と使い方		6
掟でござる!!		8

第1章 力と運動

Theme 1	運動の表し方	10
Theme 2	ベクトルについて説明しておこう!!	20
Theme 3	速度の合成＆分解	23
Theme 4	加速度と等加速度直線運動	34
Theme 5	等加速度直線運動と3つの公式	39
Theme 6	鉛直方向の運動	48
Theme 7	放物運動	57
Theme 8	力 ― Force!! ―	68
Theme 9	力のつり合い	75
Theme10	重力 ― Gravity ―	81
Theme11	ばねの弾性力とフックの法則	83
Theme12	摩擦力には2種類ある!!	106
Theme13	運動の法則	119
Theme14	複数の物体がからむ運動方程式	129
Theme15	もう少し突っ込んで運動方程式	155
Theme16	圧力があるから浮力が生じる!!	170
Theme17	仕事だぜ!!	177
Theme18	エネルギーって何だ??	188
Theme19	力学的エネルギー保存の法則	200
Theme20	運動量と力積	207
Theme21	運動量保存の法則	216
Theme22	はねかえり係数	228

Theme23	慣性力	241
Theme24	等速円運動	246
Theme25	鉛直面内の円運動	258
Theme26	単振動	273
Theme27	単振り子	301
Theme28	万有引力の法則	306
Theme29	剛体のつり合い	321

第2章　熱力学

Theme30	熱と温度	335
Theme31	化学っぽい話がチラホラ	342
Theme32	熱と仕事	347
Theme33	分子運動と圧力	362
Theme34	さらに突っ込んだ熱力学	378

問題一覧表　390

この本の特長と使い方

「物理」入試によく出るテーマを完全網羅。少し厚いけど、楽しく読めるからすぐ終わる！

ときどき出てくるナゾのキャラたち。すべて坂田オリジナル。坂田先生、アナタは天才だ！

これぞ坂田ワールド!! ダイナミックな図満載だから、基礎事項を、目で覚えられる!!

Theme 7 放物運動 57

Theme 7 放物運動

水平方向と鉛直方向に分けて考えればバッチリだよ♥

その1 "水平投射" のお話

水平投射とはズバリ!! 物体を水平に投げることである。ここでポイントは…

鉛直方向 → 自由落下運動 ← 初速度 $0[\text{m/s}]$ の落下運動

鉛直方向には重力がはたらいています。

水平方向 → 等速直線運動

水平方向には何も力がはたらいていません!!

等速直線運動

時刻:0　初速度 v_0

$x = v_0 t$

時刻 t

$v_x = v_0$

$y = \dfrac{1}{2}gt^2$　$v_y = gt$

$v = \sqrt{v_x^2 + v_y^2}$

自由落下運動

この本は，「力学・熱力学」の"教科書的な基礎知識"を押さえながら，"実践的な解法"を楽しく，そして記憶に残るやり方で紹介していく画期的な本です。「数学」「化学」でおなじみの「坂田ワールド」は，「物理」でも健在。これでアナタも，坂田のとりこ！

Theme 7 放物運動

物理は問題をとおして理解しよう!! とにかく演習です。

問題19 標準

水平な地面から斜め上方$30°$の方向に初速度49[m/s]でボールを投げた。重力加速度を9.8[m/s^2]として，次の各問いに答えよ。
(1) 最高点に達するのは何秒後か。
(2) 最高点の高さは何mか。
(3) ボールが地面に落下するのは何秒後か。
(4) ボールを投げた地点から落下点までの水平距離を求めよ。
ただし，$\sqrt{3}=1.7$とする。
(5) 落下点におけるボールの速さ（速度の大きさ）を求めよ。
(6) 落下点におけるボールの速度の向きを次に示す例にならって答えよ。
例 斜め下方$45°$

「物理」入試によく出る問題をガッチリ収録。試験本番は、見たことのある問題だらけになるゾ！

ナイスな導入

とにかくコツは…
水平方向と**鉛直方向**に分けて考えよ!! です。
水平方向はこの世で最も単純な"等速直線運動"であるから，まぁおいといて…

鉛直方向の"鉛直投げ上げ運動"をしっかり復習しておかなければ…

1つの問題に対して，ここまで丁寧な解説があっていいものか……と絶句するほどのわかりやすさ＆おもしろさ！

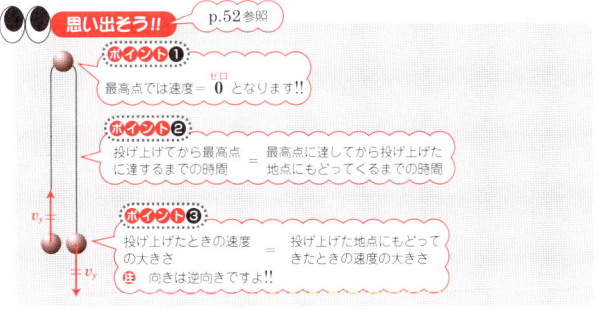

思い出そう!! p.52参照

ポイント❶
最高点では速度＝$\underset{ゼロ}{0}$となります!!

ポイント❷
投げ上げてから最高点に達するまでの時間 ＝ 最高点に達してから投げ上げた地点にもどってくるまでの時間

ポイント❸
投げ上げたときの速度の大きさ ＝ 投げ上げた地点にもどってきたときの速度の大きさ
注 向きは逆向きですよ!!

物理の計算問題を解くにあたっての大切なルールです!!

掟その☝ 問題文の指示に従うべし!!

例えば，解答が $51.2083[g]$ となったとき…

(1) 『整数値で求めよ』と指示があったら…

$$51.2083 ≒ 51[g]$$

ここを四捨五入!!

(2) 『小数第一位までの値で求めよ』と指示があったら…

$$51.2083 ≒ 51.2[g]$$

ここを四捨五入!!

(3) 『有効数字3ケタで求めよ』と指示があったら…

$$51.2083 ≒ 51.2[g]$$

ここを四捨五入!!　3ケタです!!

注 1.203 を有効数字3ケタで表すと…

$$1.203 ≒ 1.20$$

この0が大切!!
3ケタ!! となります!!

ここを四捨五入!!

$\underline{1.2}$ としてしまうと，有効数字が2ケタであることになってしまいます。
2ケタ!!

掟その✌ 問題文に指示がないとき!!

空気をしっかり読んでください!!

(1) 問題文中に

『$1.50[kg]$ の物体が速度 $2.86[m/s]$ で…』
　　3ケタ!!　　　　　　　　3ケタ!!

空気が読めない男はキライよ♥

のような表現がある場合…

問題文に登場する数値がすべて有効数字3ケタであるので，空気を読んで解答も有効数字**3ケタ**にするべし!!

(2) 問題文中に

『3.0[N]の力で7.25[m]動かし，その後2.5[N]の力で…』
　　2ケタ!!　　　3ケタ!!　　　　　　　　2ケタ!!

のような表現がある場合…

問題文に登場する数値の有効数字のケタ数が定まっていませんね…

こんなときは，有効数字のケタ数を少ないほうの**2ケタ**にすることが常識になっています。

掟その 計算がややこしいとき!!

例えば…

$$2.367892 \times 16.57232$$

という計算において，

『有効数字**3ケタ**で求めよ』

と問題文に指示があったら…

最終的な解答をはじき出す道具の役割を果たす数字たちは，1ケタ多い**4ケタ**にして計算します。

この場合…

Theme 1 運動の表し方

似たような用語が登場するから注意しよう!!

その1 "平均の速さ" とは…?

これは説明する必要はないかな…。小学校で習うヤツですよ!!

ポイント!

x[m]の距離をt[s]の時間をかけて移動した場合の**平均の速さ**v[m/s]は…?

$$v = \frac{x}{t}$$

速さ = 距離/時間

ここで…

注1 単位についてですが…。距離は[m]、時間は[s]、そして、速さは[m/s]で表すことがお約束になってます。

メートル　second、つまり秒

メートル毎秒、つまり秒速をメートルで表す!!

注2 なぜ?? わざわざ "**平均の**速さ" というのか…??

　人が歩く場合にせよ、自動車が走行する場合にせよ、速さはたえず変化しているのが普通!! このような変化を一切無視して、単純に物体が移動した距離をそれに要した時間でわって求めた速さを**平均の速さ**と申します。

簡単な話題ですが，とりあえず演習タイムです。

問題1　**キソのキソ**

(1)　1080 km 離れた 2 駅間を 6.0 時間で走行する列車がある。この列車の平均の速さは何[m/s]であるか。

(2)　平均の速さ 72[km/h]（時速 72 km です!!）で走るネコ型ロボットがある。このロボットが 10000 m 走るのに何秒かかるか。

ナイスな導入

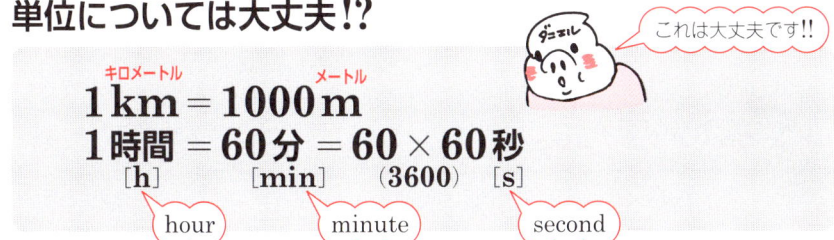

単位については大丈夫!?

1 km（キロメートル） = 1000 m（メートル）

1 時間 [h] = 60 分 [min] = 60 × 60 (3600) 秒 [s]

hour　minute　second

解答でござる

(1)　1080[km] = 1080 × 1000[m]　← 1[km] = 1000[m]

= 1080000[m]　← これが x[m]

6.0[時間] = 6.0 × 60 × 60[s]　← 1[時間] = 60 × 60[s]　sは秒です!!

= 21600[s]　← これが t[s]

この列車の平均の速さは，

$$\frac{1080000}{21600}$$

← $v[\mathrm{m/s}] = \dfrac{x[\mathrm{m}]}{t[\mathrm{s}]}$

= **50**[m/s]　…(答)

← 単位に注目!!　[m]を[s]でわってるから単位も$\left[\dfrac{\mathrm{m}}{\mathrm{s}}\right]$，つまり[m/s]となってます。

(2)

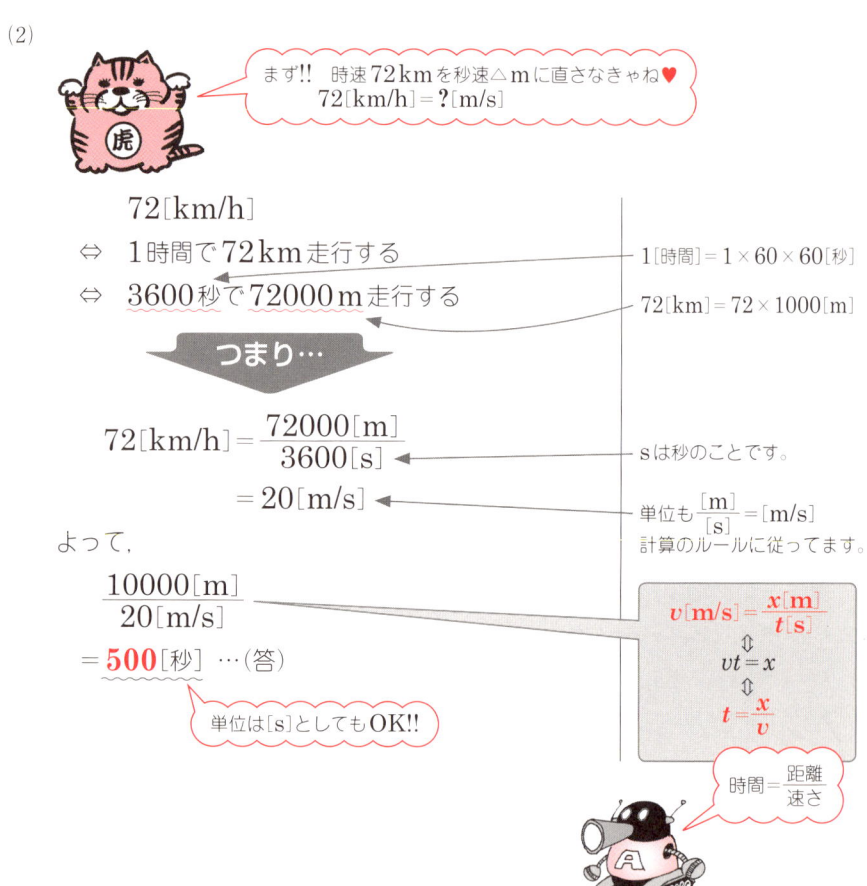

まず!! 時速72kmを秒速△mに直さなきゃね♥
72[km/h] = ?[m/s]

72[km/h]
⇔ 1時間で72km走行する
⇔ 3600秒で72000m走行する

1[時間] = 1×60×60[秒]
72[km] = 72×1000[m]

つまり…

$72[\text{km/h}] = \dfrac{72000[\text{m}]}{3600[\text{s}]}$

$= 20[\text{m/s}]$

sは秒のことです。

単位も $\dfrac{[\text{m}]}{[\text{s}]} = [\text{m/s}]$
計算のルールに従ってます。

よって，

$\dfrac{10000[\text{m}]}{20[\text{m/s}]}$

$= \mathbf{500}[秒]$ …(答)

単位は[s]としてもOK!!

$v[\text{m/s}] = \dfrac{x[\text{m}]}{t[\text{s}]}$
⇕
$vt = x$
⇕
$t = \dfrac{x}{v}$

時間 = 距離/速さ

イメージコーナー

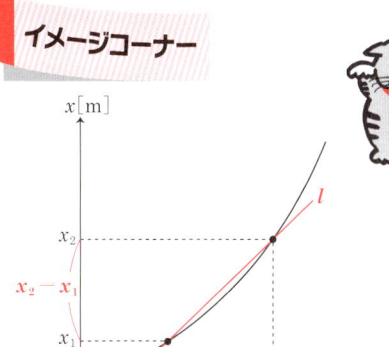

"瞬間の速さ"をイメージしようぜ!!

時刻t_1[s]から時刻t_2[s]までの"平均の速さ"は、時間t_2-t_1[s]に対して、距離x_2-x_1[m]であるから…

$$\frac{x_2-x_1}{t_2-t_1}[\text{m/s}]$$

と表されます。

このとき!! この"平均の速さ"は直線lの傾きになっています。

ここで!! $t_2=t_1+\Delta t$　$x_2=x_1+\Delta x$とおいて、Δtを限りなく0に近づけることをイメージしてください。

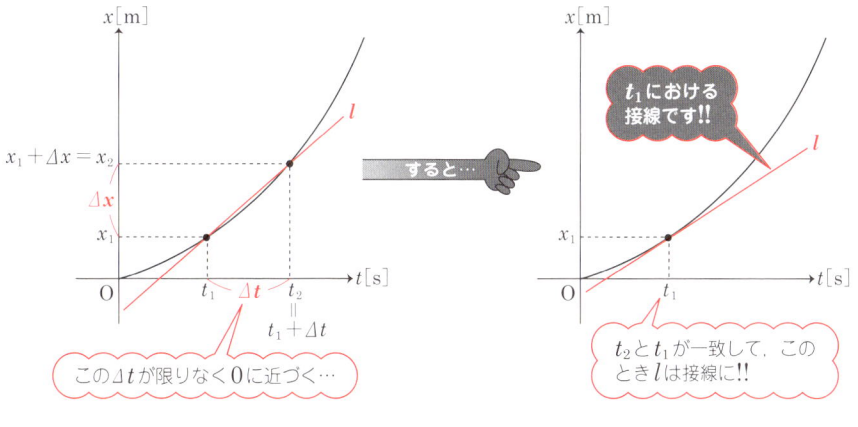

t_1における接線です!!

このΔtが限りなく0に近づく…

t_2とt_1が一致して、このときlは接線に!!

つまり!!

時刻t_1[s]における"瞬間の速さ"は、$t=t_1$における**接線の傾き**で表されるわけです。

数Ⅱの微分をかじったことがある人には無用な説明でしたね…

その2 "瞬間の速さ"とは…?

自動車に乗り，アクセルを踏むと，スピードはどんどん上がり，ブレーキを踏むと，スピードは落ちる。この場合のスピードは"平均の速さ"ではなく，その時間，その時間で変化する速さのことで，これを**瞬間の速さ**と申します。

注 "瞬間の速さ"のことを一般的に"速さ"と呼ぶ!!

ポイント! ぶっちゃけ限りなく0に近いってことです!!

きわめて短い時間 Δt[s] に対して，その間の移動距離を Δx[m] としたとき，瞬間の速さ v[m/s] は…

$$v = \frac{\Delta x}{\Delta t}$$

注 Δt は，きわめて小さくなければいけません!!

うじゃうじゃゴタクを並べてても始まらないので，問題をとおして理解してくれ!!

問題2 キソ

右のグラフの赤線は，ある物体の移動距離と時刻の関係を示している。
(1) 時刻 0[s] から時刻 3[s] までの平均の速さを求めよ。
(2) 時刻 3[s] から時刻 7[s] までの平均の速さを求めよ。
(3) 時刻 3[s] での瞬間の速さを求めよ。
(4) 時刻 7[s] での瞬間の速さを求めよ。

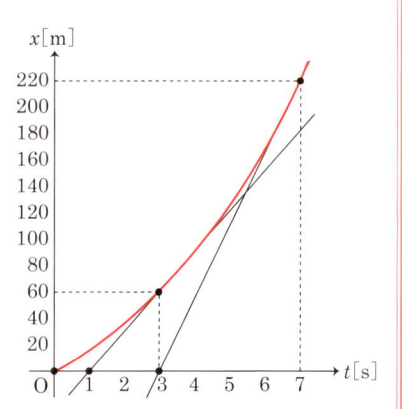

ナイスな導入

(1)と(2)はもうすでに学習済み!! 問題は(3)と(4)です。

解答でござる

(1) 時刻 $0\,[\mathrm{s}]$ から時刻 $3\,[\mathrm{s}]$ までの時間は $3\,[\mathrm{s}]$，この間の移動距離は $60\,[\mathrm{m}]$。

　　よって，求めるべき平均の速さは，
$$\frac{60}{3} = \underline{\underline{20}}\,[\mathrm{m/s}] \quad \cdots(\text{答})$$

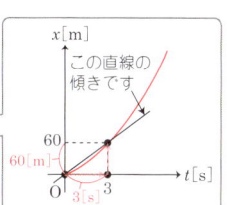

(2) 時刻 $3\,[\mathrm{s}]$ から時刻 $7\,[\mathrm{s}]$ までの時間は $4\,[\mathrm{s}]$，この間の移動距離は $160\,[\mathrm{m}]$。

　　よって，求めるべき平均の速さは，
$$\frac{160}{4} = \underline{\underline{40}}\,[\mathrm{m/s}] \quad \cdots(\text{答})$$

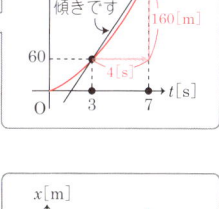

(3) 時刻 $3\,[\mathrm{s}]$ での瞬間の速さは，$t = 3\,[\mathrm{s}]$ における接線の傾きと一致する。

　　グラフから読みとれる傾きは，
$$\frac{60}{2} = \underline{\underline{30}}\,[\mathrm{m/s}] \quad \cdots(\text{答})$$

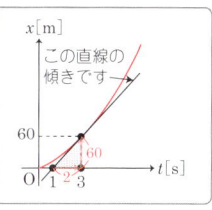

(4) 時刻 $7\,[\mathrm{s}]$ での瞬間の速さは，$t = 7\,[\mathrm{s}]$ における接線の傾きに一致する。

　　グラフから読みとれる傾きは，
$$\frac{220}{4} = \underline{\underline{55}}\,[\mathrm{m/s}] \quad \cdots(\text{答})$$

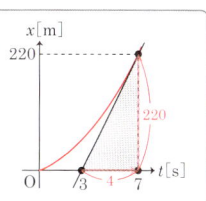

その3 "速度"とは…?

物理において"速度"と"速さ"は違う意味なんです!!
"**速度**"とは,"速さ"に"**向き**"の意味もつけ加えたものなんです。

イメージコーナー

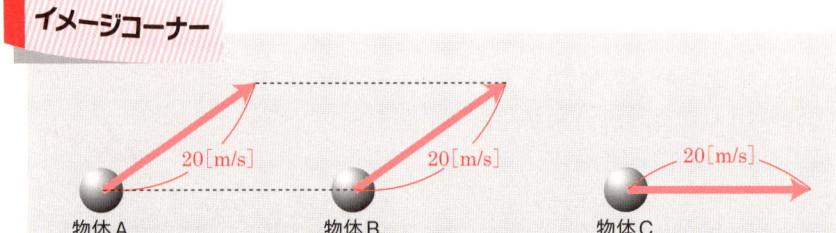

上図のように,物体A,物体B,物体Cはすべて**同じ**"**速さ**"で動いています。しかしながら,**同じ**"**速度**"で動いていると言えるのは,物体Aと物体Bのみです。物体Cは動いている向きが違うので,仲間外れ!!

 "等速直線運動" とは…？

その名のとおり‼ 同じ "速さ" で，同じ "向き" に一直線に進んでいく運動のことです。つまり，"速度" が一定の運動のことであるから，別名 **"等速度運動"** ともいいます。

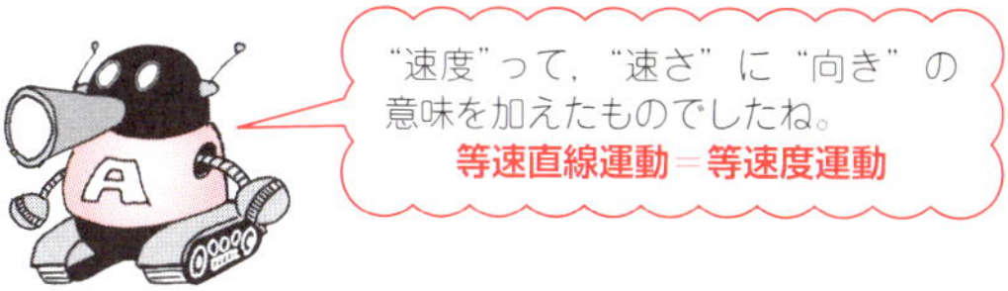

"速度" って，"速さ" に "向き" の意味を加えたものでしたね。
等速直線運動＝等速度運動

すげぇ簡単な問題ですが…とりあえず，おひとつ…。

問題3 ─ キソのキソ

ある物体が $30 [\mathrm{m/s}]$ で等速直線運動をしている。20秒間移動したときの距離を求めよ。

ナイスな導入

秒です‼

速度 $v [\mathrm{m/s}]$ で等速直線運動している物体が，$t [\mathrm{s}]$ 間で移動する距離 $x [\mathrm{m}]$ は…

$$x = vt$$

☞ $1 [\mathrm{s}]$ につき，$v [\mathrm{m}]$ ずつ移動するわけだから，$t [\mathrm{s}]$ 間での移動距離は $vt [\mathrm{m}]$

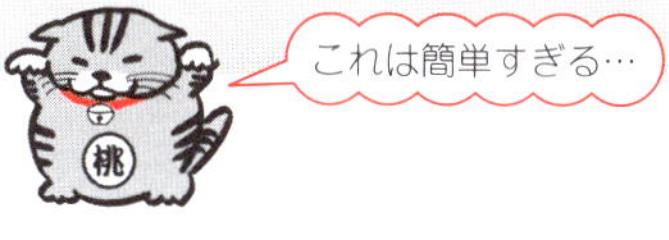

これは簡単すぎる…

解答でござる

$30 \times 20 = \underline{\mathbf{600}} [\mathrm{m}]$ …(答) ← ─── $x = vt$

$1[\mathrm{s}]$ につき $30[\mathrm{m}]$ 進む…
$20[\mathrm{s}]$ 間移動すると…

その5 "x-tグラフ"とは…?

物体の移動距離x[m]を縦軸，時間t[s]を横軸にとったグラフのことを"x-tグラフ"と呼びます。

注 右のグラフは"等速直線運動"の場合の"x-tグラフ"です。すでに解説済みですが，直線の傾きが速さv[m/s]を表します。

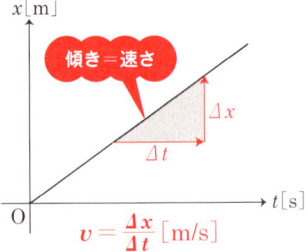

その6 "v-tグラフ"とは…?

速さv[m/s]を縦軸，時間t[s]を横軸にとったグラフのことを"v-tグラフ"と呼びます。

注 右のグラフは"等速直線運動"の場合の"v-tグラフ"です。問題3でも学習しましたが，$x=vt$であるので，移動距離x[m]は右に示す長方形の面積と一致します。

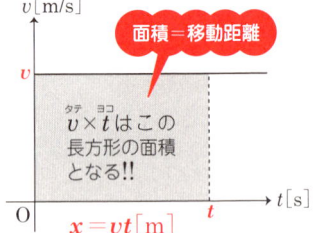

問題4 キソ

右のグラフは，ある物体の速さと時間の関係を表している。
(1) $0 \sim 20$秒間に移動した距離を求めよ。
(2) この物体の移動距離x[m]と時刻t[s]の関係を表すグラフをかけ。ただし，横軸を時刻とせよ。

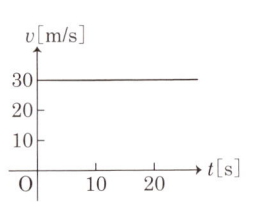

Theme 1 運動の表し方 19

解答でござる

(1) 30×20
   $= \underline{\mathbf{600}[\mathrm{m}]}$ …(答)

$x = vt$

この面積です!!

(2) 移動距離を $x[\mathrm{m}]$, 速さを $v[\mathrm{m/s}]$, 時刻を $t[\mathrm{s}]$ としたとき,
$$x = vt$$
グラフから, $v = 30[\mathrm{m/s}]$ であるから,
$$x = 30t$$
よって, グラフをかくと,

前ページの その6 を参照!!

傾き30の直線の方程式

左のグラフは前ページの その5 で学習した "x-t グラフ" です。傾きが $v = 30[\mathrm{m/s}]$ を表していますよ!!

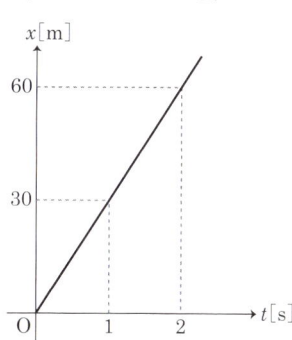

$y = ax$
$x = 30t$

ナイスフォロー

大丈夫だとは思いますが…
$y = ax$ のグラフは傾き a, 原点 $(0, 0)$ を通る直線です。

x が 1 だけ増加すると y は a だけ増加する。

本問の(2)では, y が x に対応し, x が t に対応している。

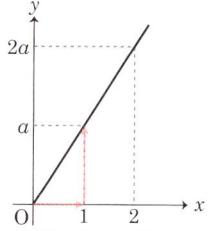

Theme 2 ベクトルについて説明しておこう!!

その1 "ベクトル"とは…?

ベクトルとは**大きさ**と**向き**で定まるものであり，$\vec{v}$ などと表します。点Aから点Bまでの大きさ(長さ)と向きをもつベクトルは $\overrightarrow{AB}$ とかき，Aを始点，Bを終点と呼びます。

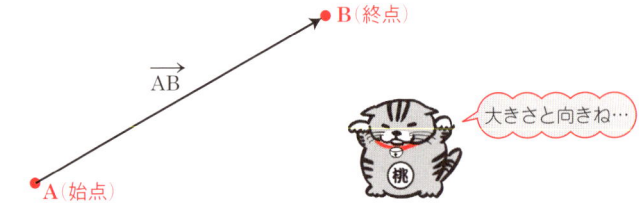

その2 "大きさ"と"向き"が等しければ"等しいベクトル"

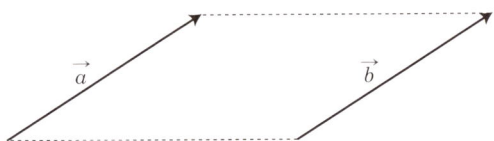

上図のように $\vec{a}$ と $\vec{b}$ は，"大きさ"と"向き"がともに等しいので，"等しいベクトルである"といいます。数学では $\vec{a} = \vec{b}$ と表現しますね…

その3 "平行四辺形の法則"

2つのベクトルを加える場合，平行四辺形をイメージして加えます。これを"平行四辺形の法則"と呼んだりします。

例えば…

Theme 2 ベクトルについて説明しておこう!! 21

では確認の意味もかねて…

問題5 キソ

右の平行四辺形ABCDにおいて，AE＝EB＝DF＝FC，さらにAG＝GH＝HD＝BI＝IJ＝JCである。このとき，次の各問いに答えよ。

(1) $\overrightarrow{BG}$ と等しいベクトルをすべて答えよ。
(2) $\overrightarrow{BG}+\overrightarrow{BJ}$ を求めよ。
(3) $\overrightarrow{AJ}+\overrightarrow{AG}$ を求めよ。
(4) $\overrightarrow{BF}+\overrightarrow{EA}$ を求めよ。

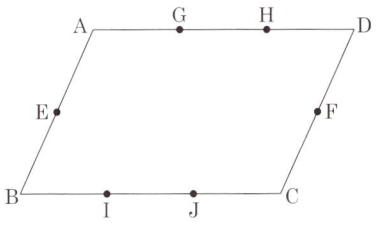

ナイスな導入

この平行四辺形の中には，多数の平行線を引くことができるので，大小さまざまな平行四辺形が存在しています。

例えば…

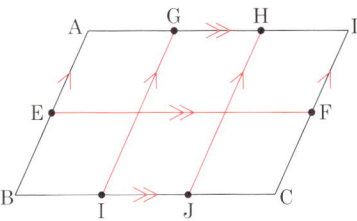

これを踏まえて…

ほかにも，もっともっと平行線が存在するぞ!!

解答でござる

(1) $\overrightarrow{BG}$ と大きさ(長さ)と向きが等しいベクトルを見つければよいから，

$\overrightarrow{IH}$ と $\overrightarrow{JD}$ …(答)

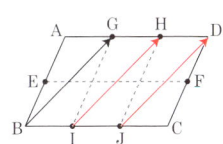

(2) 平行四辺形の法則から，
$$\vec{BG} + \vec{BJ} = \vec{BD} \quad \cdots(答)$$

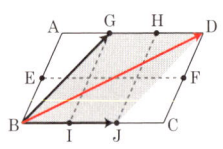

(3) 平行四辺形の法則から，
$$\vec{AJ} + \vec{AG} = \vec{AC} \quad \cdots(答)$$

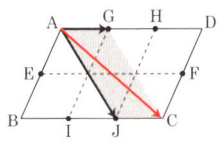

(4) 大きさ(長さ)と向きが等しいベクトルは等しいベクトルであるから，
$$\vec{EA} = \vec{BE}$$
よって，
$$\vec{BF} + \vec{EA} = \vec{BF} + \vec{BE}$$
平行四辺形の法則から，
$$\vec{BF} + \vec{BE} = \vec{BD} \quad \cdots(答)$$

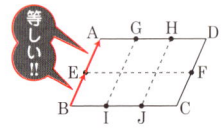

等しい!!

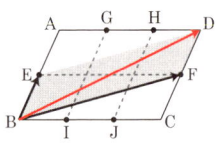

プロフィール

みっちゃん(17才)

究極の癒し系!! あまり勉強は得意ではないようだが，「やればデキる!!」タイプ♥

「みっちゃん」と一緒に頑張ろうぜ!!

ちなみに豚山さんとはクラスメイトです

Theme 3 速度の合成＆分解

ベクトルの話が からむわけだ…

注 "速さ"は大きさだけだったのに対し，"速度"は**大きさ**と**向き**を考えた量でしたね!! つまり，"速度"は"ベクトル"だったんです。

その 1 "速度の合成"について…

 ではさっそく!! 具体的な問題をとおして…

問題6 ─ キソ

静水面を $3.0\,[\mathrm{m/s}]$ の速さで進むボートが，$4.0\,[\mathrm{m/s}]$ の速さで流れる川を流れに対して垂直方向に進もうとしたとき，川岸にいる人から見たボートの速さを求めよ。

ナイスな導入

流れている水の上でボートが進むわけであるから，ボートの速度と川の流れの速度を加えればOK!! 速度はベクトルであるから**平行四辺形の法則**を用いて加えます。これを**速度の合成**と呼びます。

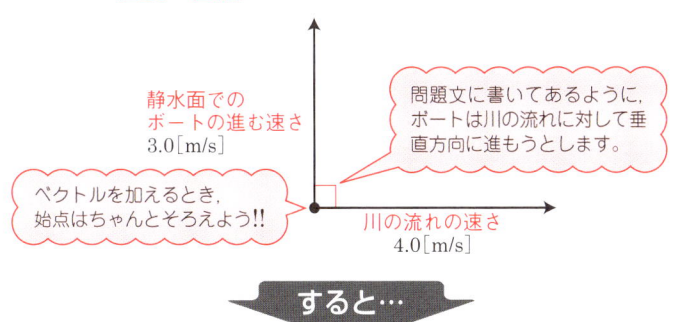

すると…

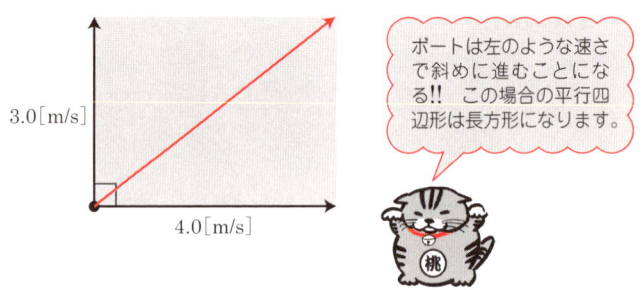

<<解答でござる>>

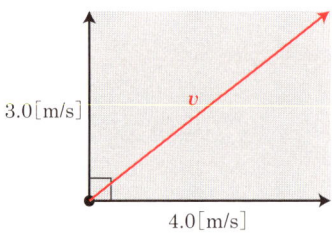

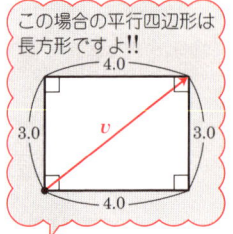

川岸にいる人から見たボートの速さを v とすると，三平方の定理から，

$$v^2 = 3.0^2 + 4.0^2$$
$$= 9 + 16$$
$$= 25$$
$$\therefore \quad v = \mathbf{5.0}[\mathrm{m/s}] \quad \cdots (答)$$

3：4：5の超有名な直角三角形ですから，計算はいらないかもね…

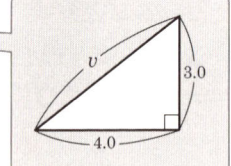

問題文に3.0や4.0とあるので，答えも同じように，有効数字2ケタで表すべし!!

 **"速度の分解"について…**

ぶっちゃけ"速度の合成"の逆ですよ‼ "平行四辺形の法則"にしたがって，1つの速度（速度ベクトル）を2つに分解するという話です。

イメージは…

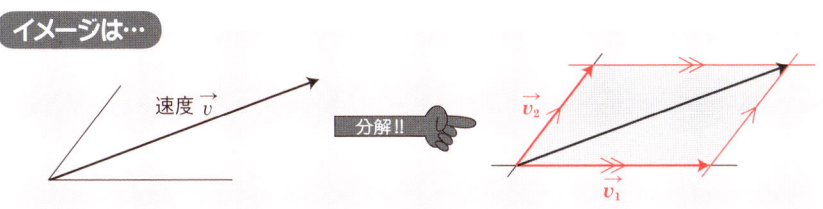

特に‼ 水平方向（一般に x 成分と呼ぶ）と
鉛直方向（一般に y 成分と呼ぶ）に分解するとき

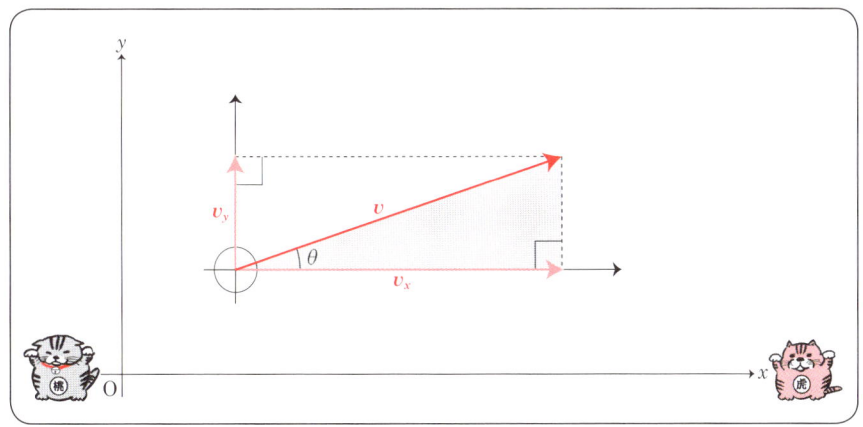

上図において，物体の速度の大きさ（速さ）を v，x 成分の大きさを v_x，y 成分の大きさを v_y，さらに，水平方向（x軸方向）と物体の速度のなす角を θ とすると…

上図の直角三角形に注目して…
まず三平方の定理より…

$$v^2 = v_x{}^2 + v_y{}^2$$

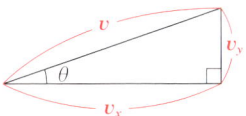

つまり…

$$v = \sqrt{v_x^2 + v_y^2}$$

注 v は速度の大きさ（速さ）であるから $v > 0$ として考えます。

さらに，三角比の基礎を活用して…

$$\cos\theta = \frac{v_x}{v}$$
$$v\cos\theta = v_x$$

両辺を v 倍!!

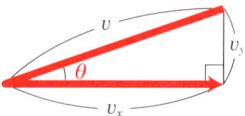

よって…

$$v_x = v\cos\theta$$

同様に…

$$\sin\theta = \frac{v_y}{v}$$
$$v\sin\theta = v_y$$

両辺を v 倍!!

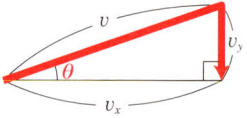

よって…

$$v_y = v\sin\theta$$

ザ・まとめ

速度 $\vec{v}$（速度の大きさは v）を水平方向（x 軸方向）と鉛直方向（y 軸方向）に分解!!

x 成分は… $v_x = v\cos\theta$
y 成分は… $v_y = v\sin\theta$
さらに… $v = \sqrt{v_x^2 + v_y^2}$

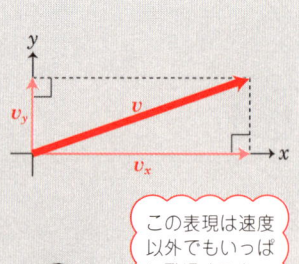

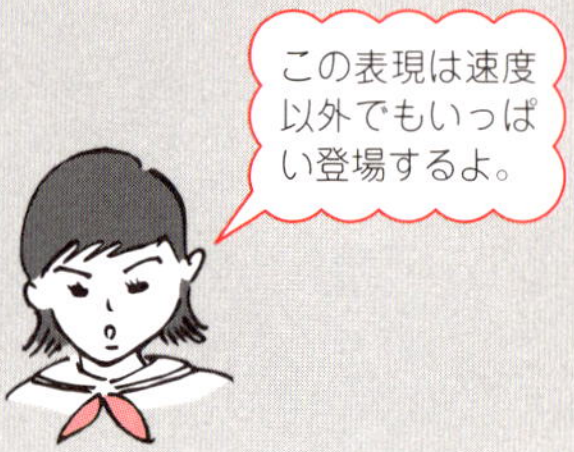

この表現は速度以外でもいっぱい登場するよ。

その3 "相対速度"って何??

まあ,とりあえず小学生レベルの問題から…

> **問題7** ─ キソのキソ
>
> 一直線上を時速200[km/h]で走るオートバイを,時速200[km/h]でパトカーが追っている。このとき,パトカーから見たオートバイの時速はどのように見えるか。

解答でござる

これは,じつに簡単な問題です。

同じ時速で同じ方向に走ってますから,パトカーから見ると前のオートバイは止まって見えます。つまりパトカーから見たオートバイの時速は0[km/h]です。

これを計算式で表すと…

$$200 - 200 = \mathbf{0}[\text{km/h}] \quad \cdots\text{(答)}$$

（見られているほうの速度）（見ているほうの速度）

では,もう少し…

問題8　キソのキソ

(1) 一直線上を時速 $200\,[\mathrm{km/h}]$ で走るオートバイを，時速 $130\,[\mathrm{km/h}]$ でパトカーが追っている。このとき，パトカーから見たオートバイの時速はどのように見えるか。

(2) お互いに向かい合って，一直線上を時速 $200\,[\mathrm{km/h}]$ で走行するオートバイと時速 $300\,[\mathrm{km/h}]$ で走行するトラックがある。このとき，オートバイから見たトラックの時速はどのように見えるか。

解答でござる

(1)

パトカーから見たオートバイの速度は，

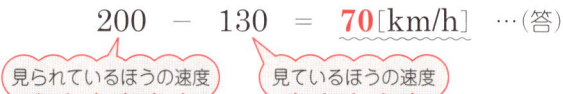

$$200 - 130 = \mathbf{70}\,[\mathrm{km/h}] \quad \cdots (\text{答})$$

見られているほうの速度　　見ているほうの速度

(2)

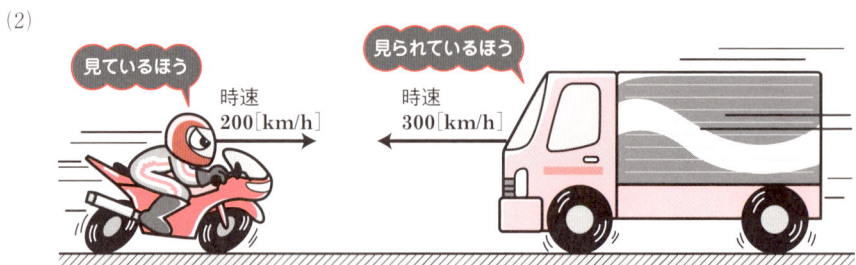

ぶっちゃけオートバイから見たトラックの速度は，

$$300 + 200 = \mathbf{500}\,[\mathrm{km/h}] \quad \cdots (\text{答})$$

となることは，ほとんどの人が理解できると思います。

それはそれとして…，(1)のように**引き算**で求めてみよう!!

今回は，オートバイ(見ているほう)とトラック(見られているほう)の速度の向きが違います。そこで，トラック(**見られているほう**)の速度の向きを**正の向き**とします。

すると…

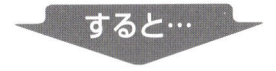

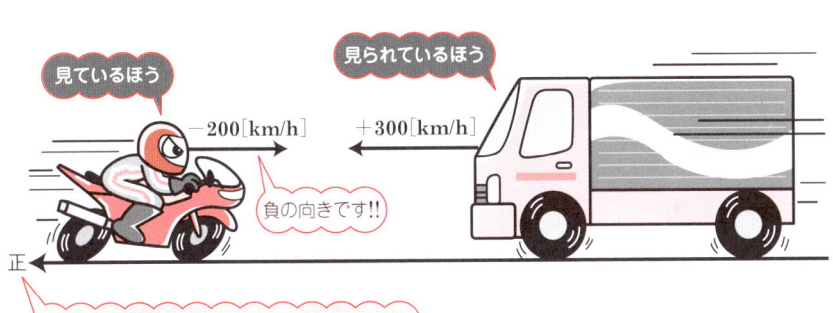

(1)と同様の求め方で，オートバイから見たトラックの速度は，

$300-(-200)=$ **500[km/h]**　…(答)

見られているほうの速度　見ているほうの速度

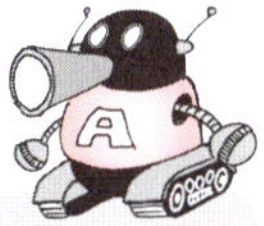

このように地面(大地)に対して物体Aと物体Bが運動しているとき，**物体Aを基準にして見たときの物体Bの速度**を**物体Aに対する物体Bの相対速度**といいます。

問題7 & **問題8** ですでにふれていますが…

① 一直線上を物体Aが速度 v_A，物体Bが速度 v_B で運動しているとき，
物体$\dot{\text{A}}$に対する物体$\dot{\text{B}}$の**相対速度 V** は

見ているほう　見られているほう

$$V=v_B-v_A$$

見られているほうの速度　見ているほう，つまり基準になるほうの速度

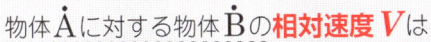

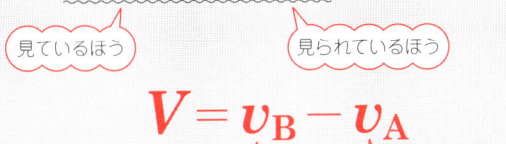

> 注 "速度"は向きが関係する値，つまりベクトルであるので，一直線上の運動を考える場合，正の向きと負の向きが存在する。

この式は何も一直線上の運動に限った話ではない!!
では，一般化してみよう!!

② 自由な向きに物体Aが速度$\vec{v_A}$，物体Bが速度$\vec{v_B}$で運動しているとき，物体Aに対する物体Bの相対速度$\vec{V}$は，

（見ているほう，つまり基準!!）（見られているほう，つまり主役!!）

$$\vec{V} = \vec{v_B} - \vec{v_A}$$

（見られているほうの速度）（見ているほう，つまり基準になるほうの速度）

となります。

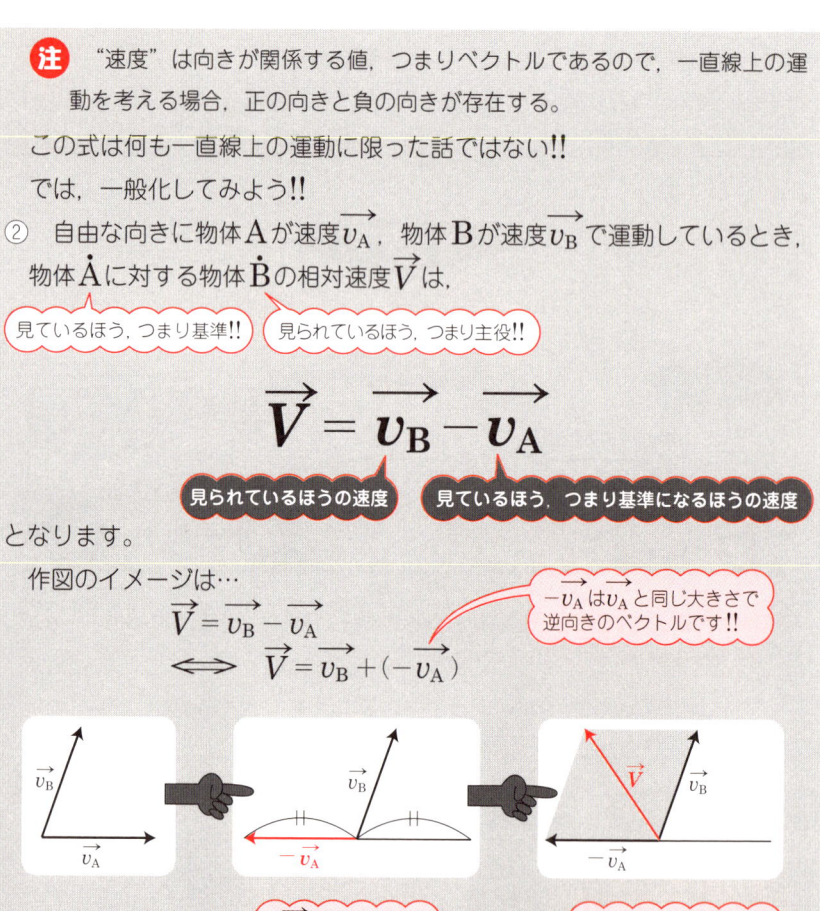

では，TRYしてみましょう!!

問題9 標準

物体Aがx軸上の正の向きに$10\,[\mathrm{m/s}]$で，物体Bがy軸上の正の向きに$10\,[\mathrm{m/s}]$でそれぞれ進んでいる。このとき，物体Aに対する物体Bの相対速度の大きさと向きを答えよ。

ナイスな導入

"物体Aに対する物体Bの相対速度"であるから…

見ているほう，つまり基準になるほうが物体A，見られているほう，つまり主役が物体Bです。

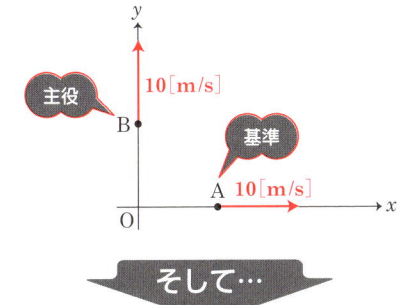

ここからはベクトルの計算になります。

物体Aの速度（速度ベクトル）を$\vec{v_\mathrm{A}}$，物体Bの速度（速度ベクトル）を$\vec{v_\mathrm{B}}$とする。さらに，物体Aに対する物体Bの相対速度を$\vec{V}$とすると…

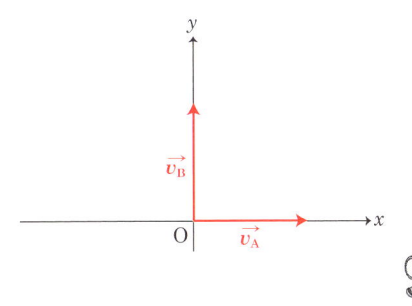

まず，計算しやすいようにベクトルの始点（矢印の根もと）をそろえておきましょう!!

ベクトルは大きさ（長さ）と向きで決まる値なので移動可能でしたね!!

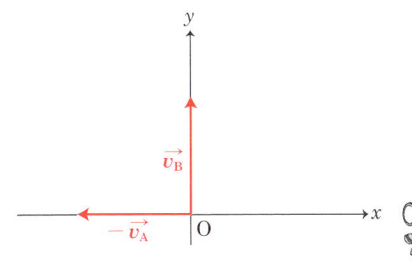

基準になる方が物体Aであるから
$$\vec{V} = \vec{v_\mathrm{B}} + (-\vec{v_\mathrm{A}})$$
に備えて，$-\vec{v_\mathrm{A}}$を作図しておきましょう!!

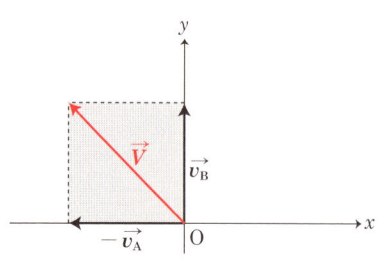

$\vec{V} = \vec{v_B} + (-\vec{v_A})$

であるから…

仕上げは平行四辺形の法則により，$\vec{v_B}$と$-\vec{v_A}$を加えるだけ!!

本問では$\vec{v_A}$と$\vec{v_B}$の大きさはともに$10[\text{m/s}]$であるので，平行四辺形は正方形となる。

解答でござる

物体A，Bの速度を$\vec{v_A}$，$\vec{v_B}$とし，Aに対するBの相対速度を$\vec{V}$とする。

$\vec{V} = \vec{v_B} - \vec{v_A}$

$\therefore \vec{V} = \vec{v_B} + (-\vec{v_A})$

見ているほう — Aが基準でBが主役!!

見られているほう

$-\vec{v_A}$は$\vec{v_A}$と同じ大きさで逆向きです。

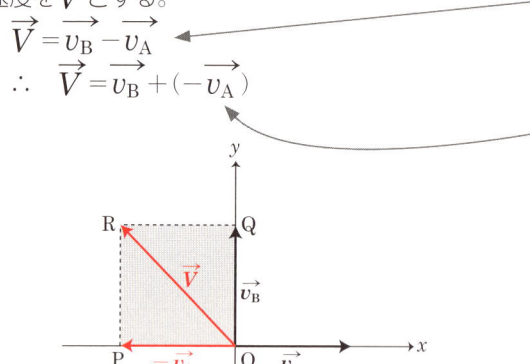

上図の四角形OPQRは$\vec{v_A}$と$\vec{v_B}$の大きさが等しい（ともに$10[\text{m/s}]$）ので，1辺の長さが10の正方形となる。

よって，
$$\angle \text{ROP} = 45°$$
さらに，
$$\text{RO} = 10\sqrt{2}$$
以上から，$\vec{V}$の大きさは，

$10\sqrt{2}$ [m/s] …(答)

$\vec{V}$の向きは，

x軸と$45°$の角をなす第2象限の向き …(答)

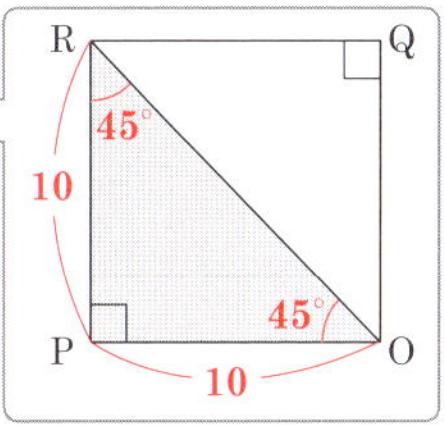

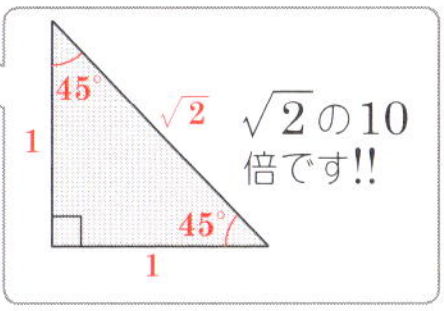

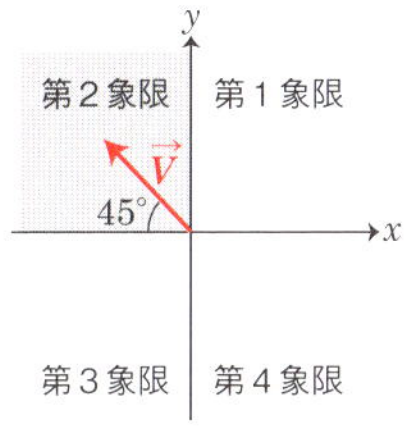

$\sqrt{2}$の10倍です!!

角度だけでなく，第何象限か?? まで答えないと相手に正確な向きが伝わらない!!

Theme 4 加速度と等加速度直線運動

その1 "加速度" とは…?

物体の運動で**速度が変化**する場合，"**加速度**" が生じているといいます。この "加速度" にもいろいろありまして…

① もとの速度と同じ向きの加速度であれば…

加速した分だけ速くなる!!

② もとの速度と逆向きの加速度であれば…

もとの速度
加速度
すると…
え－っ!! 逆向き…
マイナスの加速により遅くなる!!

③ こんな加速度も…

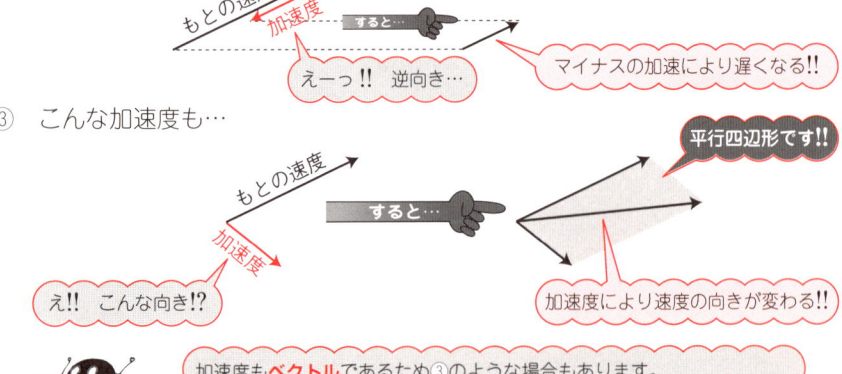

平行四辺形です!!
え!! こんな向き!?
加速度により速度の向きが変わる!!

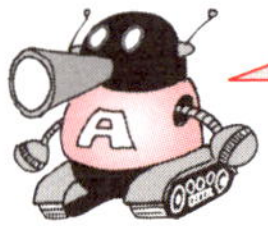

加速度も**ベクトル**であるため③のような場合もあります。また，"速さ" を変えずに "向き" だけを変えるような加速度もあります。

その2 "加速度の大きさ" を求めよう!!

単位時間 (一般に 1 秒間) あたりの速度の変化が加速度である。このとき加速度はベクトルである。

で!! "向き" は無視して "大きさ" だけに注目してみよう!!

すると…
"加速度の大きさ"とは単位時間（一般に1秒間）あたりの"速さ（速度の大きさ）"の変化を数値で表したものとなります。

Δt[s]の時間をかけてΔv[m/s]だけ速さが変化したとき，加速度の大きさa[m/s²]は…

$$a = \frac{\Delta v}{\Delta t}$$

 加速度の大きさaの単位についてですが…

$a = \frac{\Delta v \text{[m/s]}}{\Delta t \text{[s]}}$ ← 上の式ですよ!!

右辺の単位にのみ注目すると…

$$\frac{\text{[m/s]}}{\text{[s]}} = \text{[m/s]} \div \text{[s]} = \left[\frac{m}{s}\right] \times \left[\frac{1}{s}\right] = \left[\frac{m}{s^2}\right] \Rightarrow \text{[m/s}^2\text{]}$$
完成!!

÷sと×$\frac{1}{s}$は同じ意味!!

 このとき，この加速度の大きさaは"平均の加速度"の大きさということになります。"加速度"も"速度"と同様で，運動によっては刻々と変化する可能性があります。つまり"瞬間の加速度"というものもありますので，頭のスミにおいておいてください。

その3 "等加速度直線運動"

まあ，その名のとおりですね…。物体に生じた加速度と運動の向きが同じとき，物体は一直線上を速さ（速度の大きさ）を変えながら運動をします。この運動を人呼んで"**等加速度直線運動**"と申します。

> **注** "等加速度直線運動"の場合，加速度の向きは進行方向と同じ向きと，進行方向と逆向きの2種類しかない。

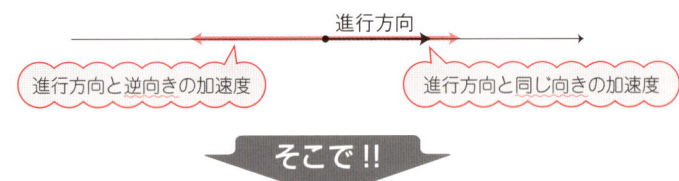

そこで!!

加速度を**正**or**負**で表現することがお約束になっています。
一般に…
正の加速度 ☞ 進行方向と同じ向きの加速度，つまり速さがだんだんと速くなる場合の加速度
負の加速度 ☞ 進行方向と逆向きの加速度，つまり速さがだんだん遅くなる場合の加速度

その4 $v\text{-}t$グラフと加速度の関係

等加速度直線運動を $v\text{-}t$ グラフで表したとき，**傾き**が加速度 a を表します(右上図)。

$$a = \frac{\Delta v}{\Delta t}$$

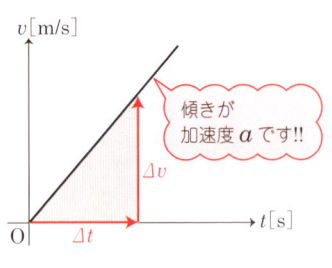

傾きが加速度 a です!!

特に加速度が $0\,[\text{m/s}^2]$ の場合，右下図のようなグラフになります。このグラフは速さが v_0 $[\text{m/s}]$ で一定であることを表してます。そうです，等速直線運動ですね。

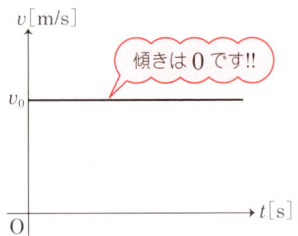

傾きは0です!!

加速度が $0\,[\text{m/s}^2]$ なので直線の傾きも**0**です!!

問題10 キソ

右のグラフは，一直線上を運動しているある物体の速さと時間の関係を表している。このとき，次の各問いに答えよ。

(1) $0[\text{s}]$から$2[\text{s}]$の間の加速度を求めよ。
(2) $6[\text{s}]$から$10[\text{s}]$の間の加速度を求めよ。
(3) 加速度$a[\text{m/s}^2]$と時間$t[\text{s}]$の関係をグラフにかけ，ただし時間を横軸にせよ。
(4) この物体が動きはじめてから静止するまでに動いた距離を求めよ。

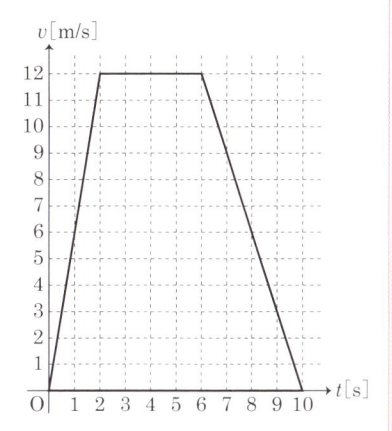

ナイスな導入

(1),(2) "$v-t$グラフ"において直線の傾きが加速度を表します。

(3) $2[\text{s}]$から$6[\text{s}]$の間の加速度は，直線の傾きが0なので**0**$[\text{m/s}^2]$です。すなわち，等速直線運動を表してます。

(4) "$v-t$グラフ"において，移動距離は面積に一致しましたね!!（p.18参照!!）今回も同じです。

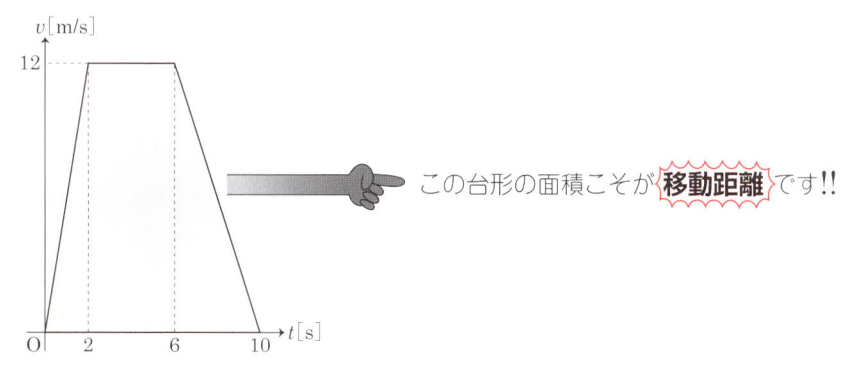

この台形の面積こそが**移動距離**です!!

解答でござる

(1) 0[s]から2[s]までの2秒間で，速さは0[m/s]から12[m/s]まで変化しているから，求めるべき加速度は，

$$\frac{12-0}{2-0} = \frac{12}{2} = 6[\text{m/s}^2] \quad \cdots (\text{答})$$

(2) 6[s]から10[s]までの4秒間で，速さは12[m/s]から0[m/s]まで変化しているから，求めるべき加速度は，

$$\frac{0-12}{10-6} = \frac{-12}{4} = -3[\text{m/s}^2] \quad \cdots (\text{答})$$

(3) (1)と(2)の結果と，2[s]から6[s]までの間の加速度は0[m/s^2]であることを考え，

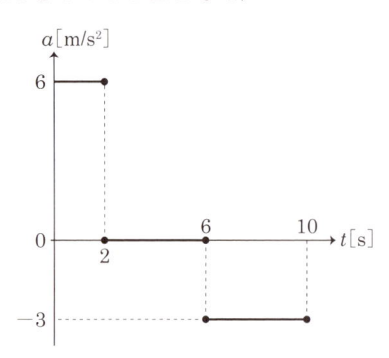

(4) この物体の移動距離はv-tグラフにおける台形の面積で表されるから，

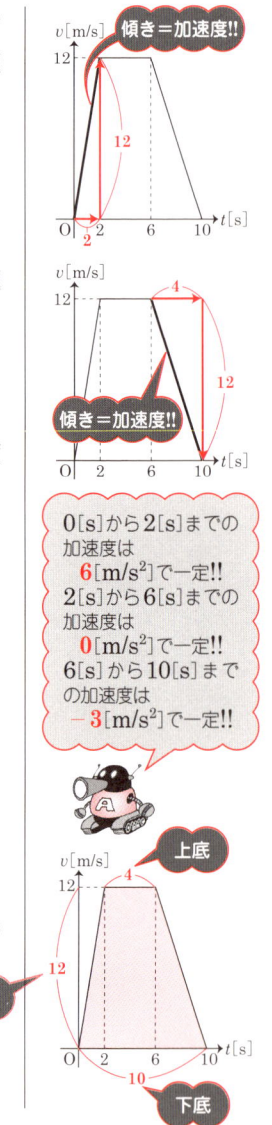

$$\frac{1}{2} \times (4+10) \times 12$$
$$= \frac{1}{2} \times 14 \times 12$$
$$= 84[\text{m}] \quad \cdots (\text{答})$$

Theme 5 等加速度直線運動と3つの公式

ここで新しい用語が登場します!!
時刻 $t=0$[s] での速度, つまりスタート時の速度を**初速度**と呼びます。

公式 その1

初速度 v_0[m/s], 加速度 a[m/s²] で等加速度直線運動をする物体の t[s] 後の速度を v[m/s] とすると…

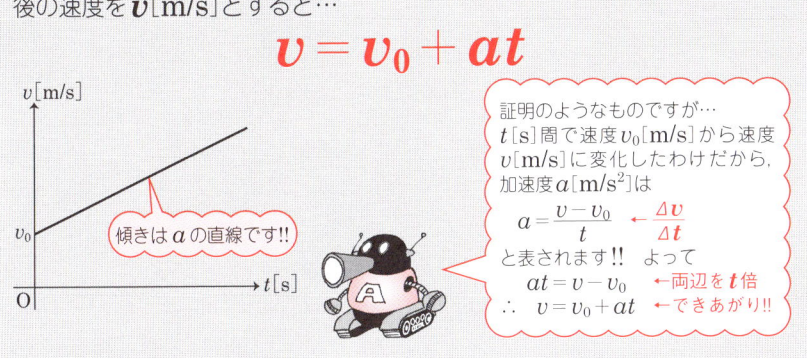

$$v = v_0 + at$$

傾きは a の直線です!!

証明のようなものですが…
t[s] 間で速度 v_0[m/s] から速度 v[m/s] に変化したわけだから, 加速度 a[m/s²] は

$$a = \frac{v - v_0}{t} \quad \leftarrow \frac{\Delta v}{\Delta t}$$

と表されます!! よって
$at = v - v_0$ ←両辺を t 倍
∴ $v = v_0 + at$ ←できあがり!!

さっそく使ってみよう!!

問題11 キソ

(1) 2.0[m/s²] で等加速度直線運動をしている物体がある。初速度が 3.0[m/s] であったとき, 10[s] 後の速度を求めよ。

(2) 初速度 20[m/s] で動き出した物体が一定の割合で減速し, 5.0[s] 後に静止した。この物体の加速度を求めよ。

ナイスな導入

(2) "一定の割合で減速" と書いてあるので, この物体の運動は等加速度直線運動である。ちなみに減速する運動であるので, 加速度は**負**の値で求められる。

解答でござる

(1) $v_0 = 3.0\,[\text{m/s}]$, $a = 2.0\,[\text{m/s}^2]$, $t = 10\,[\text{s}]$ より，
求めるべき速度 $v\,[\text{m/s}]$ は，

$$v = 3.0 + 2.0 \times 10$$

$$\therefore\ v = \underline{\mathbf{23}\,[\text{m/s}]} \quad \cdots (答)$$

$v = v_0 + at$

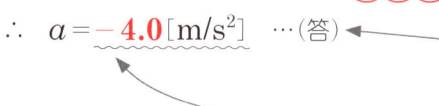

問題の中で登場する数値がおもに $2.0\,[\text{m/s}^2]$
2ケタ!!
$3.0\,[\text{m/s}]$
2ケタ!!
であるので解答も
$23\,[\text{m/s}]$
2ケタ!!
が無難です。
$23.0\,[\text{m/s}]$ とすると3ケタになってしまう

(2) $v_0 = 20\,[\text{m/s}]$, $t = 5.0\,[\text{s}]$, $v = 0\,[\text{m/s}]$ より，
求めるべき加速度 $a\,[\text{m/s}^2]$ は，

$$0 = 20 + a \times 5.0$$
$$5a = -20$$
$$\therefore\ a = \underline{-\mathbf{4.0}\,[\text{m/s}^2]} \quad \cdots (答)$$

静止する **すなわち** $v = 0\,[\text{m/s}]$ ですよ!!

他の数値と調子を合わせて 4.0 にしておこう!!
2ケタ!!

減速した証拠に，加速度は**負**になりました。

公式 その 2

初速度 $v_0\,[\text{m/s}]$，加速度 $a\,[\text{m/s}^2]$ で等加速度運動をする物体の $t\,[\text{s}]$ 後における出発点からの位置 $x\,[\text{m}]$ は，

これを"変位"と呼ぶ!!

$$x = v_0 t + \frac{1}{2}at^2$$

注 位置 x にも**正**と**負**があります!!

今後登場する運動は，出発した向きとは逆向きに動いてしまう運動もあり，正と負を使い分けないと表現しきれません

だから，今までのような移動距離という曖昧な表現ではダメ!!

負の向き ← O → 正の向き x

出発点

最終的にどこで止まるかわからない。詳しくは 問題13 で

Theme 5 等加速度直線運動と3つの公式　41

とりあえず，この公式を使ってみよう!!

問題12　キソ

$3.0[\text{m/s}^2]$で等加速度直線運動をしている物体がある。初速度が$5.0[\text{m/s}]$であったとき，$20[\text{s}]$後までに進んだ移動距離を求めよ。

ナイスな導入

本問での運動をイメージしてみよう!!

出発点です!!　　　　　　　　　　　$20[\text{s}]$後の位置です!!

物体はスピードupしながら爆走する

← 移動距離です!! →

つまり，"出発点からの位置(**変位**と申します)が，そのまま**移動距離**"になります。

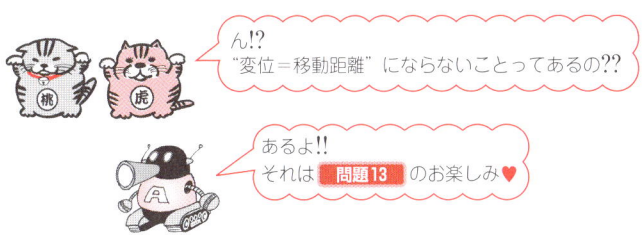

ん!?
"変位＝移動距離"にならないことってあるの??

あるよ!!
それは 問題13 のお楽しみ♥

解答でござる

$v_0 = 5.0[\text{m/s}]$，$a = 3.0[\text{m/s}^2]$，$t = 20[\text{s}]$より，
変位$x[\text{m}]$は，

$$x = 5.0 \times 20 + \frac{1}{2} \times 3.0 \times 20^2$$

∴　$x = 700[\text{m}]$

よって，求めるべき移動距離は，

700$[\text{m}]$　…(答)

$x = v_0 t + \frac{1}{2}at^2$

本問の場合は，
　変位＝移動距離!!

本問では2ケタ表示が望ましいので，$\underset{\text{2ケタ}}{7.0 \times 10^2}$としておくのも無難です。

問題13 標準

$-2.0\,[\text{m/s}^2]$ で東向きに等加速度直線運動をしている物体がある。A地点における物体の速度は $50\,[\text{m/s}]$ であった。このとき,次の各問いに答えよ。

(1) B地点でこの物体はいったん静止する。A地点とB地点の距離を求めよ。

(2) この物体はA地点にいた時刻から $60\,[\text{s}]$ 後にC地点にいた。C地点はA地点から考えて,どのような位置であるか。また,この $60\,[\text{s}]$ 間における移動距離を求めよ。

ナイスな導入

今回のポイントは加速度が**負**であることです。
ではこの運動をイメージしてみよう!!

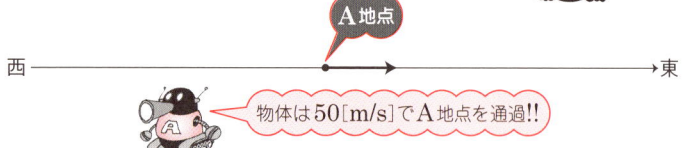

$-2.0\,[\text{m/s}^2]$ これだ!!

西 ――――― A地点 ――――― 東

物体は $50\,[\text{m/s}]$ でA地点を通過!!

負の加速度によりスピードダウンするこの物体は…いずれ…止まる…

西 ――――― A地点 ――――― B地点 ――――― 東

B地点でいったん静止する!!

しかし!! B地点がゴールではない!! **負**の加速度はずーっと影響をおよぼし続けるわけだから…

西 ――――― A地点 ←――― B地点 ――――― 東

B地点から**負**の加速度,つまり逆向き(西向き)の加速度により,**Uターン**してもどってくる!!

Theme 5 等加速度直線運動と3つの公式　43

そして!! A地点を通過してから60秒後…。C地点とは!?

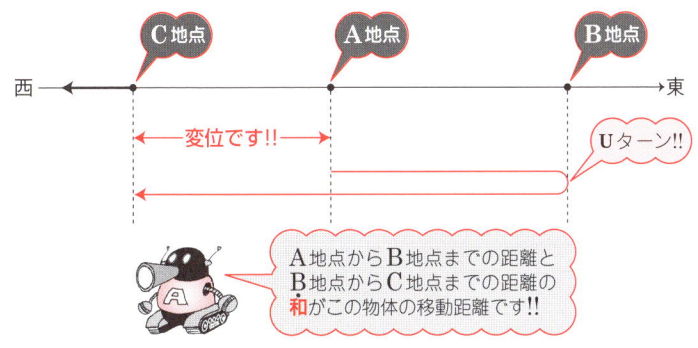

```
西 ←————●————————●————————●————→ 東
        C地点      A地点       B地点
        ←——変位です!!——→
                  ←————Uターン!!————
```

A地点からB地点までの距離とB地点からC地点までの距離の**和**がこの物体の移動距離です!!

つまり!! 本問では，向きをしっかり考えなければなりません!! こんなときは**座標**を導入するべし!!

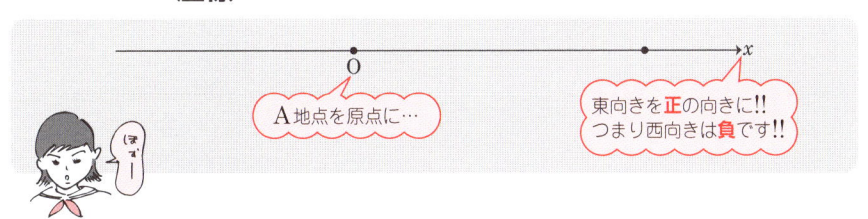

```
————————————●————————————●————→ x
             O
```

A地点を原点に…

東向きを**正**の向きに!! つまり西向きは**負**です!!

解答でござる

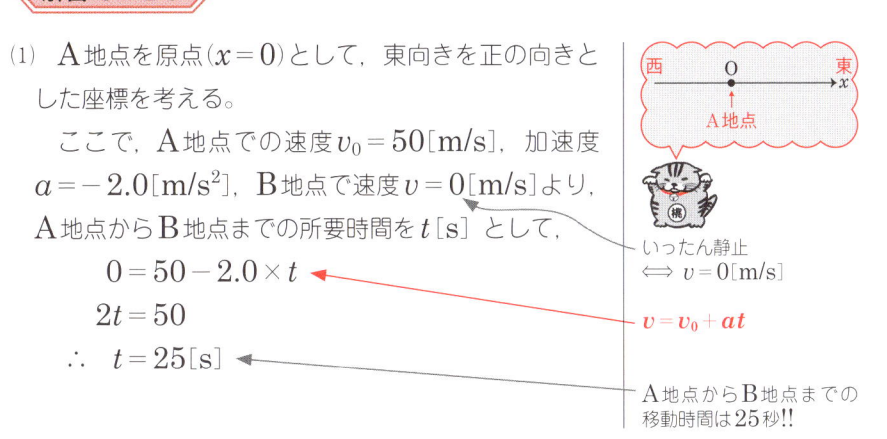

(1) A地点を原点($x=0$)として，東向きを正の向きとした座標を考える。

　ここで，A地点での速度$v_0=50$ [m/s]，加速度$a=-2.0$ [m/s^2]，B地点で速度$v=0$ [m/s]より，A地点からB地点までの所要時間をt [s]として，

$$0 = 50 - 2.0 \times t$$
$$2t = 50$$
$$\therefore \quad t = 25 \text{ [s]}$$

いったん静止 ⟺ $v=0$ [m/s]

$v = v_0 + at$

A地点からB地点までの移動時間は25秒!!

B地点の座標x[m]は，

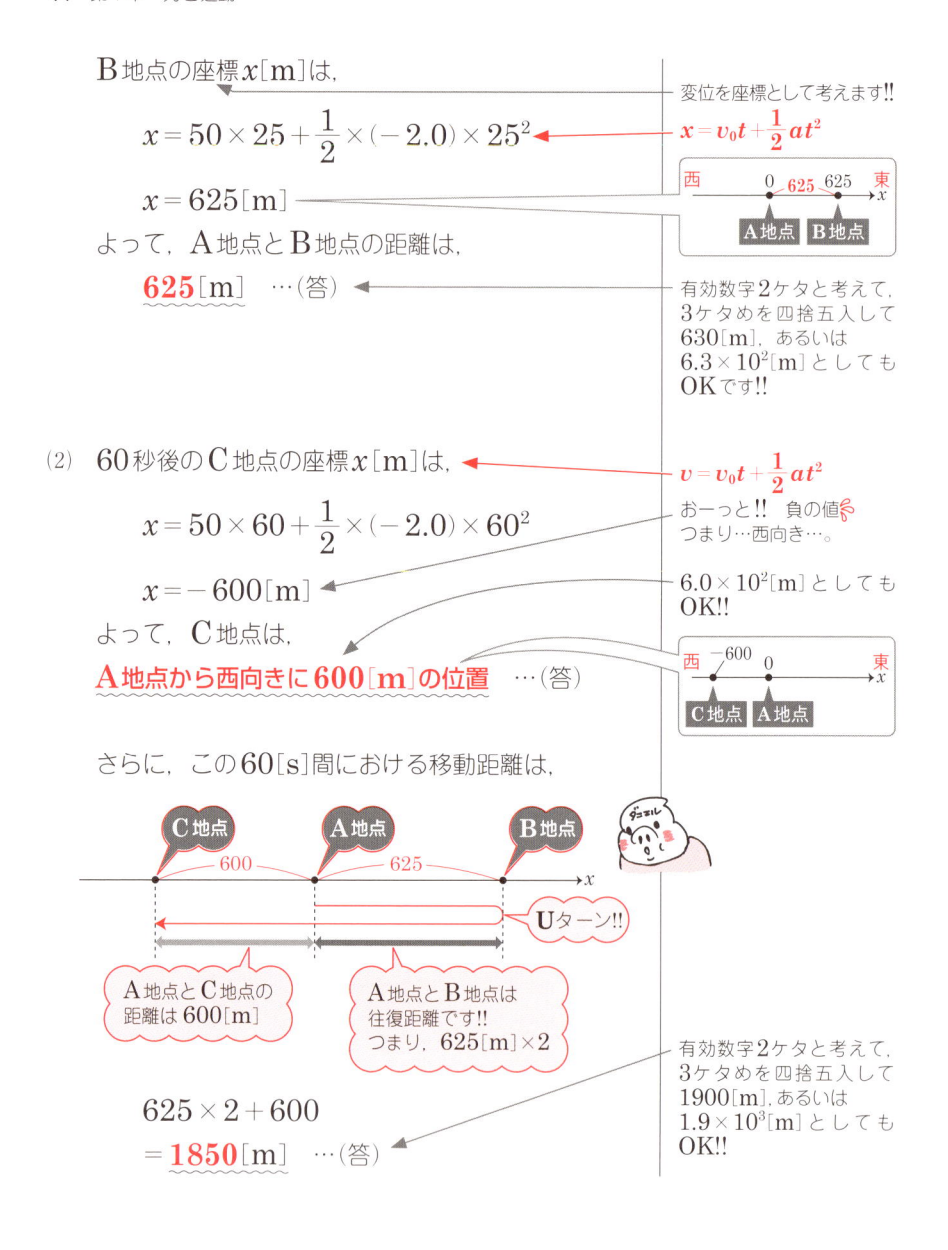

$$x = 50 \times 25 + \frac{1}{2} \times (-2.0) \times 25^2$$

$$x = 625 \text{[m]}$$

よって，A地点とB地点の距離は，

625[m] …（答）

> 変位を座標として考えます!!
> $x = v_0 t + \frac{1}{2}at^2$
>
> 西　　0　625　625　東
> 　　　　A地点　B地点
>
> 有効数字2ケタと考えて，3ケタめを四捨五入して630[m]，あるいは6.3×10^2[m]としてもOKです!!

(2) 60秒後のC地点の座標x[m]は，

$$x = 50 \times 60 + \frac{1}{2} \times (-2.0) \times 60^2$$

$$x = -600 \text{[m]}$$

よって，C地点は，

A地点から西向きに600[m]の位置 …（答）

> $v = v_0 t + \frac{1}{2}at^2$
>
> おーっと!! 負の値
> つまり…西向き…。
>
> 6.0×10^2[m]としてもOK!!
>
> 西　-600　　0　　　　東
> 　　C地点　A地点

さらに，この60[s]間における移動距離は，

C地点　　A地点　　　B地点
　←600→　←625→
　　　　　Uターン!!

A地点とC地点の距離は600[m]
A地点とB地点は往復距離です!! つまり，625[m]×2

$$625 \times 2 + 600 = \mathbf{1850} \text{[m]} \quad \text{…（答）}$$

> 有効数字2ケタと考えて，3ケタめを四捨五入して1900[m]，あるいは1.9×10^3[m]としてもOK!!

公式 その3

初速度 v_0[m/s]，加速度 a[m/s²]，変位 x[m]，そして…変位 x[m]の位置における速度 v[m/s] として…

$$v^2 - v_0^2 = 2ax$$

> この公式はあとで役立ちそうだ!!
> 時刻 t がないもん!! t がいらないときに使えそう♥

じつは…，この公式…，導こうと思えば導けるんですが…。大変ですよ

$$\begin{cases} v = v_0 + at & \cdots ① \\ x = v_0 t + \dfrac{1}{2} a t^2 & \cdots ② \end{cases}$$

① ← 公式その1です!!
② ← 公式その2です!!

①より

$$at = v - v_0$$

$$\therefore \quad t = \frac{v - v_0}{a} \quad \cdots ①'$$

> $a \neq 0$ であることを前提に考えます!!
> だから a でわっても OK!!

①′を②に代入して…

$$x = v_0 \times \frac{v - v_0}{a} + \frac{1}{2} a \times \left(\frac{v - v_0}{a} \right)^2$$

$$= \frac{v_0 v - v_0^2}{a} + \frac{1}{2} a \times \frac{(v - v_0)^2}{a^2}$$

← a で約分!!

$$= \frac{v_0 v - v_0^2}{a} + \frac{v^2 - 2v v_0 + v_0^2}{2a}$$

← 両辺を $2a$ 倍!!

$$2ax = 2v_0 v - 2v_0^2 + v^2 - 2v v_0 + v_0^2$$

$$= v^2 - v_0^2$$

← $2v_0 v$ は消える!!

$$\therefore \quad v^2 - v_0^2 = 2ax$$

← 左辺と右辺をチェンジ!!

完成!!

大変でしょ…!? だから暗記しておいたほうがいいってば

ではさっそく!! 活用すべし!!

問題14 キソ

初速度 $20\,[\text{m/s}]$,加速度 $2.0\,[\text{m/s}^2]$ で,等加速度直線運動をしている物体が,速度 $60\,[\text{m/s}]$ となるまでに移動した距離を求めよ。

ナイスな導入

今回は**負の加速度**ではないので,**問題13** のように物体がUターンしてもどってくることはない!!

よって!!

変位 x = 移動距離

さらに,今回は時刻 t の話題も完全にスルー!! こんなときは…,t が登場しないあの公式ですね♥

そのとおり…
$$v^2 - v_0^2 = 2ax$$
のお出ましだぜ!!

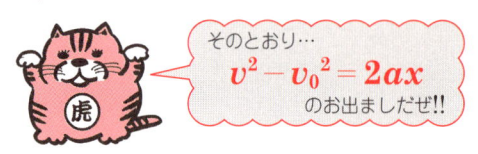

解答でござる

$v_0 = 20 \,[\text{m/s}]$, $a = 2.0 \,[\text{m/s}^2]$, $v = 60 \,[\text{m/s}]$, 変位を $x \,[\text{m}]$ として,

$$60^2 - 20^2 = 2 \times 2.0 \times x$$
$$3600 - 400 = 4x$$
$$3200 = 4x$$
$$x = 800 \,[\text{m}]$$

この x が求めるべき移動距離であるから,

800 [m] …(答)

正の加速度ですから、物体がUターンすることはない!!

$v^2 - v_0^2 = 2ax$

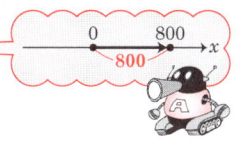

$8.0 \times 10^2 \,[\text{m}]$ としてもOK!!

プロフィール

オムちゃん（28才）

5匹の猫を飼う謎の女性！
実は未来のみっちゃんです。
高校生時代の自分が心配になってしまい
様子を見にタイムマシーンで……

Theme 6 鉛直方向の運動

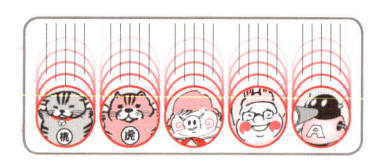

その1　"重力加速度"とは…？

物体を落下させる場合，物体の質量に関係なく同じ加速度を生じる。これを"**重力加速度**"と呼び，記号 g で表す。

この値を覚えておこう!!

$$g = 9.8\,[\mathrm{m/s^2}]$$

注　もちろん空気抵抗がないことを前提にした値です。重いものも軽いものも同じように落下していきます。不思議だよね…。しかし物理を学習するにつれて，これがアタリマエに思えてきますよ♥

その2　"自由落下運動"のお話

初速度を与えずに（☞つまり初速度が $0\,[\mathrm{m/s}]$）物体を落下させる運動を"**自由落下運動**"と呼びます。

自由落下運動は，加速度 $g = 9.8\,[\mathrm{m/s^2}]$ の鉛直方向の等加速度直線運動であるから，次のような公式になります。

"自由落下運動"の公式です!!

❶ $v = gt$

❷ $y = \dfrac{1}{2}gt^2$

❸ $v^2 = 2gy$

あくまでもベースは Theme 5 の3つの公式です。

$$\begin{cases} v = v_0 + at \\ x = v_0 t + \dfrac{1}{2}at^2 \\ v^2 - v_0^2 = 2ax \end{cases}$$

この3つの公式において次のように置き換える!!

$$v_0 \Rightarrow 0 \qquad a \Rightarrow g \qquad x \Rightarrow y$$

- "自由落下運動"では，$v_0 = 0\,[\mathrm{m/s}]$
- 重力加速度は，$g = 9.8\,[\mathrm{m/s^2}]$ で一定
- 鉛直方向なので，y のほうがイメージしやすい

注　鉛直下向きを正の向きと考えてます!!

Theme 6　鉛直方向の運動　49

ちょっくら演習タイム!!

> **問題15**　**キソ**
>
> 　地上から $78.4\,[\mathrm{m}]$ の高さの地点で，静かに手を放し鉄球を落下させた。このとき，次の各問いに答えよ。ただし重力速度は $9.8\,[\mathrm{m/s^2}]$ とする。
> (1)　地面に達するときの速さを求めよ。
> (2)　手を放してから地面に達するまでに要する時間を求めよ。

解答でござる

(1)　地面に達するときの速さを $v\,[\mathrm{m/s}]$ とすると，
　　　$g = 9.8\,[\mathrm{m/s^2}]$, $y = 78.4\,[\mathrm{m}]$ より，
$$v^2 = 2 \times 9.8 \times 78.4$$
$$= 2 \times 9.8 \times 8 \times 9.8$$

　　　$2 \times 8 = 16 = 4^2$ です!!

　　$v > 0$ より，
$$v = \sqrt{4^2 \times 9.8^2}$$
$$= 4 \times 9.8$$
　　∴　$v = \underline{\mathbf{39.2}}\,[\mathrm{m/s}]$　…(答)

座標は下向きに

手を放した場所です
落下距離は $78.4\,[\mathrm{m}]$
78.4
地面です

$v^2 = 2gy$

計算がうまくいくように作られていることが多い!!
$78.4 = 8 \times 9.8$
9.8 の倍数になっていないかどうか疑ってみなきゃ!!

本問は 78.4 と 9.8 でケタ
　3ケタ!!　2ケタ!!
数にバラつきがあります。こんなときはケタ数が**少ない**ほうにあわせることが多いです。よって，有効数字2ケタと考えて…，39.2 の3ケタ目を四捨五入して $39\,[\mathrm{m/s}]$ と解答してもOK!!

(2)　手を放してから地面に達するまでに要する時間を $t\,[\mathrm{s}]$ とすると，$g = 9.8\,[\mathrm{m/s^2}]$, $v = 39.2\,[\mathrm{m/s}]$ から，
$$39.2 = 9.8 \times t$$
　　　　　　　　　(1)の答です!!
　　∴　$t = \underline{\mathbf{4.0}}\,[\mathrm{s}]$　…(答)

$v = gt$

$4\,[\mathrm{s}]$ としてもよいが，有効数字2ケタで $4.0\,[\mathrm{s}]$ としたほうが無難です。

別解でござる

(2) $g = 9.8 \,[\text{m/s}^2]$, $y = 78.4 \,[\text{m}]$ より,

$$78.4 = \frac{1}{2} \times 9.8 \times t^2$$

$$t^2 = 16$$

$t > 0$ より,

∴ $t = \underline{4.0} \,[\text{s}]$ …(答)

- $y = \frac{1}{2}gt^2$
- $78.4 = 8 \times 9.8$ であるから計算は簡単‼

ちょっと言わせて

先に(2)の $t = 4.0 \,[\text{s}]$ を求めて，(1)をあとまわしにする作戦もあります。やってみましょう‼

$g = 9.8 \,[\text{m/s}^2]$, $t = 4.0 \,[\text{s}]$ より,

$$v = 9.8 \times 4.0$$

∴ $v = \underline{39.2} \,[\text{m/s}]$ …(答)

- $v = gt$

その3 "鉛直投げおろし" のお話

まあ，その名のとおりです✋ 初速度を与えて投げおろすわけです。

"鉛直投げおろし"の公式です‼

❶ $v = v_0 + gt$

❷ $y = v_0 t + \dfrac{1}{2}gt^2$

❸ $v^2 - v_0{}^2 = 2gy$

あくまでもベースは Theme 5 の3つの公式です‼

$$\begin{cases} v = v_0 + at \\ x = v_0 t + \dfrac{1}{2}at^2 \\ v^2 - v_0{}^2 = 2ax \end{cases}$$

この3つの公式において次のように置き換える‼

$$a \Rightarrow g \quad x \Rightarrow y$$

注 今回も鉛直下向きを正の向きと考えます‼

Theme 6 鉛直方向の運動

では，演習タイムです!!

問題16 キソ

ある物体に初速度 v_0[m/s] を与えて投げおろしたところ，t_0 秒間で地面に達した。この高さからこの物体を自由落下させた場合，何秒間で地面に達するか。ただし，重力加速度を g[m/s^2] とする。

物理では文字の問題が主流!! このあたりで慣れておこう!!

解答でござる

物体を落下させた地上からの高さを y[m] とおくと，

$$y = v_0 t_0 + \frac{1}{2} g t_0^2 \quad \cdots ①$$

$y = v_0 t + \frac{1}{2} g t^2$ において $t = t_0$ を代入!!

この高さから自由落下させたとき，地面に達するまでの時間を t[s] とすると，

$$y = \frac{1}{2} g t^2 \quad \cdots ②$$

p.48参照!!
自由落下の公式です!!
求めるべきはこの t です!!

①と②より，

$$\frac{1}{2} g t^2 = v_0 t_0 + \frac{1}{2} g t_0^2$$

y を消去

両辺を2倍して，

$$g t^2 = 2 v_0 t_0 + g t_0^2$$

$$t^2 = \frac{2 v_0 t_0 + g t_0^2}{g}$$

$t > 0$ より，

$$t = \sqrt{\frac{2 v_0 t_0 + g t_0^2}{g}} \text{[s]} \quad \cdots \text{(答)}$$

$$t = \sqrt{\frac{2 v_0 t_0 + g t_0^2}{g}}$$
$$= \sqrt{\frac{2 v_0 t_0}{g} + \frac{g t_0^2}{g}}$$
$$= \sqrt{\frac{2 v_0 t_0}{g} + t_0^2}$$

としてもOK!!

その4 "鉛直投げ上げ" のお話

その名のとおり，物体に初速度を与えて投げ上げるだけです。

ここで注意してほしいのは，初速度の向きと重力加速度の向きは逆向きであるということです。

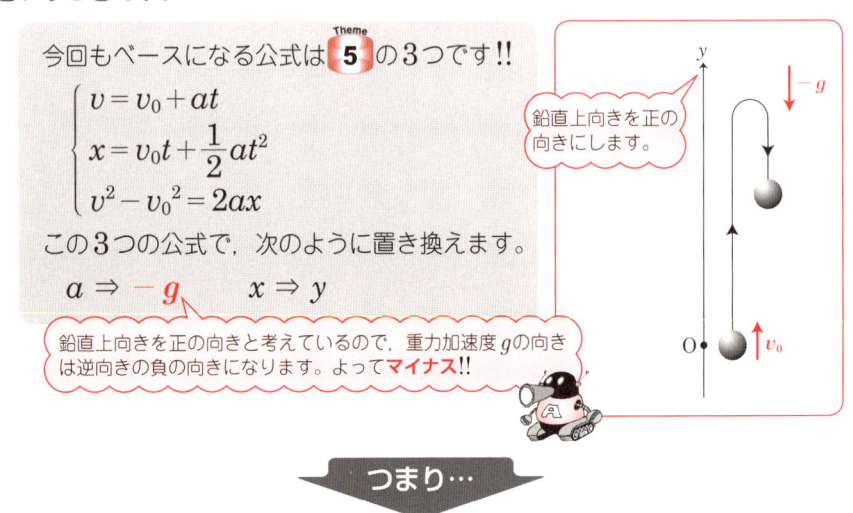

今回もベースになる公式は Theme 5 の3つです!!

$$\begin{cases} v = v_0 + at \\ x = v_0 t + \frac{1}{2} at^2 \\ v^2 - v_0^2 = 2ax \end{cases}$$

この3つの公式で，次のように置き換えます。

$$a \Rightarrow -g \qquad x \Rightarrow y$$

鉛直上向きを正の向きと考えているので，重力加速度 g の向きは逆向きの負の向きになります。よって**マイナス**!!

鉛直上向きを正の向きにします。

つまり…

"鉛直投げ上げ" の公式です!!

❶ $v = v_0 - gt$

❷ $y = v_0 t - \frac{1}{2} gt^2$

❸ $v^2 - v_0^2 = -2gy$

$-g$ がポイントです!!

さて演習しましょう!!

問題17 〔標準〕

ある物体を初速度98 [m/s]で鉛直方向に投げ上げた。重力加速度を9.8 [m/s²]として，次の各問いに答えよ。

(1) 最高点に達するのは何秒後か。
(2) 最高点の高さは何mか。
(3) この物体は何秒後に投げ出された位置にもどってくるか。
(4) 投げ出された位置にもどってきたときの速さを求めよ。

ナイスな導入

- 初速度 $v_0 = 98$ [m/s]で投げ上げる!!
- 投げ上げたところを$y=0$としよう!!
- そして… 最高点に到達!! このとき，いったん静止する!! つまり，速度は$v=0$ [m/s]
- そして… 最高点からUターンして落下していく!!

ポイントは最高点での速度が**0** [m/s]であることです。(3)と(4)の意外な結末は覚えておくべし!!

解答でござる

(1) 最高点に達するまでの時間をt [s]として，最高点での速度は0 [m/s]であるから，

$$0 = 98 - 9.8t$$
$$9.8t = 98$$
$$t = \underline{\mathbf{10}} \text{ [s]} \quad \cdots \text{(答)}$$

$v = 0$, $g = 9.8$
$v = v_0 - gt$
$v_0 = 98$

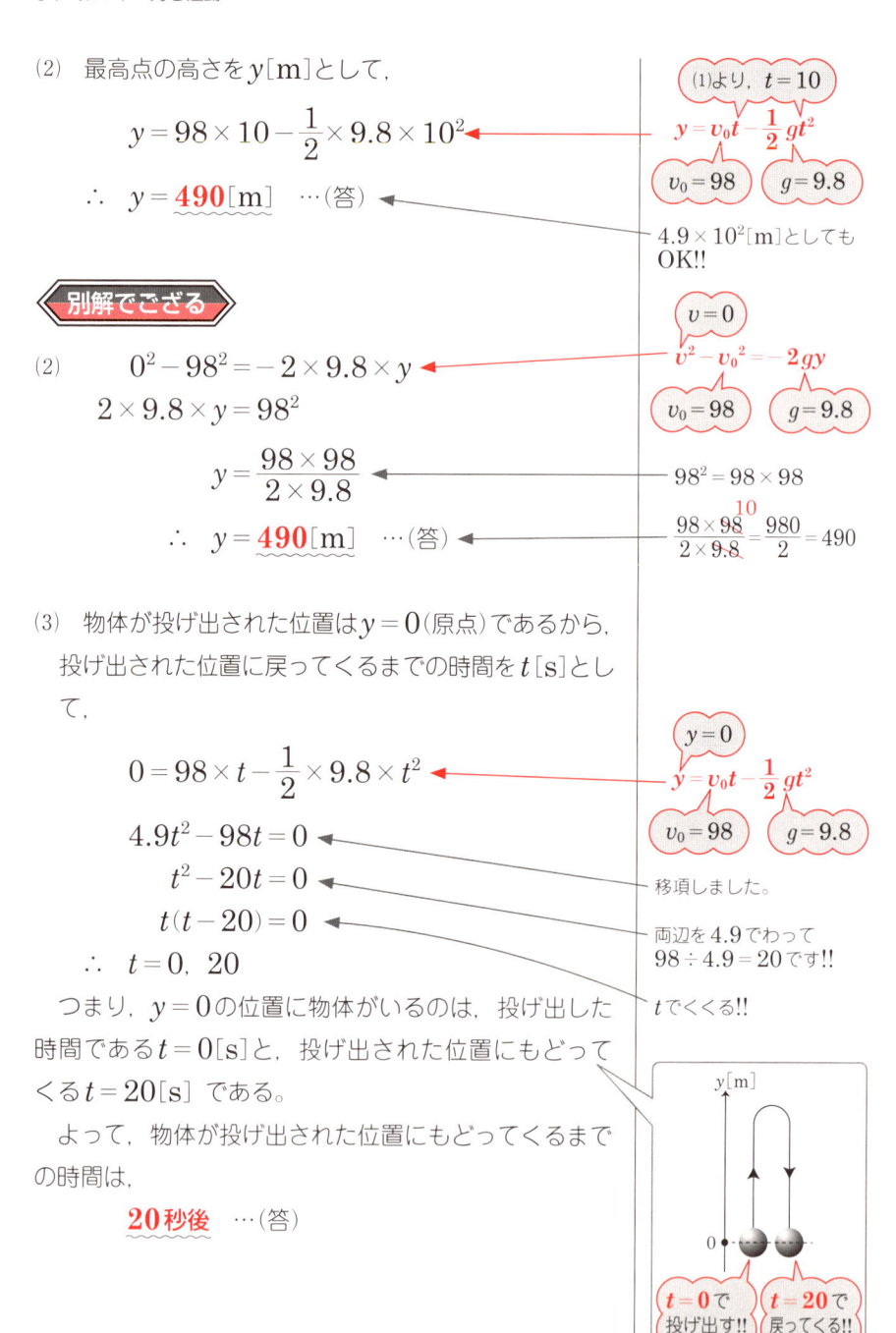

(2) 最高点の高さを y[m]として,

$$y = 98 \times 10 - \frac{1}{2} \times 9.8 \times 10^2$$

∴ $y = \underline{\mathbf{490}}$[m]　…(答)

(1)より, $t = 10$
$y = v_0 t - \frac{1}{2}gt^2$
$v_0 = 98$　$g = 9.8$

4.9×10^2[m]としてもOK!!

別解でござる

(2) $\quad 0^2 - 98^2 = -2 \times 9.8 \times y$

$\quad 2 \times 9.8 \times y = 98^2$

$$y = \frac{98 \times 98}{2 \times 9.8}$$

∴ $y = \underline{\mathbf{490}}$[m]　…(答)

$v = 0$
$v^2 - v_0^2 = -2gy$
$v_0 = 98$　$g = 9.8$

$98^2 = 98 \times 98$

$\frac{98 \times \overset{10}{98}}{2 \times 9.8} = \frac{980}{2} = 490$

(3) 物体が投げ出された位置は $y = 0$ (原点)であるから,
投げ出された位置に戻ってくるまでの時間を t[s]として,

$$0 = 98 \times t - \frac{1}{2} \times 9.8 \times t^2$$

$4.9t^2 - 98t = 0$

$t^2 - 20t = 0$

$t(t - 20) = 0$

∴ $t = 0, 20$

$y = 0$
$y = v_0 t - \frac{1}{2}gt^2$
$v_0 = 98$　$g = 9.8$

移項しました。

両辺を4.9でわって $98 \div 4.9 = 20$ です!!

t でくくる!!

つまり, $y = 0$ の位置に物体がいるのは, 投げ出した時間である $t = 0$[s] と, 投げ出された位置にもどってくる $t = 20$[s] である。

よって, 物体が投げ出された位置にもどってくるまでの時間は,

$\underline{\mathbf{20秒後}}$　…(答)

$t = 0$ で投げ出す!!　$t = 20$ で戻ってくる!!

Theme 6 鉛直方向の運動

(4) 物体が投げ出された位置にもどってきたときの速度を v[m/s]とすると,
$$v = 98 - 9.8 \times 20$$
∴ $v = -98$[m/s]

したがって,求める速さは,

98[m/s] …(答)

(3)より,$t = 20$
$v = v_0 - gt$
$v_0 = 98$　$g = 9.8$

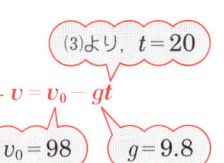

ここで負の値になったのはあたりまえです!!
下図参照!!

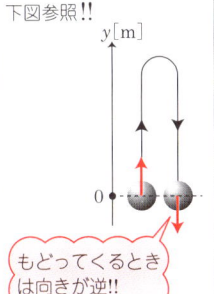

もどってくるときは向きが逆!!

本問では"速さ"を答えればよいので,大きさだけでよい!! つまり,向きは無関係なのでマイナスはいらないよ

別解でござる

(4) $y = 0$ の地点にもどってくるわけだから…
$$v^2 - 98^2 = -2 \times 9.8 \times 0$$
$$v^2 - 98^2 = 0$$
$$v^2 = 98^2$$
∴ $v = \pm 98$

このとき,もどってきた物体の速度は初速度と逆向きであるから,
$$v = -98\text{[m/s]}$$

よって,求める速さは,

98[m/s] …(答)

$g = 9.8$
$v^2 - v_0^2 = -2gy$
$v_0 = 98$　$y = 0$

このマイナスは結局関係なくなるんだけど…,事実ですから…

"速さ"は大きさなのでマイナスはとる!!

ちょっと言わせて

もうお気づきかもしれませんが…

（桃）ん!?
（虎）あんた気づいてないね…

必ず言えることが2つあります!!

本問でのストーリーを振り返ってみよう…。

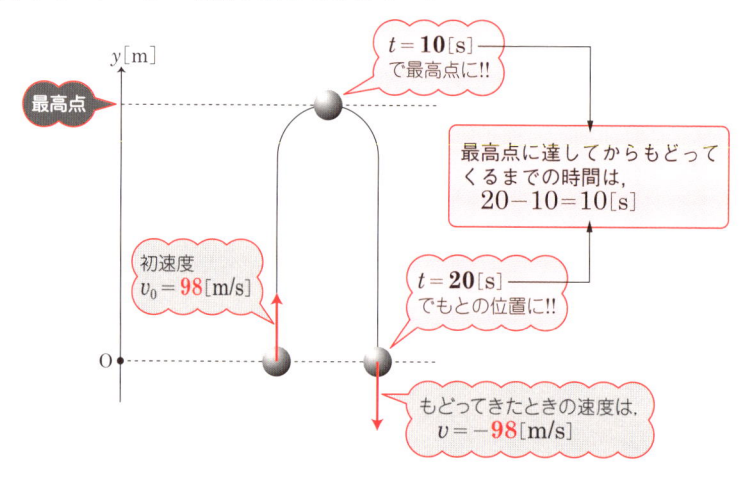

- $t=10$[s] で最高点に!!
- 最高点に達してからもどってくるまでの時間は，$20-10=10$[s]
- 初速度 $v_0=98$[m/s]
- $t=20$[s] でもとの位置に!!
- もどってきたときの速度は，$v=-98$[m/s]

（桃）あれーっ!!
初速度ともどってきたときの速さが同じだ!!
あれーっ!!
投げ出してから最高点に達するまでの時間と，最高点に達してからもどってくるまでの時間も同じだ!!

よく気がついたね!! 君たち♥
これが"鉛直投げ上げ"で必ず言えることだよ。

その1 初速度の大きさ＝もどってくるときの速さ

その2 投げ出してから最高点に達するまでの時間
＝
最高点に達してからもどってくるまでの時間

Theme 7 放物運動

> 水平方向と鉛直方向に分けて考えればバッチリだよ♥

その 1 "水平投射" のお話

水平投射とはズバリ‼ 物体を水平に投げることである。ここでポイントは…

鉛直方向 👉 **自由落下運動** ← 初速度 $0\,[\mathrm{m/s}]$ の落下運動

鉛直方向には重力がはたらいています。

水平方向 👉 **等速直線運動**

水平方向には何も力がはたらいていません‼

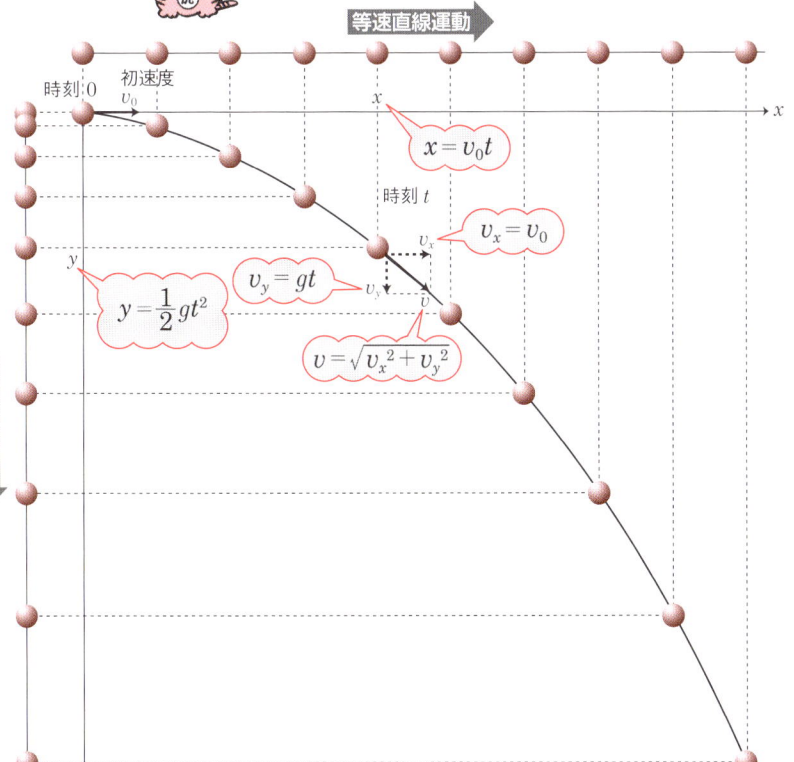

等速直線運動

時刻 0　初速度 v_0

$x = v_0 t$

時刻 t

$v_x = v_0$

$y = \dfrac{1}{2} g t^2$

$v_y = g t$

$v = \sqrt{v_x{}^2 + v_y{}^2}$

自由落下運動

では，この図の補足説明を…

設定

時刻 $t=0$ のときの水平方向の初速度を v_0 とします。出発点を原点 O として，水平方向右向きに x 軸，鉛直方向下向きに y 軸をとります。

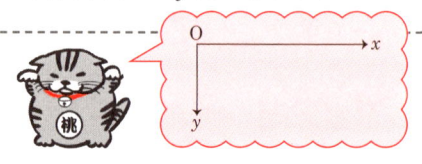

速度について

時刻 t における速度 v の x 成分を v_x，y 成分を v_y とすると…

$$v_x = v_0$$

等速直線運動ですから一定です!!

$$v_y = gt$$

theme 6 でおなじみ，自由落下運動の公式です!!

よって!!

時刻 t における速さ v は

向きを無視した"速度の大きさ"なので"速さ"と呼ぼう!!

$$v = \sqrt{v_x^2 + v_y^2}$$

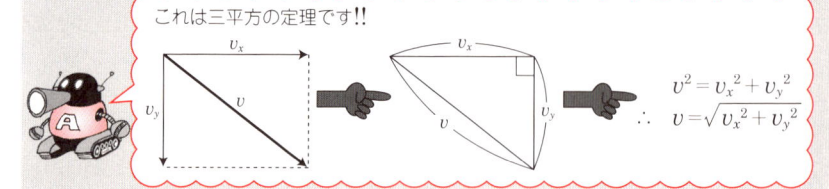

これは三平方の定理です!!

$$v^2 = v_x^2 + v_y^2$$
$$\therefore v = \sqrt{v_x^2 + v_y^2}$$

位置(座標)について

時刻 t における位置 (x, y) は…

$$x = v_0 t$$

等速直線運動ですから…(速さ)×(時間)です!!

$$y = \frac{1}{2}gt^2$$

theme 6 でおなじみ，自由落下運動の公式です!!

さらに，自由落下の公式といえば…
$$v_y^2 = 2gy$$
も使いますよ!! p.48参照!!

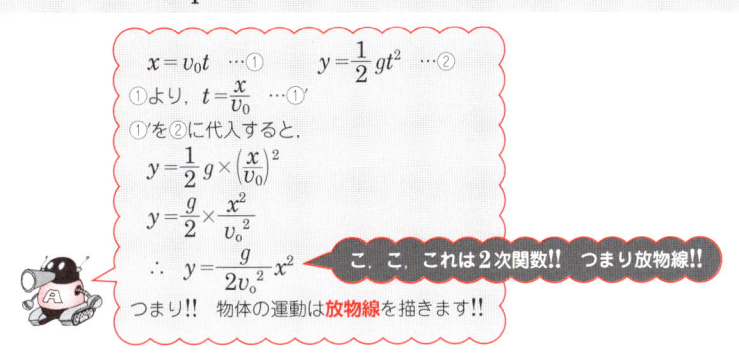

$x = v_0 t \quad \cdots ①$ 　　 $y = \dfrac{1}{2}gt^2 \quad \cdots ②$

①より，$t = \dfrac{x}{v_0} \quad \cdots ①'$

①'を②に代入すると，
$$y = \dfrac{1}{2}g \times \left(\dfrac{x}{v_0}\right)^2$$
$$y = \dfrac{g}{2} \times \dfrac{x^2}{v_0^2}$$
$$\therefore \quad y = \dfrac{g}{2v_0^2}x^2$$

こ，こ，これは2次関数!! つまり放物線!!

つまり!! 物体の運動は**放物線**を描きます!!

物理はとにかく問題をこなすべし!! Let's Try!!

問題18　キソ

高さ $22.5 \, [\mathrm{m}]$ の塔の上から，ボールを初速度 $21 \, [\mathrm{m/s}]$ で水平方向に投げ出した。このとき，次の各問いに答えよ。ただし，重力加速度を $9.8 \, [\mathrm{m/s^2}]$ とする。

(1) 地面に達するのは投げ出してから何秒後か。
(2) 塔の真下からボールの着地点までの水平距離は何 m か。
(3) 着地点でのボールの速さを求めよ。ただし，$\sqrt{2} = 1.4$ とせよ。

解答でござる　ポイントはすでに述べてあるとおりです!!

(1) 地面に達するまでの時間を $t \, [\mathrm{s}]$ とすると，鉛直方向は自由落下運動であるから，

$$22.5 = \dfrac{1}{2} \times 9.8 \times t^2$$
$$22.5 = 4.9 t^2$$
$$225 = 49 t^2$$
$$t^2 = \dfrac{225}{49}$$

自由落下運動
＝初速度0の落下運動

$y = \dfrac{1}{2}gt^2$

小数がイヤだから両辺を10倍する!!

$t>0$ より，

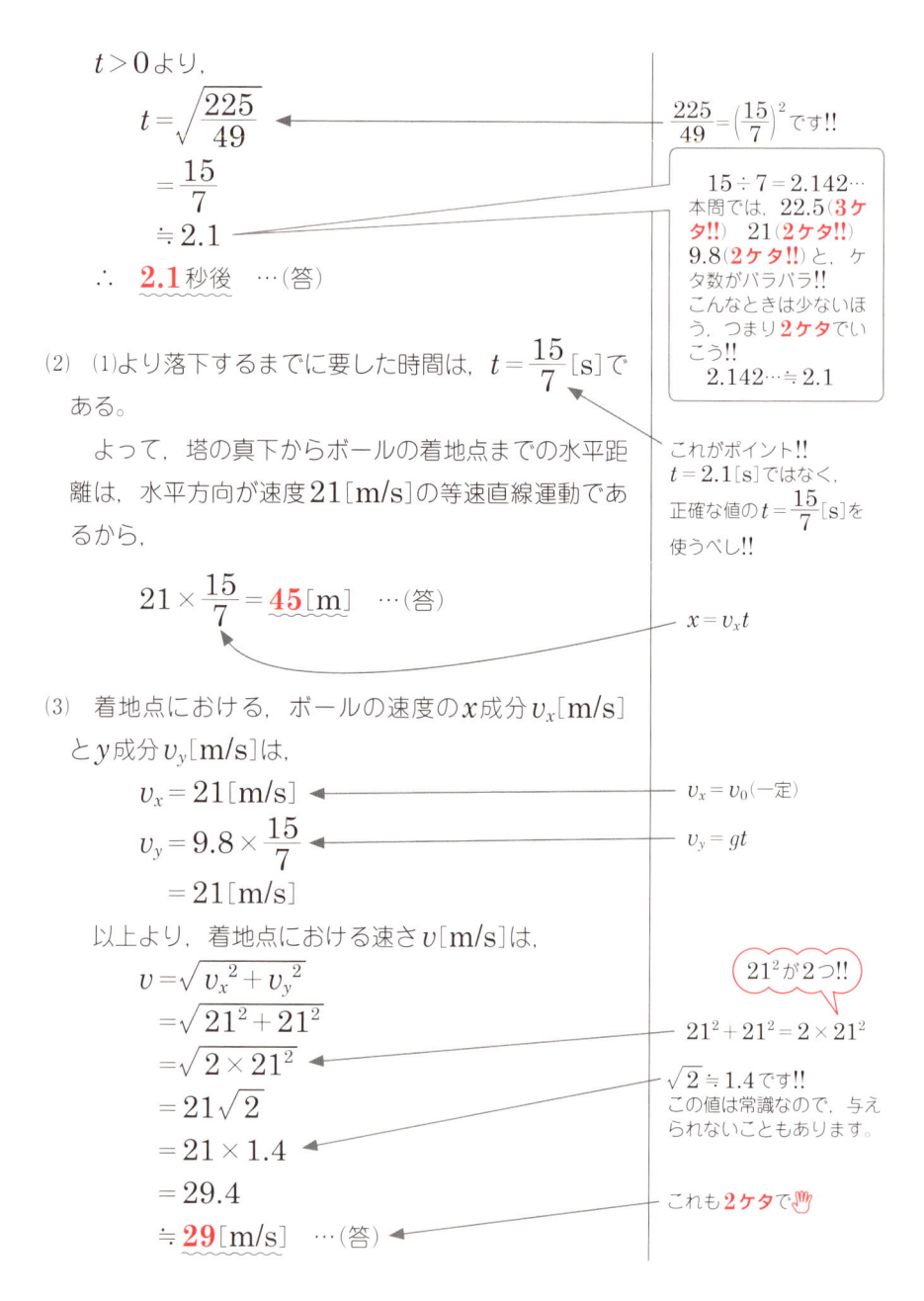

$$t = \sqrt{\frac{225}{49}}$$
$$= \frac{15}{7}$$
$$\fallingdotseq 2.1$$

∴ <u>**2.1**</u> 秒後　…(答)

> $\frac{225}{49} = \left(\frac{15}{7}\right)^2$ です!!
>
> 15 ÷ 7 = 2.142…
> 本問では，22.5(**3ケタ!!**) 21(**2ケタ!!**) 9.8(**2ケタ!!**)と，ケタ数がバラバラ!! こんなときは少ないほう，つまり**2ケタ**でいこう!!
> 2.142…≒2.1

(2) (1)より落下するまでに要した時間は，$t = \frac{15}{7}$[s]である。

よって，塔の真下からボールの着地点までの水平距離は，水平方向が速度21[m/s]の等速直線運動であるから，

$$21 \times \frac{15}{7} = \underline{\mathbf{45}}\,[\text{m}] \quad \cdots(\text{答})$$

これがポイント!! $t=2.1$[s]ではなく，正確な値の$t = \frac{15}{7}$[s]を使うべし!!

$x = v_x t$

(3) 着地点における，ボールの速度のx成分v_x[m/s]とy成分v_y[m/s]は，

$$v_x = 21\,[\text{m/s}]$$
$$v_y = 9.8 \times \frac{15}{7}$$
$$= 21\,[\text{m/s}]$$

$v_x = v_0$(一定)

$v_y = gt$

以上より，着地点における速さv[m/s]は，

$$v = \sqrt{v_x^2 + v_y^2}$$
$$= \sqrt{21^2 + 21^2}$$
$$= \sqrt{2 \times 21^2}$$
$$= 21\sqrt{2}$$
$$= 21 \times 1.4$$
$$= 29.4$$
$$\fallingdotseq \underline{\mathbf{29}}\,[\text{m/s}] \quad \cdots(\text{答})$$

21^2が2つ!!

$21^2 + 21^2 = 2 \times 21^2$

$\sqrt{2} \fallingdotseq 1.4$ です!!
この値は常識なので，与えられないこともあります。

これも**2ケタ**で🖐

Theme 7　放物運動

その②　"斜方投射"のお話

斜め上方に投げた物体の運動のことだよ。

まず，水平方向となす角 θ で初速度 v_0 を与えるところから物語は始まるのであった…。

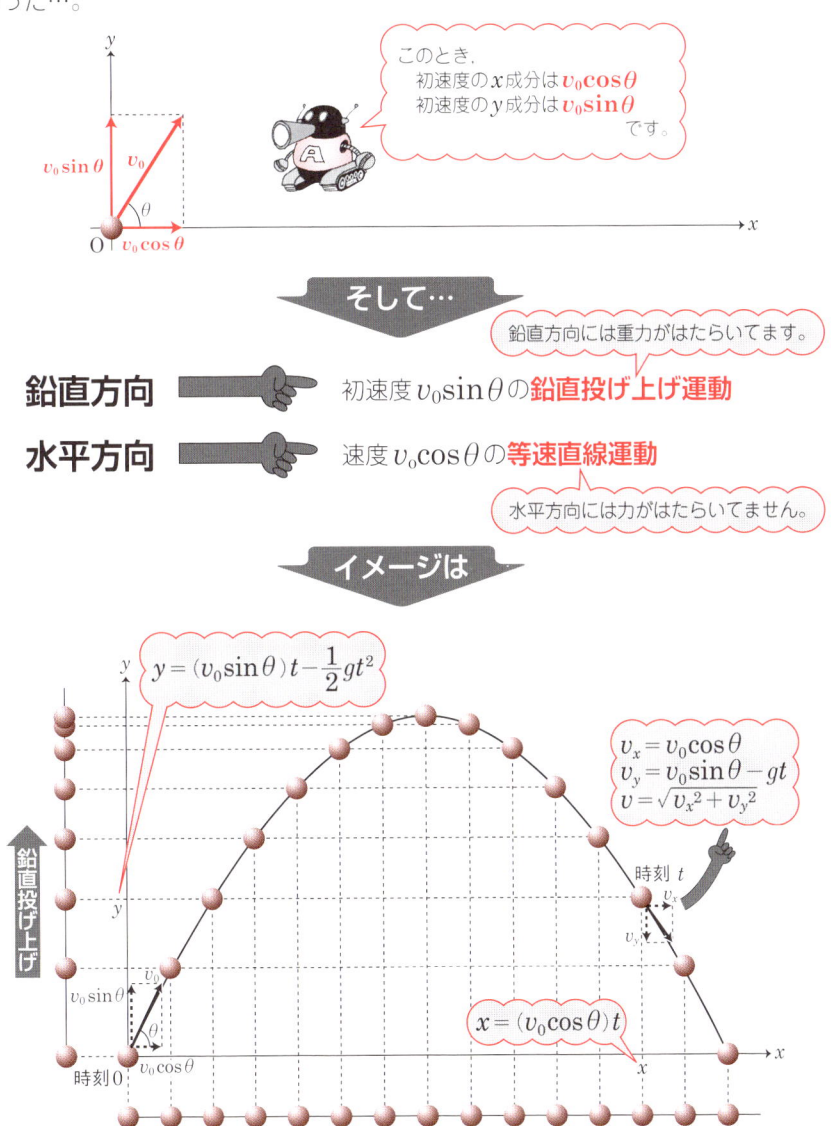

このとき，
初速度の x 成分は $v_0\cos\theta$
初速度の y 成分は $v_0\sin\theta$
です。

そして…

鉛直方向には重力がはたらいてます。

鉛直方向 → 初速度 $v_0\sin\theta$ の**鉛直投げ上げ運動**

水平方向 → 速度 $v_0\cos\theta$ の**等速直線運動**

水平方向には力がはたらいてません。

イメージは

$$y = (v_0\sin\theta)t - \frac{1}{2}gt^2$$

$$v_x = v_0\cos\theta$$
$$v_y = v_0\sin\theta - gt$$
$$v = \sqrt{v_x^2 + v_y^2}$$

時刻 t

鉛直投げ上げ

時刻 0

$$x = (v_0\cos\theta)t$$

等速直線運動

この図の補足説明をしておこう!!

設定

物体の出発点を原点Oとして，水平方向右向きにx軸，鉛直方向上向きにy軸をとります。

速度について

時刻tにおける速度vのx成分をv_x，y成分をv_yとすると…

$$v_x = v_0 \cos\theta$$ ← 等速直線運動です!! 速度は一定!!

$$v_y = v_0 \sin\theta - gt$$ ← theme 6 でおなじみ鉛直投げ上げ運動の公式です!!

このとき!!

$$v = \sqrt{v_x{}^2 + v_y{}^2}$$ ← 三平方の定理です!!

位置(座標)について

時刻tにおける位置(x, y)は…

$$x = (v_0 \cos\theta)t$$ ← 等速直線運動より，(速さ)×(時間)です。

$$y = (v_0 \sin\theta)t - \frac{1}{2}gt^2$$ ← 初速度$v_0 \sin\theta$の鉛直投げ上げ運動です!! 公式はp.52参照!!

注 $v_0\cos\theta t$ではなく，$(v_0\cos\theta)t$と表現している理由は大丈夫ですか？
$v_0\cos\theta t$としてしまうと，cos☐の☐の中にθtが入っていることになってしまいます🌀 $v_0\cos\theta$とtの積を表したいのであれば…，$(v_0\cos\theta)t$とするか，順番を変えて$v_0 t\cos\theta$とするべし!!

Theme 7 放物運動

物理は問題をとおして理解しよう!! とにかく演習です。

問題 19 　標準

水平な地面から斜め上方$30°$の方向に初速度$49[m/s]$でボールを投げた。重力加速度を$9.8[m/s^2]$として，次の各問いに答えよ。

(1) 最高点に達するのは何秒後か。
(2) 最高点の高さは何mか。
(3) ボールが地面に落下するのは何秒後か。
(4) ボールを投げた地点から落下点までの水平距離を求めよ。
　　ただし，$\sqrt{3} = 1.7$とする。
(5) 落下点におけるボールの速さ（速度の大きさ）を求めよ。
(6) 落下点におけるボールの速度の向きを次に示す例にならって答えよ。
　 例　斜め下方$45°$

ナイスな導入

とにかくコツは…

水平方向と**鉛直方向**に分けて考えよ!! です。

水平方向はこの世で最も単純な"等速直線運動"であるから，まぁおいといて…

鉛直方向の"鉛直投げ上げ運動"をしっかり復習しておかなければ…

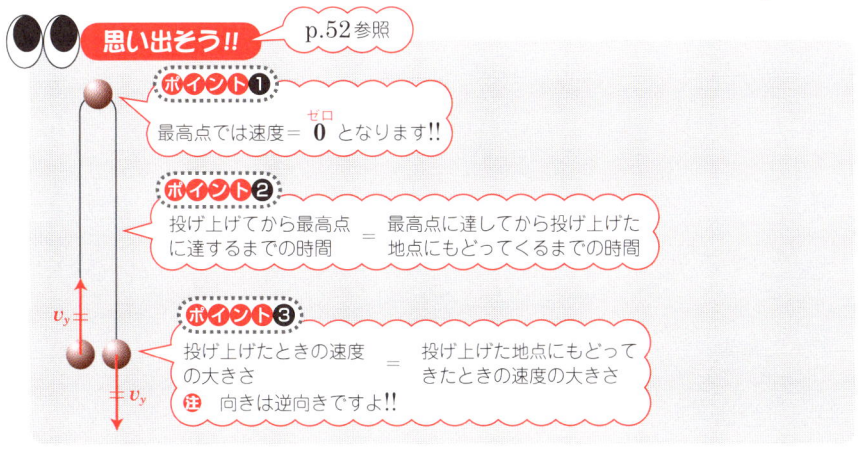

思い出そう!! p.52参照

ポイント❶
最高点では速度＝**0**（ゼロ）となります!!

ポイント❷
投げ上げてから最高点に達するまでの時間 ＝ 最高点に達してから投げ上げた地点にもどってくるまでの時間

ポイント❸
投げ上げたときの速度の大きさ ＝ 投げ上げた地点にもどってきたときの速度の大きさ
注　向きは逆向きですよ!!

$v_y =$
$= v_y$

64 第1章 力と運動

つまり

ポイント① から…

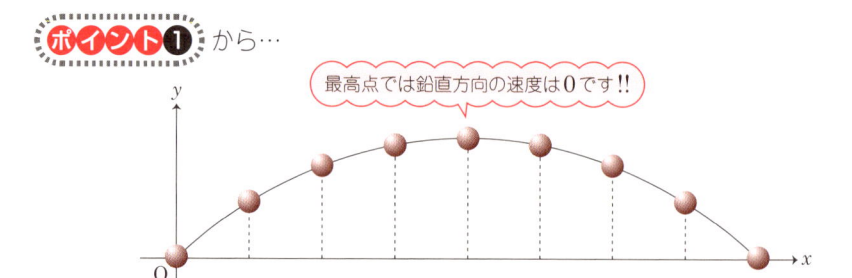

最高点では鉛直方向の速度は0です!!

ポイント② から…

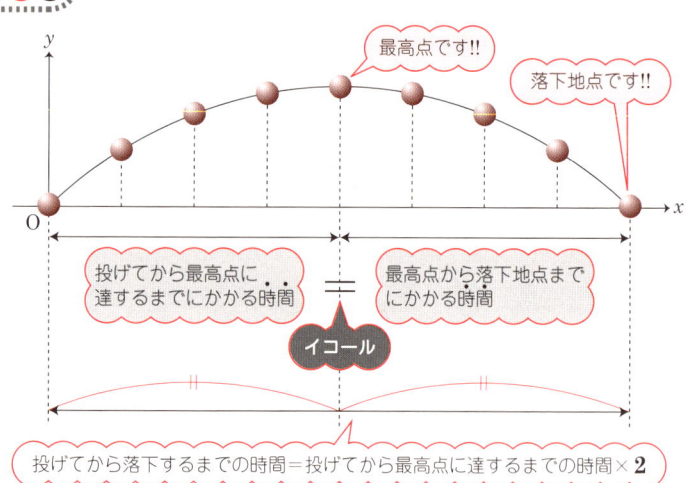

最高点です!!

落下地点です!!

投げてから最高点に
達するまでにかかる時間

イコール

最高点から落下地点まで
にかかる時間

投げてから落下するまでの時間＝投げてから最高点に達するまでの時間×**2**

ポイント③ から…

30°

30°

同じ!!

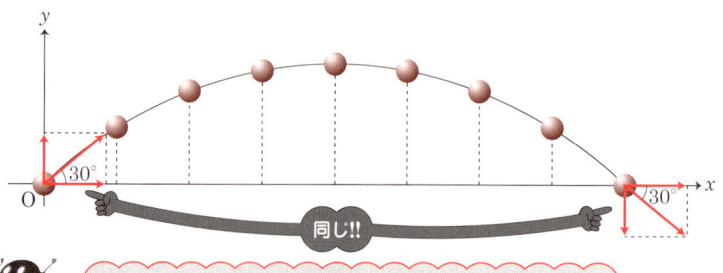

x方向の速度は一定!! y方向の速度は同じ大きさで逆向き!!
つまり，図形的にはまったく同じ状況になります。

では，解答をつくりましょう。

解答でござる

初速度の水平成分 V_x，鉛直成分 V_y は，

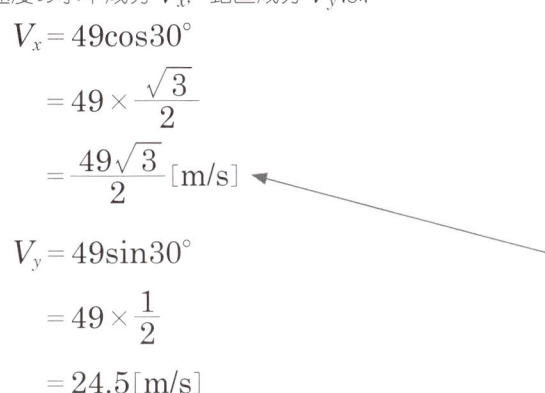

$$V_x = 49\cos 30°$$
$$= 49 \times \frac{\sqrt{3}}{2}$$
$$= \frac{49\sqrt{3}}{2} \, [\text{m/s}]$$

$$V_y = 49\sin 30°$$
$$= 49 \times \frac{1}{2}$$
$$= 24.5 \, [\text{m/s}]$$

本問では $V_0 = 49$ です!!

あとで $\sqrt{3} \fallingdotseq 1.7$ を用いて計算します。

(1) 鉛直方向は鉛直投げ上げ運動であるから，最高点での鉛直方向の速度は 0 である。これに注意して，投げ上げから最高点に達するまでの時間を $T[\text{s}]$ とすると，

$$0 = V_y - gT$$
$$0 = 24.5 - 9.8T$$
$$9.8T = 24.5$$
$$T = \frac{24.5}{9.8}$$
$$\therefore \ T = 2.5$$

よって，最高点に達するのは，

2.5秒後 …(答)

公式です!! p.52参照!!
$$v = v_0 - gt$$

今回は…
$v_0 = V_y = 24.5 [\text{m/s}]$
$v = 0 [\text{m/s}]$
$t = T[\text{s}]$
です!!

(2) 最高点の高さを h [m] とすると,

$$h = V_y T - \frac{1}{2}gT^2$$
$$= 24.5 \times 2.5 - \frac{1}{2} \times 9.8 \times 2.5^2$$
$$= 30.625$$
$$\fallingdotseq \underline{31} \text{[m]} \quad \cdots \text{(答)}$$

公式です!! p.52参照!!

$$y = v_0 t - \frac{1}{2}gt^2$$

今回は…
$v_0 = V_y = 24.5$ [m/s]
$t = T = 2.5$ [s] ←(1)の答
$y = h$ [m]
です!!

本問で登場する数字は
49 [m/s]　9.8 [m/s]
2ケタ!!　2ケタ!!
なので, 解答も2ケタで!!
よって3ケタ目を四捨五入!!

別解でござる　t を消去した公式を用いる。

(2) $0^2 - V_y^2 = -2gh$
$-(24.5)^2 = -2 \times 9.8 \times h$
$$h = \frac{(24.5)^2}{2 \times 9.8}$$
$$= 30.625$$
$$\fallingdotseq \underline{31} \text{[m]} \quad \cdots \text{(答)}$$

t を消去した公式を用いる。
公式です!! p.52参照!!

$$v^2 - v_0^2 = -2gy$$

今回は…
$v = 0$ [m/s]
$v_0 = V_y = 24.5$ [m/s]
$y = h$ [m]
です!!

＋ − 計算ひとくちメモ × ÷

分数にしてしまうのは
いかがでしょうか？

(2) $h = V_y T - \frac{1}{2}gT^2$
$$= 24.5 \times 2.5 - \frac{1}{2} \times 9.8 \times 2.5^2$$
$$= \frac{49}{2} \times \frac{5}{2} - \frac{1}{2} \times \frac{98}{10} \times \left(\frac{5}{2}\right)^2$$
$$= \frac{49 \times 5}{4} - \frac{1}{2} \times \frac{49}{5} \times \frac{25}{4}^{5}$$
$$= \frac{245}{4} - \frac{245}{8}$$
$$= \frac{245}{8}$$
$$= 30.625$$
$$\fallingdotseq \underline{31} \text{[m]} \quad \cdots \text{(答)}$$

小数が好きか？　分数が好きか？
好みだからゴリ押しはしないよ♥

(3) 👉 **ここがポイント!!**

| ボールを投げてから最高点に達するまでの時間 | ＝ | ボールが最高点に達してから落下するまでの時間 |

よって，ボールを投げてから地面に落下するまでの時間は，(1)の時間 T の2倍となる。

$$2T = 2 \times 2.5$$
$$= \underline{\mathbf{5.0}}[\mathrm{s}] \quad \cdots(\text{答})$$

p.64の **ポイント❷** から…を参照!!

これも2ケタでっ…

(4) 水平方向は，速度 $V_x = \dfrac{49\sqrt{3}}{2}$ [m/s]の等速直線運動であるから，(3)の結果より，ボールを投げた地点から落下地点までの水平距離は，

$$V_x \times 2T = \frac{49\sqrt{3}}{2} \times 5.0$$
$$= \frac{49 \times 1.7}{2} \times 5.0$$
$$= 208.25$$
$$\fallingdotseq \underline{\mathbf{210}}[\mathrm{m}] \quad \cdots(\text{答})$$

$\sqrt{3} \fallingdotseq 1.7$ です。本問では与えられてますが，覚えておくべき数字です。

今回も210で✋ 2ケタ!!

もちろん!! 2.1×10^2[m]としてもOKです。

(5) 👉 **ここがポイント!!**

| 初速度の大きさ ＝ 落下地点での速度の大きさ |

もちろん!! 両者の高さは同じでなければいけませんよ!!

よって，落下地点での速さ（速度の大きさ）は，

$\underline{\mathbf{49}}$[m/s] …(答)   計算する必要なし!!

p.64の **ポイント❸** から…を参照!!

(6) 👉 **ここがポイント!!**

・落下地点での速度の水平成分 ＝ 初速度の水平成分
・落下地点での速度の鉛直成分は，初速度の鉛直成分と同じ大きさで逆向き

よって，初速度の方向が斜め上方30°の方向であったから，落下地点における速度の方向は，

斜め下方30° …(答)

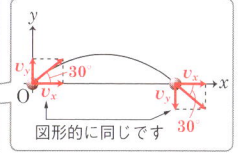

p.64の **ポイント❸** から…を参照!!

図形的に同じです

Theme 8 力 — Force!! —

力は英語でForce(フォース)といいます!!

その1 "力の種類"について…

"力"とは目に見えないものですが,物体を変形させたり,速度を変化させたりすることで,その存在を知ることができます。

> ある物体を伸ばしたり,曲げたり…
> ある物体の速度を速くしたり,遅くしたり,止めたり,あるいは速度の方向を変えたり…

で!! これから登場する"力"を先まわりして紹介しておこう!!

重 力

地球が万有引力により地球上の物体を引く力である。

注 地球を離れている物体(空中の物体)にも作用する。
万有引力については p.306 を読むべし!!

糸の張力

ピンっと張った糸(あるいは綱など)が物体を引く力である。

注 糸がピンっと張っているときだけ作用する。もちろん!! 糸がたるんでいてはダメですよ。

ばねの弾力性

ばね(つるまきばね)の伸びや縮みにより生じる力である。

注 物体の変形により生じる力を一般に弾性力と呼びます。例えば,ゴム状の物体やプラスチックの板などを変形させると力が生じますよね。

摩擦力
物体が他の物体と接触しながら動くときにはたらく力である。いずれ静止摩擦力と動摩擦力の2種類をおもに学ぶことになる!!

垂直抗力
2つの物体が接触するとき，接触面に対してお互いに垂直に押し合う力です。今後やたら登場しますよ!!

電気力
帯電した(電気を帯びた)物体どうしの間で作用する力です。いずれ公式とともに学ぶことになります。

磁気力
磁気(磁石などから生じる目に見えないあれですよ!! あれ!!)により生じる力です。これもいずれしっかり学びましょう。

> これら以外に浮力，圧力，流体の抵抗力(空気抵抗など)，表面張力などがあります。聞いたことはあるでしょう!?

その2 "力の単位と表現方法" について…

力の単位
質量 $1\,\mathrm{kg}$ の物体に $1\,\mathrm{m/s^2}$ の加速度を生じさせる力を $1\,\mathrm{N}$ と定義する。このとき単位は **N** で**ニュートン**と読む。

力は矢印で表せ!!

力には"大きさ"と"向き"があります!!

これをうまく表現するには…，矢印の長さで力の"大きさ"を表し，矢印の向きで力の"向き"を表すしかない!! この矢印を**ベクトル**と呼びます。ベクトルなので $\vec{F}$ と表します。

作用線とは!?

力が作用している点を力の**作用点**と呼び，作用点を通って力の向きに引いた直線を**作用線**と呼びます。

注 上の矢印で，矢印の向きは力の"向き"を表し，矢印の長さは力の"大きさ"を表してます。さらに，力の大きさ，力の向き，作用線（あるいは作用点）を**力の三要素**と申します。

矢印は動かせる!!

物体に作用する力は，作用線上であれば移動可能です。つまり，自分の都合のよいように矢印をかき直すことができます。

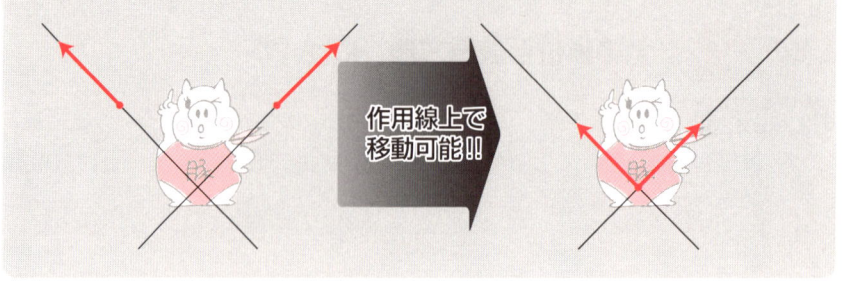

作用線上で移動可能!!

その3 "力の合成" のお話

複数の力が物体に作用するとき，これらの力の合計が**合力**として物体に作用します。この合力を求めることを**力の合成**と呼びます。

で!! 力はベクトル（大きさと向きがある量）であるから，**平行四辺形の法則**により，合力を求めることができます。

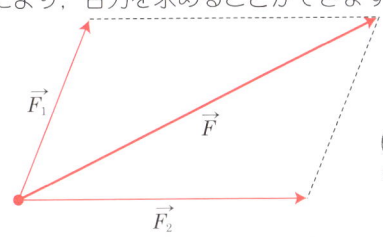

左図のように，$\vec{F_1}$と$\vec{F_2}$の合力$\vec{F}$の向きは平行四辺形の対角線の向きであり，合力$\vec{F}$の大きさは対角線の長さである。

では，実際にやってみよう!!

問題20　キソのキソ

右図のように，ある物体に2つの力$\vec{F_1}$と$\vec{F_2}$が作用している。これらの大きさはともに10[N]であり，作用線のなす角は120°である。$\vec{F_1}$と$\vec{F_2}$の合力$\vec{F}$の大きさを求めよ。

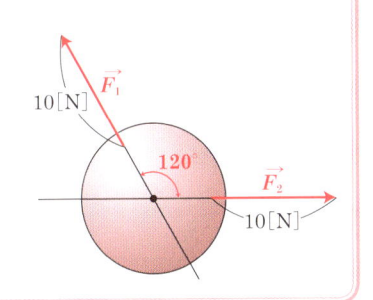

ナイスな導入

ベクトルは作用線上で移動可能であるから，離れている矢印の根もとをくっつけましょう!!

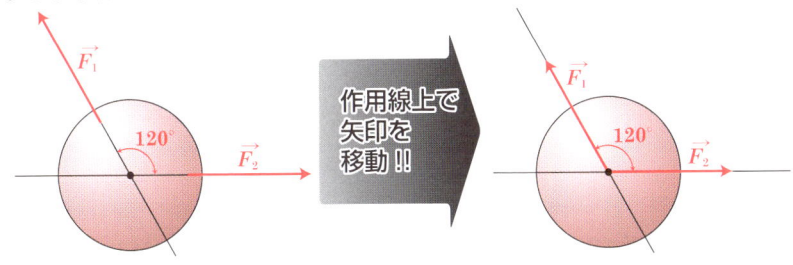

作用線上で矢印を移動!!

こうなれば平行四辺形の法則の出番です。

本問の特徴は，$\vec{F_1}$と$\vec{F_2}$の大きさがともに$10[\text{N}]$で，作用線のなす角が$120°$であることです。

> もうおわかりのとおり…
> これは平行四辺形のなかでも特別な形「**ひし形**」です。

ここからは図形のお話です。

> ひし形も平行四辺形であるので，向かい合う辺の長さは等しく，向かい合う角も等しくなります。
> よって，左図のようになりますね。

おーっと‼ こ，こ，これは…

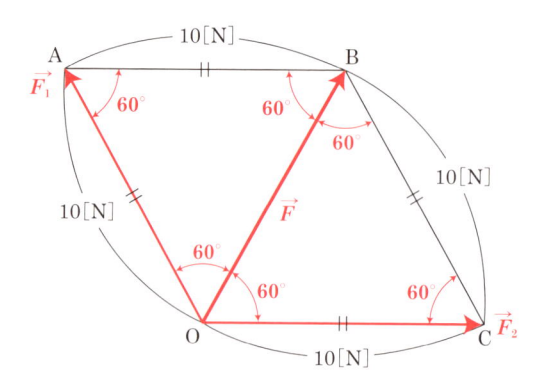

今，このひし形の各頂点を図のようにO，A，B，Cとすると，△OABはAO＝ABの二等辺三角形であるから，∠AOB＝∠ABOとなり，これらの大きさは$(180°-60°)\div 2=60°$となる。△OCBも同様です‼ つまり，△OABと△OCBは**正三角形**です。

よって，合力$\vec{F}$の大きさはOBの長さであるから，OB = OA = OCであるので，**10[N]** となる!!

> **解答でござる**

$\vec{F_1}$と$\vec{F_2}$で決定する平行四辺形を，下図のようにOABCとする。

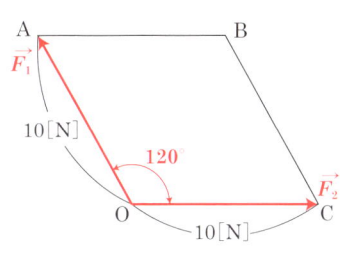

途中からは平面図形の問題だね…

このとき，平行四辺形OABCはひし形となり，∠AOC=120°であることから，△OABと△OCBはともに正三角形となる。
　$\vec{F_1}$と$\vec{F_2}$の合力$\vec{F}$の大きさは，OBの長さであるから，

　　10[N] …(答)

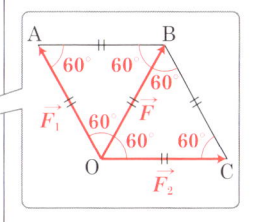

その 4 "力の分解" のお話

ズバリ!! 力の合成の逆ですよ!!

一般に，1つの力を平行四辺形の法則を用いて2つの力に分解することを**力の分解**と呼び，この2つの力を**分力**と呼びます。

そのなかでもよく用いられる力の分解は，互いに直交する向きに力を分解するパターンで，x成分，y成分なんて呼んだりします。

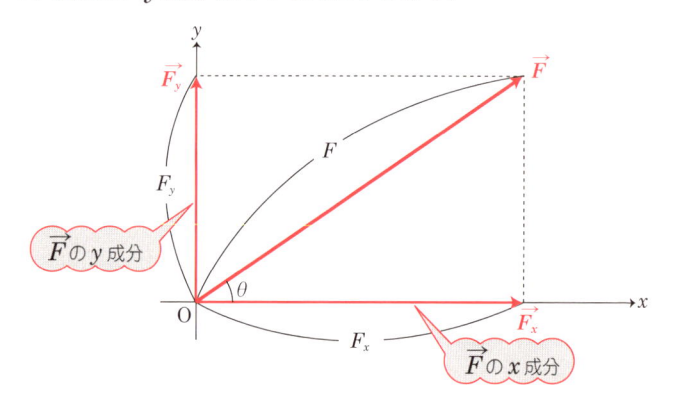

もはやおなじみの話ですが…，上図において，$\vec{F}$の大きさをF，$\vec{F_x}$の大きさをF_x，$\vec{F_y}$の大きさをF_yとすると…

$$F_x = F\cos\theta$$
$$F_y = F\sin\theta$$

また，この表し方かぁ…

と表されます。

もはや確認の必要はないかもしれませんが，もう一度…
右の直角三角形において

$\cos\theta = \dfrac{F_x}{F} \quad \therefore \quad F_x = F\cos\theta$ 分母をはらう!!

$\sin\theta = \dfrac{F_y}{F} \quad \therefore \quad F_y = F\sin\theta$ 分母をはらう!!

Theme 9 力のつり合い

> ボクたちの暮らしのなかでも、いろんなところで力がつり合ってるよ!!

その1 "力がつり合う"ためには…??

2つの力がつり合うためには、次の3つの条件が必要です。

1つ!! 大きさが等しい!!

2つ!! 同一作用線上にある!!

3つ!! お互いに逆向きである!!

これらの条件がそろえば、2つの力はつり合います。

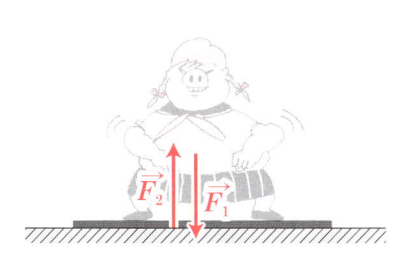

> 左図の場合…
> 豚山さん+じゅうたんを地球が引っ張る力、つまり引力 $\vec{F_1}$ と床が豚山さんを支える垂直抗力 $\vec{F_2}$ はつり合ってます。

注 上図の場合、$\vec{F_1}$ と $\vec{F_2}$ の合力は0です。力がつり合っている場合、必ずこれらの合力は0となります。

問題21 キソ

水平な2点A、Bにひもの両端を固定し、その途中の点Oに鉛直下向きに6.0[N]の力を加えたところ、右図のような状態となった。このとき、ひもOAの張力を求めよ。

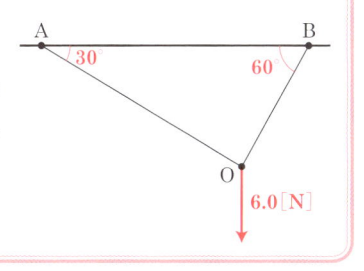

76　第1章　力と運動

ナイスな導入

　今まで，力はベクトルなので $\vec{F}$ と忠実に表現してまいりましたが，問題において"力を求めよ!!"と言われたら，単に"力の大きさ"を求めればOKであることが常識となっております。ですから，本問からは $\vec{F_1}$ や $\vec{F_2}$ といった表現ではなく，F_1 や F_2 と表しますので，よろしくお願いします。

では!!　本問の解説を始めます。
"力がつり合う"条件を思い出しましょう!!
①**大きさが等しい**　②**同一作用線上**　③**お互いに逆向き**　ということは…

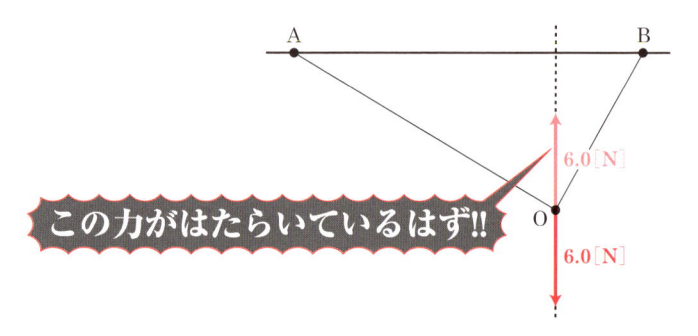

この力がはたらいているはず!!

　この鉛直上向きの力 $6.0\,[\mathrm{N}]$ は，ひもOAとひもOBがピンっと張ることによる力，つまり張力の合力である!!

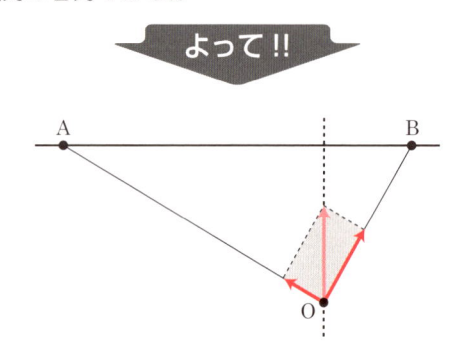

よって!!

　平行四辺形の法則を用いて，この $6.0\,[\mathrm{N}]$ をOAとOBの方向に分解すれば，これらがひもOAとひもOBの張力である。

ここで，∠OAB = 30°，∠OBA = 60°であるから，∠AOB = 90°となる。

さらに，Oから辺ABに垂線を下ろすと，右図のような角度に…

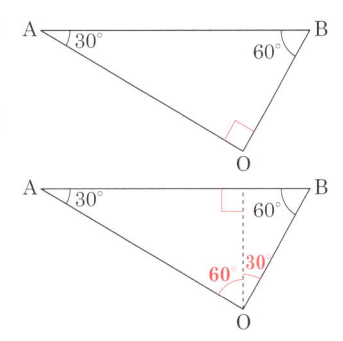

これらを踏まえて…

ひもOAの張力をF_1，ひもOBの張力をF_2とすると，

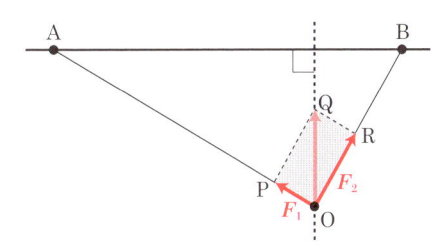

このとき，平行四辺形OPQRは，∠POR = 90°により長方形である。長方形OPQRを拡大すると…

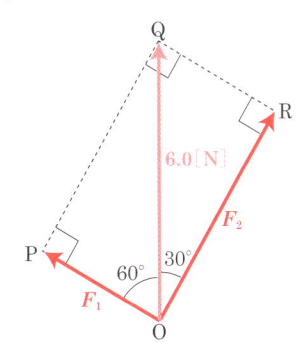

問われているのは，ひもOAの張力，つまりF_1であるから…

OP，あるいはRQの長さを求めればよい。
∠POQ＝60°に注目した場合…

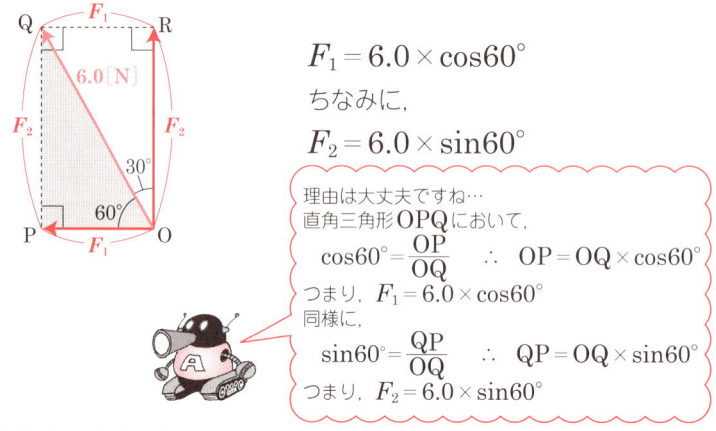

$F_1 = 6.0 \times \cos 60°$

ちなみに，

$F_2 = 6.0 \times \sin 60°$

理由は大丈夫ですね…
直角三角形OPQにおいて，
$\cos 60° = \dfrac{\text{OP}}{\text{OQ}}$　∴　$\text{OP} = \text{OQ} \times \cos 60°$
つまり，$F_1 = 6.0 \times \cos 60°$
同様に，
$\sin 60° = \dfrac{\text{QP}}{\text{OQ}}$　∴　$\text{QP} = \text{OQ} \times \sin 60°$
つまり，$F_2 = 6.0 \times \sin 60°$

∠ROQ＝30°に注目した場合…

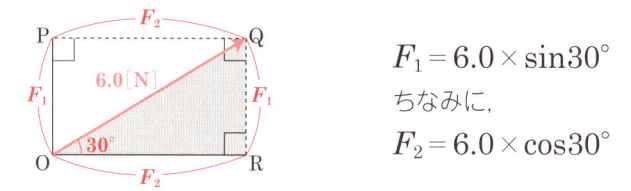

$F_1 = 6.0 \times \sin 30°$

ちなみに，

$F_2 = 6.0 \times \cos 30°$

30°を使うか？　60°を使うか？　は人によって自由なので，途中式は2とおりあります。が!!　解答は必ず一致しますよ!!

解答でござる

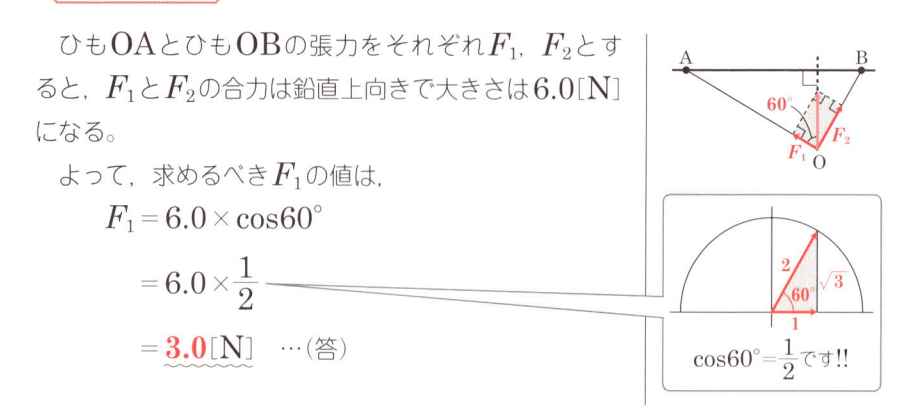

ひもOAとひもOBの張力をそれぞれF_1，F_2とすると，F_1とF_2の合力は鉛直上向きで大きさは6.0〔N〕になる。

よって，求めるべきF_1の値は，

$F_1 = 6.0 \times \cos 60°$

　　$= 6.0 \times \dfrac{1}{2}$

　　$= \underline{\mathbf{3.0 〔N〕}}$　…(答)

$\cos 60° = \dfrac{1}{2}$です!!

その2 "作用・反作用の法則"

物体Aが物体Bにある力をおよぼすと…，物体Bも物体Aに**同一作用線上で，大きさが同じで逆向き**の力を同時におよぼします。これを"作用・反作用の法則"と呼びます。作用する力と反作用する力がそれぞれ**別々の物体にはたらく一組の力**です。

では，ウザイ問題を…

問題22　キソのキソ

ある物体を水平な床に置いた。右図のようにこの物体と床には F_1, F_2, F_3 の力が作用している。
(1) つり合いの関係にあるのは，どれとどれか。
(2) 作用・反作用の関係にある力は，どれとどれか。

> どんな問題集をやってても，この話題は出てきます。F_1 と F_2 って同じじゃん!! とか思いませんか?? ウザイけど大切なことなんです!!

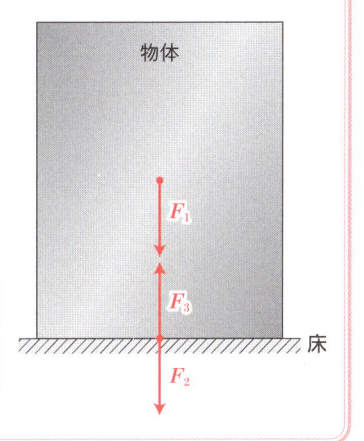

ナイスな導入

それぞれの力について説明しておこう!!

- F_1 ☞ 物体の中心（いわば重心）から矢印が鉛直下向きにかいてあります。これは，地球が物体を引っ張ることにより生じる力です。すなわち，この物体にはたらく**重力**（p.81で学習します）を表します。
- F_2 ☞ この物体が床におよぼしている力です。
たしかに，F_2 の原因となっているのは F_1 であり，F_1 と F_2 の大きさは等しいのですが，**意味の違い**をしっかり押さえておいてください。
- F_3 ☞ 床がこの物体におよぼしている力です。

80　第1章　力と運動

これらを踏まえて…

◆ 解答でござる ◆

(1)　2つの力がつり合っていることを考えるうえで注意することは，**同一の物体にはたらく力**がつり合っていなければならないということである。

　　よって，つり合いの関係にある力は，

　　　　　F_1 と F_3　…(答)

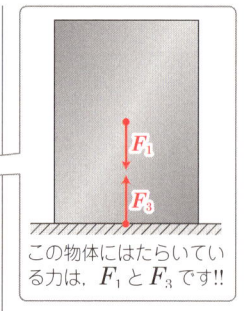

この物体にはたらいている力は，F_1 と F_3 です!!

(2)　作用・反作用の関係にある力は，**別々の物体**(本問では物体と床)**にはたらく一組の力**です。

　　よって，作用・反作用の関係にある力は，

　　　　　F_2 と F_3　…(答)

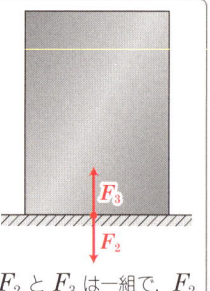

F_2 と F_3 は一組で，F_2 は床に，F_3 は物体に別々にはたらいている。

Theme 10 重 力 — Gravity —

> 重力は英語でgravity（グラヴィティー）といいます。

その1 "重力"のお話

世の中のすべての物体の間には，例外なく互いに引力が生じており，これを**万有引力**と呼びます。

> 驚くかもしれませんが，机の上に置いてあるボールペンと消しゴムの間にも万有引力が生じています。しかしながら，この力は弱く，無視できる程度です。万有引力についての詳しいお話は **28** にて…

で!! 地球と地球上の物体も互いに引力をおよぼし合っており，地球があまりにも巨大なため，この引力は無視できるものではありません。 この引力が**重力**です。

その2 "重さと質量"の意味の違いとは…?

物体にはたらく重力の大きさを**重さ**といいます。つまり，重さは重力によって変化します。例えば，同じ物体であっても地球上での重さと月面上での重さは違いますよね??

これに対して，**質量**とは，その物体を構成している原子や分子の種類や個数で決まる値で，重さのような不安定な値ではない!! 通常，地球上での重さをその物体の質量と考える。

> 例えば，地球上で $60\,\mathrm{kg}$ の物体は，質量は $60\,\mathrm{kg}$ ，重さも $60\,\mathrm{kg}$ である。月面上でのこの物体の質量は $60\,\mathrm{kg}$ のままで変化しないが，重さは変化してかなり軽くなる。

で!! 質量の単位は**キログラム [kg]**を用います。

その3 "重力の大きさ"の求め方

重力は力なので単位はN（ニュートン）を用います。

断り書きがないときは，地球上での重さを考えることが常識となっています。重力により，物体の質量によらず一定の加速度（重力加速度です!!）$g = 9.8$ [m/s^2]を得ることは，すでに学習してます（p.48参照!!）。

よって!!

1[kg]の物体に加速度1[m/s^2]を与える力が1[N]であるから…

$\times m$　　　　　$\times g$

m[kg]の物体に加速度g[m/s^2]を与える重力W[N]は…

$$W = mg \text{ [N]}$$

となる。

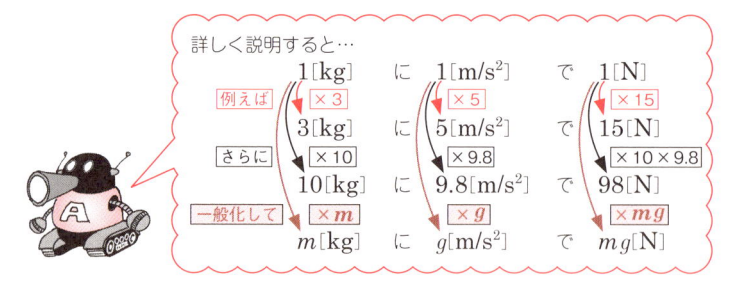

詳しく説明すると…

	1[kg]	に	1[m/s^2]	で	1[N]
例えば	×3		×5		×15
	3[kg]	に	5[m/s^2]	で	15[N]
さらに	×10		×9.8		×10×9.8
	10[kg]	に	9.8[m/s^2]	で	98[N]
一般化して	×m		×g		×mg
	m[kg]	に	g[m/s^2]	で	mg[N]

問題23 — キソのキソ

10[kg]の物体にはたらく重力を求めよ。ただし，重力加速度は，$g = 9.8$ [m/s^2]とする。

解答でござる

10[kg]の物体にはたらく重力は，
　　$10 \times 9.8 = $ **98**[N]　…（答）

$W = mg$です!!
本問では，$m = 10$[kg]です。

Theme 11 ばねの弾性力とフックの法則

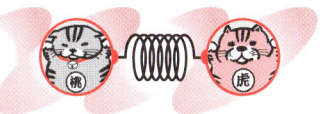

その1 "フックの法則" とは…??

物体を変形させるとき，その変形の大きさは加えた力に比例することが実験により知られています。このとき，加える力は小さいことが条件で，これを **"フックの法則"** といいます。

> ばねやゴムを思い浮かべてみよう!!
> 加える力が大きいと，ばねはもどる力を失ったり，ゴムは破損したりする

特に "ばね" の場合，次のような公式を用いる。

ばねの場合のフックの法則

ばねに $F[\text{N}]$ の力を加えたとき，ばねが $x[\text{m}]$ 伸びたり縮んだりしたとすると，次の公式，

$$F = kx$$

が成立する。

このとき，k は **ばね定数** と呼び，単位は $[\text{N/m}]$ である。

> この公式はばねが伸びた場合でも縮んだ場合でも，どちらでも使えます。
> ばね定数 k の単位についてですが…
> $F = kx$ より $k = \dfrac{F}{x}$ 単位に注目 $\dfrac{[\text{N}]}{[\text{m}]} = [\text{N/m}]$

問題24 キソ

(1) ばね定数が $20[\text{N/m}]$ であるばねを，$3.0[\text{cm}]$ 伸ばすために必要な力を求めよ。
(2) $0.50[\text{N}]$ の力を加えると，$2.0[\text{cm}]$ 縮むばねのばね定数を求めよ。

ナイスな導入

先ほどの公式…

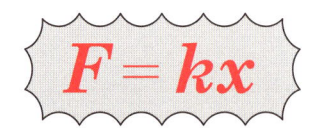

$$F = kx$$

で，すべて解決します!!

解答でござる

(1) ばね定数 $k = 20[\text{N/m}]$
ばねが伸びた長さ $x = 3.0[\text{cm}] = 0.030[\text{m}]$
以上より，求める力 $F[\text{N}]$ は，

$$F = kx$$
$$= 20 \times 0.030$$
$$= \underline{\mathbf{0.60}}[\text{N}] \quad \cdots (答)$$

> $1[\text{m}] = 100[\text{cm}]$
> つまり
> $1[\text{cm}] = 0.01[\text{m}]$
> つまり
> $3[\text{cm}] = 0.030[\text{m}]$

(2) 加えた力 $F = 0.50[\text{N}]$
ばねが縮んだ長さ $x = 2.0[\text{cm}] = 0.020[\text{m}]$
以上より，求めるばね定数を $k[\text{N/m}]$ として，

$$F = kx$$
$$0.50 = k \times 0.020$$
$$50 = 2k$$
$$k = \underline{\mathbf{25}}[\text{N/m}] \quad \cdots (答)$$

> $1[\text{m}] = 100[\text{cm}]$
> つまり
> $1[\text{cm}] = 0.01[\text{m}]$
> つまり
> $2.0[\text{cm}] = 0.020[\text{m}]$

> 両辺を100倍しました。
> 少数はキライ!!

Theme 11　ばねの弾性力とフックの法則　85

問題25　キソ

右図のように，あるばねを $10[\text{N}]$ の力で引っ張ったとき，次の各値を求めよ。

(1) 点Aでばねがもとにもどろうとする力の大きさを求めよ。

(2) 点Bでばねがもとにもどろうとする力の大きさを求めよ。

(3) 点Bで壁がばねを引っ張っている力の大きさを求めよ。

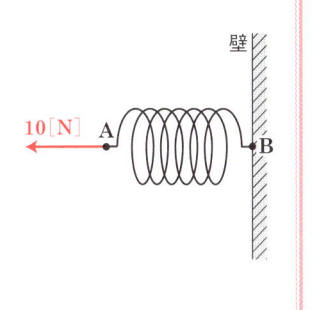

ナイスな導入

この問題はかなり重要ですよ!!

下図に示す，力の関係をしっかり頭に入れてください。

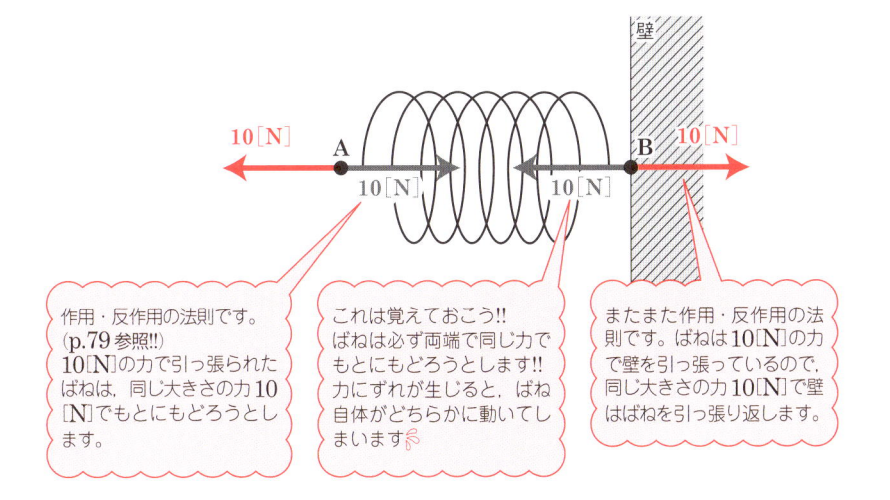

作用・反作用の法則です。（p.79参照!!）
$10[\text{N}]$ の力で引っ張られたばねは，同じ大きさの力 $10[\text{N}]$ でもとにもどろうとします。

これは覚えておこう!!
ばねは必ず両端で同じ力でもとにもどろうとします!! 力にずれが生じると，ばね自体がどちらかに動いてしまいます。

またまた作用・反作用の法則です。 ばねは $10[\text{N}]$ の力で壁を引っ張っているので，同じ大きさの力 $10[\text{N}]$ で壁はばねを引っ張り返します。

解答でござる

(1) 作用・反作用の法則により，点Aで10[N]の力で引っ張られたばねは，点Aで同じ大きさの力10[N]でもとにもどろうとします。

　　　<u>10[N]</u>　…(答)

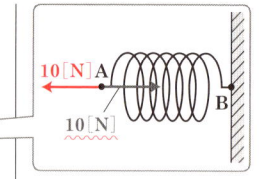

(2) 点Aで10[N]の力でもとにもどろうとしているばねは，点Bでも10[N]の力でもとにもどろうとしている。

　　　<u>10[N]</u>　…(答)

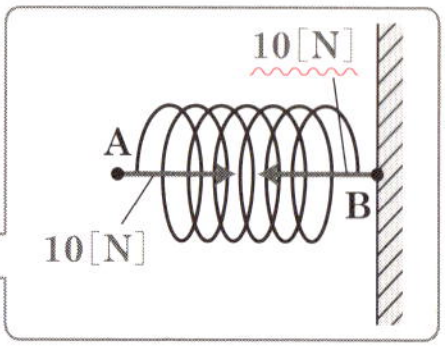

(3) 作用・反作用の法則より，点Bで10[N]の力で引っ張られた壁は，点Bで同じ大きさの力10[N]でばねを引っ張り返す。

　　　<u>10[N]</u>　…(答)

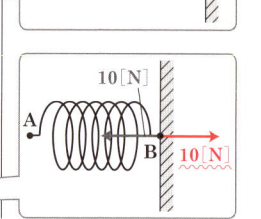

覚えておこう!!

ばねってヤツは…**両端で同じことになる!!**
イメージはこれだ!!

同じこと…??

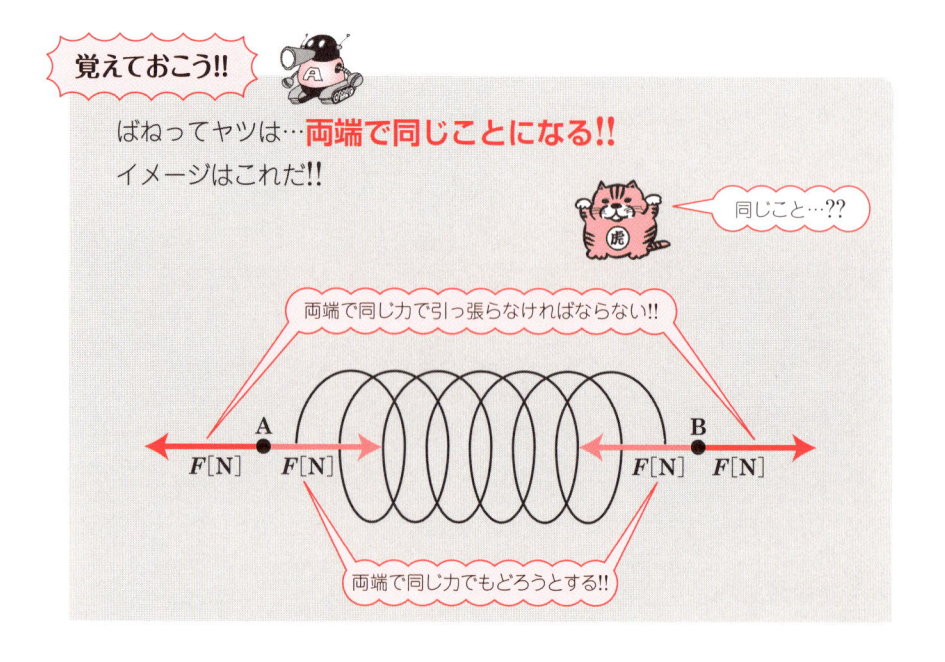

両端で同じ力で引っ張らなければならない!!

A　$F[N]$　$F[N]$　　B　$F[N]$　$F[N]$

両端で同じ力でもどろうとする!!

つまーり!! 問題25 では，壁がもう一方で引っ張っているわけです。

つまーり!!

次の2つのケースは同じです!!

ケース1 一端を壁に固定して $F[\mathrm{N}]$ の力で引っ張る（あるいは縮める）

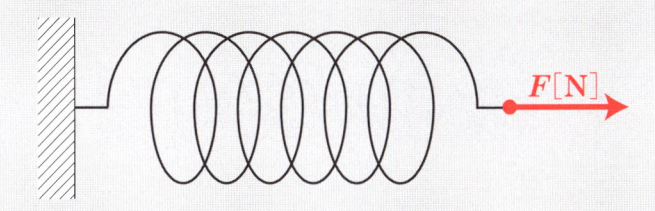

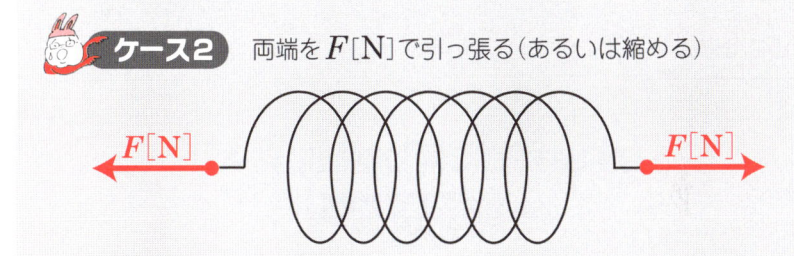

ケース2 両端を $F[\mathrm{N}]$ で引っ張る（あるいは縮める）

注 とゆーわけで…，**ケース2** の場合，ばねにかかる力が $2F[\mathrm{N}]$ と思ってはいけません!!

$F \times 2$

なるほど

その2 "ばねを直列につなぐ"お話

じつは，準備は 問題25 で万全です。いきなり問題へGO!!

問題26 キソ

ばね定数が $5.0\,[\text{N/m}]$ のばねAと，$3.0\,[\text{N/m}]$ のばねBを下図のように直列につなぎ，$0.15\,[\text{N}]$ の力で右側を水平に引っ張った。このとき，ばねAとばねBの伸びた長さはそれぞれ何 $[\text{cm}]$ であるか。

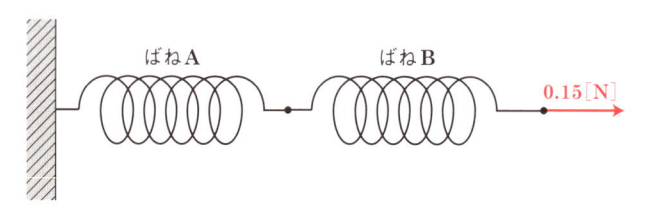

ナイスな導入

p.86の 覚えておこう!! でも述べたとおり…

ばねは両端で同じ状態になる!!

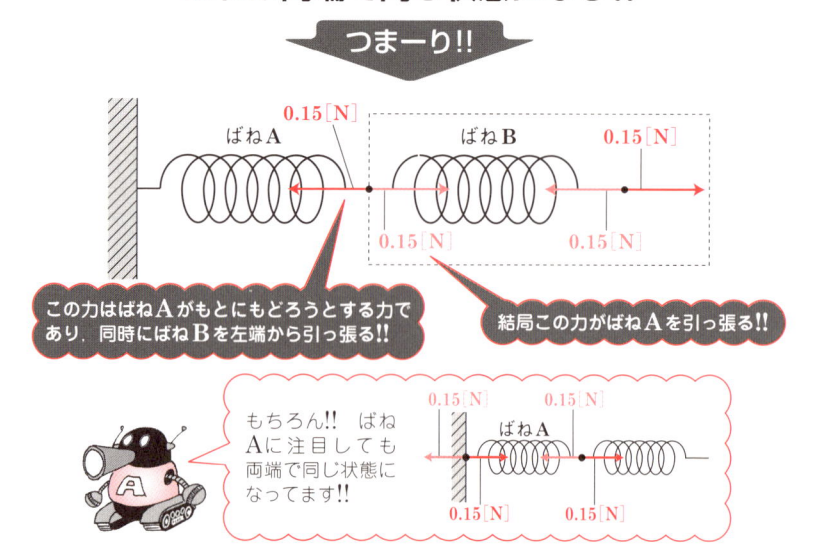

つまーり!!

この力はばねAがもとにもどろうとする力であり，同時にばねBを左端から引っ張る!!

結局この力がばねAを引っ張る!!

もちろん!! ばねAに注目しても両端で同じ状態になってます!!

> 結論です!!

ばねBを右端から引っ張った0.15[N]の力は…

そのままばねAに伝わる!!

よって，ばねAも0.15[N]の力で引っ張られる。

> 解答でござる

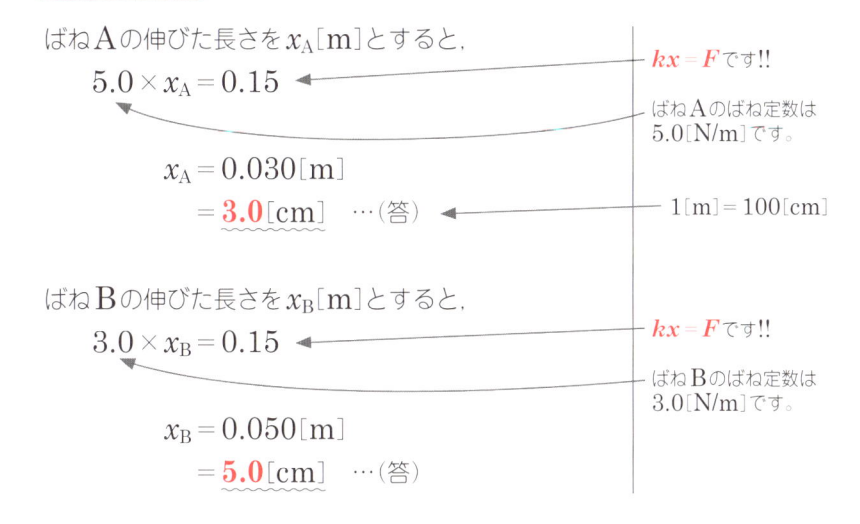

ばねAの伸びた長さを x_A [m]とすると，
$$5.0 \times x_A = 0.15$$ ← $kx = F$ です!!
ばねAのばね定数は 5.0[N/m]です。

$$x_A = 0.030 \text{[m]}$$
$$= \underline{3.0}\text{[cm]} \quad \cdots (\text{答})$$ ← 1[m] = 100[cm]

ばねBの伸びた長さを x_B [m]とすると，
$$3.0 \times x_B = 0.15$$ ← $kx = F$ です!!
ばねBのばね定数は 3.0[N/m]です。

$$x_B = 0.050 \text{[m]}$$
$$= \underline{5.0}\text{[cm]} \quad \cdots (\text{答})$$

その3 "ばねを並列につなぐ方法"

今回もいきなり問題に突入しよう!!

問題27 キソ

ばね定数が $5.0[\text{N/m}]$ であるばねAと,$3.0[\text{N/m}]$ であるばねBを下図のように並列につなぎ,$0.16[\text{N}]$ の力で右端を水平に引っ張った。このとき,ばねAとばねBの伸びた長さはそれぞれ何 $[\text{cm}]$ か。

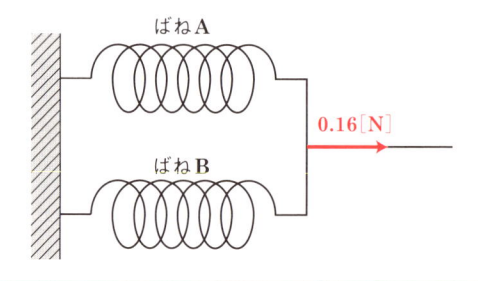

ナイスな導入

並列につないだバネの場合…

大前提がある!!

問題文に書いてあるように,"**水平に**引っ張った" とある。このような問題を考えるときは…

大前提その1 伸びていない状態での2本のばねの長さは等しい!!
親切な問題では断り書きがあるが,ない場合も多い!!

大前提その2 2本のばねの伸びた長さは等しい!!
伸びた長さが違うと,水平が保てない恐れが…

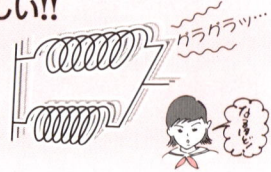

Theme 11 ばねの弾性力とフックの法則

解答でござる

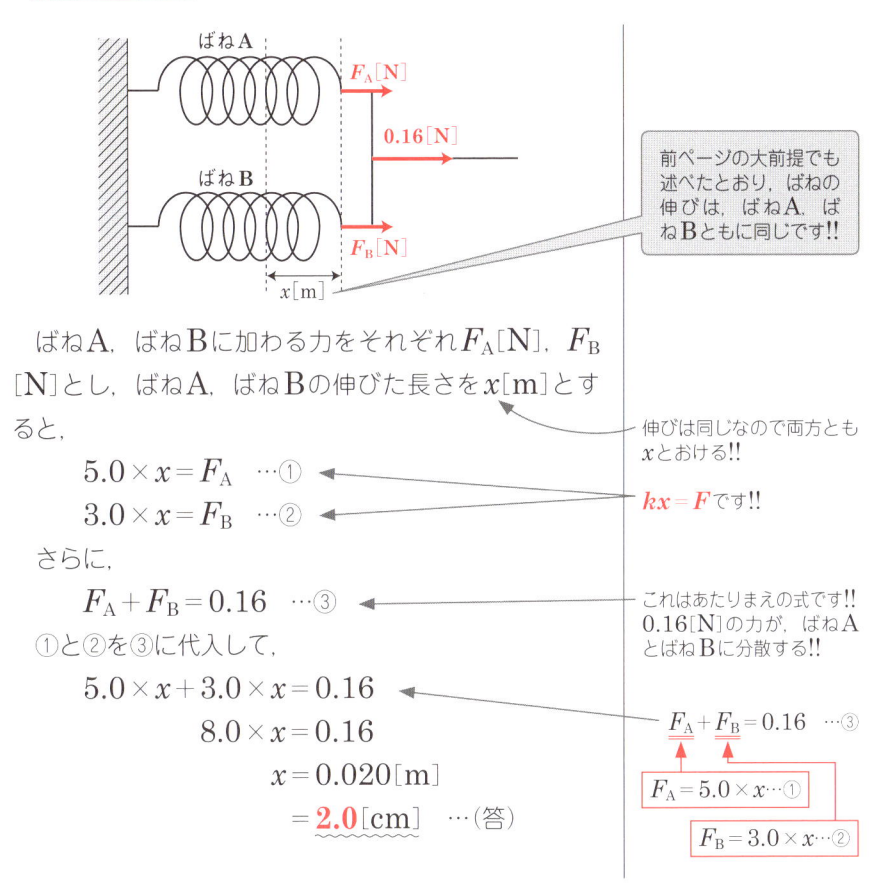

ばねA, ばねBに加わる力をそれぞれ F_A[N], F_B[N] とし, ばねA, ばねBの伸びた長さを x[m] とすると,

$$5.0 \times x = F_A \quad \cdots ①$$
$$3.0 \times x = F_B \quad \cdots ②$$

伸びは同じなので両方とも x とおける!!

$kx = F$ です!!

さらに,

$$F_A + F_B = 0.16 \quad \cdots ③$$

これはあたりまえの式です!! 0.16[N]の力が, ばねAとばねBに分散する!!

①と②を③に代入して,

$$5.0 \times x + 3.0 \times x = 0.16$$
$$8.0 \times x = 0.16$$
$$x = 0.020 \text{[m]}$$
$$= \underline{\mathbf{2.0}} \text{[cm]} \quad \cdots (答)$$

$\underline{F_A} + \underline{F_B} = 0.16 \quad \cdots ③$
$F_A = 5.0 \times x \cdots ①$
$F_B = 3.0 \times x \cdots ②$

ちょっと言わせて

並列にばねをつないだ場合, 加えた力が均等にそれぞれのばねに分散しない!!
本問の場合, $x = 0.020$[m] より,

①から $F_A = 5.0 \times 0.020 = 0.10$[N]
②から $F_B = 3.0 \times 0.020 = 0.060$[N]

違う!!

結論を言えば, それぞれの力はばね定数に比例します。

その4 "合成ばね定数" のお話です

合成ばね定数とは，複数のばねを連結した場合，それらのばねを**1本のばねとして考えたときのばね定数**のことである。

今までの知識を武器に，次の問題を考えてください。

問題28 　標準

ばね定数が k_1 のばねAと，ばね定数が k_2 のばねBを，下図のように直列につなぎ，F の力で水平に引っ張った。このとき，次の各問いに答えよ。

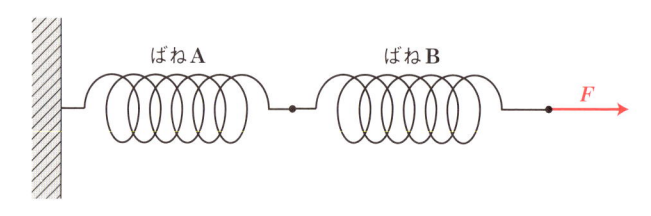

(1) ばねBが伸びた長さを求めよ。
(2) ばねAが伸びた長さを求めよ。
(3) ばねAとばねBを1本のばねと考えたときのばね定数(合成ばね定数)を求めよ。

ナイスな導入

問題26 でもやりましたが，直列の場合，ばねBを引っ張っている F の力はそのままばねAに伝わります。

あと…，本問にはまったく単位がありません。文字の問題の場合，このようなケースが多々あります。皆さんは心の中で，ばね定数は $[\mathrm{N/m}]$，長さは $[\mathrm{m}]$，力は $[\mathrm{N}]$ と思ってください。ただし，解答は単位なしでお願いします。

まぁ，とりあえず 解答でござる にいきますか…。

解答でござる

(1) ばねBの伸びた長さを x_2 とすると，
$$k_2 x_2 = F$$
$$\therefore \quad x_2 = \frac{F}{k_2} \quad \cdots (答)$$

$kx = F$ です!!

単位は不要!!

(2) ばねAの伸びた長さを x_1 とすると，
$$k_1 x_1 = F$$
$$\therefore \quad x_1 = \frac{F}{k_1} \quad \cdots (答)$$

ばねBを引っ張った力はそのままばねAに伝わります!!

(3) ばねAとばねBを1本のばねと考えたとき，伸びた長さ x は，
$$x = x_1 + x_2$$
$$= \frac{F}{k_1} + \frac{F}{k_2} \quad \cdots ①$$

2本のばねの伸びの合計!!

ばねAとばねBを1本のばねと考えたときのばね定数（合成ばね定数）を K とすると，
$$Kx = F \quad \cdots ②$$

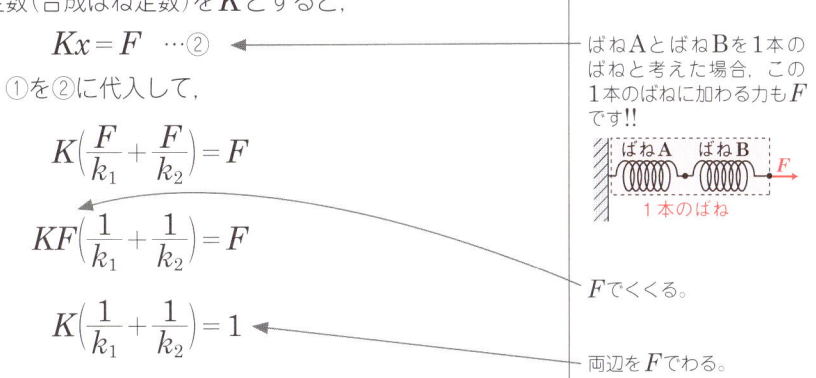

①を②に代入して，
$$K\left(\frac{F}{k_1} + \frac{F}{k_2}\right) = F$$
$$KF\left(\frac{1}{k_1} + \frac{1}{k_2}\right) = F$$
$$K\left(\frac{1}{k_1} + \frac{1}{k_2}\right) = 1$$

ばねAとばねBを1本のばねと考えた場合，この1本のばねに加わる力も F です!!

F でくくる。

両辺を F でわる。

$$K \cdot \frac{k_1+k_2}{k_1 k_2} = 1$$

$$\therefore \quad K = \frac{k_1 k_2}{k_1+k_2} \quad \cdots (答)$$

通分です!!
$$\frac{1}{k_1} + \frac{1}{k_2} = \frac{k_2}{k_1 k_2} + \frac{k_1}{k_1 k_2}$$
$$= \frac{k_1+k_2}{k_1 k_2}$$

大丈夫??

分子と分母が逆転!!

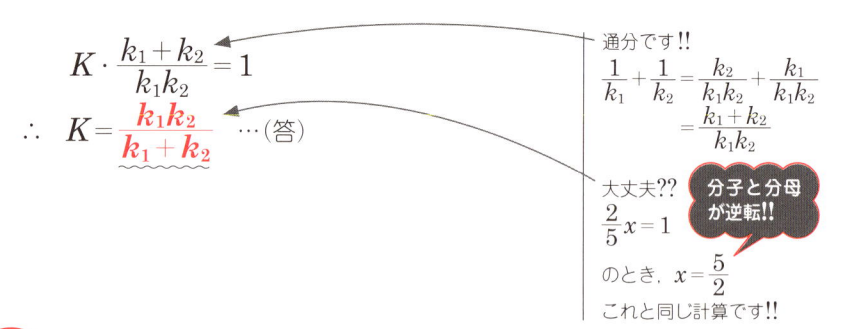

$\frac{2}{5}x = 1$

のとき，$x = \frac{5}{2}$

これと同じ計算です!!

覚えておこう!!

問題28 の(3)より，ばね定数が k_1 と k_2 のばねを直列につないだときの合成ばね定数（1本のばねと考えたときのばね定数）K は，

$$K = \frac{k_1 k_2}{k_1 + k_2}$$

でした。

ここで!! 両辺を逆数にして，

$$\frac{1}{K} = \frac{k_1+k_2}{k_1 k_2}$$
$$= \frac{k_1}{k_1 k_2} + \frac{k_2}{k_1 k_2}$$
$$\therefore \quad \frac{1}{K} = \frac{1}{k_2} + \frac{1}{k_1}$$

$K = \frac{k_1 k_2}{k_1+k_2}$ より

$\frac{K}{1} = \frac{k_1 k_2}{k_1+k_2}$

両辺の分子と分母を逆にする!!

つまり…

こっちの式を覚えておくほうがオススメ!!
こっちを覚えるなら，上の式は覚えなくてよい!!

$$\frac{1}{K} = \frac{1}{k_1} + \frac{1}{k_2}$$

が成立する!!

並列の場合もやってみようよ!!

問題29 標準

ばね定数が k_1 のばね A と，ばね定数が k_2 のばね B を，下図のように並列につなぎ，F の力で水平に引っ張った。このとき，次の各問いに答えよ。

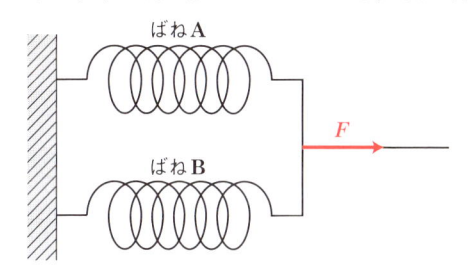

ばね A

ばね B

F

(1) ばね A が伸びた長さを求めよ。
(2) ばね B が伸びた長さを求めよ。
(3) ばね A とばね B を 1 本のばねと考えたときのばね定数（合成ばね定数）を求めよ。

ナイスな導入

問題27 で学習したように，並列の場合，ばね A とばね B の伸びは等しい!!
つまり…

(1)と(2)の解答は同じ!!

これさえ思い出してもらえれば…

解答でござる

ばねAとばねBの伸びた長さをxとし、ばねAに加わる力をF_1、ばねBに加わる力をF_2とする。

$$k_1 x = F_1 \quad \cdots ①$$
$$k_2 x = F_2 \quad \cdots ②$$

さらに、

$$F_1 + F_2 = F \quad \cdots ③$$

①と②を③に代入して、

$$k_1 x + k_2 x = F$$
$$(k_1 + k_2)x = F \quad \cdots ④$$

∴ $x = \dfrac{F}{k_1 + k_2}$

よって、

(1) $\dfrac{F}{k_1 + k_2}$ …(答) (2) $\dfrac{F}{k_1 + k_2}$ …(答)

(3) ばねAとばねBを1本のばねと考えたときのばね定数（合成ばね定数）をKとおくと、

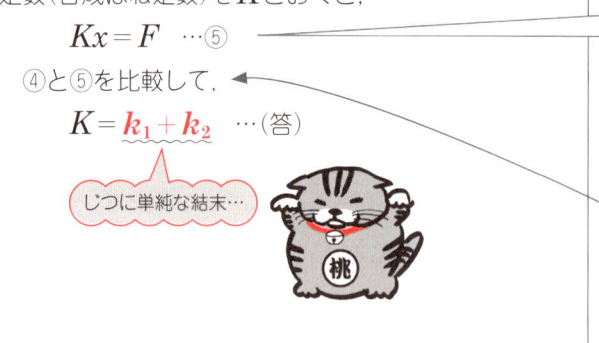

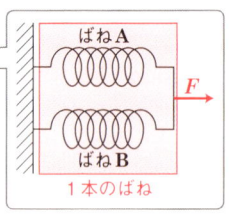

$$Kx = F \quad \cdots ⑤$$

④と⑤を比較して、

$$K = k_1 + k_2 \quad \text{…(答)}$$

じつに単純な結末…

並列の場合、伸びは同じ!! つまり、ともにxとしてOK!!

並列の場合、力は均等に加わらないので、別々にする!!

$kx = F$です。

これはあたりまえ!!
問題27 参照!!

xでくくる!!

ばねAとばねBの伸びは等しい!! 並列ですから…

ばねA ばねB F
1本のばね

$(k_1 + k_2)x = F \quad \cdots ④$
同じ!!
$Kx = F \quad \cdots ⑤$

覚えておこう!!

ばね定数が k_1 と k_2 のばねを並列につないだときの合成ばね定数(1本のばねと考えたときのばね定数) K は，

$$K = k_1 + k_2$$

ばねは2本とは限らない!! どうせなら，この問題を…

問題30　ちょいムズ

ばね定数が k_1, k_2, k_3, …の複数のばねがある。このとき，次の各問いに答えよ。

(1) これらのばねをすべて直列につないだときの合成ばね定数(1本のばねと考えたときのばね定数)を K としたとき，次の式が成り立つことを証明せよ。

$$\frac{1}{K} = \frac{1}{k_1} + \frac{1}{k_2} + \frac{1}{k_3} + \cdots$$

(2) これらのばねをすべて並列につないだときの合成ばね定数(1本のばねと考えたときのばね定数)を K としたとき，次の式が成り立つことを証明せよ。

$$K = k_1 + k_2 + k_3 + \cdots$$

ナイスな導入

基本がしっかりしていれば決して難しくないよ!!

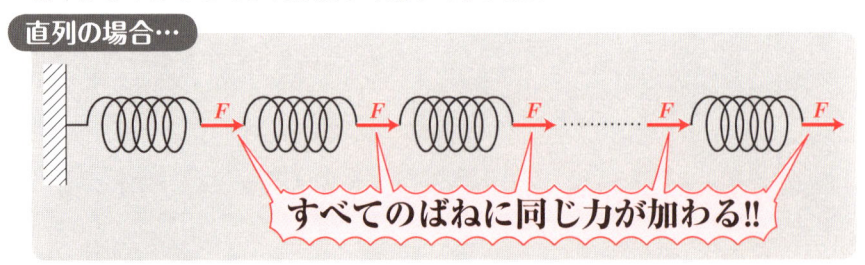

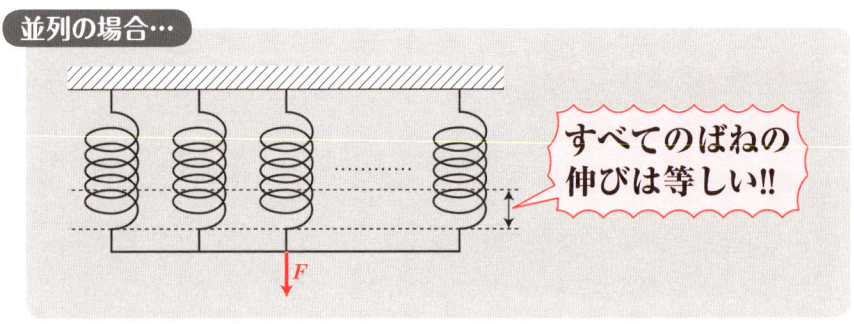

直列の場合…

すべてのばねに同じ力が加わる!!

並列の場合…

すべてのばねの伸びは等しい!!

このことを踏まえて…

解答でござる

(1) 直列につないだばねの一端を壁に固定し，もう一端をFの力で引っ張ったとする。このとき，ばね定数がk_1, k_2, k_3, …のばねの伸びた長さがそれぞれx_1, x_2, x_3, …であったとすると，

$$k_1 x_1 = F \quad \cdots ①$$
$$k_2 x_2 = F \quad \cdots ②$$
$$k_3 x_3 = F \quad \cdots ③$$
$$\vdots \qquad \vdots$$

が成立する。

> 直列の場合，すべてのばねに同じ力が伝わる!!

よって，

①より　$x_1 = \dfrac{F}{k_1}$　…①′

②より　$x_2 = \dfrac{F}{k_2}$　…②′

③より　$x_3 = \dfrac{F}{k_3}$　…③′

　　　　　　$\vdots$

が成立する。

一方，これらの合成ばね定数がKであるから，ばね全体としての伸びた長さをxとおくと，
　　$Kx = F$　…（＊）

さらに，
　　$x = x_1 + x_2 + x_3 + \cdots$

であるから，これを（＊）に代入して，
　　$K(x_1 + x_2 + x_3 + \cdots) = F$　…（＊）′

（＊）に①′，②′，③′，…を代入して，

$$K\left(\dfrac{F}{k_1} + \dfrac{F}{k_2} + \dfrac{F}{k_3} + \cdots\right) = F$$

$$KF\left(\dfrac{1}{k_1} + \dfrac{1}{k_2} + \dfrac{1}{k_3} + \cdots\right) = F$$

$$K\left(\dfrac{1}{k_1} + \dfrac{1}{k_2} + \dfrac{1}{k_3} + \cdots\right) = 1$$

$$\therefore\ \dfrac{1}{k_1} + \dfrac{1}{k_2} + \dfrac{1}{k_3} + \cdots = \dfrac{1}{K}$$

つまり，

$$\dfrac{1}{K} = \dfrac{1}{k_1} + \dfrac{1}{k_2} + \dfrac{1}{k_3} + \cdots$$

（証明おわり）

― Fでくくりました。

― 両辺をKでわりました。

― 左辺と右辺をチェンジしただけです。

> どちらかというと直列のほうが難しいよ!!

> 問題28　参照!!
> 1本のばねと考える!!

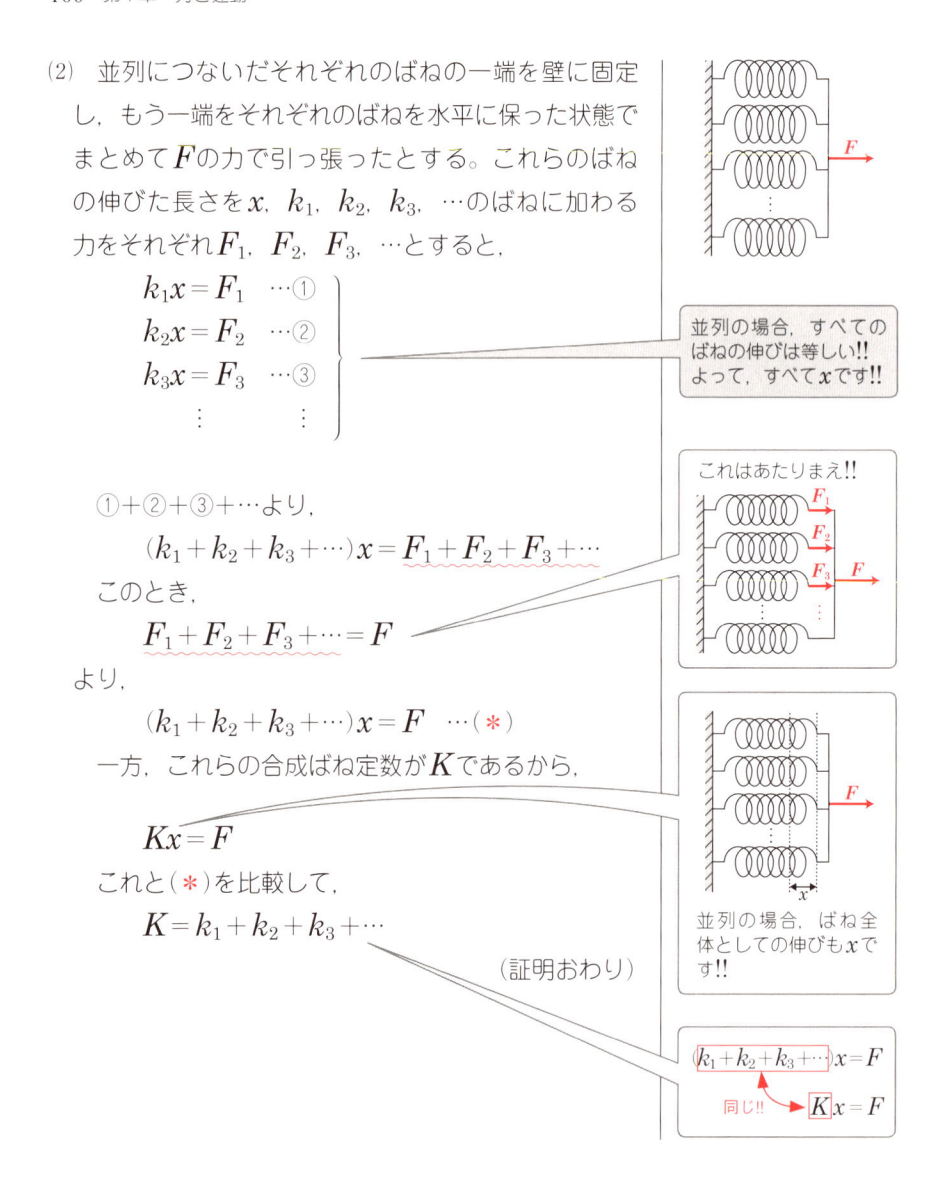

(2) 並列につないだそれぞれのばねの一端を壁に固定し，もう一端をそれぞれのばねを水平に保った状態でまとめて F の力で引っ張ったとする。これらのばねの伸びた長さを x，k_1，k_2，k_3，…のばねに加わる力をそれぞれ F_1，F_2，F_3，…とすると，

$$\left.\begin{array}{l} k_1 x = F_1 \quad \cdots ① \\ k_2 x = F_2 \quad \cdots ② \\ k_3 x = F_3 \quad \cdots ③ \\ \quad \vdots \qquad \vdots \end{array}\right\}$$

並列の場合，すべてのばねの伸びは等しい!! よって，すべて x です!!

①+②+③+…より，

$$(k_1 + k_2 + k_3 + \cdots)x = F_1 + F_2 + F_3 + \cdots$$

このとき，

$$F_1 + F_2 + F_3 + \cdots = F$$

これはあたりまえ!!

より，

$$(k_1 + k_2 + k_3 + \cdots)x = F \quad \cdots (\ast)$$

一方，これらの合成ばね定数が K であるから，

$$Kx = F$$

これと $(\ast)$ を比較して，

$$K = k_1 + k_2 + k_3 + \cdots$$

（証明おわり）

並列の場合，ばね全体としての伸びも x です!!

$(k_1 + k_2 + k_3 + \cdots)x = F$
同じ!! $\to$ $\boxed{K}x = F$

ザ・まとめ 覚えるべし!!

ばね定数が k_1, k_2, k_3, …の複数のばねを…

① **直列** につないだとき!! 合成ばね定数を K として，

$$\frac{1}{K} = \frac{1}{k_1} + \frac{1}{k_2} + \frac{1}{k_3} + \cdots$$

② **並列** につないだとき!! 合成ばね定数を K として，

$$K = k_1 + k_2 + k_3 + \cdots$$

覚えたからには活用してみようよ♥

問題31 標準

ばねA(ばね定数 5.0 [N/m])，ばねB(ばね定数 2.0 [N/m])，ばねC(ばね定数 3.0 [N/m])の3種類のばねがある。次の図のように，これらのばねを連結したときの合成ばね定数(1本のばねと考えたときのばね定数)を求めよ。

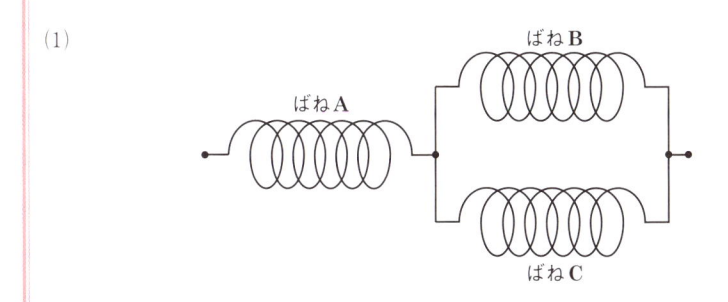

(1)

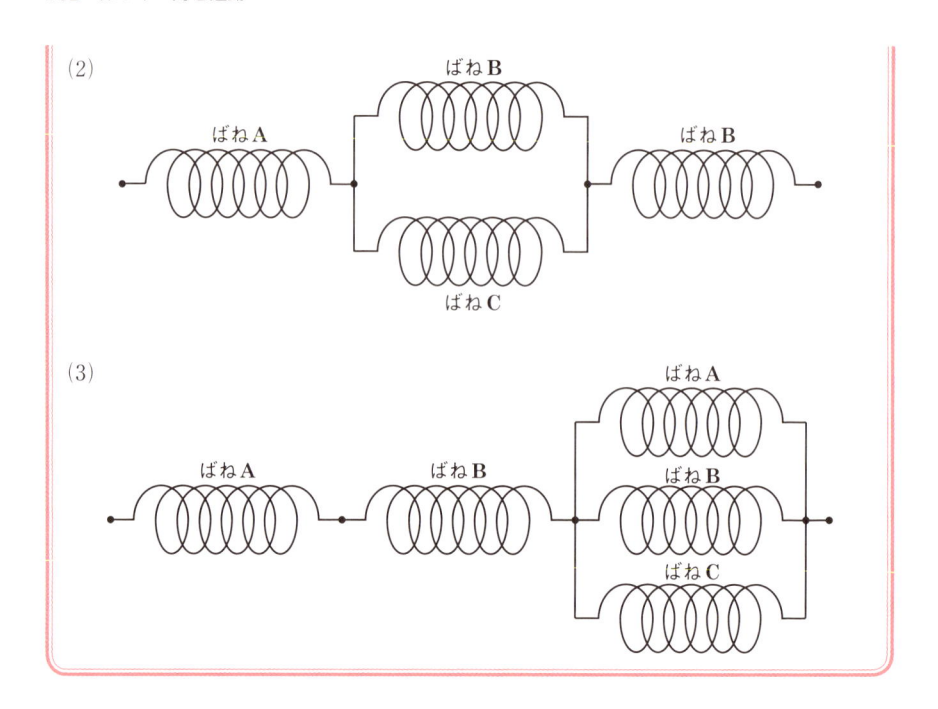

(2)

ばね A ばね B ばね B
     ばね C

(3)

ばね A ばね B ばね A
              ばね B
              ばね C

> **ナイスな導入**

前ページの ザ・まとめ を活用すれば万事解決‼ とりあえずやってみようぜ‼

> 直列か？ 並列か？ がカギだよ。

もう気づいていると思いますが，直列よりも並列のほうが単純です‼ よって…

並列のところを優先して考える‼

解答でござる

(1) ばねBとばねCを1本のばねとして考えたばねをばねDとする。ばねBとばねCは並列だから、これらの合成ばね定数（つまり、ばねDのばね定数）K_Dは、

$$K_D = 2.0 + 3.0$$
$$= 5.0 \text{[N/m]}$$

このとき、ばねAとばねDは直列だから、これらのばね定数をKとして、

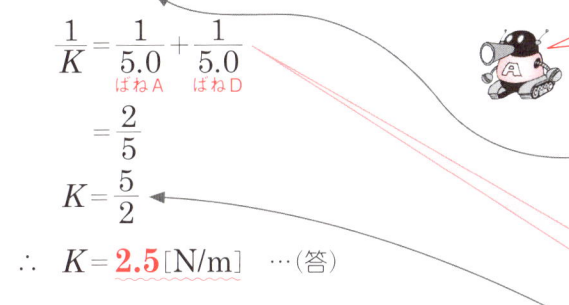

$$\frac{1}{K} = \underbrace{\frac{1}{5.0}}_{\text{ばねA}} + \underbrace{\frac{1}{5.0}}_{\text{ばねD}}$$

$$= \frac{2}{5}$$

$$K = \frac{5}{2}$$

∴ $K = \mathbf{2.5}\text{[N/m]}$ …(答)

まず並列から!!

並列のときは…
$K = k_1 + k_2 + k_3 + \cdots$

ばねA／ばねB／ばねC
↓まとめる!!
ばねA／ばねD

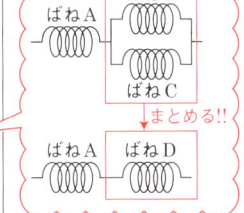

このKが求めるべき合成ばね定数です!!

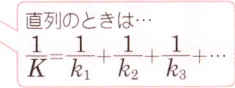

直列のときは…
$\dfrac{1}{K} = \dfrac{1}{k_1} + \dfrac{1}{k_2} + \dfrac{1}{k_3} + \cdots$

両辺の分子と分母をチェンジ!! つまり、逆数をとりました。

(2) (1)と同様に、ばねBとばねCを1本のばねとして考えたばねをばねDとする。並列につないだばねBとばねCの合成ばね定数（つまり、ばねDのばね定数）K_Dは、

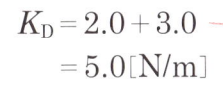

$$K_D = 2.0 + 3.0$$
$$= 5.0 \text{[N/m]}$$

まず並列から!!

並列のときは…
$K = k_1 + k_2 + k_3 + \cdots$

このとき，全体としてばねA，ばねD，ばねBは直列だから，これらの合成ばね定数をKとして，

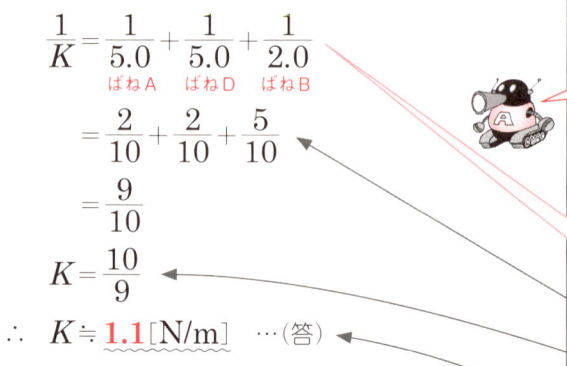

$$\frac{1}{K} = \underbrace{\frac{1}{5.0}}_{ばねA} + \underbrace{\frac{1}{5.0}}_{ばねD} + \underbrace{\frac{1}{2.0}}_{ばねB}$$

$$= \frac{2}{10} + \frac{2}{10} + \frac{5}{10}$$

$$= \frac{9}{10}$$

$$K = \frac{10}{9}$$

$$\therefore \ K \fallingdotseq \underline{1.1}\,[\mathrm{N/m}] \quad \cdots (答)$$

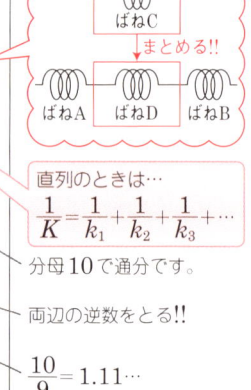

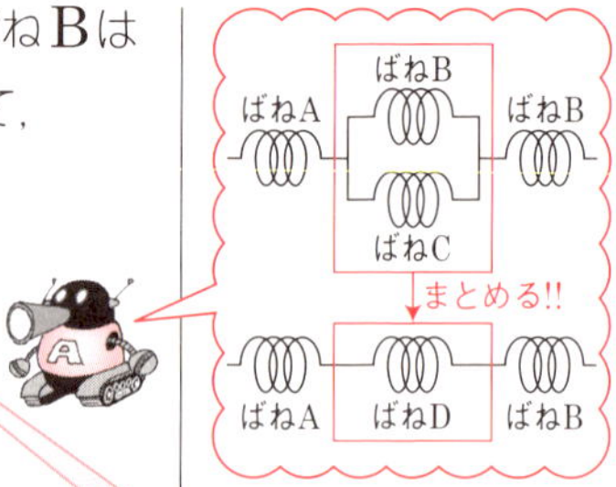

直列のときは…
$$\frac{1}{K} = \frac{1}{k_1} + \frac{1}{k_2} + \frac{1}{k_3} + \cdots$$

分母10で通分です。

両辺の逆数をとる!!

$\frac{10}{9} = 1.11\cdots$
$\fallingdotseq 1.1$
2ケタで表しました!!

(3) 並列につないだばねA，ばねB，ばねCを1本のばねと考えたばねをばねDとする。並列につないだばねA，ばねB，ばねCの合成ばね定数（つまり，ばねDのばね定数）K_Dは，

$$K_\mathrm{D} = 5.0 + 2.0 + 3.0$$
$$= 10\,[\mathrm{N/m}]$$

このとき，全体としてばねA，ばねB，ばねDは直列であるから，これらのばね定数をKとして，

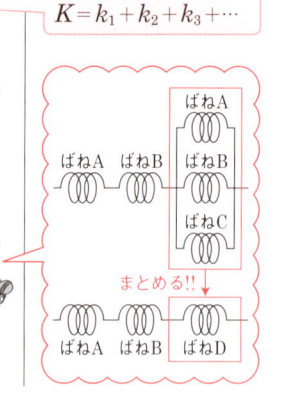

並列のところを優先!!　ですよね…

並列のときは…
$K = k_1 + k_2 + k_3 + \cdots$

$$\frac{1}{K} = \frac{1}{5.0} + \frac{1}{2.0} + \frac{1}{10}$$
　　　　ばねA　ばねB　ばねD

$$= \frac{2}{10} + \frac{5}{10} + \frac{1}{10}$$

$$= \frac{8}{10}$$

$$K = \frac{10}{8}$$ ← 逆数をとりました。

∴ $K = \frac{5}{4} = 1.25$

∴ $K = \underline{1.3}\,[\text{N/m}]$ …(答)

直列のときは…
$$\frac{1}{K} = \frac{1}{k_1} + \frac{1}{k_2} + \frac{1}{k_3} + \cdots$$

2ケタにしました!!

プロフィール

桃太郎

性格が穏やかなモカブラウンのシマシマ猫,おなじみ**オムちゃん**の飼い猫です。品種はスコティッシュフォールドです。

Theme 12 摩擦力には2種類ある!!

　冷蔵庫のような重いものを，押して動かそうとした経験はありますか?? なかなか動きませんね…。それは，その物体と床の間に摩擦がはたらいているからです。動かすまでは，けっこう大変なんですよね…。

　でも，グラッと動き始めちゃうと，意外にスムーズに押して動かし続けることができます。その理由は，動き始める前の摩擦力(**静止摩擦力**といいます)と，動いてしまってからの摩擦力(**動摩擦力**といいます)が違うからです。

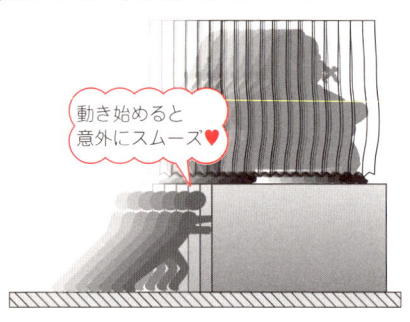

なかなか動かない

動き始めると意外にスムーズ♥

その1 "静止摩擦力" のお話

　水平面上に置いた物体を水平方向に押しても物体が動かないとき，この物体には水平方向に押した力と同じ大きさの力が逆向きにはたらいており，これらがつり合った状態になっている。

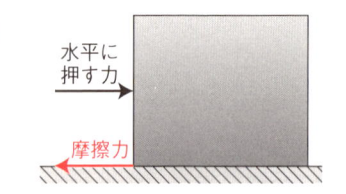

水平に押す力

摩擦力

　この，物体の動きを妨げる力が，**静止摩擦力**である。

押す力を大きくしていくと，いつかは動き出す!!

しかしながら…

　この静止摩擦力にも限界があり，この限界の大きさの摩擦力を**最大静止摩擦力**と申します。この最大静止摩擦力については公式が存在します。

最大静止摩擦力の公式

最大静止摩擦力 F_0 は…

$$F_0 = \mu N$$

このとき，N は物体にはたらく垂直抗力，μ は**静止摩擦係数**といい，単位がない値です。

注 静止摩擦係数は物体と面によって変化する値です。

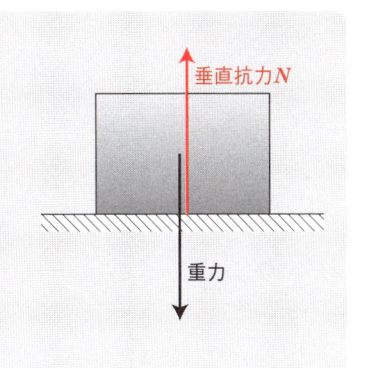

問題32　キソ

　水平面上に置かれている $2.0\,[\mathrm{kg}]$ の物体に，台に対して平行な力を加える。その力の大きさを徐々に増やしていったところ，$4.9\,[\mathrm{N}]$ に達すると物体は動いた。重力加速度を $9.8\,[\mathrm{m/s^2}]$ として，次の各問いに答えよ。

(1) 物体に加える力が $3.0\,[\mathrm{N}]$ のときの静止摩擦力はいくらか。
(2) この物体と平面との静止摩擦係数を求めよ。

ナイスな導入

問題文からもわかるように，今回の**最大静止摩擦力**は $4.9\,[\mathrm{N}]$ である。

(1) $3.0\,[\mathrm{N}]$ は，$4.9\,[\mathrm{N}]$ より小さいので，当然，物体は動かない!!　物体が動かないとき，

　　　　水平に加えた力 = 静止摩擦力

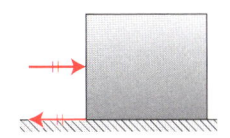

(2) 最大静止摩擦力については上の公式がありましたね!!

> 解答でござる

(1) 物体が静止したままで，台に対して平行に加えた力が3.0[N]であるから，このときの静止摩擦力は，
$$\underline{3.0[\mathrm{N}]} \quad \cdots (答)$$

物体が動かないとき，水平に加えた力 = 静止摩擦力

(2) 物体にはたらく重力は，
$$2.0 \times 9.8 = 19.6[\mathrm{N}]$$

重力はmgです!!

鉛直方向で物体はつり合っているから，物体に加わる垂直抗力Nは，
$$N = 19.6[\mathrm{N}]$$
である。

このとき，静止摩擦係数をμとおくと，最大静止摩擦力F_0が，
$$F_0 = 4.9[\mathrm{N}]$$
であるから，

動き出す瞬間の静止摩擦力の限界の値です。すなわち，**最大静止摩擦力**です。

$$F_0 = \mu N$$

公式です。p.107参照!!

より，
$$4.9 = \mu \times 19.6$$
$$\mu = \frac{4.9}{19.6}$$
$$= \underline{0.25} \quad \cdots (答)$$

静止摩擦係数に単位はありません。

Theme 12 摩擦力には2種類ある!! 109

その2 "動摩擦力" のお話

　なめらかでない面の上で物体を動かすとき，物体の運動方向と逆向きの力が面から物体にはたらき，物体の運動を妨げる。この運動している物体にはたらく摩擦力を**動摩擦力**と呼びます。

　この動摩擦力にも公式が存在します。

動摩擦力の公式

動摩擦力 F' は…

$$F' = \mu' N$$

このとき，N は物体にはたらく垂直抗力，
　　　　μ' は**動摩擦係数**といい，単位がない値です。

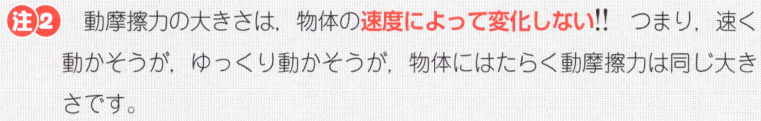

注1 動摩擦係数は物体と面によって変化する値です。

注2 動摩擦力の大きさは，物体の**速度によって変化しない!!** つまり，速く動かそうが，ゆっくり動かそうが，物体にはたらく動摩擦力は同じ大きさです。

注3 一般に，動摩擦係数は静止摩擦係数より小さい。床の上で重い物体を押して動かすとき，動かすまでは大変でも，動いてしまってからは意外にスムーズに押して動かすことができます。つまり…

$$\text{動摩擦力 } F' < \text{最大静止摩擦力 } F_0$$

その理由は…

$$\text{動摩擦係数 } \mu' < \text{静止摩擦係数 } \mu$$

$F' < F_0$
∴ $\mu'N < \mu N$
つまり，$\mu' < \mu$

では，もう1問…

問題33 標準

水平な床の上に質量$5.0\,[\mathrm{kg}]$の物体を置き，水平面から$30°$上方に物体を引くとき，その力が何$[\mathrm{N}]$以上になると物体は滑り出すか。ただし，この床と物体の静止摩擦係数を$\mu=0.60$，重力加速度を$9.8\,[\mathrm{m/s^2}]$とする。

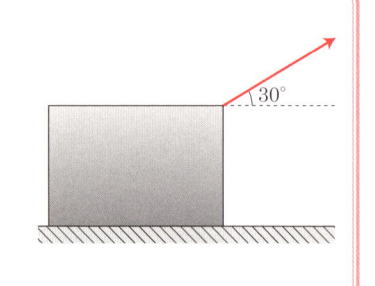

ナイスな導入

斜めに力を加えているので，**水平方向**と**鉛直方向**に力を分解して考えなければなりません。

物体が滑り出す瞬間，この物体にはたらく静止摩擦力が**最大静止摩擦力**である。このとき，下図のようになる!!

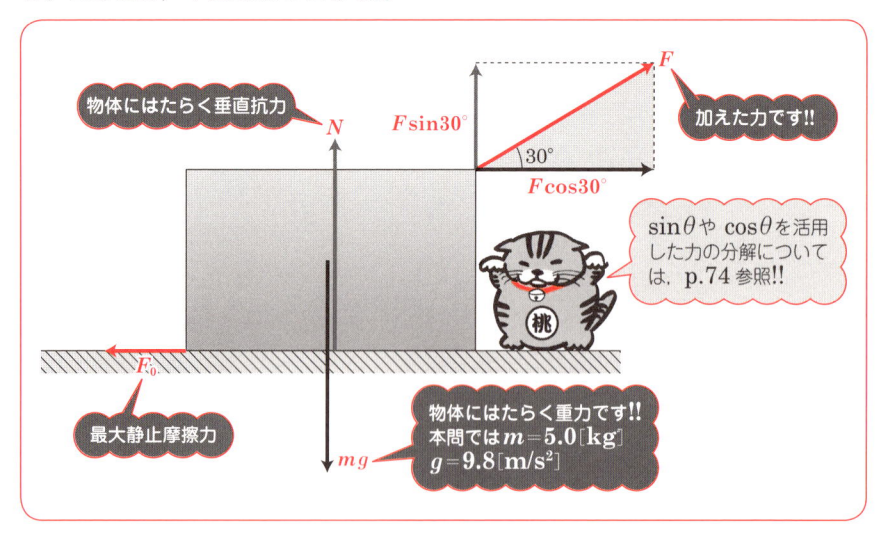

- 物体にはたらく垂直抗力 N
- 加えた力です!! F
- $F\sin 30°$
- $F\cos 30°$
- $\sin\theta$や$\cos\theta$を活用した力の分解については，p.74参照!!
- 最大静止摩擦力 F_0
- 物体にはたらく重力です!! 本問では$m=5.0\,[\mathrm{kg}]$，$g=9.8\,[\mathrm{m/s^2}]$
- mg

よって!!

水平方向のつり合いの式

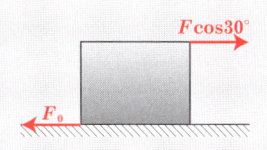

$$F_0 = F\cos 30°$$

鉛直方向のつり合いの式

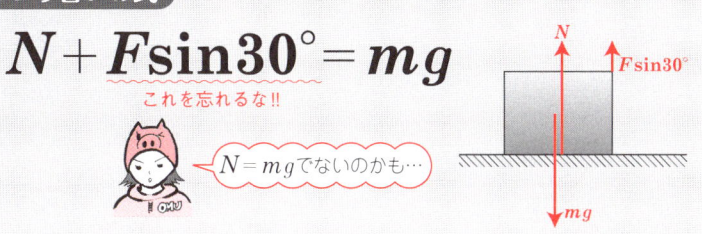

$$N + \underline{F\sin 30°} = mg$$

これを忘れるな!!

$N = mg$ でないのかも…

つまり…

$$N = mg - F\sin 30°$$

となります!!

で!!

$$F_0 = \mu N$$

最大静止摩擦力の公式です。

を活用すればゴール目前!!

解答でござる

物体が滑り出すときの力を $F[\text{N}]$，物体にはたらく垂直抗力を $N[\text{N}]$，物体にはたらく最大静止摩擦力を $F_0[\text{N}]$ とする。

とりあえず文字の説明をしなきゃ!!

$\left(\begin{array}{l} \text{物体の質量 } m = 5.0\,[\text{kg}]，重力加速度 g = 9.8\,[\text{m/s}^2]， \\ \text{静止摩擦係数 } \mu = 0.60 \end{array} \right)$

このとき，水平方向のつり合いの式は，

$$F_0 = F\cos 30° \quad \cdots ①$$

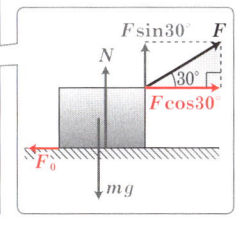

垂直方向のつり合いの式は，
$$N + F\sin 30° = mg \quad \cdots ②$$
さらに，
$$F_0 = \mu N \quad \cdots ③$$
②より，
$$N = mg - F\sin 30° \quad \cdots ②'$$
②'を③に代入して，
$$F_0 = \mu(mg - F\sin 30°) \quad \cdots ④$$
④を①に代入して，
$$\mu(mg - F\sin 30°) = F\cos 30°$$
数値を代入して，
$$0.60 \times \left(5.0 \times 9.8 - F \times \frac{1}{2}\right) = F \times \frac{\sqrt{3}}{2}$$
$$0.60 \times 5.0 \times 9.8 - 0.60 \times F \times \frac{1}{2} = F \times \frac{\sqrt{3}}{2}$$
$$29.4 - 0.30 \times F = \frac{\sqrt{3}}{2} \times F$$
$$29.4 = \frac{\sqrt{3}}{2} \times F + 0.30 \times F$$
両辺を2倍して，
$$58.8 = \sqrt{3} \times F + 0.60 \times F$$
$$= 1.73 \times F + 0.60 \times F$$
$$= 2.33 \times F$$
$$F = \frac{58.8}{2.33}$$
$$= 25.236\cdots$$
$$\therefore F ≒ \mathbf{25} \text{[N]} \quad \cdots (答)$$

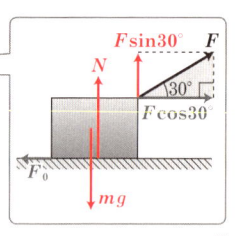

最大静止摩擦力の公式です!!

アドバイス
序盤から数値を代入するとゴチャゴチャするので，最初は文字式で攻めていこう!!

$F_0 = F\cos 30° \quad \cdots ①$
$F_0 = \mu(mg - F\sin 30°) \quad \cdots ④$

$\sin 30° = \dfrac{1}{2}$
$\cos 30° = \dfrac{\sqrt{3}}{2}$

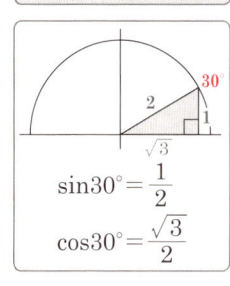

$\sqrt{3} = 1.7320508\cdots$
最終的な解答は2ケタにするので，途中の計算では1ケタ多い3ケタでやるべし!! よって
$\sqrt{3} ≒ 1.73$
にする。

$1.73 + 0.60 = 2.33$

2ケタにしました。

静止摩擦力の仕上げといえば，この問題ですね♥

問題34 　標準

　ある物体を水平な板の上に置き，板をゆっくり傾けていったところ，板と水平面との間の角がθになったとき，物体が板の上を滑り始めた。このとき，$\tan\theta$の値を求めよ。ただし，静止摩擦係数をμとする。

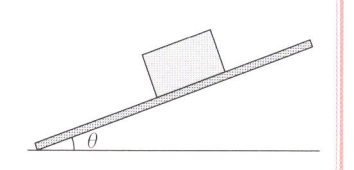

ナイスな導入

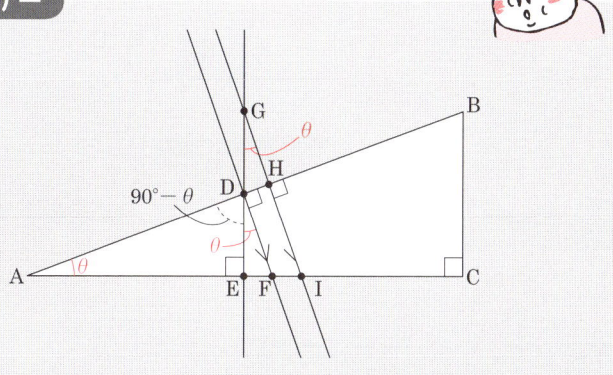

準備コーナー

　まず，上図で$\angle EDF = \angle DGH = \theta$であることが証明できないといけません。
　$\triangle DAE$において，$\angle AED = 90°$かつ$\angle DAE = \theta$より，$\angle EDA = 90° - \theta$となる。よって，$\angle ADF = 90°$から，$\angle EDF = \theta$となる!! さらに，$DF // GI$より，同位角が等しいことから，$\angle DGH = \angle EDF = \theta$となーる!!

ではでは本題です。
　本問も，斜面に**平行な方向**と**垂直な方向**に分解して考えなければならない。
　物体の質量をm[kg]，重力加速度をg[m/s^2]，物体にはたらく垂直抗力をN[N]，最大静止摩擦力をF_0[N]とすると，物体が滑り出す瞬間の図は次のようになる。

第1章 力と運動

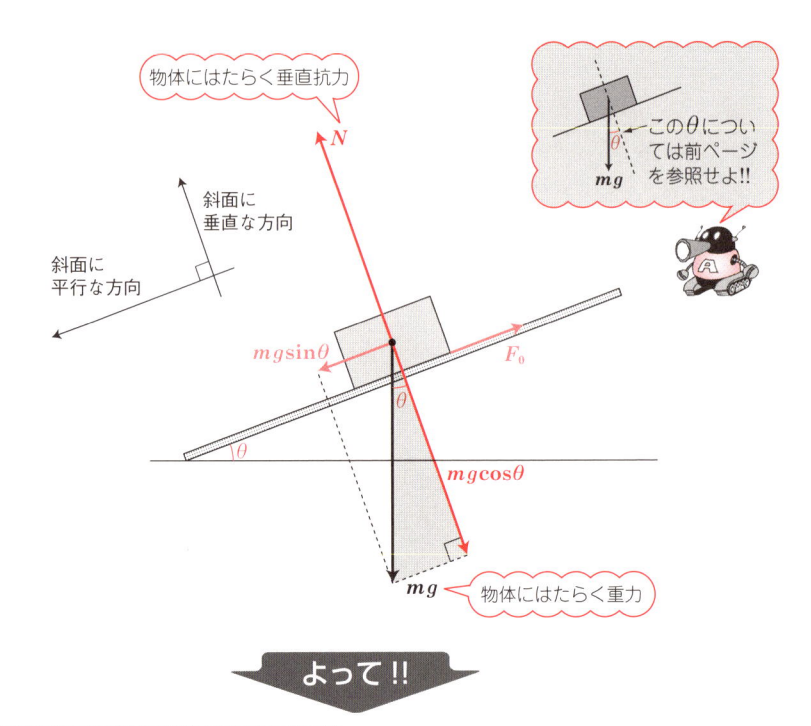

(図: 斜面上の物体にはたらく力の分解)
- 物体にはたらく垂直抗力 N
- 斜面に垂直な方向
- 斜面に平行な方向
- $mg\sin\theta$
- F_0
- $mg\cos\theta$
- 物体にはたらく重力 mg
- このθについては前ページを参照せよ!!

よって!!

斜面に平行な方向のつり合いの式
$$mg\sin\theta = F_0 \quad \cdots ①$$

斜面に垂直な方向のつり合いの式
$$mg\cos\theta = N \quad \cdots ②$$

さらに、最大静止摩擦力の公式より、

$$F_0 = \mu N \quad \cdots ③$$

①と②を③に代入すると…、

$$mg\sin\theta = \mu mg\cos\theta$$
$$\sin\theta = \mu\cos\theta \quad \text{（両辺を}mg\text{でわる!!）}$$
$$\frac{\sin\theta}{\cos\theta} = \mu$$

$\tan\theta = \dfrac{\sin\theta}{\cos\theta}$ ですよ!!

∴ $$\tan\theta = \mu$$ できあがり!!

解答でござる

物体の質量を m, 重力加速度を g, 物体にはたらく重力加速度を g, 最大静止摩擦力を F_0 とおくと,

斜面に平行な方向のつり合いの式は,
$$mg\sin\theta = F_0 \quad \cdots ①$$
斜面に垂直な方向のつり合いの式は,
$$mg\cos\theta = N \quad \cdots ②$$
さらに,
$$F_0 = \mu N \quad \cdots ③$$
①と②を③に代入して,
$$mg\sin\theta = \mu mg\cos\theta$$
$$\sin\theta = \mu\cos\theta$$
$$\frac{\sin\theta}{\cos\theta} = \mu$$
$$\therefore \quad \tan\theta = \underline{\mu} \quad \cdots (答)$$

自分で文字を指定するとき、単位はいわなくてよい!!

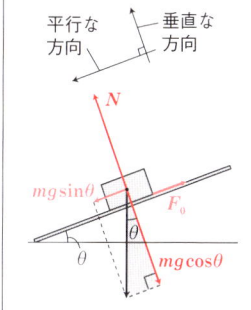

公式です!!
両辺を mg でわる。
両辺を $\cos\theta$ でわる。
$\tan\theta = \dfrac{\sin\theta}{\cos\theta}$ です!!

ちょっと言わせて

本問におけるこのような角 θ を**摩擦角**と呼ぶ。つまり、摩擦角とは、物体を置いた板をゆっくり傾けていくとき、滑り出す限界の角のことである。

摩擦角を θ, 静止摩擦係数を μ として,
$$\tan\theta = \mu$$

覚えるか？ 覚えないか？ はアナタ次第です…

問題35 キソ

なめらかでない水平面の上に，質量$3.0[\text{kg}]$の物体を置き，水平に力を加える。この力の大きさを徐々に大きくしていくと，物体は滑り始めた。その後も力を加えつづけたところ，物体は加速度運動をした。

静止摩擦係数$\mu = 0.80$，動摩擦係数$\mu' = 0.50$，重力加速度$g = 9.8[\text{m/s}^2]$として，次の各問いに答えよ。

(1) この物体を動かすために必要な力の大きさは何$[\text{N}]$であったか。
(2) この物体の速度が$20[\text{m/s}]$に達したとき，この物体にはたらく摩擦力は何$[\text{N}]$であるか。
(3) この物体の速度が$100[\text{m/s}]$に達したとき，この物体にはたらく摩擦力は何$[\text{N}]$であるか。

ナイスな導入

(1) 静止している物体を動かすために必要な力…

つまり，最大静止摩擦力と同じ大きさの力を加えないと物体は動きません。

水平に加える力＝最大静止摩擦力
となった瞬間，物体はグラッと滑り出す。

よって，"この物体を動かすために必要な力の大きさ"は**最大静止摩擦力**と同じ大きさです。

(2)(3)

p.109の 注2 でも述べたとおり，

動摩擦力の大きさは物体の速度とは無関係である!!

つまり，(2)と(3)で求める動摩擦力は同じ値です。

> 公式を用いるべし。

解答でござる

物体の質量　$m = 3.0 \text{[kg]}$
重力加速度　$g = 9.8 \text{[m/s}^2\text{]}$
物体にはたらく垂直抗力　$N\text{[N]}$
物体を水平に押す力　$F\text{[N]}$
静止摩擦係数　$\mu = 0.80$
動摩擦係数　$\mu' = 0.50$

> とりあえず登場する文字たちの説明から…

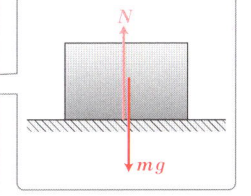

(1) 垂直方向のつり合いの式から，

$$N = mg$$
$$= 3.0 \times 9.8$$
$$= 29.4 \text{[N]}$$

この物体にはたらく最大静止摩擦力 F_0 は，

$$F_0 = \mu N$$
$$= 0.80 \times 29.4$$
$$= 23.52$$
$$\fallingdotseq 24 \text{[N]}$$

> "最大静止摩擦力"の公式
> 2ケタにしました。

よって，この物体を動かすために必要な力の大きさは，

$$24 \text{[N]} \quad \cdots \text{(答)}$$

> **水平に加える力＝最大静止摩擦力**
> となった瞬間に物体はグラッと滑り始める。

(2) 物体が滑り出してから，物体にはたらく摩擦力，つまり動摩擦力は，物体の速度によらず一定である。

物体にはたらく動摩擦力 F' は，

$$F' = \mu'N$$
$$= 0.50 \times 29.4$$
$$= 14.7$$
$$\fallingdotseq \underline{15\,[\mathrm{N}]} \quad \cdots(答)$$

> この3行の前置きは答案には書く必要はありません。

"動摩擦力"の公式

(1)より $N = 29.4\,[\mathrm{N}]$
物体が静止しているときも動いているときも，鉛直方向のつり合いの式は変わりません。
$N = mg$
です!!

2ケタに!!

(3) (2)と同様であるから，物体にはたらく動摩擦力 F' は，

$$F' \fallingdotseq \underline{15\,[\mathrm{N}]} \quad \cdots(答)$$

(2)と同じです!!

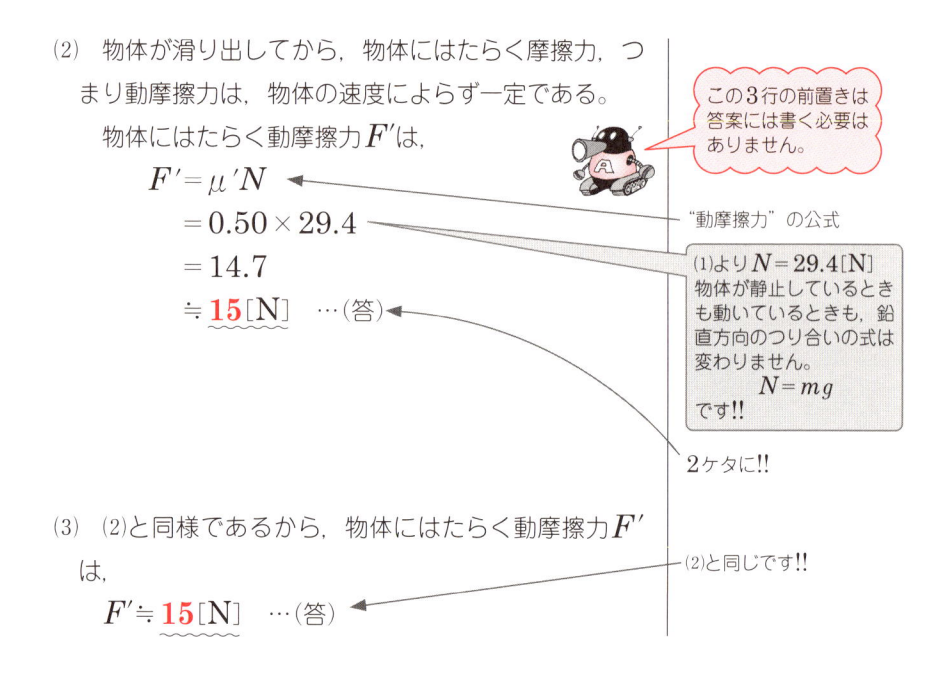

ちょっと言わせて

摩擦力に注目してみよう!!

時刻に比例して増加する水平な力を加えたとすると，物体にはたらく摩擦力は時間とともに右のグラフのように変化する。

静止している物体に水平な力を加えていくと，**加えた力と同じ大きさの摩擦力**が逆向きにはたらきます。これが**静止摩擦力**です。

時刻 t_0 で物体が滑り始めた!! つまり，このときの摩擦力 F_0 が**最大静止摩擦力**です。滑り始めてからは一定の摩擦力 F' がはたらきます。これが**動摩擦力**です。

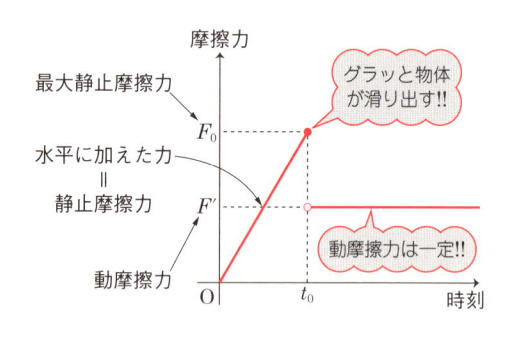

（グラフ）最大静止摩擦力 F_0，水平に加えた力＝静止摩擦力，F' 動摩擦力，グラッと物体が滑り出す!!，動摩擦力は一定!!，時刻 t_0

水平に押す力／摩擦力／注目!!

Theme 13 運動の法則

慣性の法則 & $ma = F$

その1 "慣性の法則（運動の第1法則）" とは…??

物体に外部から力が作用していない（もしくは，外部から作用している合力が0）のとき…，

静止していた物体はいつまでも**静止の状態を保ち**，**運動**していた物体はいつまでもその速度を保って**等速直線運動**をする。

この法則を**慣性の法則**（別名，運動の第1法則）と申します。

ん!? 外部から力が作用していないとき，静止した物体がいつまでも静止したままっていうのは，あたりまえな気がするけど…
"運動していた物体がいつまでも**等速直線運動をする**"ってところがひっかかるなぁ…

だから君はバカだって言われるんだよ!!
運動している物体を止める，あるいは速度を変えるには，それなりの力が必要では?? 外部から力が作用してないのだから，**速度が変化する理由もない**わけだよ。

その2 "運動の第2法則" とは…??

ズバリ，この公式のことです!!

質量 m [kg] の物体に F [N] の力を加えたとき，a [m/s^2] の大きさの加速度が生じたとすると…，

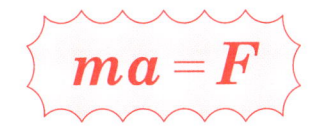

$$ma = F$$

が成立する。

まぁ，"運動の第2法則"の本来の意味は，"加速度の大きさ a は物体に加わる力 F に比例し，物体の質量 m に反比例する"ことをいったものです。

でも，こんな話はどーでもいいじゃん!! さっきの公式さえ覚えておけば理解できる話です。

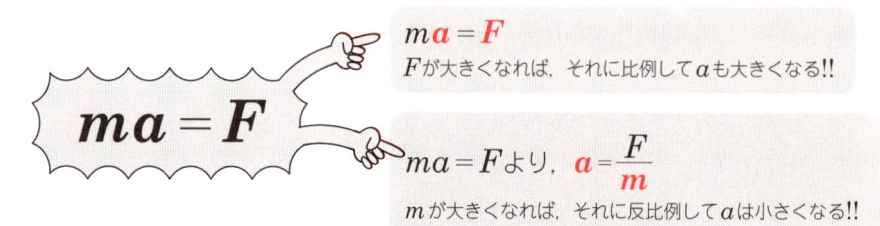

$$ma = F$$

$ma = F$
F が大きくなれば，それに比例して a も大きくなる!!

$ma = F$ より， $a = \dfrac{F}{m}$
m が大きくなれば，それに反比例して a は小さくなる!!

で!! この "$ma = F$" という式自体は**運動方程式**と呼ばれます。

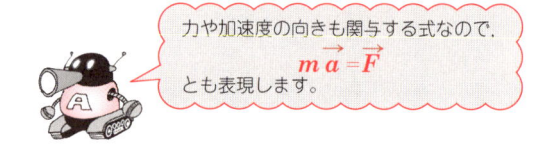

力や加速度の向きも関与する式なので，
$$m\vec{a} = \vec{F}$$
とも表現します。

問題36 ─ キソのキソ

(1) $8.0\,[\mathrm{kg}]$ の物体にある力を加えたところ，この物体に $2.0\,[\mathrm{m/s^2}]$ の加速度が生じた。この物体に加えた力の大きさは何 $[\mathrm{N}]$ か。

(2) $3.0\,[\mathrm{kg}]$ の物体に $15\,[\mathrm{N}]$ の力を加えたとき，この物体に生じる加速度の大きさは何 $[\mathrm{m/s^2}]$ か。

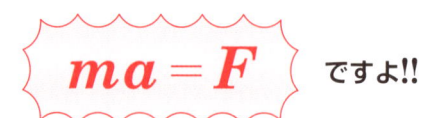

ナイスな導入

$$ma = F$$ ですよ!!

この式にあてはめればOKなのね♥

解答でござる

(1) 物体に加えた力の大きさを F[N] とすると，
$$8.0 \times 2.0 = F$$ ← $ma = F$
$$\therefore F = \underline{16}[\text{N}] \quad \cdots (答)$$

(2) 物体に生じた加速度の大きさを a[m/s^2] とすると，条件から，
$$3.0 \times a = 15$$ ← $ma = F$
$$\therefore a = \underline{5.0}[\text{m/s}^2] \quad \cdots (答)$$

プロフィール

虎次郎

桃太郎よりもひとまわり小さいキャラメル色のシマシマ猫。運動神経抜群のアスリート猫です。しかしやや臆病な性格…。虎次郎も**オムちゃん**の飼い猫です。

"運動方程式"の基礎を固めよう!!

問題37 キソ

質量m[kg]の物体に糸をつけて, F[N]の力で引き上げたとき, 物体に生じる加速度の大きさを求めよ。ただし, 重力加速度をg[m/s^2]とする。

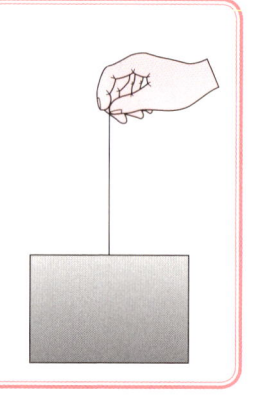

ナイスな導入

運動方程式のつくり方 基本編

その❶ 物体にはたらいている力をすべて図示せよ!!

その❷ 物体が運動する向きを予想して正の向きを決める!!

本問において…

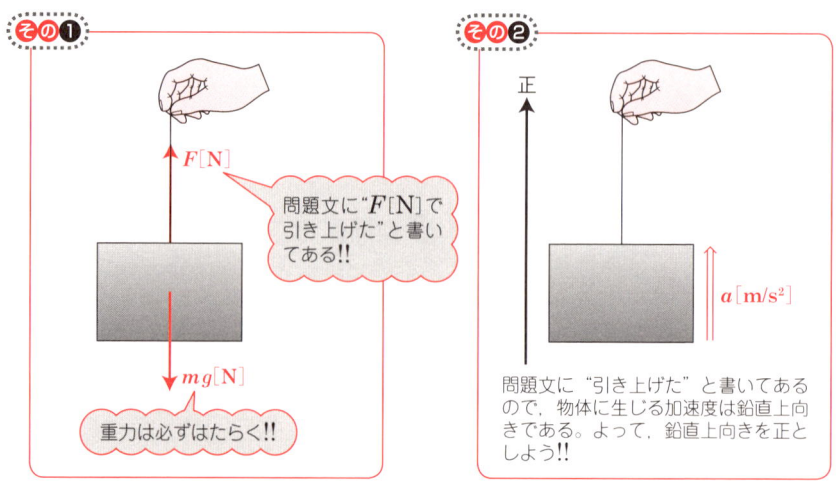

その❶

F[N]

問題文に"F[N]で引き上げた"と書いてある!!

mg[N]

重力は必ずはたらく!!

その❷

正

a[m/s^2]

問題文に"引き上げた"と書いてあるので, 物体に生じる加速度は鉛直上向きである。よって, 鉛直上向きを正としよう!!

以上より，鉛直上向きを正とした運動方程式は…，鉛直上向きに生じる加速度の大きさを $a[\mathrm{m/s^2}]$ として，

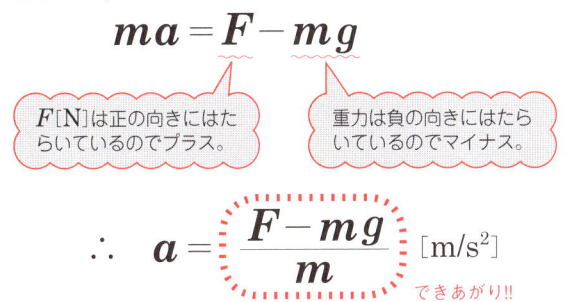

$$ma = F - mg$$

($F[\mathrm{N}]$ は正の向きにはたらいているのでプラス。)
(重力は負の向きにはたらいているのでマイナス。)

$$\therefore \quad a = \frac{F - mg}{m} \ [\mathrm{m/s^2}]$$

できあがり!!

≪解答でござる≫

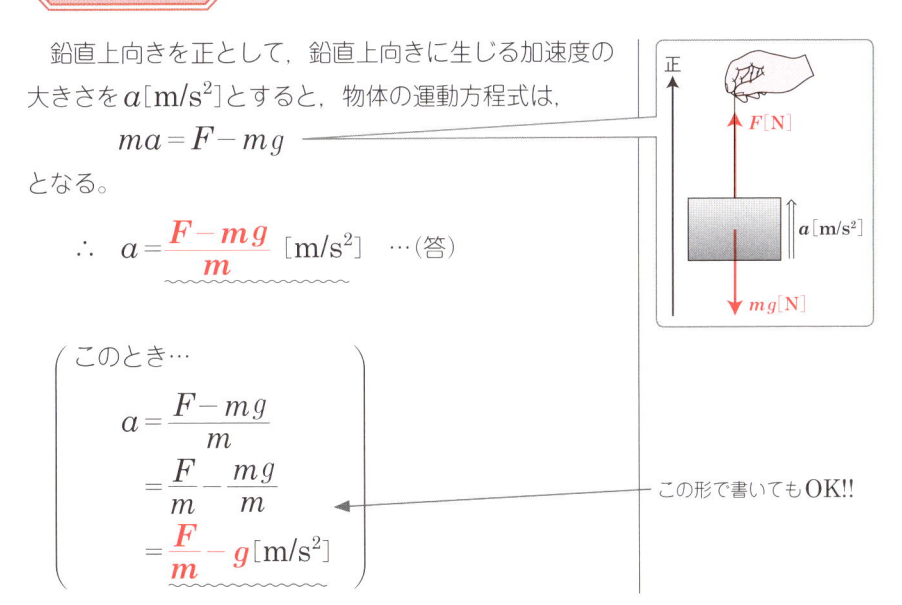

鉛直上向きを正として，鉛直上向きに生じる加速度の大きさを $a[\mathrm{m/s^2}]$ とすると，物体の運動方程式は，

$$ma = F - mg$$

となる。

$$\therefore \quad a = \frac{F - mg}{m} \ [\mathrm{m/s^2}] \quad \cdots(答)$$

$$\left(\begin{array}{l}
このとき\cdots \\
a = \dfrac{F - mg}{m} \\
 = \dfrac{F}{m} - \dfrac{mg}{m} \\
 = \dfrac{F}{m} - g \ [\mathrm{m/s^2}]
\end{array}\right.$$

この形で書いてもOK!!

まだまだ基礎固めをせねば…

問題38　キソ

粗い(なめらかでない)台の上に質量 m [kg] の物体を置き，水平方向に F [N] の力を加えたとき，この物体は等加速度運動をした。このとき，物体に生じた加速度の大きさを求めよ。ただし，重力加速度を g [m/s²]，物体と台の間の動摩擦係数を μ' とする。

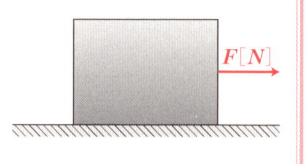

ナイスな導入

運動方程式のつくり方 基本編

その① 物体にはたらいている力をすべて図示せよ!!

その② 物体が運動する向きを予想して正の向きを決める!!

本問においては…

その①
- 物体にはたらく垂直抗力です!! N [N]
- 物体に加えた水平方向の力です!! F [N]
- 動摩擦力です!! $\mu'N$ [N]
- 重力は必ずはたらく!! mg [N]

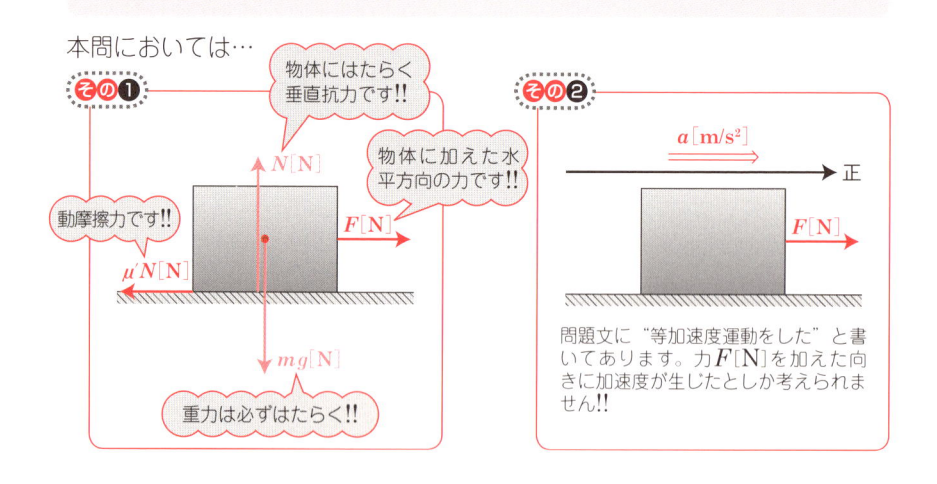

その②
a [m/s²] 　正
F [N]

問題文に"等加速度運動をした"と書いてあります。力 F [N] を加えた向きに加速度が生じたとしか考えられません!!

以上より，鉛直方向の**つり合いの式**は…
$$N = mg \quad \cdots ①$$
水平方向の**運動方程式**は，
$$ma = F - \mu'N \quad \cdots ②$$
①を②に代入して，
$$ma = F - \mu'mg$$
$$\therefore \quad a = \frac{F - \mu'mg}{m} \; [\text{m/s}^2]$$

> 鉛直方向はつり合っているので，加速度は生じない!! よって，**運動方程式**とは呼びません!!

> $ma = F - \mu'\underline{N} \quad \cdots ②$
> $N = mg \quad \cdots ①$

解答でござる

物体にはたらく垂直抗力を $N[\text{N}]$ とすると，鉛直方向のつり合いの式は，
$$N = mg \quad \cdots ①$$
水平方向の力 $F[\text{N}]$ がはたらく向きを正とする。加速度の大きさを $a[\text{m/s}^2]$ として，水平方向の運動方程式は，
$$ma = F - \mu'N \quad \cdots ②$$
となる。
①を②に代入して，
$$ma = F - \mu'mg$$
$$\therefore \quad a = \frac{F - \mu'mg}{m} \; [\text{m/s}^2] \quad \cdots (答)$$

$$\left(\begin{array}{l} \text{このとき,} \\ a = \dfrac{F - \mu'mg}{m} \\ \quad = \dfrac{F}{m} - \dfrac{\mu'mg}{m} \\ \quad = \dfrac{F}{m} - \mu'g \; [\text{m/s}^2] \quad \cdots (答) \end{array} \right.$$

> 動摩擦力の公式です!!

> この形にしてもOK!!

問題39 キソ

傾きの角 θ の斜面に質量 $m\,[\mathrm{kg}]$ の物体を置いたところ、この物体は等加速度運動をして斜面を滑り下りた。重力加速度を $g\,[\mathrm{m/s^2}]$、物体と斜面の間の動摩擦係数を μ' として、物体に生じる加速度の大きさを求めよ。

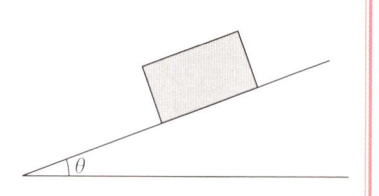

ナイスな導入

今回は少しばかりやることが増えます…

運動方程式のつくり方 標準編

その❶ 物体にはたらいている力をすべて図示せよ!!

その❷ 物体が運動する向きを予想して正の向きを決める!!

その❸ 力を、速度が生じている向きとそれに垂直な方向とに分解する!!

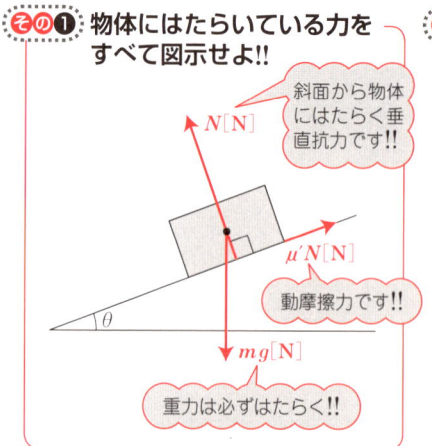

その❶ 物体にはたらいている力をすべて図示せよ!!

- $N\,[\mathrm{N}]$: 斜面から物体にはたらく垂直抗力です!!
- $\mu'N\,[\mathrm{N}]$: 動摩擦力です!!
- $mg\,[\mathrm{N}]$: 重力は必ずはたらく!!

その❷ 物体が運動する向きを予想して正の向きを決める!!

$a\,[\mathrm{m/s^2}]$

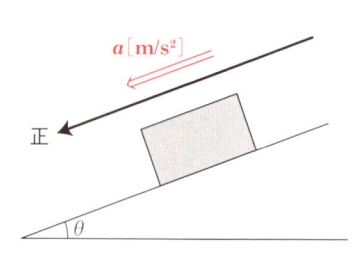

問題文に"等加速度運動をして滑り下りた"と書いてあるので、斜面に平行下向きを正の向きとしよう!!

その❸ 力を，速度が生じている方向とそれに垂直な方向とに分解する!!

一般に…

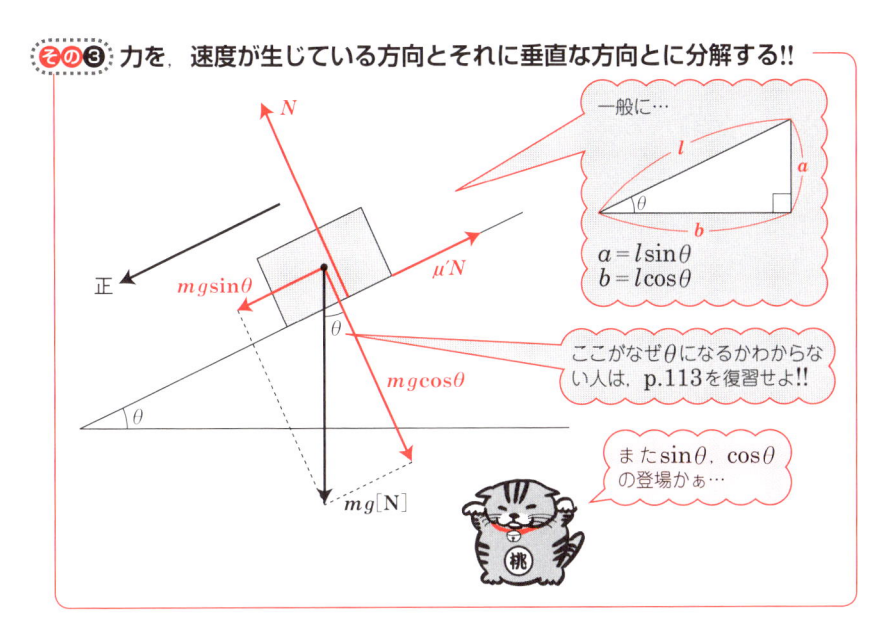

$a = l\sin\theta$
$b = l\cos\theta$

ここがなぜ θ になるかわからない人は，p.113を復習せよ!!

また $\sin\theta$，$\cos\theta$ の登場かぁ…

以上より…，斜面に垂直な方向のつり合いの式は，

$N = mg\cos\theta$ …①

斜面に平行下向きを正の向きとしたとき，加速度の大きさを $a\,[\mathrm{m/s^2}]$ とする運動方程式は，

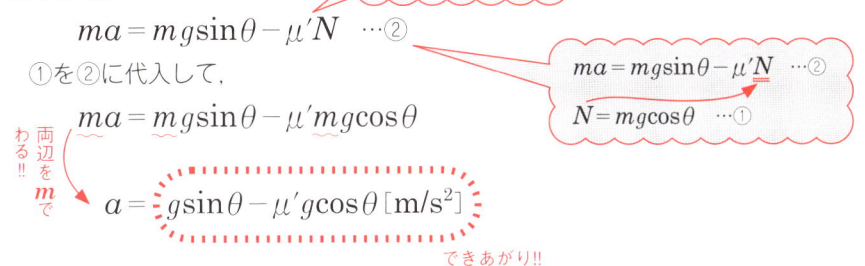

動摩擦力の公式です!!

$ma = mg\sin\theta - \mu'N$ …②

①を②に代入して，

$ma = mg\sin\theta - \mu'mg\cos\theta$

両辺を m でわる!!

$a = g\sin\theta - \mu'g\cos\theta\,[\mathrm{m/s^2}]$

$ma = mg\sin\theta - \mu'N$ …②
$N = mg\cos\theta$ …①

できあがり!!

解答でござる

斜面から物体に加わる垂直抗力を N [N] としたとき，斜面と垂直な方向のつり合いの式は，

$$N = mg\cos\theta \quad \cdots ①$$

斜面に沿って下向きを正の方向と考える。物体に生じる加速度の大きさを a [m/s^2] として，運動方程式を立てると，

$$ma = mg\sin\theta - \mu' N \quad \cdots ②$$

①を②に代入して，

$$ma = mg\sin\theta - \mu' mg\cos\theta$$

$$\therefore \quad \underline{a = g\sin\theta - \mu' g\cos\theta} \,[\text{m/s}^2] \quad \cdots (答)$$

$$\left(\begin{array}{l} \text{このとき…} \\ \quad a = \underline{g(\sin\theta - \mu'\cos\theta)} \,[\text{m/s}^2] \quad \cdots (答) \end{array}\right)$$

g でくくるとカッコイイ♥
このほうがよいかも…
どっちでも正解ですが…

Theme 14 複数の物体がからむ運動方程式

とにかく!! 次のような矢印をかき込むクセをつけろ!!

とにかくかき込め!! その❶

2つの物体が糸(あるいはひも)でつながっていたら，張力 T を向き合うよう($\xrightarrow{T}$ $\xleftarrow{T}$)にかき込め!!

横向きにつながっていても…

縦向きにつながっていても…

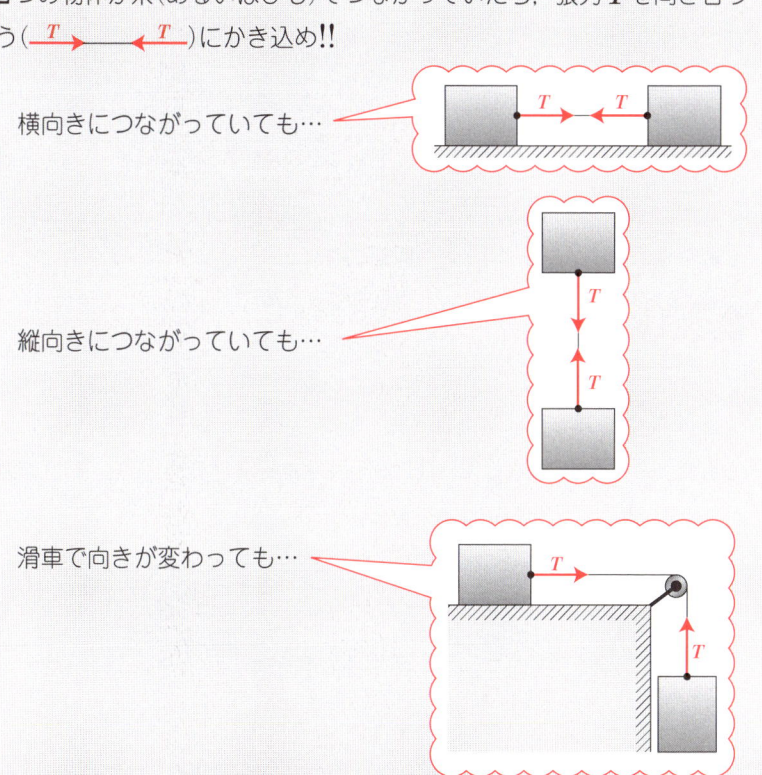

滑車で向きが変わっても…

張力とは，糸がピンッと張ったときに生じる力です。まぁ，つべこべ言わずにかき込みなさい。

とにかくかき込め!! その❷

2つの物体が面と面で接していたら，抗力Nを作用・反作用の法則のイメージ（←N | N→）でかき込め!!

横向きに接していても…

縦向きに接していても…

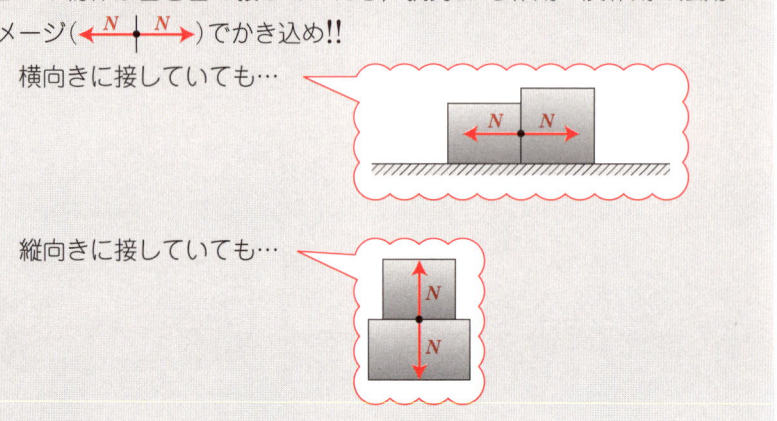

運動方程式にはコツがある!! 最初は覚え込むつもりで!!

問題40 ─ 標準

なめらかな台の上に，伸びない糸でつないだ質量m_Aの物体Aと質量m_Bの物体Bを置いた。下図のように，物体Aに台に対して水平な力$F[\text{N}]$を加えたところ，物体Aと物体Bは同じ等加速度運動をした。重力加速度を$g[\text{m/s}^2]$として，次の各問いに答えよ。

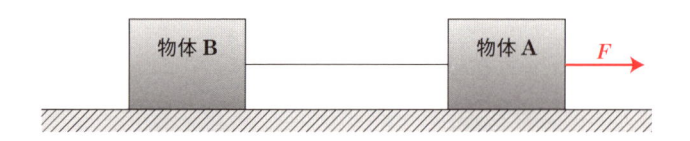

(1) 物体Aと物体Bに生じる加速度の大きさを求めよ。
(2) 物体Aと物体Bをつないだ糸にはたらく張力の大きさを求めよ。

Theme 14 複数の物体がからむ運動方程式

ナイスな導入

"なめらかな台"と書いてあるので，摩擦力は無視してください!! さらに，糸が登場したときは，"糸の質量は無視する"ことも常識です!!

運動方程式のつくり方 [基本編]

その❶ 物体にはたらいている力をすべて図示せよ!!

その❷ 物体が運動する向きを予想して正の向きを決める!!

その❶ 物体にはたらいている力をすべて図示せよ!!

垂直抗力です N_B, N_A
T T F
$m_B g$ これは覚えろ!! $m_A g$

その❷ 物体が運動する向きを予想して正の向きを決める!!

$a[\mathrm{m/s^2}]$ → 正
F

台に対して水平な力 $F[\mathrm{N}]$ の向きに2つの物体の加速度が生じると考えられる。よって，この向きを正の向きにする。

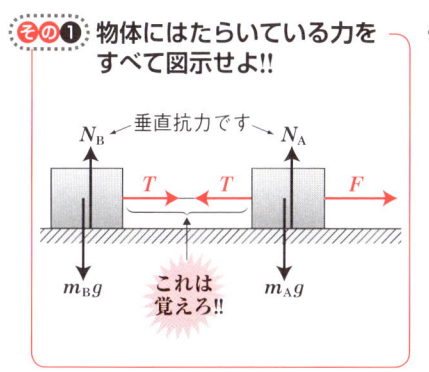

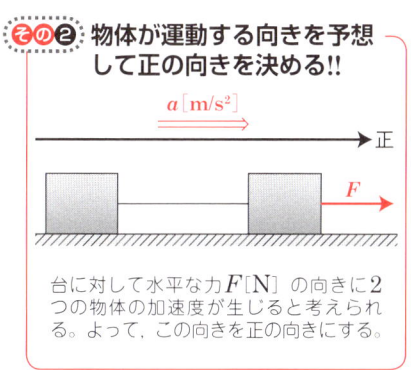

仕上げは1つひとつの物体について独立した運動方程式をつくるべし!!

物体Aについて…

台に対して垂直な方向のつり合いの式は，物体Aにはたらく垂直抗力を N_A として，

$N_A = m_A g$

台に対して平行な方向の運動方程式は，張力を $T[\mathrm{N}]$，加速度の大きさを $a[\mathrm{m/s^2}]$ として，

$$m_A a = F - T$$

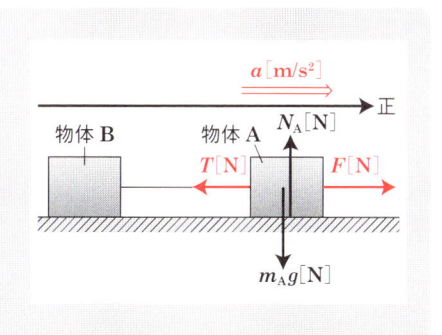

$a[\mathrm{m/s^2}]$ → 正
物体B 物体A $N_A[\mathrm{N}]$
$T[\mathrm{N}]$ $F[\mathrm{N}]$
$m_A g[\mathrm{N}]$

物体Bについて…

台に対して垂直な方向のつり合いの式は，物体Bにはたらく垂直抗力を N_B として，

$$N_B = m_B g$$

台に対して平行な方向の運動方程式は，張力を $T[\mathrm{N}]$，加速度の大きさを $a[\mathrm{m/s^2}]$ として，

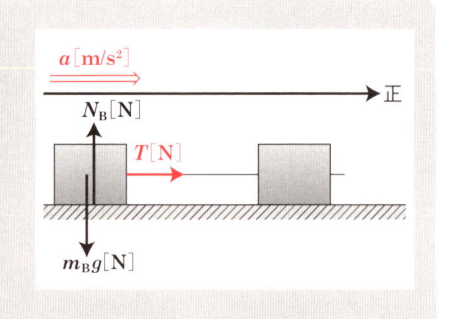

$$\boldsymbol{m_B a = T}$$

> 糸は伸びたりたるんだりしないことが大前提であるから，物体Aと物体Bに生じる加速度の大きさは共通の値である。よって，物体Aの加速度の大きさも，物体Bの加速度の大きさもともに $a[\mathrm{m/s^2}]$ としてある!!

解答でござる

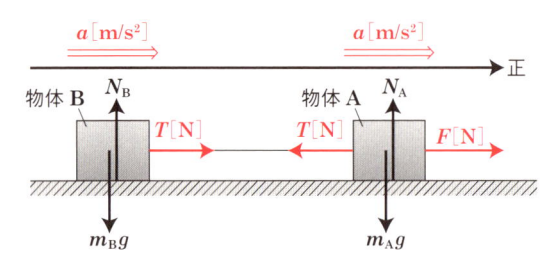

物体A，物体Bにはたらく垂直抗力をそれぞれ $N_A[\mathrm{N}]$，$N_B[\mathrm{N}]$ とし，物体間の糸の張力を $T[\mathrm{N}]$ とする。

物体Aの垂直方向のつり合いの式は，
$$N_A = m_A g$$

物体Bの垂直方向のつり合いの式は，
$$N_B = m_B g$$

$F[\mathrm{N}]$ の力がはたらく向きを正の向きとする。

> この張力 T はかき込むクセをつけろ!!

> たしかに!!
> 本問ではこの式はムダです。摩擦力もなければ，斜面が登場しているわけでもありません。
> **しか～し!!**
> 普段からこの気配りをすることを心がけていないと，いずれ泣くことになるよ!!

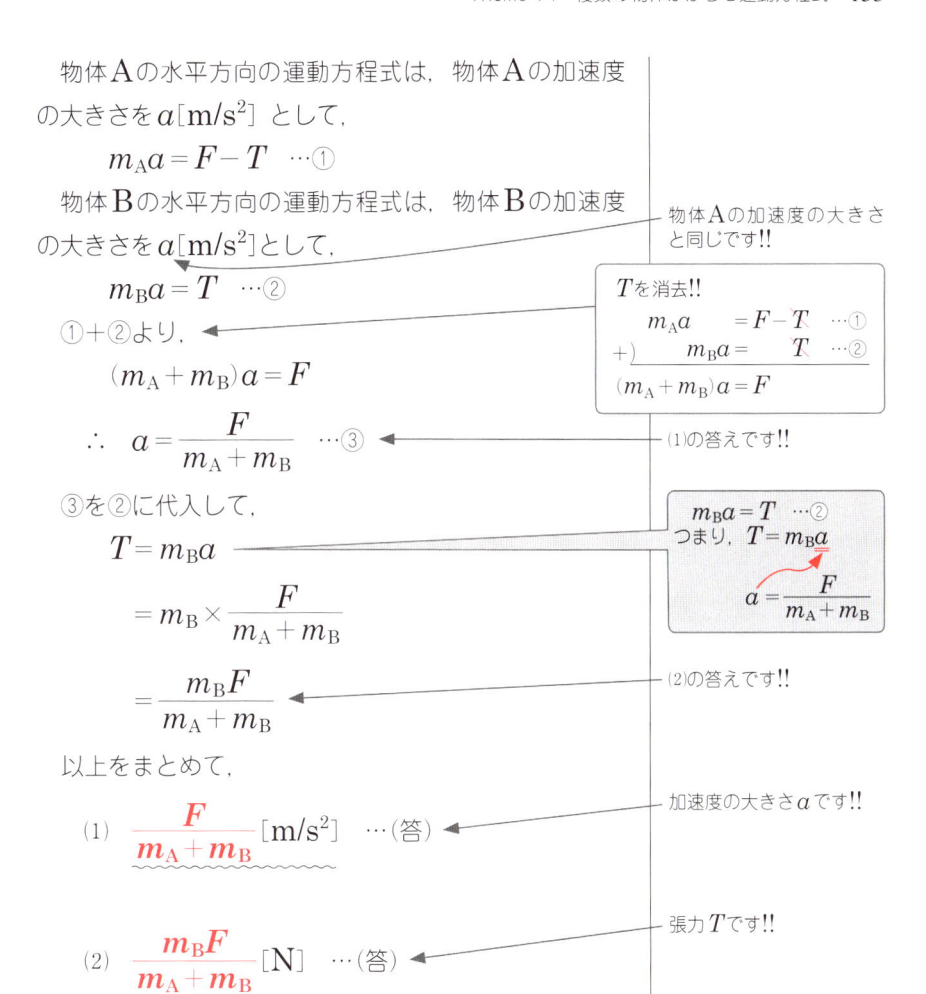

物体Aの水平方向の運動方程式は，物体Aの加速度の大きさをa[m/s^2]として，
$$m_A a = F - T \quad \cdots ①$$
物体Bの水平方向の運動方程式は，物体Bの加速度の大きさをa[m/s^2]として，
$$m_B a = T \quad \cdots ②$$

① + ② より，
$$(m_A + m_B)a = F$$
$$\therefore \quad a = \frac{F}{m_A + m_B} \quad \cdots ③$$

③を②に代入して，
$$T = m_B a$$
$$= m_B \times \frac{F}{m_A + m_B}$$
$$= \frac{m_B F}{m_A + m_B}$$

以上をまとめて，

(1) $\dfrac{F}{m_A + m_B}$ [m/s^2] …(答)

(2) $\dfrac{m_B F}{m_A + m_B}$ [N] …(答)

――物体Aの加速度の大きさと同じです!!

Tを消去!!
$$\begin{array}{r} m_A a = F - T \quad \cdots ① \\ +)\quad m_B a = T \quad \cdots ② \\ \hline (m_A + m_B)a = F \end{array}$$

――(1)の答えです!!

$m_B a = T \quad \cdots ②$
つまり，$T = m_B a$
$a = \dfrac{F}{m_A + m_B}$

――(2)の答えです!!

――加速度の大きさaです!!

――張力Tです!!

まだまだいくぜーっ!!

問題41 　標準

なめらかな水平面上に質量2.0[kg]，3.0[kg]の物体A，Bを接して置き，Aを水平方向に10[N]の力で押した。このとき，次の各問いに答えよ。ただし，重力加速度は9.8[m/s^2]とする。

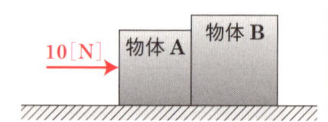

(1) A，Bの加速度の大きさは何[m/s^2]か。

(2) A，Bが押し合っている力（AB間にはたらく抗力）の大きさは何[N]か。

ナイスな導入

運動方程式のつくり方 基本編

その❶ 物体にはたらいている力をすべて図示せよ!!

その❷ 物体が運動する向きを予想して正の向きを決める!!

その❶ 物体にはたらいている力をすべて図示せよ!!

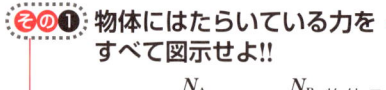

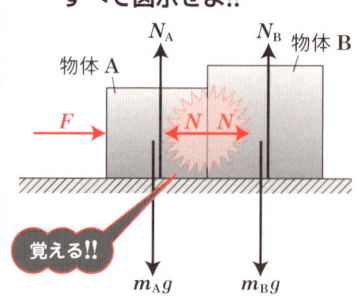

物体Aに水平に加えた力 …………… F[N]
AB間にはたらく抗力 …………… N[N]
物体Aの質量 …………………… m_A[kg]
物体Bの質量 …………………… m_B[kg]
水平面から物体Aにはたらく垂直抗力… N_A[N]
水平面から物体Bにはたらく垂直抗力… N_B[N]
重力加速度 ……………………… g[m/s^2]

その❷ 物体が運動する向きを予想して正の向きを決める!!

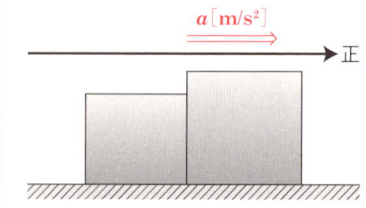

物体Aに水平に加えた力の向きに両物体の加速度が生じたと考えられる。よって，その向きを正の向きをとしよう。

物理では文字式に慣れることが大切!! 数値はあとで代入しよう!!

仕上げは1つひとつの物体について独立した運動方程式をつくるべし!!

解答でござる

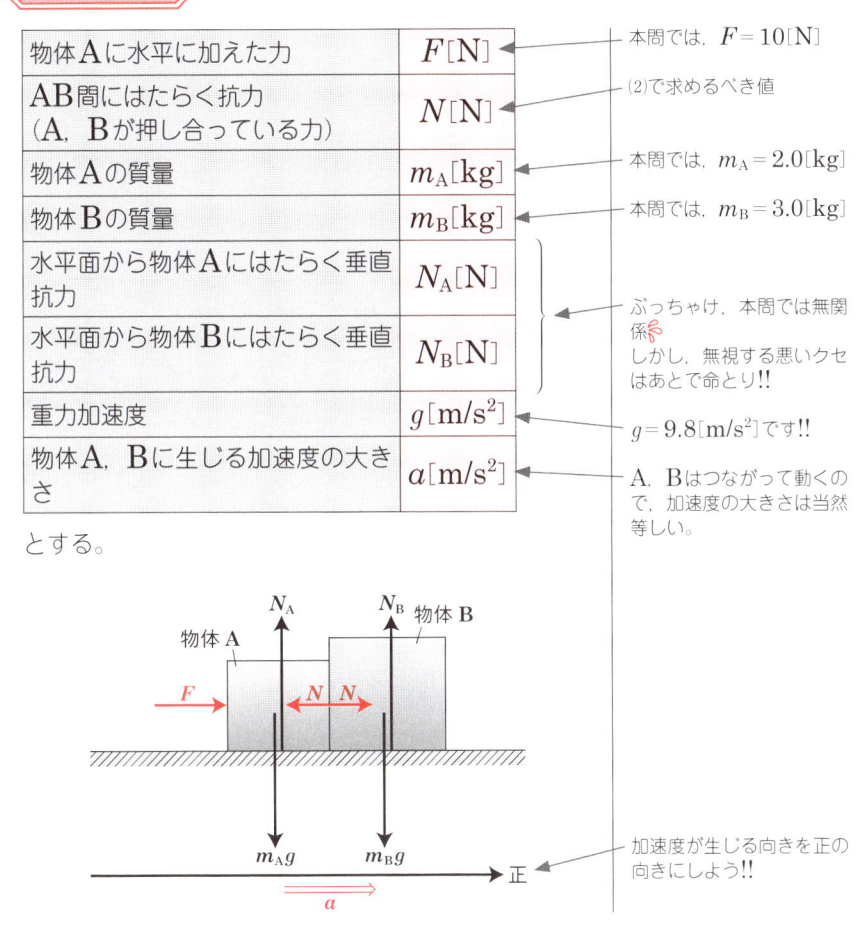

物体Aに水平に加えた力	$F[\text{N}]$	← 本問では,$F=10[\text{N}]$
AB間にはたらく抗力 (A,Bが押し合っている力)	$N[\text{N}]$	← (2)で求めるべき値
物体Aの質量	$m_A[\text{kg}]$	← 本問では,$m_A=2.0[\text{kg}]$
物体Bの質量	$m_B[\text{kg}]$	← 本問では,$m_B=3.0[\text{kg}]$
水平面から物体Aにはたらく垂直抗力	$N_A[\text{N}]$	← ぶっちゃけ,本問では無関係
水平面から物体Bにはたらく垂直抗力	$N_B[\text{N}]$	しかし,無視する悪いクセはあとで命とり!!
重力加速度	$g[\text{m/s}^2]$	← $g=9.8[\text{m/s}^2]$です!!
物体A,Bに生じる加速度の大きさ	$a[\text{m/s}^2]$	← A,Bはつながって動くので,加速度の大きさは当然等しい。

とする。

← 加速度が生じる向きを正の向きにしよう!!

◎物体Aについて

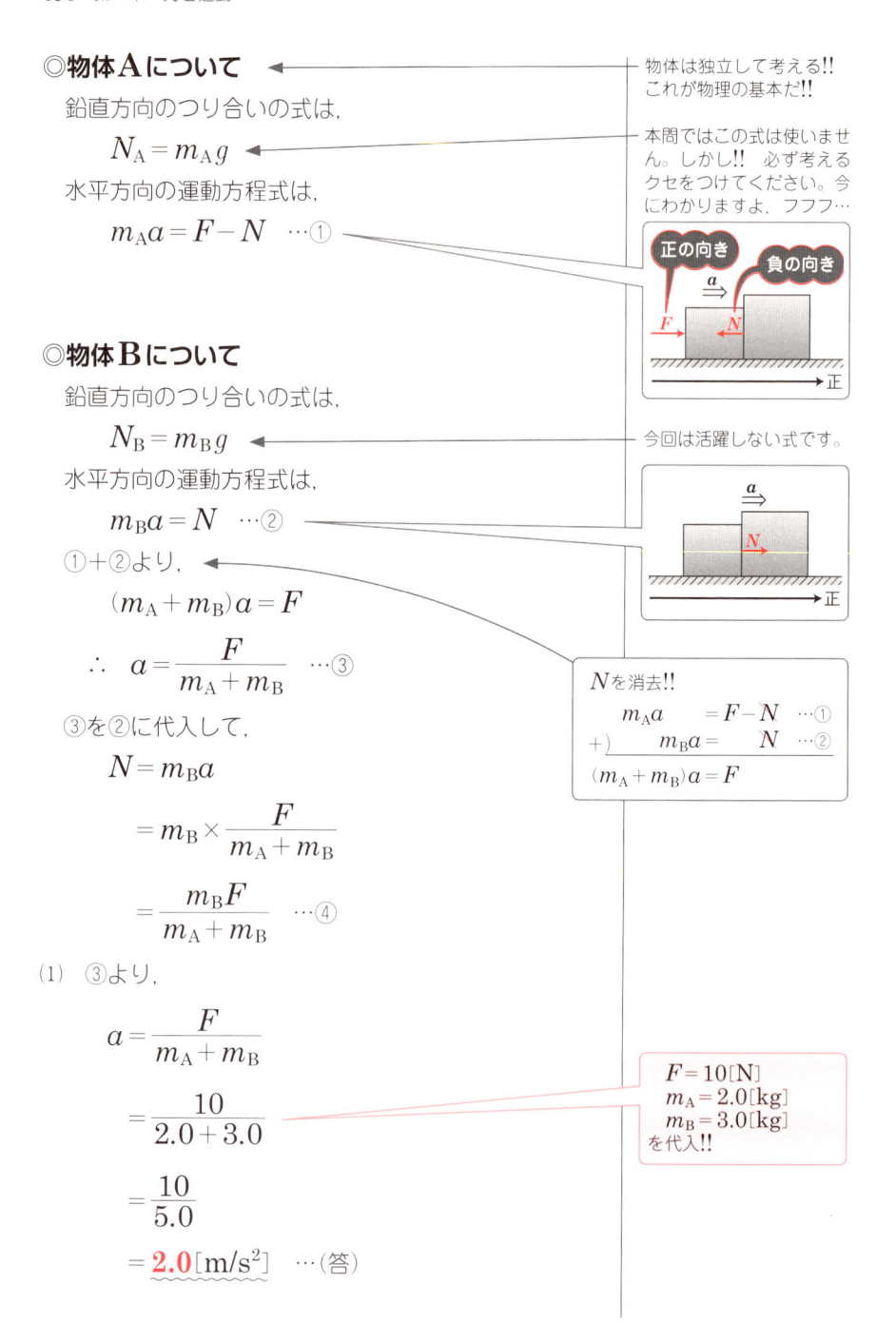

鉛直方向のつり合いの式は，
$$N_A = m_A g$$
水平方向の運動方程式は，
$$m_A a = F - N \quad \cdots ①$$

◎物体Bについて

鉛直方向のつり合いの式は，
$$N_B = m_B g$$
水平方向の運動方程式は，
$$m_B a = N \quad \cdots ②$$

①+②より，
$$(m_A + m_B)a = F$$
$$\therefore \quad a = \frac{F}{m_A + m_B} \quad \cdots ③$$

③を②に代入して，
$$N = m_B a$$
$$= m_B \times \frac{F}{m_A + m_B}$$
$$= \frac{m_B F}{m_A + m_B} \quad \cdots ④$$

(1) ③より，
$$a = \frac{F}{m_A + m_B}$$
$$= \frac{10}{2.0 + 3.0}$$
$$= \frac{10}{5.0}$$
$$= \underline{\mathbf{2.0}}[\text{m/s}^2] \quad \cdots (答)$$

物体は独立して考える!!
これが物理の基本だ!!

本問ではこの式は使いません。しかし!! 必ず考えるクセをつけてください。今にわかりますよ，フフフ…

今回は活躍しない式です。

Nを消去!!
$$\begin{array}{r} m_A a = F - N \quad \cdots ① \\ +)\quad m_B a = \quad N \quad \cdots ② \\ \hline (m_A + m_B)a = F \end{array}$$

$F = 10$[N]
$m_A = 2.0$[kg]
$m_B = 3.0$[kg]
を代入!!

(2) ④より,

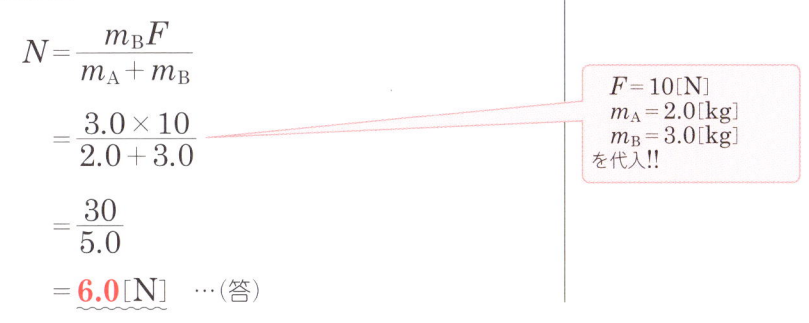

$$N = \frac{m_B F}{m_A + m_B}$$

$$= \frac{3.0 \times 10}{2.0 + 3.0}$$

$$= \frac{30}{5.0}$$

$$= \underline{\mathbf{6.0}[\mathrm{N}]} \quad \cdots (答)$$

$F = 10[\mathrm{N}]$
$m_A = 2.0[\mathrm{kg}]$
$m_B = 3.0[\mathrm{kg}]$
を代入!!

― プロフィール ―

クリスティーヌ

オムちゃんを救うべく,遠い未来から現れた教育プランナー。見た感じはロボットのようですが,詳細は不明♥

虎君はクリスティーヌが大好きのようですが,桃君はクリスティーヌが発言すると,迷惑そうです。

コツをつかむまで，まだまだ特訓!!

問題42　標準

　なめらかな台の上に，質量M[kg]の物体Aを置き，これに糸をつけて台の端の滑車を通し，糸の他端に質量m[kg]の物体Bをつるして放す。重力加速度をg[m/s^2]として，次の各問いに答えよ。
(1) 物体Aの加速度の大きさは何[m/s^2]か。
(2) 糸の張力は何[N]か。

ナイスな導入

"なめらかな台"と書いてあるので，摩擦力は無視!!
さらに，糸と滑車の間の摩擦力は考えないことが常識である。

運動方程式のつくり方 基本編

その❶　物体にはたらいている力をすべて図示せよ!!
その❷　物体が運動する向きを予想して正の向きを決める!!

その❶ 物体にはたらいている力をすべて図示せよ!!

覚える!! 糸が出てきたらこれだ!!

Tは糸の張力です。
Nは台から物体Aにはたらく垂直抗力です。

その❷ 物体が運動する向きを予想して正の向きを決める!!

おっ!!

滑車によって，正の向きが変わります!!
加速度が生じる向きを正の向きと考えよう!!

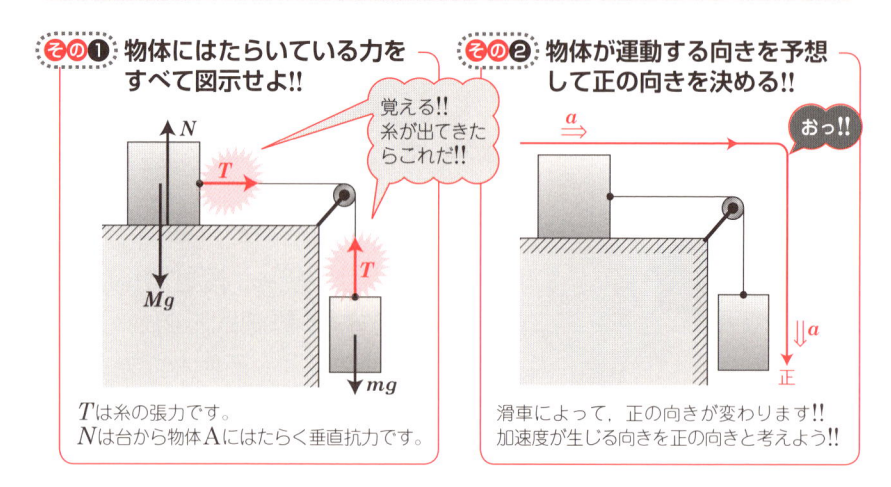

仕上げは1つひとつの物体について独立した運動方程式をつくるべし!!

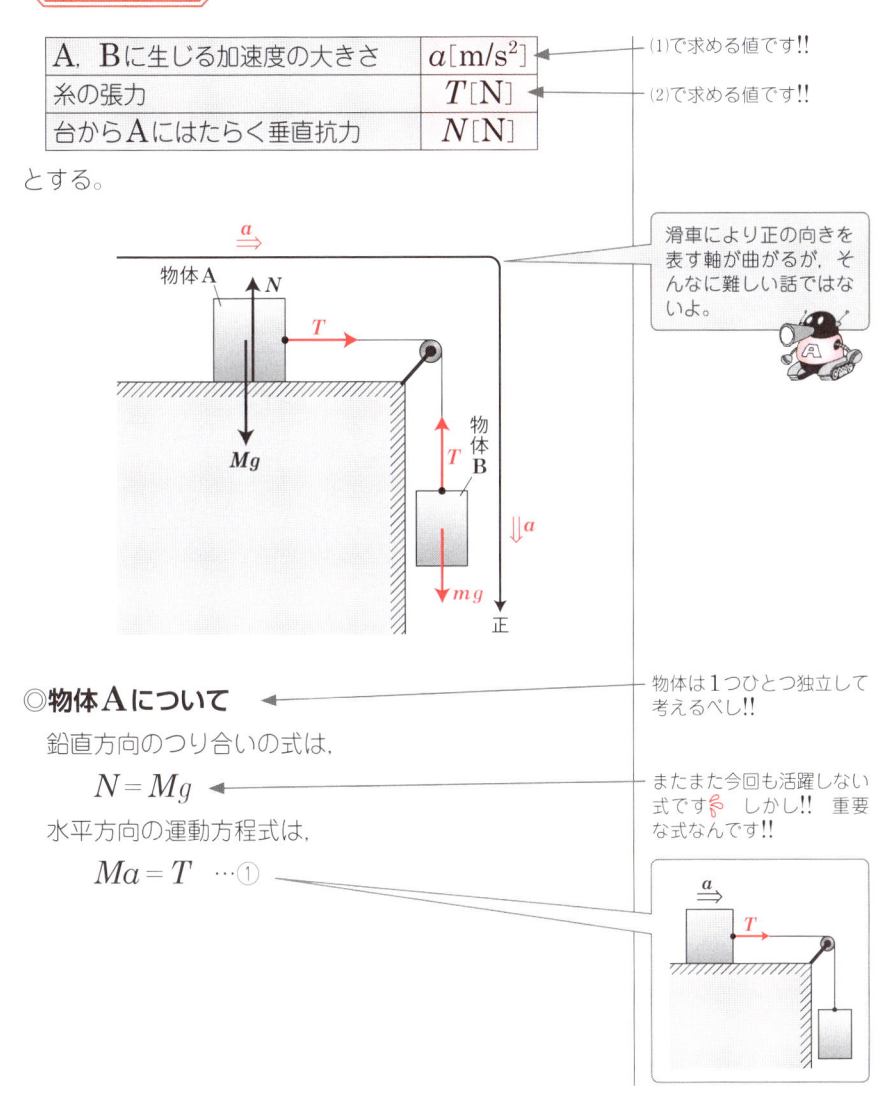

解答でござる

A, Bに生じる加速度の大きさ	a [m/s²]
糸の張力	T [N]
台からAにはたらく垂直抗力	N [N]

― (1)で求める値です!!
― (2)で求める値です!!

とする。

滑車により正の向きを表す軸が曲がるが、そんなに難しい話ではないよ。

◎**物体Aについて** ← 物体は1つひとつ独立して考えるべし!!

鉛直方向のつり合いの式は、

$$N = Mg$$

← またまた今回も活躍しない式です。しかし!! 重要な式なんです!!

水平方向の運動方程式は、

$$Ma = T \quad \cdots ①$$

◎物体Bについて

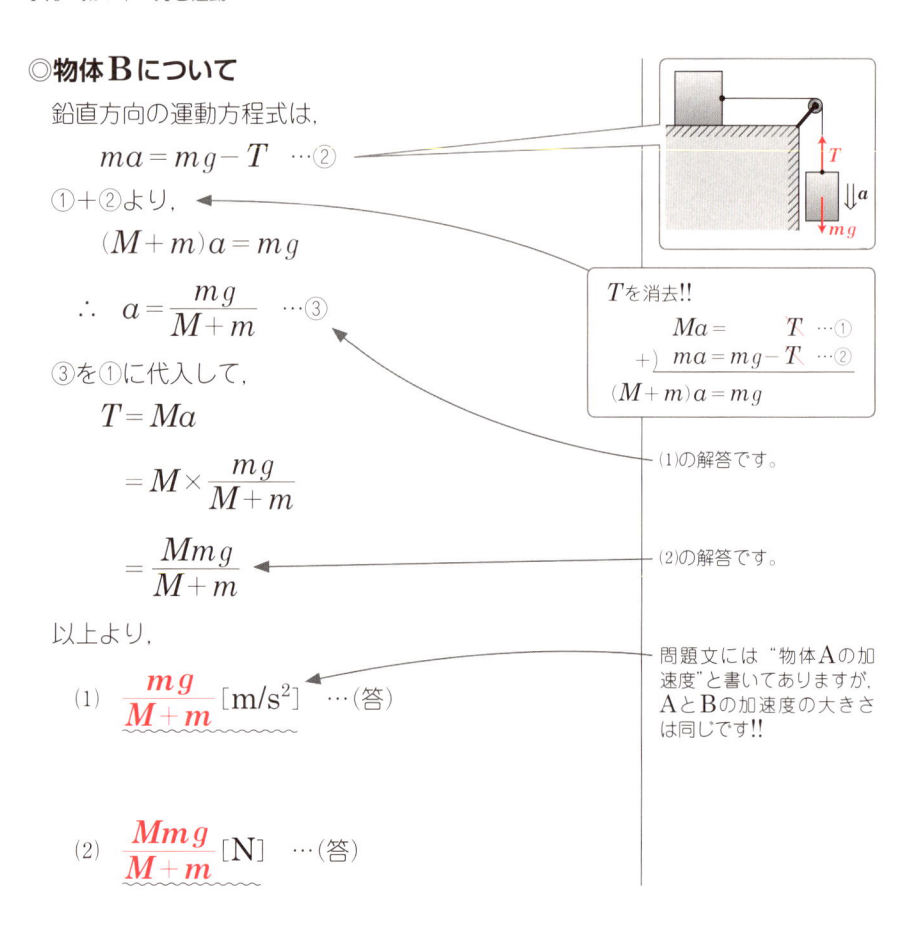

鉛直方向の運動方程式は,

$$ma = mg - T \quad \cdots ②$$

①+②より,

$$(M+m)a = mg$$

$$\therefore \quad a = \frac{mg}{M+m} \quad \cdots ③$$

③を①に代入して,

$$T = Ma$$
$$= M \times \frac{mg}{M+m}$$
$$= \frac{Mmg}{M+m}$$

以上より,

(1) $\dfrac{mg}{M+m}$ [m/s²] …(答)

(2) $\dfrac{Mmg}{M+m}$ [N] …(答)

Tを消去!!

$$\begin{aligned} Ma &= T \quad \cdots ① \\ +)\ ma &= mg - T \quad \cdots ② \\ \hline (M+m)a &= mg \end{aligned}$$

(1)の解答です。

(2)の解答です。

問題文には"物体Aの加速度"と書いてありますが,AとBの加速度の大きさは同じです!!

次の問題でひと皮むける…。

問題43　標準

　右図のように，上面が水平な質量 M [kg] の物体Aの上に，質量 m [kg] の物体Bをのせて，F [N] の力で鉛直上向きに引き上げた。このとき，物体Bは物体Aから離れることなく，これらの物体は鉛直上向きに等加速度運動をしたという。重力加速度を g [m/s²] として，次の各問いに答えよ。

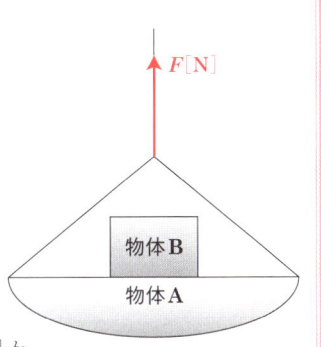

(1) A，Bに生じる加速度の大きさは何 [m/s²] か。
(2) A，Bが押し合っている力(AB間の抗力)の大きさは何 [N] か。

ナイスな導入

運動方程式のつくり方　基本編

その❶ 物体にはたらいている力をすべて図示せよ!!

その❷ 物体が運動する向きを予想して正の向きを決める!!

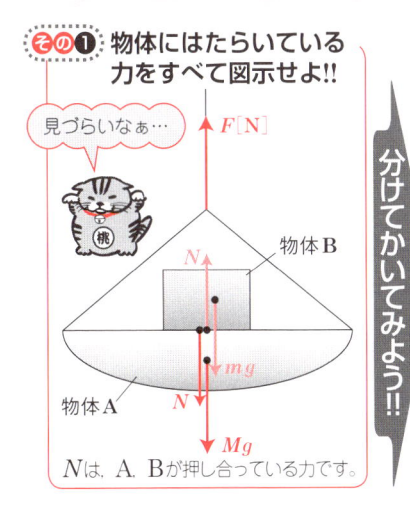

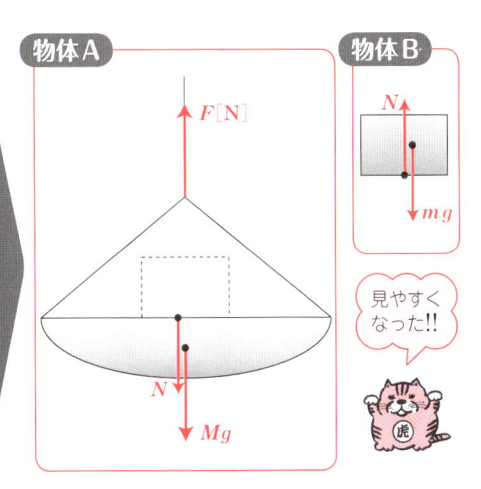

またこれかぁ…

その❶ 物体にはたらいている力をすべて図示せよ!!

見づらいなぁ…

N は，A，Bが押し合っている力です。

分けてかいてみよう!!

物体A

物体B

見やすくなった!!

142　第1章　力と運動

その❷ 物体が運動する向きを予想して正の向きを決める!!

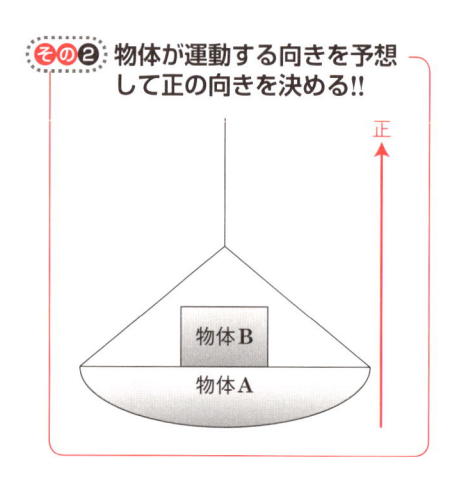

正（↑）

本問は，"鉛直上向きに等加速度運動をした"と書いてあるので，鉛直上向きを正の向きとしよう!!

仕上げは…

1つひとつの物体について独立した運動方程式をつくるんでしょ!!

解答でござる

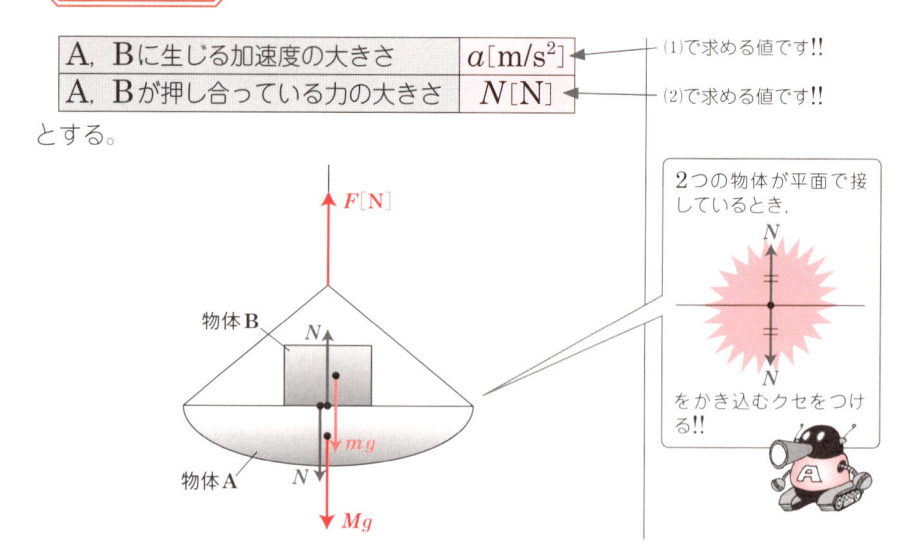

A, Bに生じる加速度の大きさ	$a\,[\mathrm{m/s^2}]$
A, Bが押し合っている力の大きさ	$N\,[\mathrm{N}]$

— (1)で求める値です!!
— (2)で求める値です!!

とする。

物体B に働く力：$F[\mathrm{N}]$（上向き），N（上向き），mg（下向き）
物体A に働く力：N（下向き），Mg（下向き）

2つの物体が平面で接しているとき，

$N \updownarrow N$

をかき込むクセをつける!!

物体Aの運動方程式は，
$$Ma = F - Mg - N \quad \cdots ①$$
物体Bの運動方程式は，
$$ma = N - mg \quad \cdots ②$$ 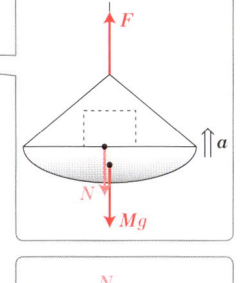 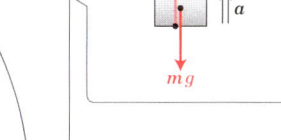
①+②より，
$$(M+m)a = F - (M+m)g$$
$$a = \frac{F - (M+m)g}{M+m}$$
$$= \frac{F}{M+m} - \frac{(M+m)g}{M+m}$$
$$\therefore \quad a = \frac{F}{M+m} - g \quad \cdots ③$$

②より，
$$N = ma + mg \quad \cdots ②'$$
③を②'に代入して，
$$N = m \times \left(\frac{F}{M+m} - g\right) + mg$$
$$= \frac{mF}{M+m} - mg + mg$$
$$\therefore \quad N = \frac{mF}{M+m} \quad \cdots ④$$

以上より，

(1) ③から，A，Bに生じる加速度の大きさは，
$$\underline{\frac{F}{M+m} - g} \, [\mathrm{m/s^2}] \quad \cdots (答)$$

(2) ④から，A，Bが押し合っている力の大きさは，
$$\underline{\frac{mF}{M+m}} \, [\mathrm{N}] \quad \cdots (答)$$

Nを消去!!
$$Ma = F - Mg - N \quad \cdots ①$$
$$+) \quad ma = N - mg \quad \cdots ②$$
$$(M+m)a = F - (M+m)g$$

この変形は義務ではないが，今回はこっちの形のほうが身軽でカッコイイ♥
もちろん!!
$$a = \frac{F - (M+m)g}{M+m}$$
のままでもOKです!!

もちろん!!
$$a = \frac{F - (M+m)g}{M+m}$$
とか…
$$a = \frac{F - Mg - mg}{M+m}$$
としてもOK!!

ちょっと言わせて

物体Bに注目!!

普通ならば，鉛直方向のつり合いの式より，

$N = mg$

となるはずだが，本問ではそうはいきません!!

鉛直上向きの加速度が生じるためには…

$N > mg$

の条件が必要になります。

みなさんも経験ありませんか??

エレベーターに乗ったとき，エレベーターが動き出した瞬間と止まろうとする寸前に，ヘンな感じになることを…。

このとき!! まさにみなさんが物体Bのようなもんです。

エレベーターが静止，または等速直線運動をしている（一定のスピードで上昇あるいは下降している）とき，エレベーターの中にいる人間には加速度が生じてません。つまり，本問でいうなら…

$N = mg$

が成立しています。

しかし!! エレベーターが動き出した瞬間，あるいは止まろうとする寸前に，エレベーターには加速度が生じます。つまり，エレベーターの中にいる人間にも加速度が生じており，本問でいうなら，

$N \neq mg$

となってしまいます。

だから，自分の体重が重く感じたり，軽く感じたりする違和感に襲われるわけなのです!!

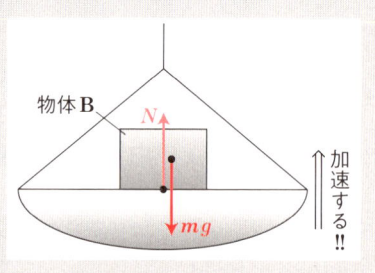

Theme 14　複数の物体がからむ運動方程式　145

ダメ押しです。今までの問題が合体しました!!

問題44　ちょいムズ

右図のように，滑車をつけた十分に長い糸の両端に物体Aと，物体Cをのせた物体Bをつけて静かに放した。A，B，Cの質量をそれぞれm_A[kg]，m_B[kg]，m_C[kg]，重力加速度をg[m/s^2]として，次の各問いに答えよ。

ただし，$m_A < m_B + m_C$とし，物体Bと物体Cは離れなかったとする。

(1)　物体Aの加速度の大きさを求めよ。
(2)　張力Tの大きさを求めよ。
(3)　物体Bと物体Cが押し合っている力(BC間の抗力)を求めよ。

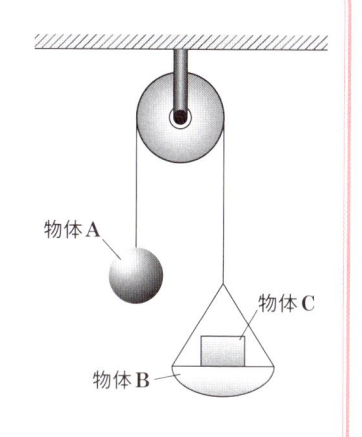

ナイスな導入

本問では単位の指定がないが，力は[N]，加速度は[m/s^2]とすることがもはや常識!!

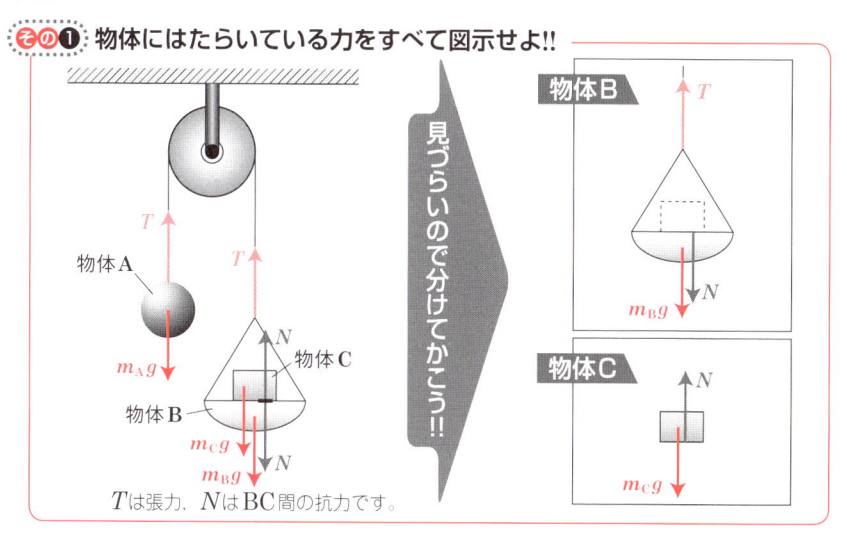

その❶　物体にはたらいている力をすべて図示せよ!!

Tは張力，NはBC間の抗力です。

その❷ 物体が運動する向きを予想して正の向きを決める!!

条件に $m_A < m_B + m_C$ と書いてあるので，物体Aは鉛直上向きに加速し，物体Bと物体Cは鉛直下向きに加速する!!

加速度が生じる向きを正の向きとしましょう。

よって，正の向きは右図のようになります。

> 滑車の存在は，正の向きを表す軸を曲げるだけか…

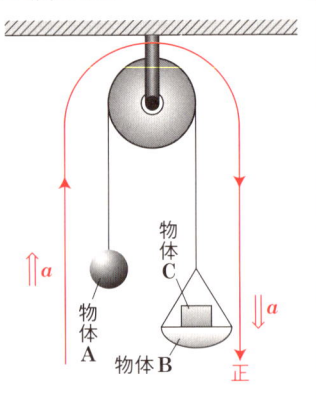

仕上げは…，もう大丈夫ですね。

> 1つひとつの物体に分けて運動方程式をつくる!! でしょ!?

解答でござる

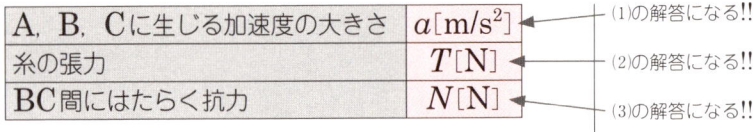

A，B，Cに生じる加速度の大きさ	$a[\mathrm{m/s^2}]$
糸の張力	$T[\mathrm{N}]$
BC間にはたらく抗力	$N[\mathrm{N}]$

(1)の解答になる!!
(2)の解答になる!!
(3)の解答になる!!

とする。

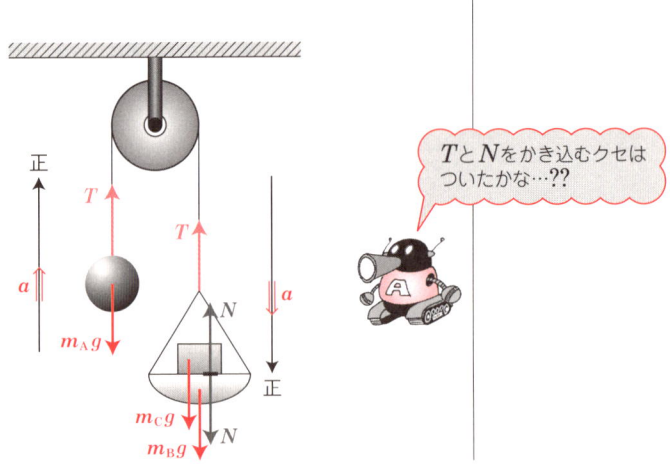

> T と N をかき込むクセはついたかな…??

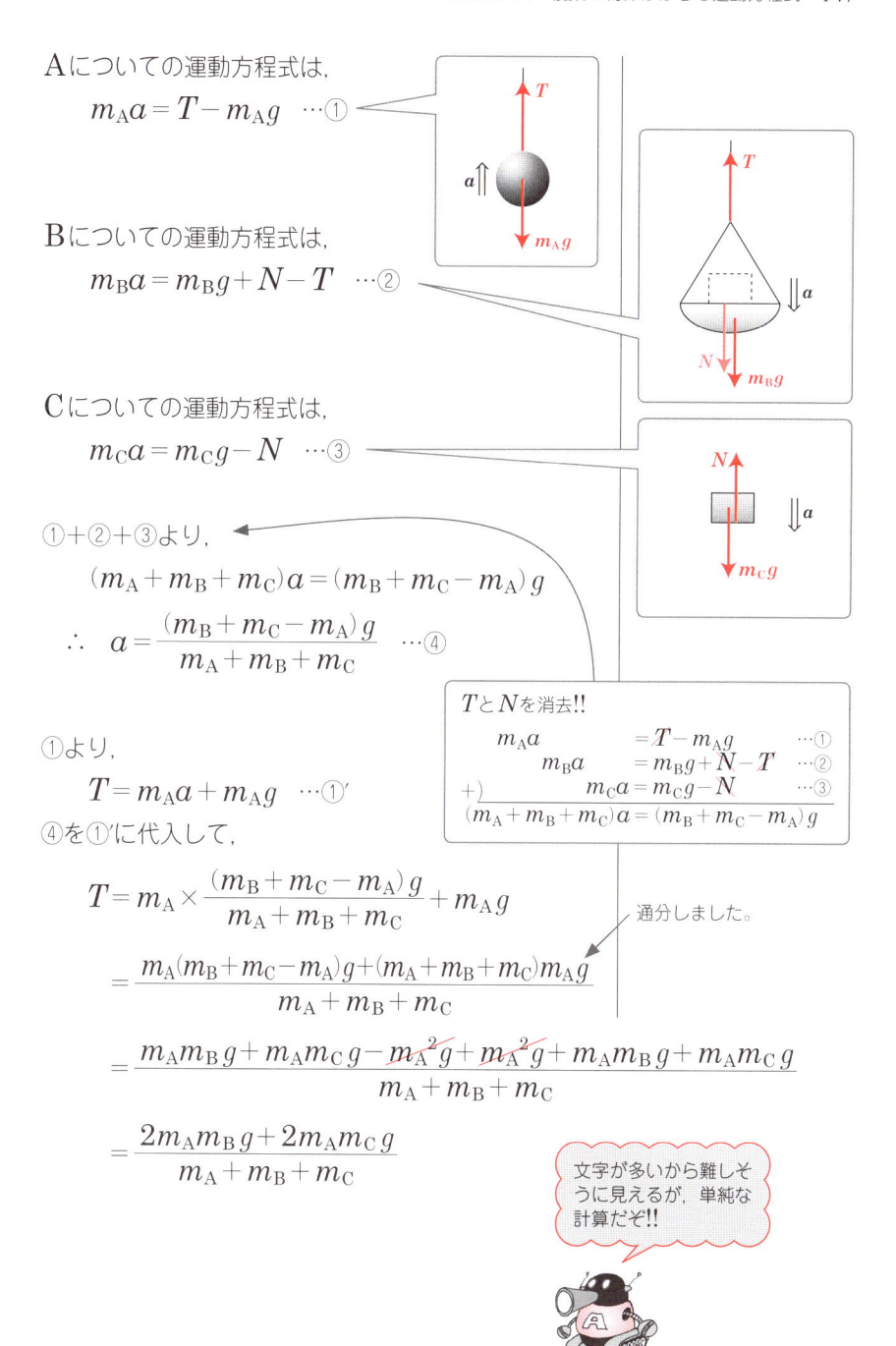

Aについての運動方程式は，
$$m_A a = T - m_A g \quad \cdots ①$$

Bについての運動方程式は，
$$m_B a = m_B g + N - T \quad \cdots ②$$

Cについての運動方程式は，
$$m_C a = m_C g - N \quad \cdots ③$$

①+②+③より，
$$(m_A + m_B + m_C)a = (m_B + m_C - m_A)g$$
$$\therefore \quad a = \frac{(m_B + m_C - m_A)g}{m_A + m_B + m_C} \quad \cdots ④$$

T と N を消去!!
$$\begin{aligned}
m_A a &= T - m_A g \quad &\cdots ① \\
m_B a &= m_B g + N - T \quad &\cdots ② \\
+\quad m_C a &= m_C g - N \quad &\cdots ③ \\
\hline
(m_A + m_B + m_C)a &= (m_B + m_C - m_A)g
\end{aligned}$$

①より，
$$T = m_A a + m_A g \quad \cdots ①'$$
④を①'に代入して，

$$T = m_A \times \frac{(m_B + m_C - m_A)g}{m_A + m_B + m_C} + m_A g$$

通分しました。

$$= \frac{m_A(m_B + m_C - m_A)g + (m_A + m_B + m_C)m_A g}{m_A + m_B + m_C}$$

$$= \frac{m_A m_B g + m_A m_C g - m_A^2 g + m_A^2 g + m_A m_B g + m_A m_C g}{m_A + m_B + m_C}$$

$$= \frac{2m_A m_B g + 2m_A m_C g}{m_A + m_B + m_C}$$

文字が多いから難しそうに見えるが，単純な計算だぞ!!

∴ $T = \dfrac{2m_A(m_B + m_C)g}{m_A + m_B + m_C}$ …⑤

③より，$N = m_C g - m_C a$

この式に④を代入して，

$N = m_C g - m_C \times \dfrac{(m_B + m_C - m_A)g}{m_A + m_B + m_C}$

$= \dfrac{(m_A + m_B + m_C)m_C g - m_C(m_B + m_C - m_A)g}{m_A + m_B + m_C}$

$= \dfrac{m_A m_C g + m_B m_C g + m_C^2 g - m_B m_C g - m_C^2 g + m_A m_C g}{m_A + m_B + m_C}$

$= \dfrac{2m_A m_C g}{m_A + m_B + m_C}$ …⑥

> $2m_A g$ でくくったほうがカッコイイ!!
> $\dfrac{2m_A g(m_B + m_C)}{m_A + m_B + m_C}$
> としてもよいが，g はうしろに書くことが多い。

> 通分しました。

以上より，

(1) ④から，物体Aの加速度の大きさは，

$\dfrac{(m_B + m_C - m_A)g}{m_A + m_B + m_C}$ [m/s²] …(答)

> Aのみでなく，つながっているので，BもCも同じ値です。

(2) ⑤から，糸の張力は，

$\dfrac{2m_A(m_B + m_C)g}{m_A + m_B + m_C}$ [N] …(答)

(3) ⑥から，物体Bと物体Cが押し合っている力は，

$\dfrac{2m_A m_C g}{m_A + m_B + m_C}$ [N] …(答)

> 文字式に慣れておいてね♥

Theme 14 複数の物体がからむ運動方程式

ついでに"動滑車"も攻略しよう!!

問題45　ちょいムズ

右図のように，定滑車と動滑車からなる装置がある。定滑車にかけた軽い糸の一端に，質量 $2m$ [kg] のおもりAをつるし，他端に質量の無視できる動滑車をつけ，天井に固定する。動滑車に質量 m [kg] のおもりBをつるして放した。重力加速度を g [m/s²] として，次の各問いに答えよ。

(1) Aの加速度の大きさを求めよ。
(2) Bの加速度の大きさを求めよ。
(3) 糸の張力を求めよ。

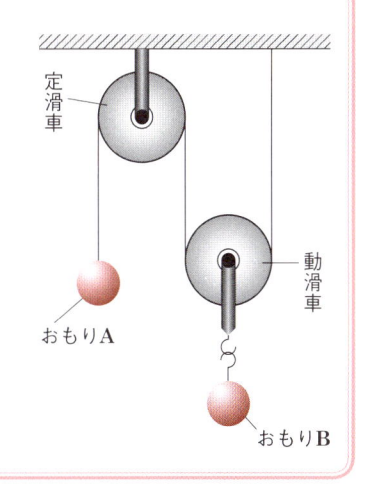

ナイスな導入

ポイント❶　糸はひとつづきにつながっているので，糸の張力はどこでも同じである!!

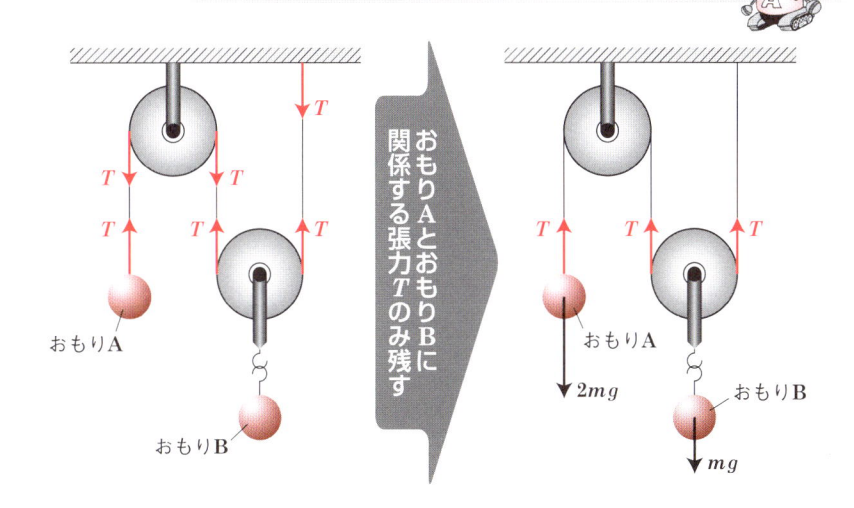

おもりAとおもりBに関係する張力 T のみ残す

ポイント❷　おもりAとおもりBの運動する向きは…??

注　動滑車の質量は$0\,[\mathrm{kg}]$と考えることができるから，おもりBとセットで考える!!

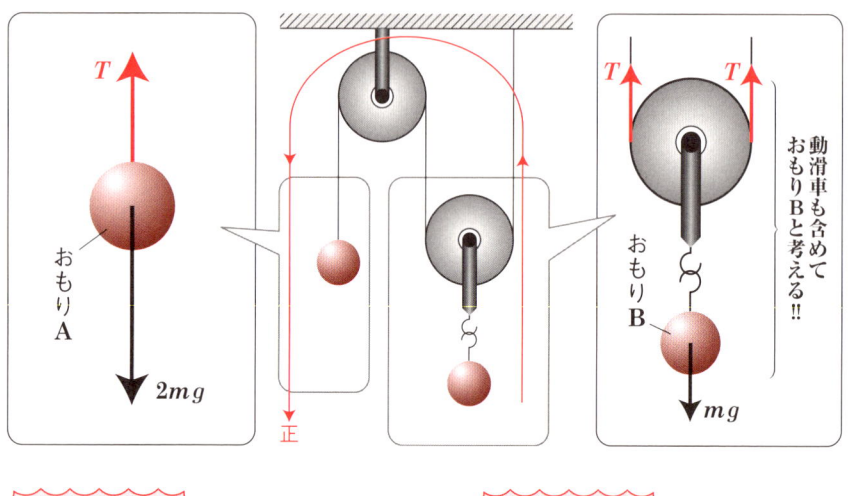

（図：おもりA に働く力 T（上向き）と $2mg$（下向き）；動滑車とおもりB をセットで考え，上向きに T, T, 下向きに mg）

動滑車も含めておもりBと考える!!

おもりAは…
鉛直下向きの力が$2mg\,[\mathrm{N}]$
鉛直上向きの力が$T\,[\mathrm{N}]$

V.S.

おもりBは
鉛直下向きの力が$mg\,[\mathrm{N}]$
鉛直上向きの力が$2T\,[\mathrm{N}]$

よって，おもりAのほうが鉛直下向きの力が大きく，しかも鉛直上向きの力が小さい!!

とゆーことは…

おもり**A**は鉛直**下**向きに運動し，
おもり**B**は鉛直**上**向きに運動する!!

よって!!

上図のように正の向きを決める!!

Theme 14 複数の物体がからむ運動方程式 151

ポイント❸　おもりAとおもりBの加速度の大きさは同じではない!!

① おもりAが鉛直下向きにL[m]運動すると，おもりBと動滑車は，糸が2手に分かれているので，トータルL[m]の長さが左右に$\frac{L}{2}$[m]ずつ分けられる。

　よって，鉛直上向きに$\frac{L}{2}$[m]運動する。

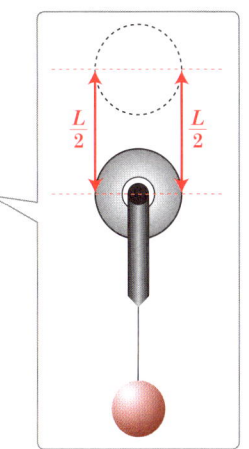

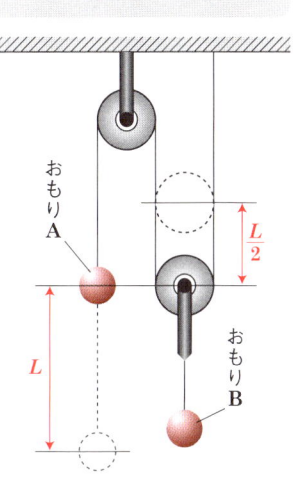

つまり…

② おもりAがv[m/s]の速さで運動しているとき，おもりBは$\frac{v}{2}$[m/s]の速さで運動している。

　速さの話としては，①を1秒ごとの話に変えただけです!!　よって，あたりまえの話です。

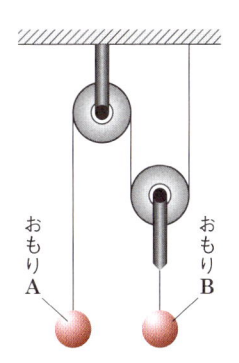

つまり…

③ おもりAが $a\,[\mathrm{m/s^2}]$ の加速度の大きさで運動するとき，おもりBは $\dfrac{a}{2}\,[\mathrm{m/s^2}]$ の加速度の大きさで運動する。

②が成り立つなら③も成り立つ!!

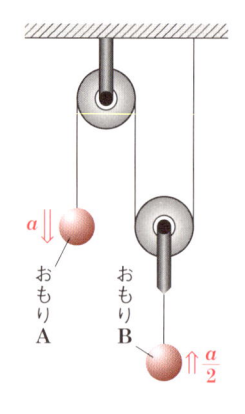

以上の3つのポイントを踏まえて…

> 解答でござる

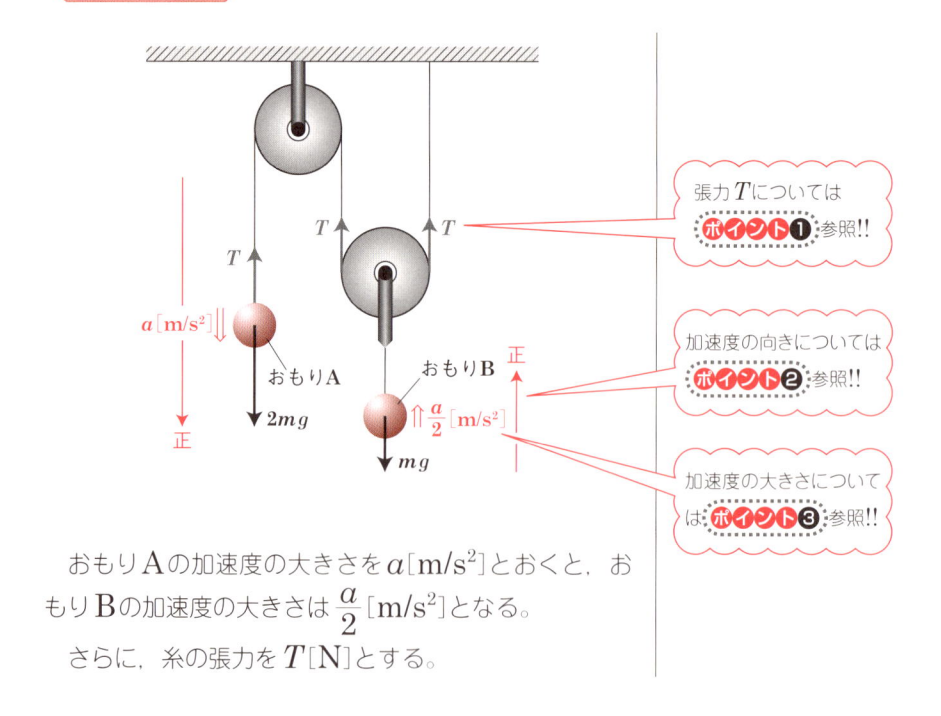

張力 T については ポイント❶参照!!

加速度の向きについては ポイント❷参照!!

加速度の大きさについては ポイント❸参照!!

おもりAの加速度の大きさを $a\,[\mathrm{m/s^2}]$ とおくと，おもりBの加速度の大きさは $\dfrac{a}{2}\,[\mathrm{m/s^2}]$ となる。

さらに，糸の張力を $T\,[\mathrm{N}]$ とする。

おもりAの運動方程式は，
$$2ma = 2mg - T \quad \cdots ①$$
おもりBと動滑車の運動方程式は
$$m \times \frac{a}{2} = 2T - mg$$
つまり，
$$\frac{1}{2}ma = 2T - mg \quad \cdots ②$$

注 **ポイント❷** でも述べたが，動滑車の質量は無視できるので，動滑車もおもりBの一部として考える!!

①×2＋②より， ← T を消去する!!

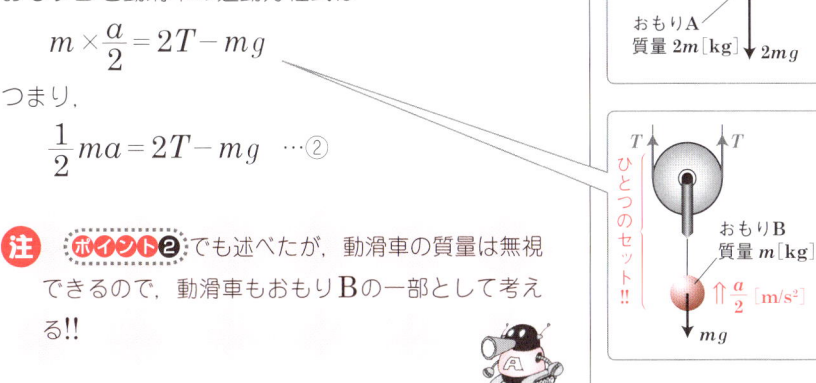

$$4ma = 4mg - 2T \quad \cdots ① \times 2$$
$$+)\ \frac{1}{2}ma = \ 2T - mg \quad \cdots ②$$
$$\overline{\frac{9}{2}ma = 3mg}$$

← 両辺を m でわった!!

$$\frac{9}{2}a = 3g$$

← 両辺を $\frac{2}{9}$ 倍した!!

$$a = \frac{2}{9} \times 3g$$

← おもりAの加速度が求まりました!! つまり，(1)の解答です!!

$$\therefore\ a = \frac{2}{3}g \quad \cdots ③$$

①から， ← 移項しただけです。

$$T = 2mg - 2ma$$

これに③を代入して，

$$T = 2mg - 2m \times \frac{2}{3}g$$
$$= 2mg - \frac{4}{3}mg$$
$$= \frac{2}{3}mg \quad \cdots ④$$

← 糸の張力が求まりました!! つまり，(3)の解答です!!

(1) おもりAの加速度の大きさは③より，
$$a = \frac{2}{3}g \, [\text{m/s}^2] \quad \cdots(答)$$

(2) おもりBの加速度の大きさは $\frac{a}{2}$ [m/s²]より，③から，
$$\frac{a}{2} = \frac{1}{2}a$$
$$= \frac{1}{2} \times \frac{2}{3}g$$
$$= \frac{1}{3}g \, [\text{m/s}^2] \quad \cdots(答)$$

$a = \frac{2}{3}g$ …③です!!

(3) 糸の張力は④より，
$$T = \frac{2}{3}mg \, [\text{N}] \quad \cdots(答)$$

運動方程式さえ立てちゃえば，簡単かもね♥

動滑車のコツがつかめたぞ!!

Theme 15　もう少し突っ込んで運動方程式　155

Theme 15　もう少し突っ込んで運動方程式

物体は2つ!!　さらに摩擦が加わると…

問題46　標準

右図のように，水平な台の上に6.0 [kg]の物体Aを置き，これに糸をつけて滑車を通し，他端におもりBをつるす。物体Aと台との静止摩擦係数を0.50，動摩擦係数を0.20，重力加速度を9.8 [m/s^2]として，次の各問いに答えよ。

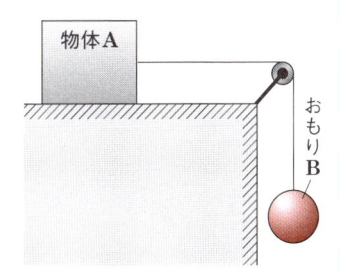

(1)　おもりBの質量を徐々に増やす。おもりが何[kg]になれば物体Aは動き始めるか。

(2)　おもりBの質量を4.0 [kg]にしたとき，物体Aの加速度と糸の張力をそれぞれ求めよ。

ナイスな導入

(1)は，とっくに学習済みのお話です。(Theme **14** を復習せよ!!)

(2)も Theme **14** の延長にすぎません。

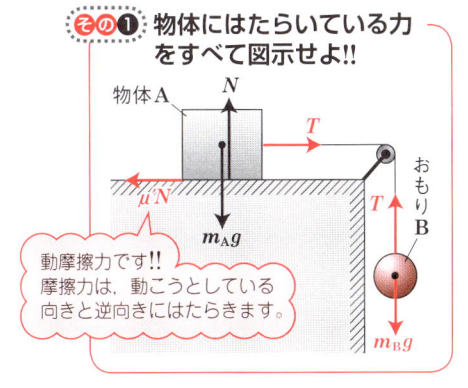

その❶　物体にはたらいている力をすべて図示せよ!!

動摩擦力です!!　摩擦力は，動こうとしている向きと逆向きにはたらきます。

物体Aの質量	m_A [kg]
おもりBの質量	m_B [kg]
糸の張力	T [N]
台から物体Aにはたらく垂直抗力	N [N]
動摩擦係数	μ'

その❷ 物体が運動する向きを予想して正の向きを決める!!

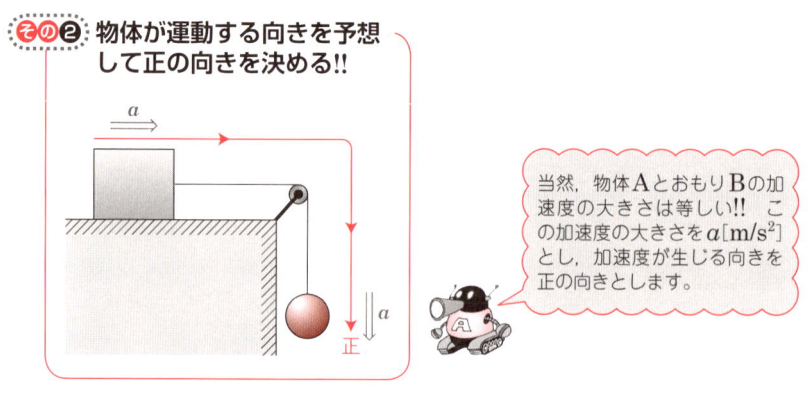

当然，物体Aとおもり Bの加速度の大きさは等しい!! この加速度の大きさを $a\,[\text{m/s}^2]$ とし，加速度が生じる向きを正の向きとします。

仕上げは，1つひとつの物体について運動方程式を立てればOK!!

解答でござる

(1)

物体Aの質量	$m_A\,[\text{kg}]$
おもりBの質量	$m_B\,[\text{kg}]$
重力加速度	$g\,[\text{m/s}^2]$
糸の張力	$T\,[\text{N}]$
台から物体Aにはたらく垂直抗力	$N\,[\text{N}]$
静止摩擦係数	μ

$m_A = 6.0\,[\text{kg}]$
求める値です!!
$g = 9.8\,[\text{m/s}^2]$ です!!

$\mu = 0.50$ です!!

とする。

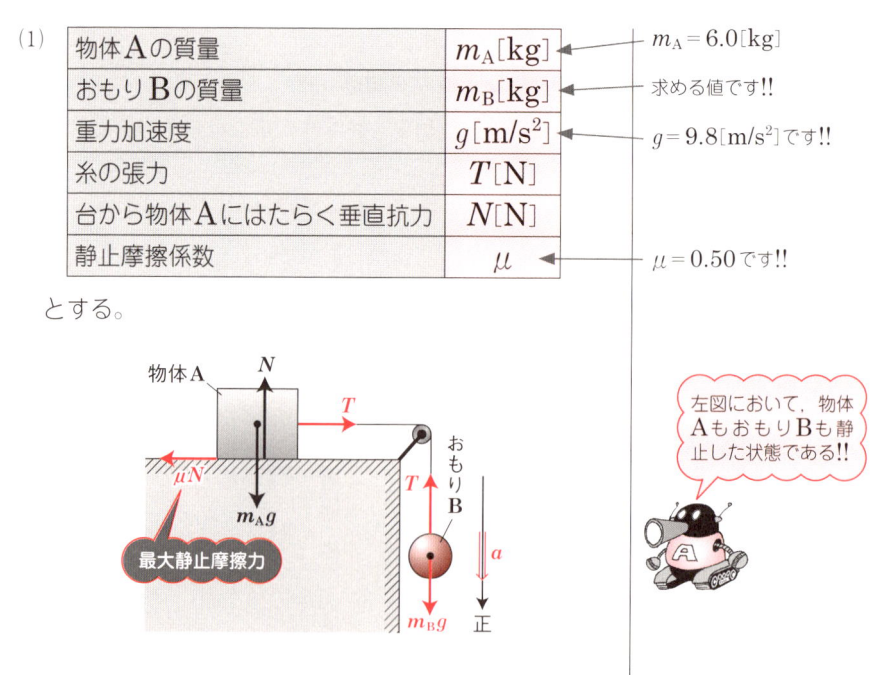

左図において，物体Aもおもり Bも静止した状態である!!

物体Aが動き始める瞬間，物体Aにはたらく摩擦力は最大静止摩擦力 μN である。

◎**物体Aについて**

台に対して水平な方向のつり合いの式は，
$T = \mu_0 N$ …①
台に対して垂直な方向のつり合いの式は，
$N = m_A g$ …②

◎**おもりBについて**

鉛直方向のつり合いの式は，
$T = m_B g$ …③

②と③を①に代入して，
$m_B g = \mu m_A g$
$m_B = \mu m_A$
$m_B = 0.50 \times 6.0$
∴ $m_B = 3.0$

物体Aが動き始めるときのおもりBの質量は，

3.0[kg] …(答)

> $T = \mu N$ …①
> $T = m_B g$ …③ $N = m_A g$ …②

両辺をgでわった!!

$\mu = 0.50$
$m_A = 6.0$[kg]
を代入しました。

(2) 物体A，おもりBに生じる加速度の大きさを a[m/s²]とする。

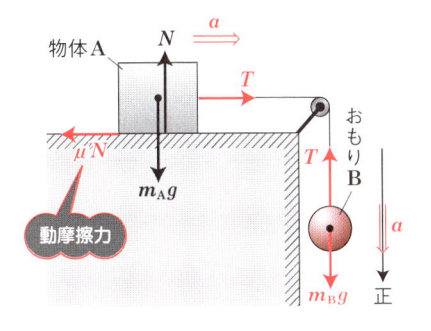

本問において…
$m_B = 4.0$[kg]で，(1)で求めた3.0[kg]よりも重い!!
よって，物体Aは滑り始め，物体A，おもりBともに等加速度運動を始める!!

◎物体Aについて

台に対して垂直な方向のつり合いの式は，
$$N = m_A g \quad \cdots ①$$
台に対して水平な方向の運動方程式は，
$$m_A a = T - \mu' N \quad \cdots ②$$

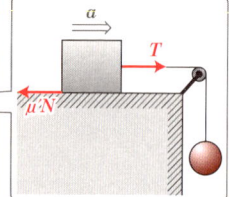

今回はこの式がムダにならない。

◎おもりBについて

鉛直方向の運動方程式は，
$$m_B a = m_B g - T \quad \cdots ③$$

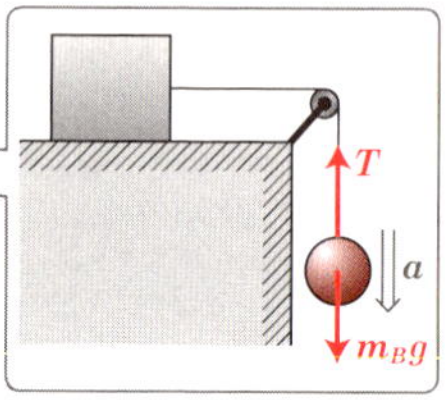

②+③より，
$$(m_A + m_B)a = m_B g - \mu' N \quad \cdots ④$$

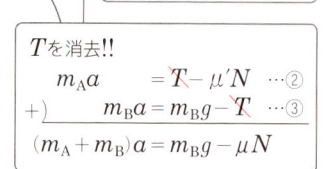

①を④に代入して，
$$(m_A + m_B)a = m_B g - \mu' m_A g$$
$$\therefore \ a = \frac{(m_B - \mu' m_A) g}{m_A + m_B} \quad \cdots ⑤$$

Tを消去!!
$$m_A a = T - \mu' N \quad \cdots ②$$
$$+)\ m_B a = m_B g - T \quad \cdots ③$$
$$(m_A + m_B) a = m_B g - \mu N$$

③より，
$$T = m_B g - m_B a \quad \cdots ③'$$

③'に⑤を代入して，
$$T = m_B g - m_B \times \frac{(m_B - \mu' m_A)g}{m_A + m_B}$$
$$= \frac{(m_A + m_B)m_B g - m_B(m_B - \mu' m_A)g}{m_A + m_B}$$
$$= \frac{m_A m_B g + m_B^2 g - m_B^2 g + \mu' m_A m_B g}{m_A + m_B}$$
$$= \frac{(1 + \mu')m_A m_B g}{m_A + m_B} \quad \cdots ⑥$$

文字式には慣れておいたほうがいいよ♥ 数値は最後に代入しましょう!!

通分しました!!

$m_A m_B g$でくくりました!!
$1 \times m_A m_B g + \mu' m_A m_B g$
$\parallel$
$(1 + \mu')m_A m_B g$

⑤に数値を代入して,

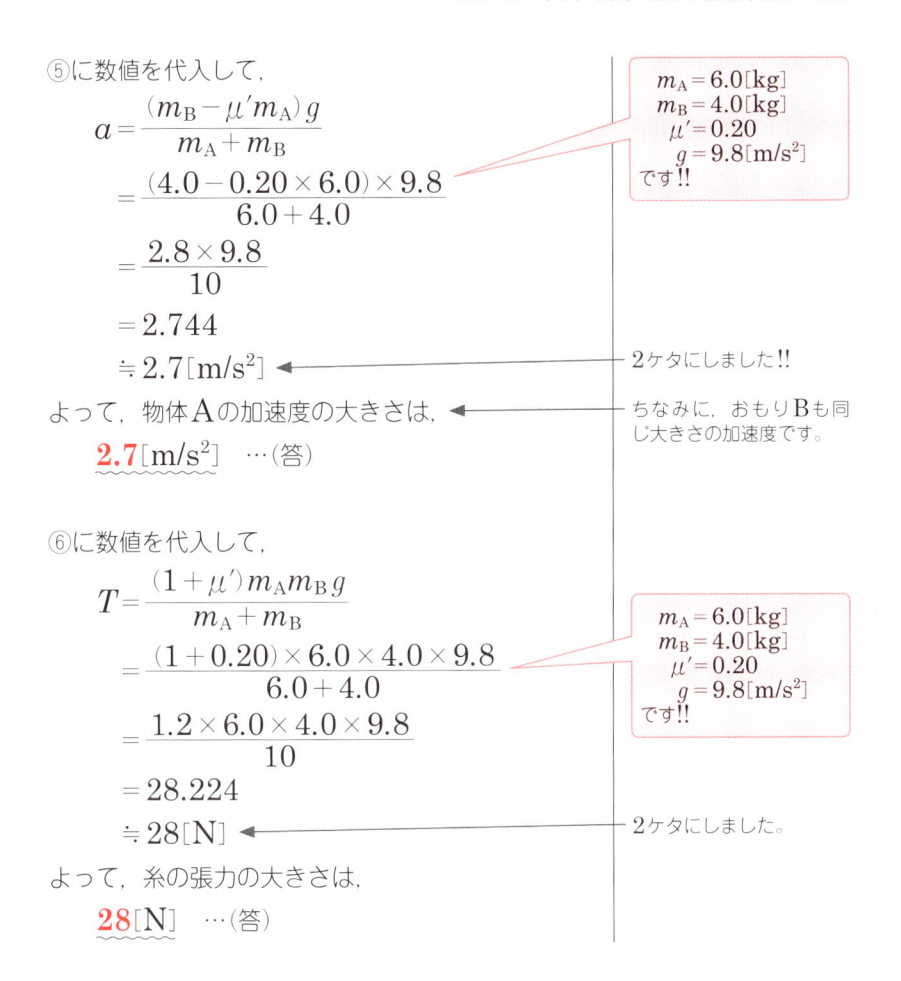

$$a = \frac{(m_B - \mu' m_A)g}{m_A + m_B}$$
$$= \frac{(4.0 - 0.20 \times 6.0) \times 9.8}{6.0 + 4.0}$$
$$= \frac{2.8 \times 9.8}{10}$$
$$= 2.744$$
$$≒ 2.7 [\text{m/s}^2]$$

> $m_A = 6.0 [\text{kg}]$
> $m_B = 4.0 [\text{kg}]$
> $\mu' = 0.20$
> $g = 9.8 [\text{m/s}^2]$
> です!!

― 2ケタにしました!!

よって,物体Aの加速度の大きさは, ― ちなみに,おもりBも同じ大きさの加速度です。

2.7[m/s^2] …(答)

⑥に数値を代入して,

$$T = \frac{(1 + \mu') m_A m_B g}{m_A + m_B}$$
$$= \frac{(1 + 0.20) \times 6.0 \times 4.0 \times 9.8}{6.0 + 4.0}$$
$$= \frac{1.2 \times 6.0 \times 4.0 \times 9.8}{10}$$
$$= 28.224$$
$$≒ 28 [\text{N}]$$

> $m_A = 6.0 [\text{kg}]$
> $m_B = 4.0 [\text{kg}]$
> $\mu' = 0.20$
> $g = 9.8 [\text{m/s}^2]$
> です!!

― 2ケタにしました。

よって,糸の張力の大きさは,

28[N] …(答)

これで勝負だ!!

問題47　モロ難

下図のように，なめらかな床の上に質量 $M[\mathrm{kg}]$ の板状の物体Aを置き，その上に質量 $m[\mathrm{kg}]$ の物体Bを置いた。いま，物体Bに右向きの初速度 $V[\mathrm{m/s}]$ を与えたところ，物体Aも動き始めた。AとBの間の動摩擦係数を μ'，重力加速度を $g[\mathrm{m/s^2}]$ として，次の各問いに答えよ。

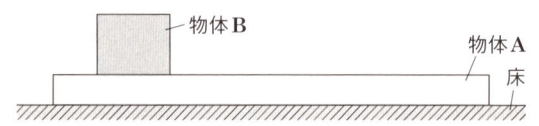

(1) 右向きを正の向きと考えたとき，物体Bに生じる加速度を求めよ。
(2) 右向きを正の向きと考えたとき，物体Aに生じる加速度を求めよ。
(3) 物体Bが物体A上で静止するのは，物体Bに初速度を与えてから何秒後か。
(4) 物体Bが物体A上で静止したとき，物体Aの速度を求めよ。

ナイスな導入

まず，物体Bに与えた初速度 $V[\mathrm{m/s}]$ は**力ではない**ので，運動方程式にはまったく関与しないので注意しよう!!

本問の最大のポイントはこれだぁーっ!!

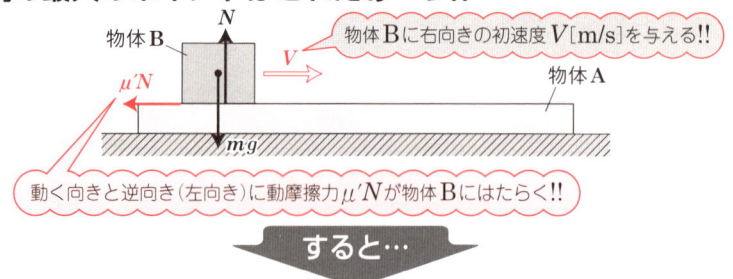

物体Bに右向きの初速度 $V[\mathrm{m/s}]$ を与える!!

動く向きと逆向き（左向き）に動摩擦力 $\mu'N$ が物体Bにはたらく!!

すると…

摩擦力は物体Aと物体Bの接している面の間でおよぼし合う力です。よって…

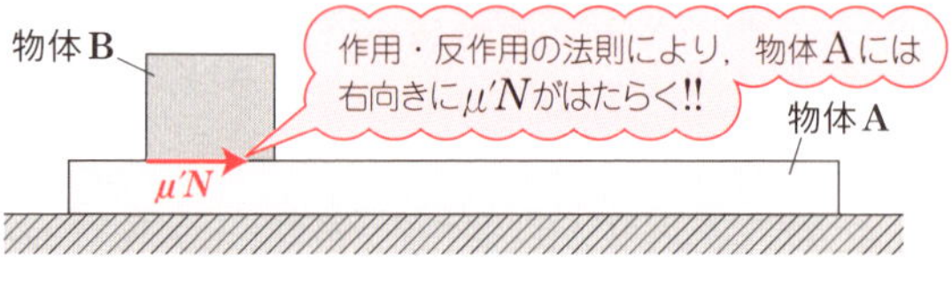

作用・反作用の法則により，物体Aには右向きに $\mu'N$ がはたらく!!

この右向きの力 $\mu'N$ [N] により，物体Aは右向きに運動する!! これこそが最大のポイント!!

では，それぞれの物体について運動方程式を考えよう!!

(1) **物体Bについて**

物体Bの床に対する加速度を a_B [m/s^2] とする。

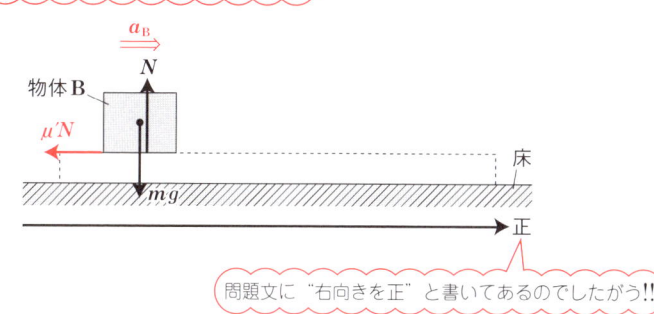

> "物体Aに対する"でないことに注意!!

> 問題文に"右向きを正"と書いてあるのでしたがう!!

鉛直方向のつり合いの式は…

物体Aから物体Bにはたらく垂直抗力を N [N] として，

$$N = mg \quad \cdots ①$$

水平方向の運動方程式は…

$$ma_B = -\mu'N \quad \cdots ②$$

> 負の向きです!!

①を②に代入して，

$$ma_B = -\mu'mg$$

$$\therefore \quad a_B = -\mu'g \,[\text{m/s}^2]$$

> (1)の答えです!!

> "加速度の大きさ"ではなく，"加速度"なので，しっかりマイナスをつけましょう。

(2) **物体Aについて**

物体Aの床に対する加速度を a_A [m/s²] とする。

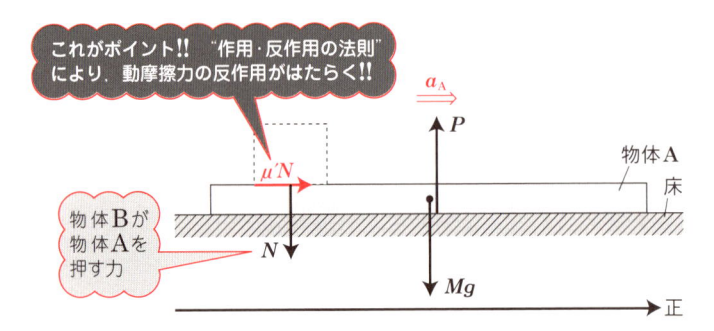

これがポイント!! "作用・反作用の法則"により，動摩擦力の反作用がはたらく!!

物体Bが物体Aを押す力

鉛直方向のつり合いの式は…

床から物体Aにはたらく垂直抗力を P [N] として，

$$P = N + Mg$$

床と物体Aの間に摩擦はないので，この式は活躍しません

水平方向の運動方程式は…

$$Ma_A = \mu' N \quad \cdots ③$$

①を③に代入して，

$$Ma_A = \mu' mg$$

$$\therefore \ a_A = \frac{\mu' mg}{M} \ [\text{m/s}^2]$$

(2)の答えです!!

(3), (4)は…

"物体Bが物体A上で静止する" ということは…

　"床に対する物体Bの速度 ＝ 床に対する物体Aの速度"

ということである。

例えば…，電車の中でくつろいでいる状況を思い浮かべてみよう。

われわれは電車の中ではじっとしていますが，地面に対しては電車と同じスピードで運動していることになります。

われわれが電車の中で静止している状態は…
地面に対するわれわれのスピード ＝ 地面に対する電車のスピード
のときである!!

まぁ，話はそれましたが，(1), (2)で加速度は求まっているので，公式さえ使えば（ Theme 5 のヤツですよ!! 久々の登場です）OKです。

解答でござる

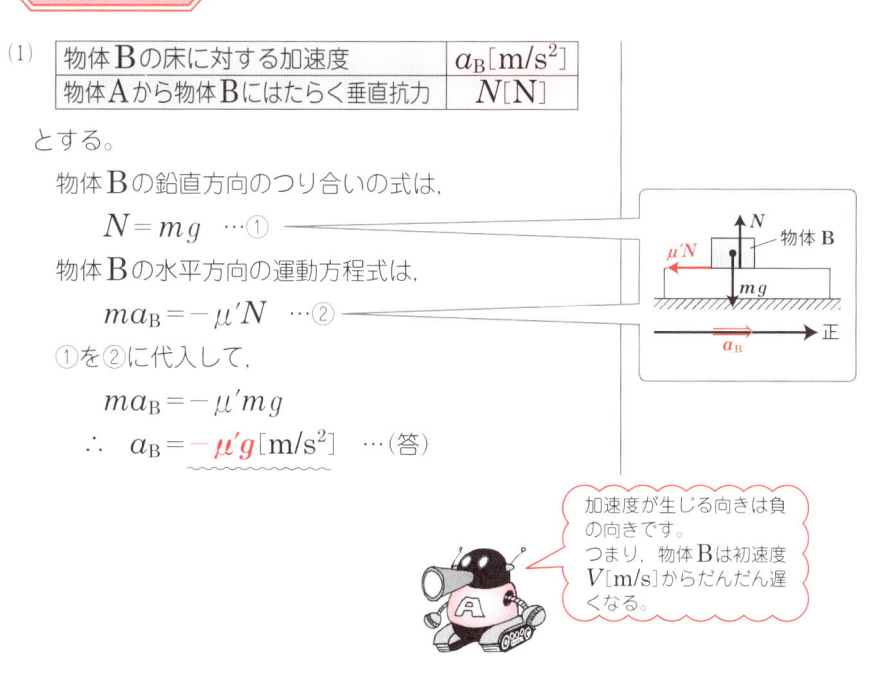

(1)

物体Bの床に対する加速度	a_B[m/s^2]
物体Aから物体Bにはたらく垂直抗力	N[N]

とする。

物体Bの鉛直方向のつり合いの式は，
$$N = mg \quad \cdots ①$$
物体Bの水平方向の運動方程式は，
$$ma_B = -\mu'N \quad \cdots ②$$
①を②に代入して，
$$ma_B = -\mu'mg$$
$$\therefore \quad a_B = \underline{-\mu'g}[\text{m/s}^2] \quad \cdots (答)$$

加速度が生じる向きは負の向きです。
つまり，物体Bは初速度V[m/s]からだんだん遅くなる。

(2) 物体Aの床に対する加速度 a_A[m/s²]

とする。

物体Aの水平方向の運動方程式は，

$$Ma_A = \mu' N \quad \cdots ③$$

①を③に代入して，

$$Ma_A = \mu' mg$$

$$\therefore \quad a_A = \underline{\underline{\frac{\mu' mg}{M}}} [\text{m/s}^2] \quad \cdots (答)$$

> 動摩擦力の反作用です!!
>
> μN
>
> a_A → 正

注 鉛直方向のつり合いの式は，本問では関係ないので今回は書きません…。詳しくはp.111参照!!

(3) 物体Bに初速度V[m/s]を与えてからt秒後の，床に対する物体A，物体Bの速度を，それぞれv_A, v_Bとおくと，

$$v_A = 0 + a_A t$$

$$\therefore \quad v_A = a_A t$$

(2)の結果を代入して，

$$v_A = \frac{\mu' mg}{M} \times t$$

$$\therefore \quad v_A = \frac{\mu' mgt}{M} \quad \cdots ④$$

さらに，

$$v_B = V + a_B t$$

(1)の結果を代入して，

$$v_B = V - \mu' gt \quad \cdots ⑤$$

"物体Bが物体A上で静止する"ことから，

$$v_A = v_B$$

これに④と⑤を代入して，

> p.39の公式です!!
> $v = v_0 + at$
> 物体Aの初速度v_0は0[m/s]です!!

> これもp.39の公式!!
> $v = v_0 + at$
> 物体Bの初速度v_0はV[m/s]です!!

> $a_B = -\mu' g$です!!

> Aに対するBの相対速度が0[m/s]になるという表現もできます。Aに対してBが静止するということです。

Theme 15 もう少し突っ込んで運動方程式

$$\frac{\mu' mgt}{M} = V - \mu' gt$$
$$\mu' mgt = MV - \mu' Mgt \quad \text{← 両辺を} M \text{倍!!}$$
$$\mu' Mgt + \mu' mgt = MV \quad \text{←} t \text{を左辺に集める。}$$
$$(M+m)\mu' gt = MV \quad \text{← 左辺を} \mu' gt \text{でくくる。}$$
$$\therefore \quad t = \frac{MV}{(M+m)\mu' g}$$

よって，物体Bが物体A上で静止するのは，

$$\underline{\frac{MV}{(M+m)\mu' g}} \text{秒後} \quad \cdots \text{(答)}$$

(4) (3)の結果を④に代入して，

$$v_A = \frac{\mu' mgt}{M}$$
$$= \frac{\mu' mg}{M} \times t$$
$$= \frac{\cancel{\mu' mg}}{\cancel{M}} \times \frac{MV}{(M+m)\cancel{\mu' g}}$$
$$= \frac{mV}{M+m}$$

(3)のときのv_Aの値を求めればOK!!
もちろん!! $v_A = v_B$ですから，v_Bの値も同じ値になります。

よって，物体Bが物体A上で静止したときの物体Aの速度は，

$$\underline{\frac{mV}{M+m}} \text{[m/s]} \quad \cdots \text{(答)}$$

Theme 21 の"運動量保存の法則"を活用すれば一発で求まります。まぁ，それは，そのときに…

ちょっと言わせて

本問のように，文字が大量に登場した場合，確かめ計算の一環として，単位チェックをおすすめします。

例えば(3)では…

$$t = \frac{MV}{(M+m)\mu'g}$$

左辺の単位は…

$t \cdots [\text{s}]$ ← 秒です。

右辺の単位は…

$$\frac{MV}{(M+m)\mu'g} \cdots \frac{[\text{kg}] \times [\text{m/s}]}{[\text{kg}] \times [\text{m/s}^2]}$$

（μ'に単位はない!!）

$$= \frac{\left[\dfrac{\text{m}}{\text{s}}\right]}{\left[\dfrac{\text{m}}{\text{s}^2}\right]}$$

← 分子と分母を s^2 倍!!

$$= \frac{[\text{ms}]}{[\text{m}]} = [\text{s}]$$ ← 秒です。

ちゃんと単位が一致しました!!

解答に不安なときは，この単位チェックをしてみてください。

プロフィール

チューリーちゃん（6才）

妖精学校「花組」の福を招く少女妖精。

「虫組」ティンカーベルとは大の仲良し!! 妖精界に年齢は関係ないようだ…

Theme 15 もう少し突っ込んで運動方程式

空気抵抗を考える問題の登場です。意外に簡単ですよ♥

問題48　標準

　小球が空気中を落下するときの空気抵抗は，ほぼ球の半径と速さに比例することが知られている。空気中では質量 m [kg]，半径 r [m] の小球が空気中を落下するとき，次の各問いに答えよ。ただし，重力加速度を g [m/s²] とする。

(1) 小球が速さ v [m/s] で落下しているときの加速度の大きさを求めよ。ただし，空気抵抗は krv [N] で表されるものとする。
(2) この小球は最終的に一定の速さとなり，落下運動をする。この最終的な速さ（最終速度の大きさ）を求めよ。

ナイスな導入

(1)を見よ!!　空気抵抗は…

$$krv [\mathrm{N}]$$

空気抵抗を考える問題の場合，必ずこの類の式を問題文中で教えてくれます。

で表されると書いてある!!
　これに素直にしたがえば，万事解決である。

解答でござる

(1) 鉛直下向きを正の向きとし，小球の加速度の大きさを a [m/s] とする。

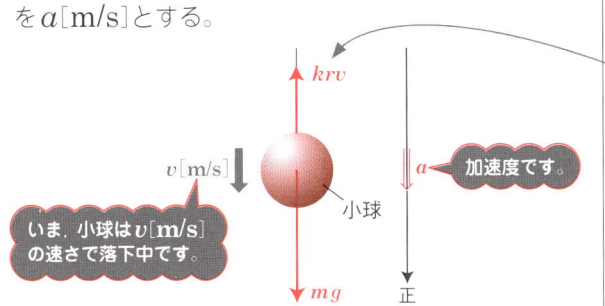

"落下している" わけですから，当然，鉛直下向きを正の向きとします。

問題文中に "空気抵抗は krv [N] と表される" と書いてあります。空気抵抗ですから，落下している向きとは逆向きにはたらきます。

加速度です。

小球の鉛直方向の運動方程式は，
$$ma = mg - krv$$
$$a = \frac{mg - krv}{m} \,[\text{m/s}^2] \quad \cdots(\text{答})$$

$$\left(\begin{array}{l} ここで\cdots \\ a = \dfrac{mg - krv}{m} \\ = \dfrac{mg}{m} - \dfrac{krv}{m} \\ = g - \dfrac{krv}{m} \,[\text{m/s}^2] \quad \cdots(\text{答}) \end{array} \right.$$

意外に単純な運動方程式でした。

このほうがカッコイイかも♥

(2) "最終的に一定の速さになる"
⟺ "最終的に加速度が $0\,[\text{m/s}^2]$ になる"

(1)より，
$$a = \frac{mg - krv}{m}$$
$a = 0$ とすると，
$$\frac{mg - krv}{m} = 0$$
$$mg - krv = 0$$
$$mg = krv$$
$$\therefore \ v = \frac{mg}{kr}$$

この v の値が $a = 0\,[\text{m/s}^2]$ のときの小球の速さを表している。つまり，小球の最終的な速さを表している。

$$\frac{mg}{kr}\,[\text{m/s}] \quad \cdots(\text{答})$$

速度が一定になるということは，加速しないということである。

$a = \dfrac{mg - krv}{m}$
↑
0 です!!

両辺を m 倍!!

"最終的に一定の速さ" となったときの一定の速さこそがこれ!!

この小球の速さは，時間とともに下のグラフのように変化する。

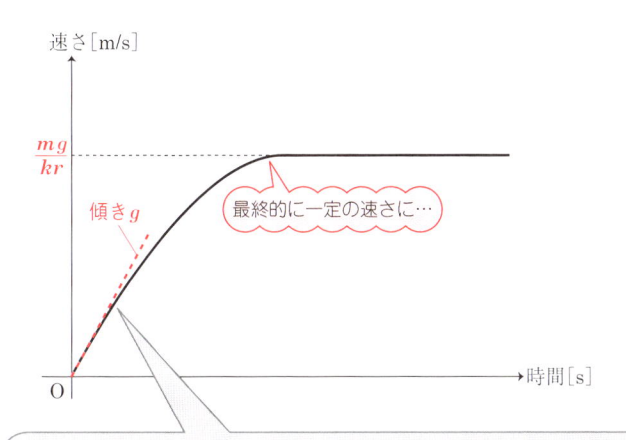

ちょっと言わせて

速さ[m/s]

$\dfrac{mg}{kr}$

傾き g

最終的に一定の速さに…

O　　　　　　　　　　　　　　時間[s]

　この接線の傾きは，小球が落ち始めた瞬間の加速度を表しています。このとき，小球の速さは $0\,[\mathrm{m/s}]$ なので，空気抵抗もまだはたらいていません。

　　　　　空気抵抗は krv です。$v=0$ より，$kr \times 0 = 0$ です。

ということは…。小球が落ち始めた瞬間は，小球に重力しかはたらいていないことになるので，このときの加速度は重力加速度 g $[\mathrm{m/s^2}]$ に一致します。よって，この接線の傾きは $g\,[\mathrm{m/s^2}]$ です。

Theme 16 圧力があるから浮力が生じる!!
水圧とか…気圧とか…

その1 "圧力"とは何ぞや…??

圧力とは，1 [m²] あたりに何 [N] の垂直な力がはたらいているのか?? を表したもので，単位は [N/m²]，あるいは [Pa]（パスカル）です。

問題49 — キソのキソ

右図のような，質量 10 [kg] の直方体がある。重力加速度を $9.8 [\text{m/s}^2]$ として次の各問いに答えよ。

(1) 平面 EFGH を下にして床に置いたとき，床にはたらく圧力は何 [N/m²] か。
(2) 平面 CGHD を下にして床に置いたとき，床にはたらく圧力は何 [Pa] か。

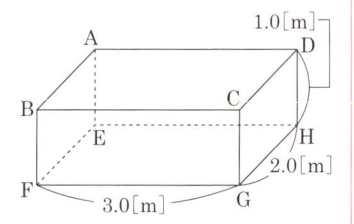

解答でござる

この直方体にはたらく重力は，
$$10 \times 9.8 = 98 [\text{N}]$$
この力が床を押す力となる。

(1) 平面 EFGH の面積は，
$$3.0 \times 2.0 = 6.0 [\text{m}^2]$$
よって，平面 EFGH を下にして床に置いたときの床にはたらく圧力は，
$$98 \div 6.0$$
$$= \frac{98}{6.0}$$
$$= 16.33\cdots$$
$$\fallingdotseq 16 [\text{N/m}^2] \quad \cdots (答)$$

重力は mg です。

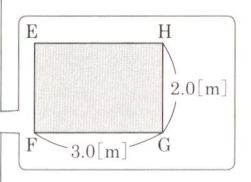

6.0 [m²] あたりに 98 [N] の力がはたらいているから，1 [m²] あたりでは…??

(2) 平面CGHDの面積は,
$$2.0 \times 1.0 = 2.0 [\text{m}^2]$$
よって,平面CGHDを下にして床に置いたときの床にはたらく圧力は,
$$98 \div 2.0$$
$$= 49 [\text{N/m}^2]$$
$$= \underline{49} [\text{Pa}] \quad \cdots (\text{答})$$

$2.0[\text{m}^2]$ あたりに $98[\text{N}]$ の力がはたらいている!! では,$1.0[\text{m}^2]$ あたりにはたらく力の大きさは…??

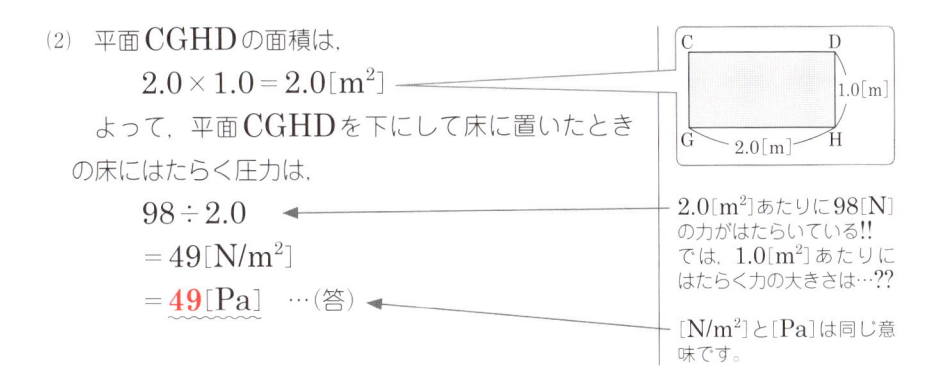

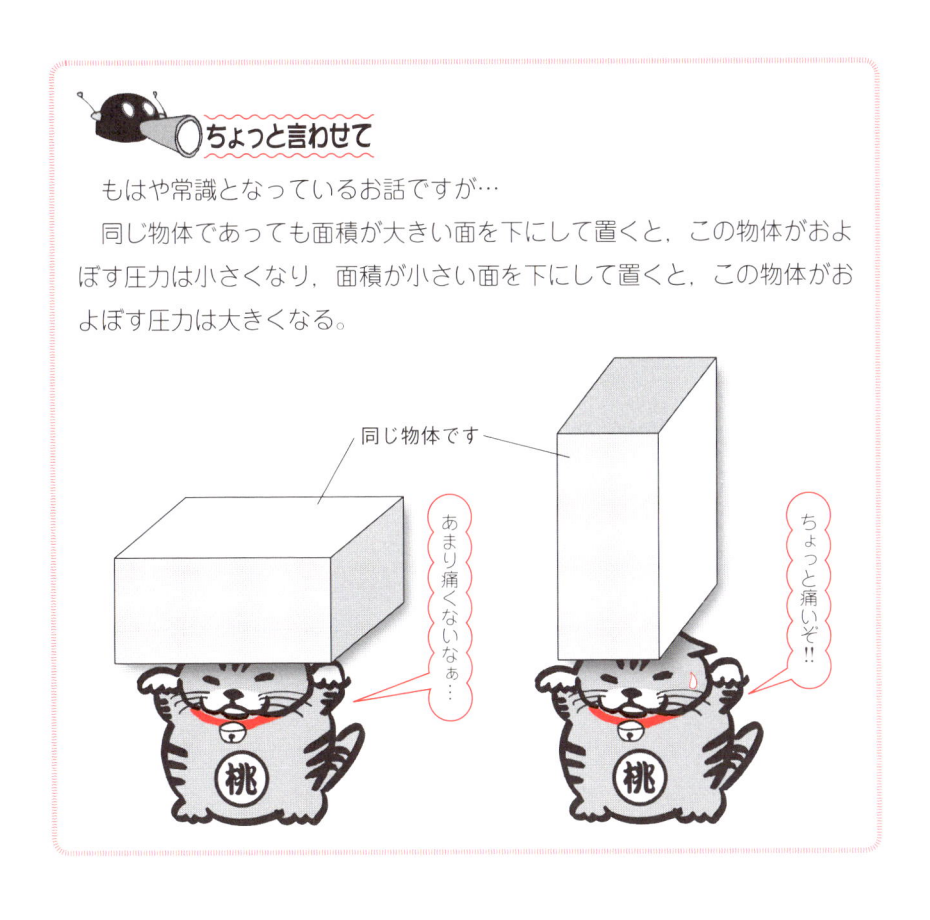

$[\text{N/m}^2]$ と $[\text{Pa}]$ は同じ意味です。

ちょっと言わせて

もはや常識となっているお話ですが…

同じ物体であっても面積が大きい面を下にして置くと,この物体がおよぼす圧力は小さくなり,面積が小さい面を下にして置くと,この物体がおよぼす圧力は大きくなる。

その2 "水圧"のお話

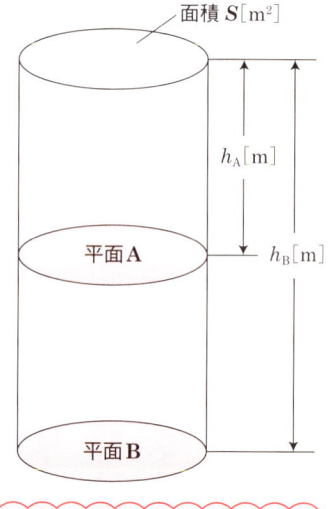

水中の物体に水がおよぼす圧力を水圧と呼びます。水中において,浅いところでは水圧は小さく,深いところでは水圧は大きい!!

ここで,右図のような底面積 $S[\mathrm{m}^2]$ の円柱状の水槽で考えてみよう。

いま,水の密度を $\rho[\mathrm{kg/m}^3]$ とする。

$1[\mathrm{m}^3]$ あたりの質量が $\rho[\mathrm{kg}]$ ということです。

深さ $h_\mathrm{A}[\mathrm{m}]$ の平面Aにおよぼす水の力は,平面Aより上方の水にかかる重力であるから,

$$\rho \times Sh_\mathrm{A} \times g = \rho Sh_\mathrm{A} g [\mathrm{N}]$$

体積です!!　重力加速度

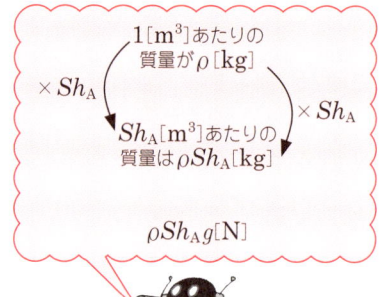

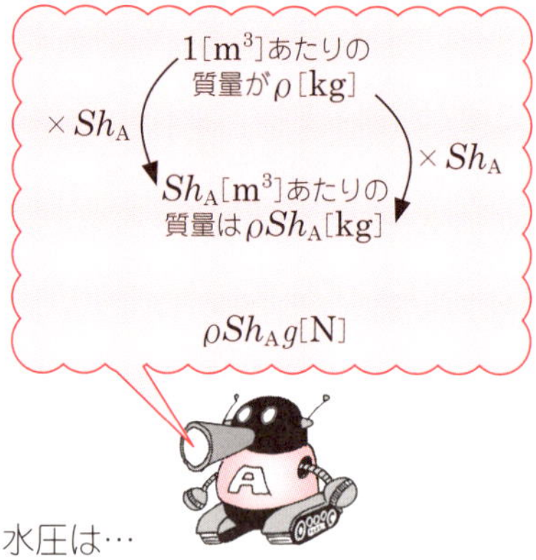

よって,平面Aにはたらく水圧は…

$$\frac{\rho Sh_\mathrm{A} g}{S} = \rho h_\mathrm{A} g [\mathrm{N/m}^2]$$

面積でわる!!　問題49 参照!!

$1[\mathrm{m}^3]$ あたりの質量が $\rho[\mathrm{kg}]$
$\times Sh_\mathrm{A}$ → $Sh_\mathrm{A}[\mathrm{m}^3]$ あたりの質量は $\rho Sh_\mathrm{A}[\mathrm{kg}]$ $\times Sh_\mathrm{A}$

$\rho Sh_\mathrm{A} g [\mathrm{N}]$

同様に,深さ $h_\mathrm{B}[\mathrm{m}]$ の平面Bにはたらく水圧は…

$$\rho h_\mathrm{B} g [\mathrm{N/m}^2] \quad \text{となる。}$$

h_A が h_B に変わっただけ!!

つまり!!

水圧は深さに比例する!!

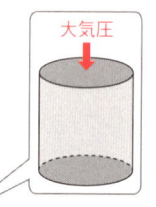

注 実際は最上面に大気の圧力(大気圧と呼ぶ)もはたらいているのですが,水圧に比べてかなり小さな値なので,無視してます。

Theme 16　圧力があるから浮力が生じる!!　173

その❸　"浮力"のお話

　まず，水圧について勘違いしてほしくないのは，水圧ってヤツは，**すべての方向**から物体におよぼすということです。

　このことを踏まえて，考えてみよう!!

　右図のような高さ $l\,[\mathrm{m}]$，底面積 $S\,[\mathrm{m^2}]$ の円柱を水中に入れた場合，上面にかかる水圧よりも下面にかかる水圧のほうが大きくなります。これが上向きの力となってはたらき，これを**浮力**と呼びます。

（図中）水中です!!／小さい!!／$l\,[\mathrm{m}]$／底面積 S／大きい!!

注　側面にも水圧ははたらきます。しかし，これらは対称性により打ち消し合い，合力は 0（ゼロ）となります。よって，無視して OK!!

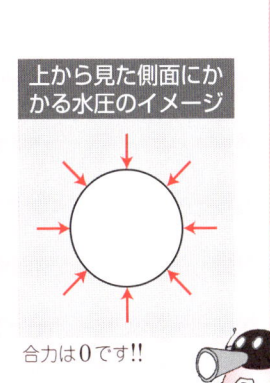

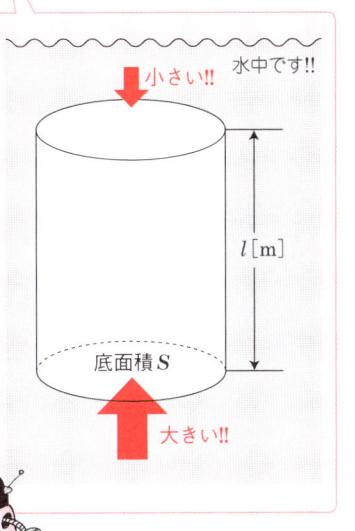

上から見た側面にかかる水圧のイメージ　合力は0です!!

　上面と下面との水圧の差は…
水の密度を $\rho\,[\mathrm{kg/m^3}]$ とすると，（前ページ参照!!）

$$\rho l g\,[\mathrm{N/m^2}]$$

となります。

深さの差 $l\,[\mathrm{m}]$ の分だけ差がつきます!!

　よって，水圧の差によって生じる上向きの力，つまり**浮力 f** は，

$$f = \rho l g \times S$$
$$= \rho l S g\,[\mathrm{N}] \quad \cdots ①$$

面積をかければ力になります。問題49 参照!!

浮力です!!

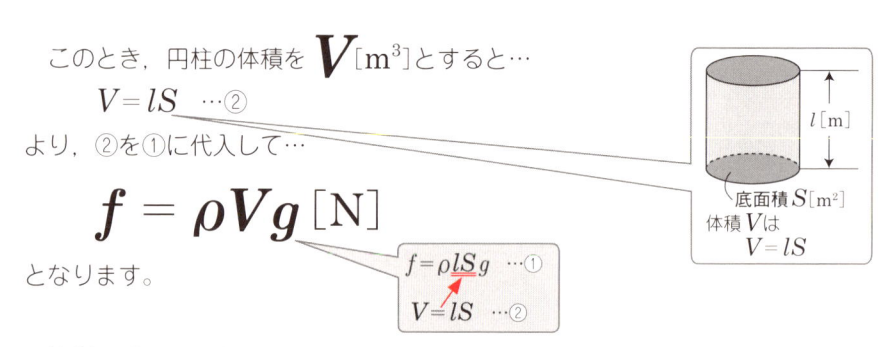

このとき，円柱の体積を $V[\mathrm{m}^3]$ とすると…
$$V = lS \quad \cdots ②$$
より，②を①に代入して…

$$f = \rho V g \,[\mathrm{N}]$$

となります。

$f = \rho l S g \quad \cdots ①$
$V = lS \quad \cdots ②$

簡単に説明するために，"円柱で説明"しましたが，この理屈はすべての立体に対して成立します。これを**アルキメデスの原理**と呼びます。

ザ・まとめ

水でなくても成立する話なので液体と表現しておきます。

体積 $V[\mathrm{m}^3]$ の物体に液体中ではたらく**浮力 f** は，液体の密度を $\rho\,[\mathrm{kg/m}^3]$，重力加速度を $g\,[\mathrm{m/s}^2]$ として…

$$f = \rho V g \,[\mathrm{N}]$$

で表される。

これを文章で表現したものが**アルキメデスの原理**で，『液体中の物体には，その物体と同じ体積の液体の重さと等しい浮力がはたらく』

$V[\mathrm{m}^3]$ です!!　　$\rho V [\mathrm{kg}]$ です!!

問題50　キソ

右図のように，体積 $V[\mathrm{m}^3]$，質量 $M[\mathrm{kg}]$ の物体が液体中で静止している。このとき，この液体の密度を求めよ。

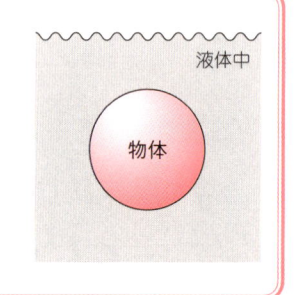

液体中
物体

解答でござる

重力加速度を g [m/s²] とすると，物体にはたらく重力は Mg [N]，液体の密度を ρ [kg/m³] としたときのこの物体にはたらく浮力は，

$\rho V g$ [N]

よって，つり合いの式より，

$\rho V g = Mg$

$\therefore \rho = \dfrac{M}{V}$ [kg/m³] …(答)

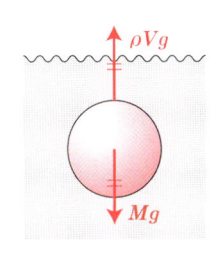

物体が静止していることから，"重力=浮力" ということになる!!

その4 "大気中でも浮力ははたらく!!" の巻

液体中だろうが，気体中だろうが理屈は同じです。水に対して水圧という言葉があるように，空気に対して**大気圧**という言葉があります。いずれも圧力を表しています。

で!! 水圧のときとまったく同じ理由で…

空気の密度を ρ [kg/m³] とすると，体積 V [m³] の物体にはたらく浮力 f は…

$$f = \rho V g \text{ [N]}$$

g は重力加速度!!

となります。

まぁ，空気の密度 ρ なんて，たかがしれてますよね…。しかし，物体の体積 V が大きかったら…。**そうです!!** 気球を思い出してください。

問題51 キソ

右図のように，質量 m [kg]，体積 V [m³] の風船が空中で静止している。風船をとりまく空気の密度を求めよ。

解答でござる

空気の密度を $\rho\,[\text{kg/m}^3]$ として，風船のつり合いの式は，

$$\rho V g = m g$$

（ただし，重力加速度を $g\,[\text{m/s}^2]$ とする）

∴ $\rho = \dfrac{m}{V}\,[\text{kg/m}^3]$ …(答)

ぶっちゃけ 問題50 と同じです!! 液体が気体に変わっただけです。

浮力です!! $\rho V g$
重力です!! mg

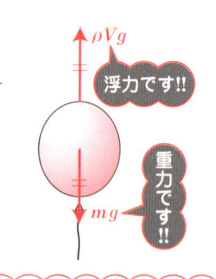

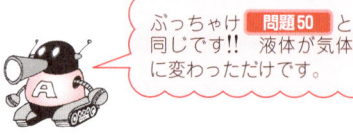

プロフィール

豚山中納言（16才）

花も恥じらう女子高生
2m40cmの長身もさることながら
怪力の持ち主！ あらゆる拳法を体得！
無敵である。

Theme 17 仕事だぜ!!

仕事がすんだら仕事だぜ!!

その1 "仕事"とは…??

これは定義なので,覚えないと始まらない!!

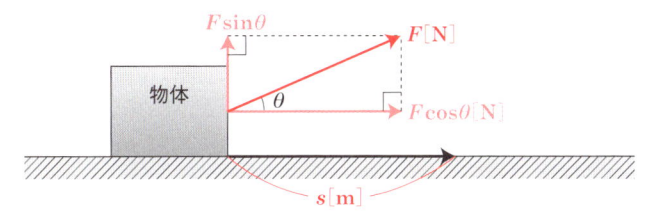

上図のように,ある物体に水平方向となす角 θ の一定の力 $F[\mathrm{N}]$ を加えながら,$s[\mathrm{m}]$ 動かしたとき,この物体になされた仕事 $W[\mathrm{J}]$ は…

$$W = Fs\cos\theta$$

と定義する。

このとき,仕事の単位は $[\mathrm{N}] \times [\mathrm{m}] = [\mathrm{N \cdot m}]$ となることから,[J](ジュール)と表現します。

つまり,仕事とは…

物体を動かす向きに関与した力 × 物体の動いた距離

ということになります。

よって,物体を動かす向きに対して**垂直な方向の力は仕事に無関係**ということになります。

上図の $F\sin\theta$

まぁ，とりあえず具体的にやってみましょう。

問題52　キソ

水平な床の上に質量 $10[\text{kg}]$ の物体を置き，下図のように水平方向に一定の力を加え，等速度で $2.0[\text{m}]$ 移動させた。物体と床との間の動摩擦係数を 0.50，重力加速度を $9.8[\text{m/s}^2]$ として，次の各問いに答えよ。

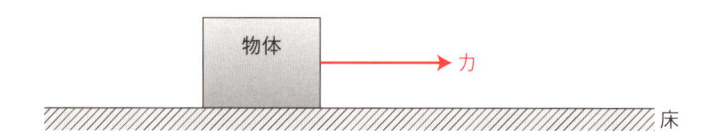

(1) 加えた力の大きさを求めよ。
(2) 加えた力のした仕事は何 $[\text{J}]$ か。
(3) 摩擦力がした仕事は何 $[\text{J}]$ か。
(4) 床から物体にはたらく垂直抗力がした仕事は何 $[\text{J}]$ か。

ナイスな導入

仕事の公式は…

$$W = Fs\cos\theta$$

でしたが…，よく出題されるパターンとして，

① 物体が動く向きと同じ向きの力がする仕事は…

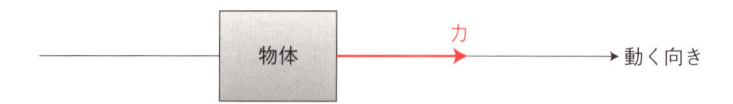

動く向きと力の向きのなす角 θ が $\theta = 0°$ より，

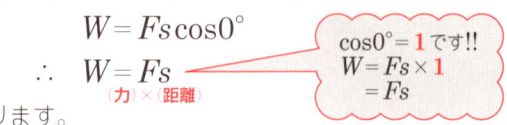

$$W = Fs\cos 0°$$
$$\therefore\ W = Fs$$
　　　　（力）×（距離）

$\cos 0° = 1$ です!!
$W = Fs \times 1$
$\quad = Fs$

となります。
さらに…

② 物体が動く向きと逆向きの力がする仕事は…

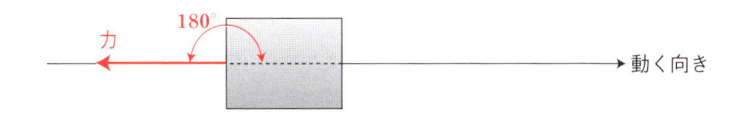

動く向きと力の向きのなす角 θ が $\theta = 180°$ より，

$$W = Fs\cos 180°$$
$$\therefore \quad W = -Fs$$
（力）×（距離）

> $\cos 180° = -1$ です!!
> $W = Fs \times (-1)$
> $= -Fs$

となります。

③ 物体が動く向きと垂直な力がする仕事は…

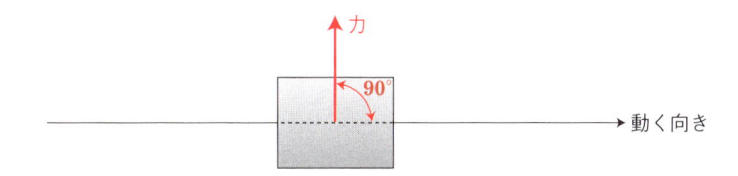

動く向きと力の向きのなす角 θ が $\theta = 90°$ より，

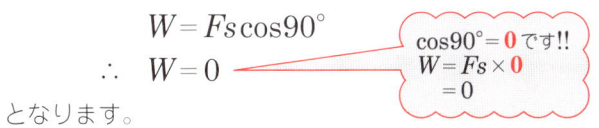

$$W = Fs\cos 90°$$
$$\therefore \quad W = 0$$

> $\cos 90° = 0$ です!!
> $W = Fs \times 0$
> $= 0$

となります。

> 動く向きと垂直な力は仕事には無関係!!

これらを踏まえて…

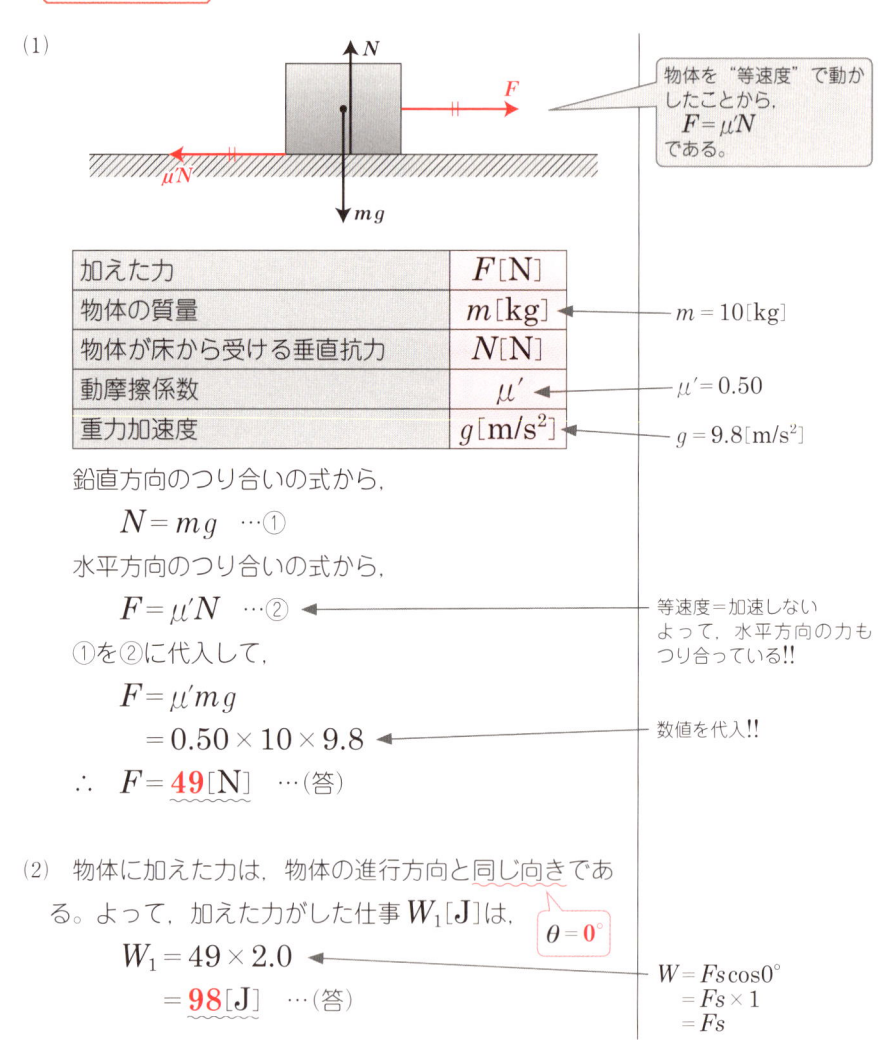

解答でござる

(1)

> 物体を"等速度"で動かしたことから，
> $F = \mu'N$
> である。

加えた力	F [N]
物体の質量	m [kg]
物体が床から受ける垂直抗力	N [N]
動摩擦係数	μ'
重力加速度	g [m/s^2]

$m = 10$ [kg]
$\mu' = 0.50$
$g = 9.8$ [m/s^2]

鉛直方向のつり合いの式から，

$$N = mg \quad \cdots ①$$

水平方向のつり合いの式から，

$$F = \mu'N \quad \cdots ②$$

> 等速度＝加速しない
> よって，水平方向の力もつり合っている!!

①を②に代入して，

$$F = \mu'mg$$
$$= 0.50 \times 10 \times 9.8$$

> 数値を代入!!

$$\therefore F = \underline{\mathbf{49}} \text{[N]} \quad \cdots \text{(答)}$$

(2) 物体に加えた力は，物体の進行方向と同じ向きである。よって，加えた力がした仕事 W_1 [J] は，

$$W_1 = 49 \times 2.0$$
$$= \underline{\mathbf{98}} \text{[J]} \quad \cdots \text{(答)}$$

> $\theta = 0°$
>
> $W = Fs\cos 0°$
> $= Fs \times 1$
> $= Fs$

Theme 17　仕事だぜ!!　181

(3) 物体にはたらく摩擦力(動摩擦力)は，物体の進行方向と逆向きである。よって，摩擦力がした仕事 W_2[J] は，　　$\theta = 180°$

$$W_2 = -49 \times 2.0$$
$$= -98 \text{[J]} \quad \cdots (答)$$

(1)より，動摩擦力の大きさも，F と同じ 49[N] である。

$$W = Fs\cos 180°$$
$$= Fs \times (-1)$$
$$= -Fs$$

進行方向と**逆**向きの力がする仕事は**マイナス**になるよ。

(4) 床から物体にはたらく垂直抗力は，物体の進行方向に垂直である。よって，垂直抗力がした仕事 W_3[J] は，

$$W_3 = 0 \text{[J]} \quad \cdots (答)$$

進行方向に垂直な力がした仕事は 0!!
つまり，仕事には無関係です。p.179 参照!!

ザ・まとめ

$$W = Fs\cos\theta$$

① $\theta = 0°$ のとき，
$\cos 0° = 1$ より，
$$W = Fs$$
問題52 (2)のタイプ
(**力**)×(**距離**)です。

② $\theta = 180°$ のとき，
$\cos 180° = -1$ より，
$$W = -Fs$$
問題52 (3)のタイプ
ー(**力**)×(**距離**)です。

③ $\theta = 90°$ のとき，
$\cos 90° = 0$ より，
$$W = 0$$
問題52 (4)のタイプ
動く向きと垂直な力は仕事には無関係!!

次の問題は，"仕事の原理"にまつわる大切なお話です。

問題53　キソ

(1) 質量 m[kg] の物体を h[m] 上方まで運ぶのに必要な仕事 W_1[J] を求めよ。ただし，重力加速度を g[m/s^2] とする。

(2) 右図のように，質量 m[kg] の物体を傾きが角 θ のなめらかな斜面に沿って，もとの高さから鉛直方向に h[m] だけ高い位置まで運ぶのに必要な仕事 W_2[J] を求めよ。ただし，重力加速度を g[m/s^2] とする。

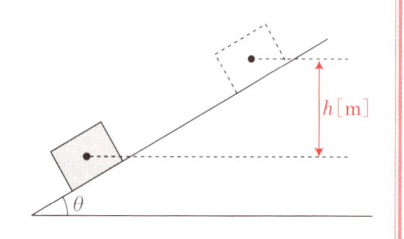

ナイスな導入

"…に必要な仕事"と書いてある場合，次のことが大前提となる。

① 力の主役は，物体をそのような状態にするために必要な外力である。
② ①の外力は，つり合いを保ちながら慎重に加える。けっして物体を加速させてはならない。

これらを踏まえて…

解答でござる

(1) 物体に加えた力 F[N] は，鉛直方向のつり合いの式より，

$$F = mg \quad \cdots ①$$

この F[N] の力で物体を h[m] 動かしたことから，求めるべき必要な仕事 W_1[J] は，

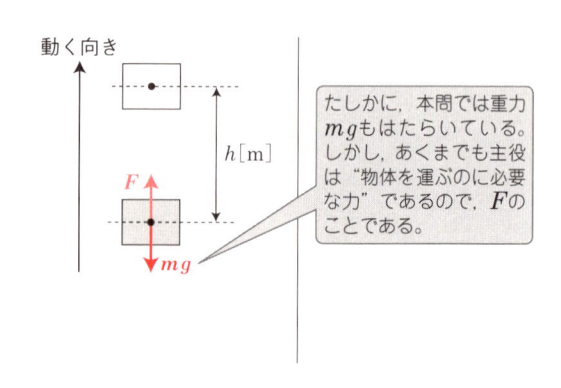

> たしかに，本問では重力 mg もはたらいている。しかし，あくまでも主役は"物体を運ぶのに必要な力"であるので，F のことである。

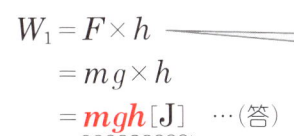

$W_1 = F \times h$
$ = mg \times h$
$ = \underline{\bm{mgh}}$ [J] …(答)

力×距離です!!
問題52 で学習したように，力の向きと物体が動く向きが一致しているとき，
$\theta = 0°$
です。
一般に…
$W = Fs\cos\theta$
$ = Fs\cos\bm{0°}$
$ = Fs \times 1$
$ = Fs$

(2)

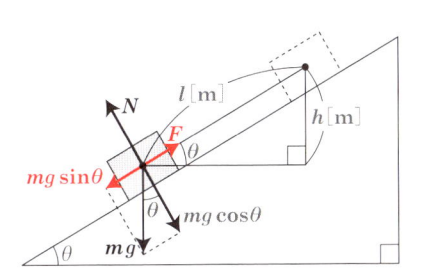

物体に加えた斜面に平行な上向きの力	F [N]
斜面から物体にはたらく垂直な力	N [N]
物体が斜面に平行な向きに動いた距離	l [m]

とする。

斜面に平行な向きのつり合いの式より，
$F = mg\sin\theta$ …①

斜面に垂直な向きのつり合いの式より，
$N = mg\cos\theta$

本問では無関係。斜面に垂直な力は仕事には無関係です。

さらに，l と h の関係は，
$\sin\theta = \dfrac{h}{l}$ より，
$l\sin\theta = h$
$l = \dfrac{h}{\sin\theta}$ …②

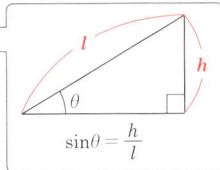

このとき，物体を運ぶのに必要な仕事 W_2 [J] は，
$W = Fl$ …③

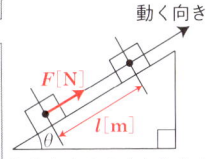

①と②を③に代入して，
$W = mg\sin\theta \times \dfrac{h}{\sin\theta}$

∴ $W_2 = \underline{\bm{mgh}}$ [J] …(答)

加えた力の向きと物体の動く向きが一致している場合，"仕事＝力×距離" です。

ちょっと言わせて

(1)で求めた W_1 と，(2)で求めた W_2 が一致しました。

これぞ!! **仕事の原理**です。

両者ともに，重力 mg [N] に逆らって，h [m] だけ上方に運ぶのに必要な仕事であることには変わりはないのです。

物体を真上に持ち上げるためには，大きい力が必要です。しかし，距離は短くてすみます。

物体を斜面に沿って運ぶときは小さい力ですみますが，同じ高さまで運ぶためには長い距離が必要となります。

つまり!!

仕事の原理

結果が同じであれば，いろいろ小細工（道具や装置を活用する）したところで，

仕事の総量は変化しません!!

その2 "仕事率" とは…??

t [s] で W [J] の仕事をしたとき，仕事率 P [W]（ワット）は…

$$P = \frac{W}{t}$$

となります。

仕事率の単位は，[J] ÷ [s] = [J/s] となるところだが，これを [W]（ワット）と表します。ちなみに，1000 [W] = 1 [kW]（キロワット）です。

問題54　キソ

高さ$20\,[\mathrm{m}]$のビルの屋上に$5.0\,[\mathrm{kg}]$の物体を引き上げるのに$49\,[\mathrm{s}]$かかった。重力加速度を$9.8\,[\mathrm{m/s^2}]$として，次の各問いに答えよ。
(1) 必要な仕事は何$[\mathrm{J}]$か。
(2) この場合の仕事率は何$[\mathrm{W}]$か。

解答でござる

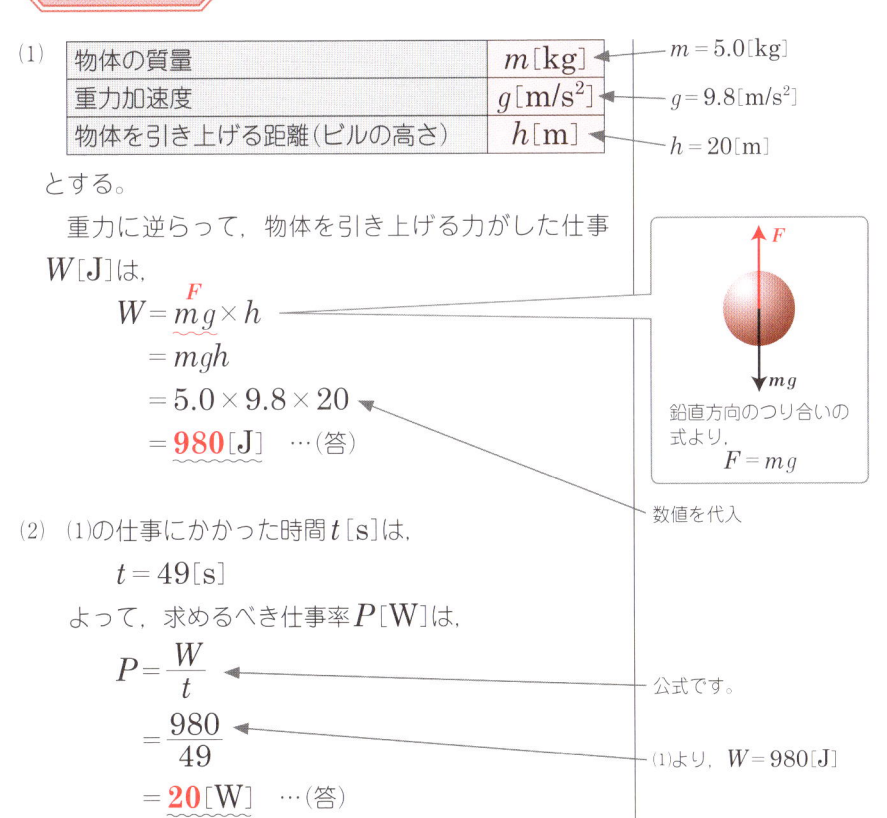

(1)

物体の質量	$m\,[\mathrm{kg}]$
重力加速度	$g\,[\mathrm{m/s^2}]$
物体を引き上げる距離（ビルの高さ）	$h\,[\mathrm{m}]$

$m = 5.0\,[\mathrm{kg}]$
$g = 9.8\,[\mathrm{m/s^2}]$
$h = 20\,[\mathrm{m}]$

とする。

重力に逆らって，物体を引き上げる力がした仕事$W\,[\mathrm{J}]$は，

$$W = \underset{F}{mg} \times h$$
$$= mgh$$
$$= 5.0 \times 9.8 \times 20$$
$$= \underline{\mathbf{980}\,[\mathrm{J}]} \quad \cdots(答)$$

鉛直方向のつり合いの式より，
$F = mg$

数値を代入

(2) (1)の仕事にかかった時間$t\,[\mathrm{s}]$は，

$$t = 49\,[\mathrm{s}]$$

よって，求めるべき仕事率$P\,[\mathrm{W}]$は，

$$P = \dfrac{W}{t}$$
$$= \dfrac{980}{49}$$
$$= \underline{\mathbf{20}\,[\mathrm{W}]} \quad \cdots(答)$$

公式です。

(1)より，$W = 980\,[\mathrm{J}]$

問題55 キソ

摩擦のある平面上にある物体を置き，水平方向に $F[\mathrm{N}]$ の力を加えつづけたところ，この物体は速度 $v[\mathrm{m/s}]$ で等速直線運動をした。このとき，力のした仕事率を求めよ。

ナイスな導入

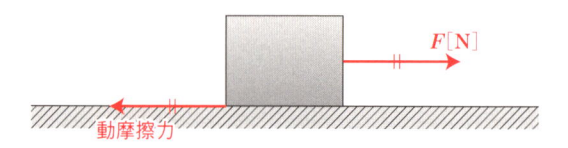

"物体が等速直線運動をした"ことから，水平方向の力 $F[\mathrm{N}]$ は，動摩擦力とつり合っていることがわかる。

> つり合ってないと加速度が生じますよ!!

で!! この物体の動いた距離を $s[\mathrm{m}]$ とすると，水平方向の力 $F[\mathrm{N}]$ が物体にした仕事 $W[\mathrm{J}]$ は…

$$W = Fs$$

> 力の向きと動く向きが同じなので，"仕事＝力×距離" です。p.181参照!!

これに要した時間が $t[\mathrm{s}]$ であったとすると，仕事率 $P[\mathrm{W}]$ は…

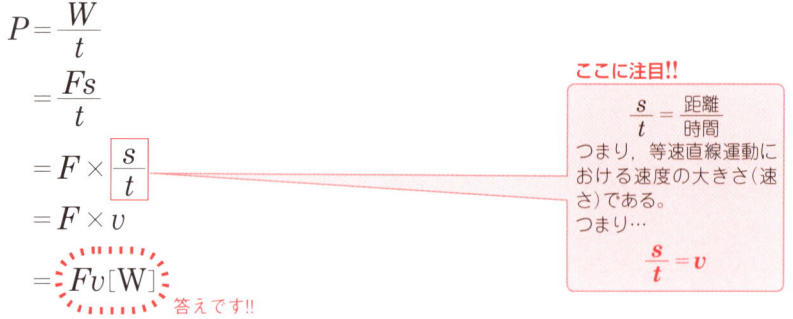

$$\begin{aligned} P &= \frac{W}{t} \\ &= \frac{Fs}{t} \\ &= F \times \frac{s}{t} \\ &= F \times v \\ &= Fv\,[\mathrm{W}] \end{aligned}$$

> **ここに注目!!**
> $\dfrac{s}{t} = \dfrac{\text{距離}}{\text{時間}}$
> つまり，等速直線運動における速度の大きさ（速さ）である。つまり…
> $\dfrac{s}{t} = v$

答えです!!

これは，公式として覚えておくとよい!!

解答でござる

仕事率を P [W] とすると,
$$P = \underline{Fv} \text{ [W]} \quad \cdots (答)$$

公式として覚えよ!!
詳しくは ナイスな導入 参照。

ザ・まとめ

仕事率 P [W] は,

$$P = \frac{W}{t} = Fv$$

t [s] で W [J] の仕事をしたとき

物体に F [N] の力を加えつづけることにより, 物体が v [m/s] の等速直線運動をしたとき

Theme 18 エネルギーって何だ??

運動エネルギー ＆ 伝達エネルギー

物体が仕事をなし得る状態にあるとき，その物体は…
（他の物体に力を加え，動かせる状態です。）
"**エネルギーをもっている!!**" と
いいます。

では，この"仕事をなし得る状態"とは，どんな状態であろうか??
例えば，ある物体が，ある速さで運動している。

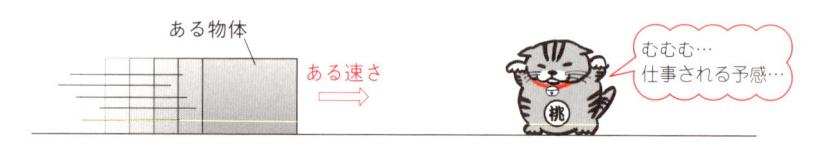

ある物体 → ある速さ
むむむ… 仕事される予感…

速さをもった物体は衝突などをすることによって他の物体に力をおよぼし，動かす可能性がある!! つまり，仕事をなし得る状態にある。

例えば，ある物体がある高さに置いてある。

むむむ… 仕事される予感…
ある物体
ある高さ

高いところに置いてある物体は，すべり落ちる（あるいは落ちる）ことによって他の物体に力をおよぼし，動かす可能性がある!! つまり，仕事をなし得る状態にある。

で!! この**エネルギーの単位**も，仕事に換算できる量であるので，仕事と同じ[J]（ジュール）を用いる。

その1 "運動エネルギー" のお話

先ほども述べたとおり，速度をもった物体はエネルギーをもっています。このエネルギーを運動エネルギーと申します。

覚えろ!!

質量 $m[\mathrm{kg}]$ の物体が速さ $v[\mathrm{m/s}]$ で運動しているとき，この物体がもつエネルギー，つまり**運動エネルギー** $K[\mathrm{J}]$ は…

$$K = \frac{1}{2}mv^2 [\mathrm{J}]$$

> この理由はあとまわしにしていいよ!! ここで止まってしまうと能率が悪い…

理由はですねェ…

なめらかな平面上に置いてある質量 $m[\mathrm{kg}]$ の物体に水平方向に一定の力 $F[\mathrm{N}]$ を加えつづけたところ，$l[\mathrm{m}]$ 移動した地点での速さが $v[\mathrm{m/s}]$ になったとしましょう!!

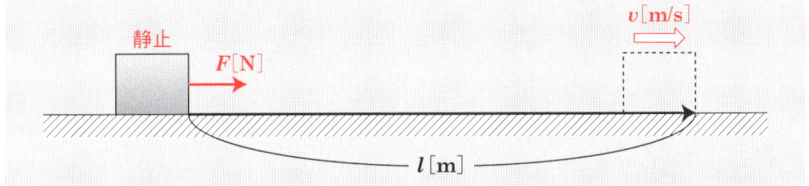

この物体に生じる加速度を $a[\mathrm{m/s^2}]$ とすると，

$$ma = F \quad \text{(運動方程式)}$$

$$\therefore \quad a = \frac{F}{m} \quad \cdots ①$$

一方，この物体に水平方向の力 $F[\mathrm{N}]$ が加えた仕事 $W[\mathrm{J}]$ は，

$$W = Fl \quad \cdots ②$$

> 力の向きと移動する向きが一致しているから…
> **仕事＝力×距離**
> p.181 参照!!

で!! p.45で学習した速度と距離の公式から，

$$v^2 - 0^2 = 2al$$

$$\therefore \quad v^2 = 2al \quad \cdots ③$$

> p.45でおなじみ!!
> $v^2 - v_0^2 = 2ax$
> 今回は，$v_0 = 0$, $x = l$ です!!

①を③に代入して，

$$v^2 = 2 \times \frac{F}{m} \times l$$

$$= \frac{2Fl}{m} \quad \cdots ④$$

> おーっ!! こ，こ，これは…

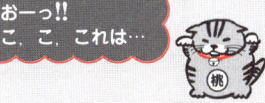

②を④に代入して，

$$v^2 = \frac{2W}{m}$$

$$\therefore W = \frac{1}{2}mv^2$$

> さっきの運動エネルギーの公式

つまり，この仕事 $W = \frac{1}{2}mv^2$ が，物体の運動エネルギーとして蓄えられたと考えられるから，この物体がもつ運動エネルギー K [J]は，

$$K = \frac{1}{2}mv^2 \text{[J]}$$

となる。

問題56 ── キソのキソ

質量 2.0 [kg]の物体が，3.0 [m/s]の速度で運動している。このとき，この物体がもつ運動エネルギーは何[J]か。

解答でござる

求める運動エネルギーを K [J]として，

$$K = \frac{1}{2} \times 2.0 \times 3.0^2$$
$$= \underline{9.0} \text{[J]} \quad \cdots \text{(答)}$$

$K = \frac{1}{2}mv^2$

さらに，"エネルギーの原理" のお話

エネルギーが仕事に変換可能であると同時に，仕事もエネルギーに変換される。これが，エネルギーの原理である。

エネルギーの原理

運動エネルギーの変化量は，加えた仕事に等しい!!

仕事 W [J]により，速さ v_0 [m/s]で運動していた物体の速さが v [m/s]に変化したとすると…

$$\frac{1}{2}mv^2 - \frac{1}{2}mv_0^2 = W$$

仕事を加えた後の運動エネルギー　　仕事を加える前の運動エネルギー　　加えた仕事

問題57　キソ

　なめらかな水平面上を，速さ $3.0\,[\text{m/s}]$ で運動している質量 $2.0\,[\text{kg}]$ の物体に，運動している向きに一定の力を加えつづけたところ，この物体の速さは $5.0\,[\text{m/s}]$ となった。このとき，外力が物体に加えた仕事は何 $[\text{J}]$ か。

解答でござる

外力が物体に加えた仕事を $W[\text{J}]$ とすると，

$$W = \frac{1}{2} \times 2.0 \times 5.0^2 - \frac{1}{2} \times 2.0 \times 3.0^2$$

$$= 25 - 9$$

$$= \underline{\mathbf{16}}\,[\text{J}] \quad \cdots (答)$$

（注：仕事をされた後の運動エネルギー／仕事をされる前の運動エネルギー／運動エネルギーの差が加えた仕事です!!）

問題58　標準

　摩擦のある水平面上に質量 $6.0\,[\text{kg}]$ の物体を置き，初速度 $3.0\,[\text{m/s}]$ を与えたところ，$90\,[\text{cm}]$ 進んだところで物体は静止した。重力加速度を $10\,[\text{m/s}^2]$ として，次の各問いに答えよ。

(1) 外力（摩擦力）が物体に加えた仕事は何 $[\text{J}]$ か。
(2) 物体にはたらいた摩擦力の大きさは何 $[\text{N}]$ か。
(3) 物体と水平面間の動摩擦係数を求めよ。

ナイスな導入

　本問での外力とは，動摩擦力のことである。動摩擦力は物体の進行方向とは逆向きにはたらくので，当然，物体に加わる仕事は**マイナス**となる。また，公式どおりに計算すれば，ちゃんとマイナスの値になります。

解答でござる

(1) 外力が物体に加えた仕事を $W[\mathrm{J}]$ とすると，

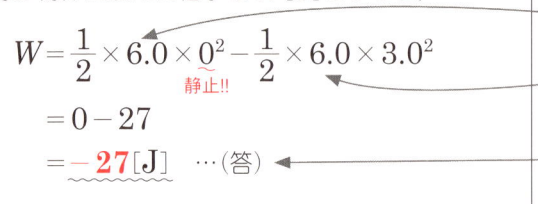

$$W = \frac{1}{2} \times 6.0 \times 0^2 - \frac{1}{2} \times 6.0 \times 3.0^2$$
（静止!!）
$$= 0 - 27$$
$$= -27[\mathrm{J}] \quad \cdots（答）$$

― 仕事をされた後の運動エネルギー
― 仕事をされる前の運動エネルギー
― ちゃんとマイナスになったよ。

(2) 物体にはたらいた動摩擦力の大きさを $F'[\mathrm{N}]$ とすると，進んだ距離が $90[\mathrm{cm}] = 0.90[\mathrm{m}]$ であるから，(1)の結果より，

$$-F' \times 0.90 = -27$$
$$F' = \frac{27}{0.90}$$
$$\therefore \; F' = 30[\mathrm{N}] \quad \cdots（答）$$

進行方向
$-F[\mathrm{N}]$
$\leftarrow 0.90[\mathrm{m}] \rightarrow$

仕事は…
$-F \times 0.90$

進行方向と逆向きの力がする仕事はマイナス!! p.181参照!!

(3) 動摩擦係数を μ' とする。
(2)の結果より，

$$\mu' \times 6.0 \times 10 = 30$$
$$60\mu' = 30$$
$$\mu' = \frac{30}{60}$$
$$\therefore \; \mu' = 0.50 \quad \cdots（答）$$

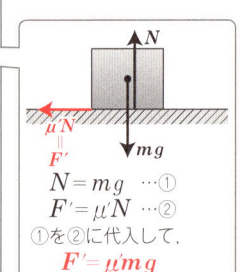

本問では，$g = 10[\mathrm{m/s^2}]$ です!!

$N = mg$ …①
$F' = \mu'N$ …②
①を②に代入して，
$F' = \mu'mg$

その2 "重力による位置エネルギー" のお話

p.188でも述べたように,高い位置に存在する物体はエネルギーをもっている。この位置によって決まるエネルギーを**重力による位置エネルギー**と呼ぶ。

覚えろ!!

質量 m[kg] の物体が基準点から高さ h[m] のところにあるとき,この物体がもつ**重力による位置エネルギー** U[J] は,重力加速度を g [m/s²] として…

$$U = mgh \, [\mathrm{J}]$$

理由は簡単です!!

質量 m[kg] の物体を基準点からの高さ h[m] まで,重力 mg[N] に逆らってゆっくり持ち上げる。

このときの仕事 W[J] は,上向きに mg[N] の力を加えつづけて h[m] 持ち上げるわけだから…

$$\underset{\text{仕事}}{W} = \underset{\text{力}}{mg} \times \underset{\text{距離}}{h} = mgh \, [\mathrm{J}]$$

となり,この仕事が物体の位置エネルギーとして蓄えられるので,物体のもつ重力による位置エネルギー U[J] は…

$$U = mgh \, [\mathrm{J}]$$

となる。

注1 基準点はどこにとってもよい。その基準点からの高さ h[m] により,重力による位置エネルギーは決まる。

注2 必ず鉛直上向きを正の向きと考えるべし!!

エネルギーの原理は，重力による位置エネルギーについても成立します。

エネルギーの原理

重力による位置エネルギーの変化量は，加えた仕事に等しい!!

仕事 W [J] により，高さ h_0 [m] の位置にあった質量 m [kg] の物体が，高さ h [m] の位置に移動したとすると，重力加速度を g [m/s^2] として，

$$mgh - mgh_0 = W$$

- 仕事を加えた後の重力による位置エネルギー
- 仕事を加える前の重力による位置エネルギー
- 加えた仕事

mg でくくると，式は単純化され…

$$mg(h - h_0) = W$$

高さの変化!!

まぁ，仕事を加える前の高さを基準点(高さ0)と設定すれば，そこからの高さの変化に注目しやすくなります。もちろん，鉛直下向きの高さの変化はマイナスになるよ。

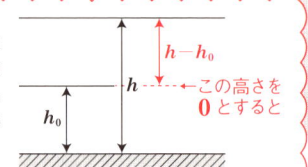

問題59 ─ キソのキソ

質量 5.0 [kg] の物体が地面から 2.0 [m] の地点にある。重力加速度を 9.8 [m/s^2] として，次の各問いに答えよ。

(1) 地面を基準点としたとき，この物体の重力による位置エネルギーを求めよ。

(2) 地上 5.0 [m] の地点を基準点としたとき，この物体の重力による位置エネルギーを求めよ。

解答でござる

(1) 求める重力による位置エネルギーを $U[\text{J}]$ として,
$$U = 5.0 \times 9.8 \times 2.0$$
$$= \underline{\underline{98}}[\text{J}] \quad \cdots (\text{答})$$

$U = mgh$

正の向き
基準点
5.0[m]
-3.0[m]
物体の位置
2.0[m]
地面

(2) 物体は基準点より鉛直下向きに,
$$5.0 - 2.0 = 3.0[\text{m}]$$
の地点にあるから, 地上 $5.0[\text{m}]$ の地点を基準点とした物体の重力による位置エネルギー $U[\text{J}]$ は,
$$U = 5.0 \times 9.8 \times (-3.0)$$
$$= -147$$
$$≒ \underline{\underline{-150}}[\text{J}] \quad \cdots (\text{答})$$

$U = mgh$

基準点よりも下にあり, 鉛直上向きを正にしているので,
$h = -3.0[\text{m}]$ となる。
マイナス
2ケタに!!

その3 "弾性力による位置エネルギー" のお話

変形したばねはもとにもどろうとするので, エネルギーを蓄えていると考えられます。このエネルギーを**弾性力による位置エネルギー**, または**弾性エネルギー**と呼びます。

覚えろ!!

ばね定数が $k[\text{N/m}]$ のばねが $x[\text{m}]$ 伸びている(あるいは縮んでいる)とき, このばねがもつ**弾性力による位置エネルギー** $U[\text{J}]$ は,

$$U = \frac{1}{2}kx^2 [\text{J}]$$

で表される。
 理由は… 　理由はあとまわしにするのも上手な勉強法です。

力の向きと動かす向きが一致しているとき，仕事 $W[\text{J}]$ は，力 $F[\text{N}]$ と動かした距離 $l[\text{m}]$ の積で表されました。
$$W = Fl \,[\text{J}]$$
このとき，仕事 W は右図の赤い部分の面積に一致します。

では!! ここから本題です。

ばね定数 $k[\text{N/m}]$ のばねを $x[\text{m}]$ だけ引き伸ばしたとき，ばねを引く力 $F[\text{N}]$ は，フックの法則により，
$$F = kx \,[\text{N}]$$
である。

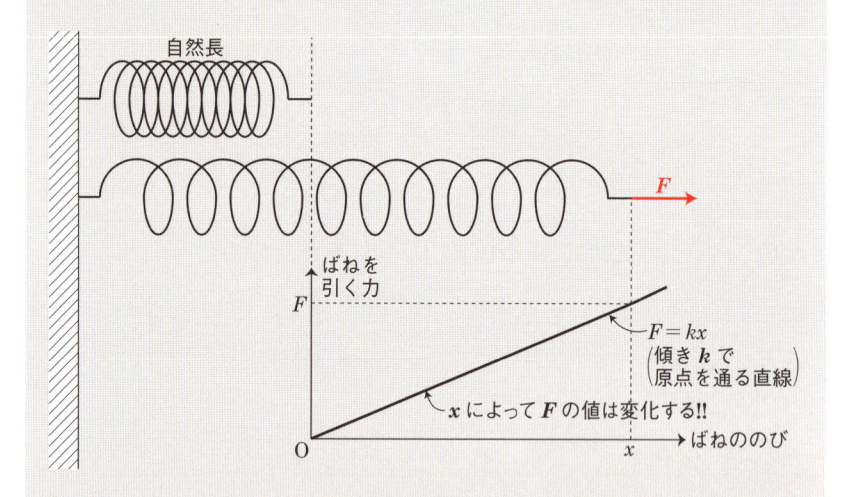

ばねを自然長から $x[\text{m}]$ 引き伸ばすまでに，引く力がした仕事 $W[\text{J}]$ は，次ページの図の赤い部分の面積に等しいから，

$$W = \frac{1}{2} \times x \times kx$$

三角形の面積の公式です。

F は変化しながら仕事する!!

$$\therefore W = \frac{1}{2}kx^2$$

おっ!! さっきの公式だ!!

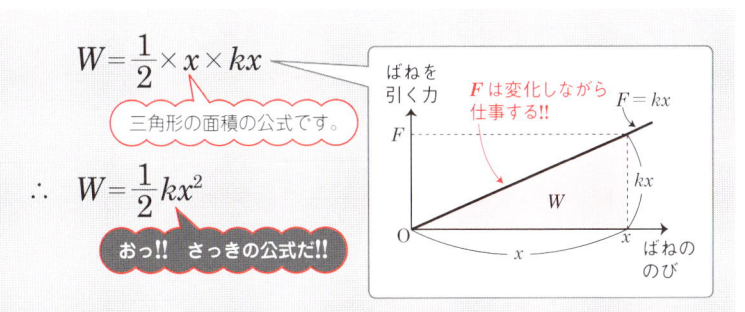

この仕事 W がばねに蓄えられるエネルギーであるから，ばね定数 k [N/m]のばねが x [m]伸びたときの弾性力による位置エネルギー U は…

$$U = \frac{1}{2}kx^2 \text{[J]}$$

となる。

注 ばねが縮む場合も同様です。

問題60 キソのキソ

ばね定数が 100 [N/m]のばねを 30 [cm]引き伸ばしたとき，このばねに蓄えられる弾性力による位置エネルギーを求めよ。

解答でござる

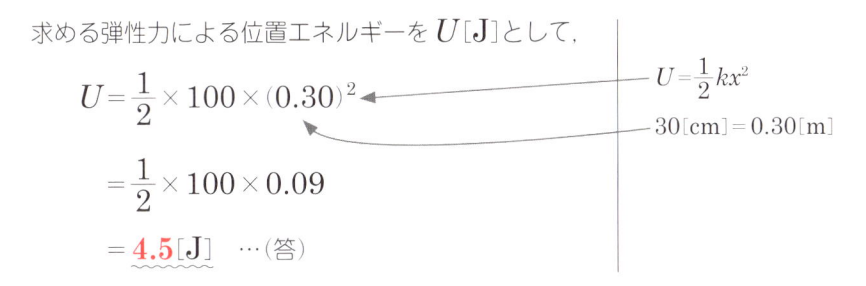

求める弾性力による位置エネルギーを U [J]として，

$$U = \frac{1}{2} \times 100 \times (0.30)^2$$

$U = \frac{1}{2}kx^2$

30 [cm] $= 0.30$ [m]

$$= \frac{1}{2} \times 100 \times 0.09$$

$$= \underline{4.5} \text{[J]} \quad \cdots \text{(答)}$$

当然!! **エネルギーの原理**は，弾性力による位置エネルギーについても成立します。

> **エネルギーの原理**
>
> 弾性力による位置エネルギー(弾性エネルギー)の変化は，加えた仕事に等しい!!
>
> 仕事 $W[\text{J}]$ により，$x_0[\text{m}]$ 伸びていた(縮んでいた)ばねが $x[\text{m}]$ 伸びている(縮んでいる)状態に変化したとき，ばね定数を $k[\text{N/m}]$ とすると…
>
> $$\frac{1}{2}kx^2 - \frac{1}{2}kx_0^2 = W$$
>
> (仕事を加えた後の弾性力による位置エネルギー) (仕事を加える前の弾性力による位置エネルギー) (加えた仕事)

問題61 キソ

ばね定数が $400[\text{N/m}]$ のばねがある。これについて，次の各問いに答えよ。

(1) $10[\text{cm}]$ 引き伸ばしたとき，ばねに蓄えられる弾性力による位置エネルギーは何 $[\text{J}]$ か。

(2) (1)の状態から，さらに $10[\text{cm}]$ 引き伸ばすとき必要な仕事は何 $[\text{J}]$ か。

解答でござる

(1) $\dfrac{1}{2} \times 400 \times (0.10)^2$ 　　$U = \dfrac{1}{2}kx^2$
　　$= \dfrac{1}{2} \times 400 \times 0.01$ 　　$10[\text{cm}] = 0.10[\text{m}]$
　　$= \underline{\underline{2.0[\text{J}]}}$ …(答)

(2) $10 [\mathrm{cm}]$ 引き伸ばした状態から,さらに $10 [\mathrm{cm}]$ 引き伸ばしたので,ばねの伸びは $10+10=20 [\mathrm{cm}]$,つまり $0.20 [\mathrm{m}]$ である。

必要な仕事を $W [\mathrm{J}]$ とすると,エネルギーの原理から,

$$W = \frac{1}{2} \times 400 \times (0.20)^2 - \frac{1}{2} \times 400 \times (0.10)^2$$
$$= \frac{1}{2} \times 400 \times 0.04 - \frac{1}{2} \times 400 \times 0.01$$
$$= 8.0 - 2.0$$
$$= \mathbf{6.0 [J]} \quad \cdots (答)$$

仕事を加えた後の弾性エネルギー

仕事を加える前の弾性エネルギーで,(1)と同じ式です。

注意しよう!!

(2)で,さらに伸ばした長さ $10 [\mathrm{cm}] = 0.10 [\mathrm{m}]$ のみに注目して,

$$W = \frac{1}{2} \times 400 \times (0.10)^2$$
$$= 2.0 [\mathrm{J}]$$

としてしまうと 爆死 です!!

おひさしぶりです。

仕事を加えた後のエネルギーと,仕事を加える前のエネルギーを別々に計算して,差をとらないといけません!!

Theme 19 力学的エネルギー保存の法則

物体がもつ**運動エネルギーK**と**位置エネルギーU**の合計を**力学的エネルギー**と申します。このとき，位置エネルギーは重力によるものと弾性力によるものの両方を指しています。

力学的エネルギー ＝ 運動エネルギー ＋ 位置エネルギー

その1 "力学的エネルギー保存の法則"

物体にはたらく力が重力や弾性力のみの場合…

力学的エネルギー ＝ 一定

つまり…

運動エネルギー ＋ 位置エネルギー ＝ 一定

となります。これを，**力学的エネルギー保存の法則**と呼びます。

注 摩擦力や空気抵抗などがはたらく場合は，力学的エネルギー保存の法則は成立しません。

問題62 ｜ キソ

質量1.0[kg]の物体を28[m/s]の速さで鉛直上向きに投げ上げた。重力加速度を9.8[m/s^2]として，次の各問いに答えよ。

(1) 投げ上げた瞬間，物体がもっている運動エネルギーは何[J]か。
(2) 物体は投げ上げた地点から何[m]の高さまで上昇するか。
(3) 高さ20[m]の地点での運動エネルギーは何[J]か。
(4) 物体の速さが14[m/s]となるのは，投げ上げてから何[m]の高さの点であるか。

Theme 19 力学的エネルギー保存の法則

ナイスな導入

Theme 6 の $v = v_0 - gt$ や $y = v_0 t - \dfrac{1}{2}gt^2$ などの公式を活用しても解けますが，**力学的エネルギー保存の法則**を活用するとラク勝である。

この物体に関与している力は**重力のみ**であるので，力学的エネルギー保存の法則が成立します。つまり…

> 本問では，重力による位置エネルギー

運動エネルギー ＋ 位置エネルギー ＝ 一定

では，実際にやってみましょう。

解答でござる

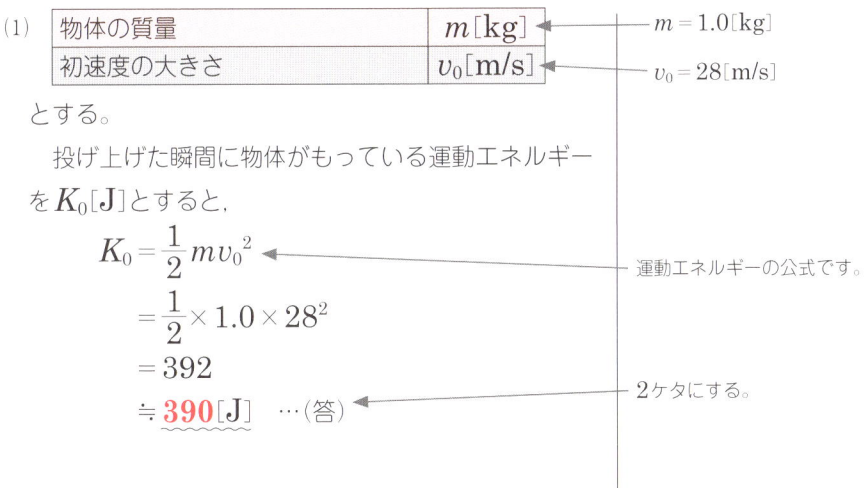

(1)

物体の質量	m [kg]
初速度の大きさ	v_0 [m/s]

― $m = 1.0$ [kg]
― $v_0 = 28$ [m/s]

とする。

投げ上げた瞬間に物体がもっている運動エネルギーを K_0 [J] とすると，

$$K_0 = \dfrac{1}{2}mv_0{}^2$$
$$= \dfrac{1}{2} \times 1.0 \times 28^2$$
$$= 392$$
$$\fallingdotseq \underline{390\,[\mathrm{J}]} \quad \cdots (答)$$

― 運動エネルギーの公式です。

― 2ケタにする。

(2) 投げ上げた地点を重力による位置エネルギーの基準点と考える。

投げ上げた地点から最高点までの高さ	H [m]
重力加速度	g [m/s²]

― $g = 9.8$ [m/s²]

とする。

最高点では静止する。つまり、速さは0[m/s]

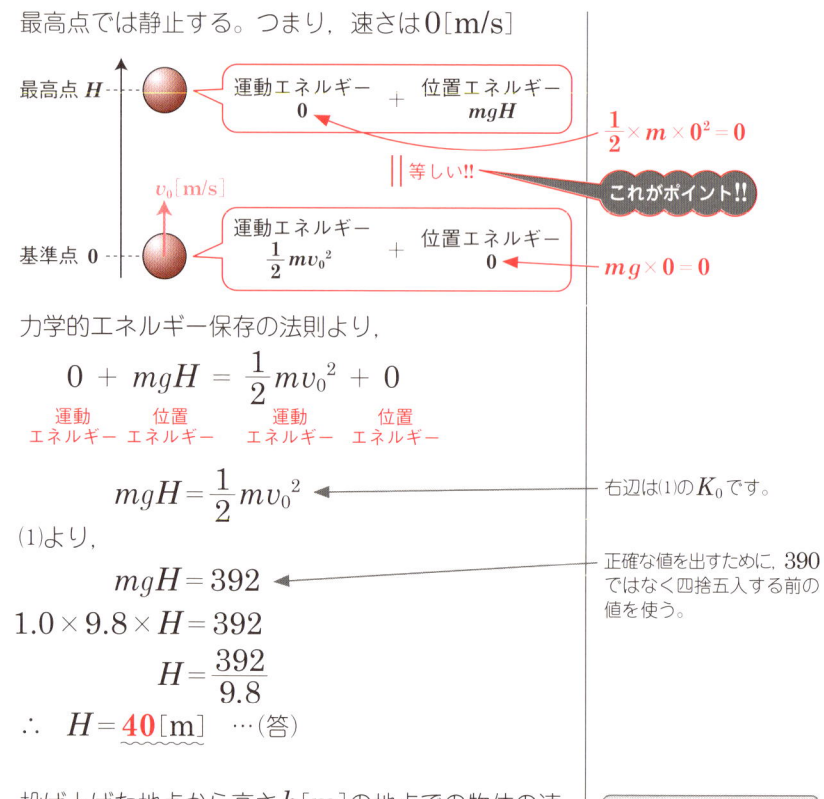

最高点 H ・・・
- 運動エネルギー 0 + 位置エネルギー mgH
- $\frac{1}{2} \times m \times 0^2 = 0$

||等しい!! これがポイント!!

v_0[m/s]

基準点 0 ・・・
- 運動エネルギー $\frac{1}{2}mv_0^2$ + 位置エネルギー 0
- $mg \times 0 = 0$

力学的エネルギー保存の法則より、

$$0 + mgH = \frac{1}{2}mv_0^2 + 0$$

運動エネルギー 位置エネルギー 運動エネルギー 位置エネルギー

$$mgH = \frac{1}{2}mv_0^2$$

右辺は(1)のK_0です。

(1)より、

$$mgH = 392$$

正確な値を出すために、390ではなく四捨五入する前の値を使う。

$$1.0 \times 9.8 \times H = 392$$

$$H = \frac{392}{9.8}$$

∴ $H = \underline{\mathbf{40}}$[m] …(答)

(3) 投げ上げた地点から高さh[m]の地点での物体の速さをv[m/s]とすると、

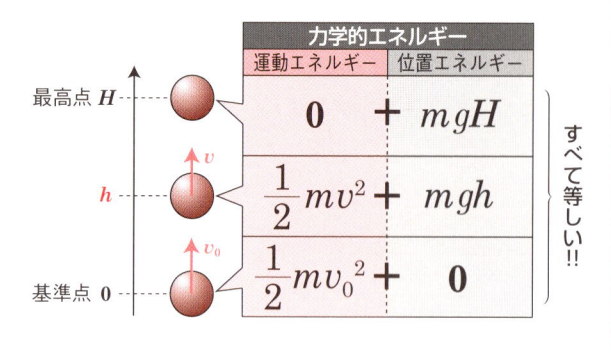

	力学的エネルギー	
	運動エネルギー	位置エネルギー
最高点 H	0 +	mgH
h	$\frac{1}{2}mv^2$ +	mgh
基準点 0	$\frac{1}{2}mv_0^2$ +	0

すべて等しい!!

速度の向きを表す矢印が鉛直上向きになっているが、エネルギーはベクトルではないので、速度の向きは無関係です!! つまり、最高点に達してから落下してくる場合も同じ式になります。

$\frac{1}{2}mv^2 + mgh = $一定

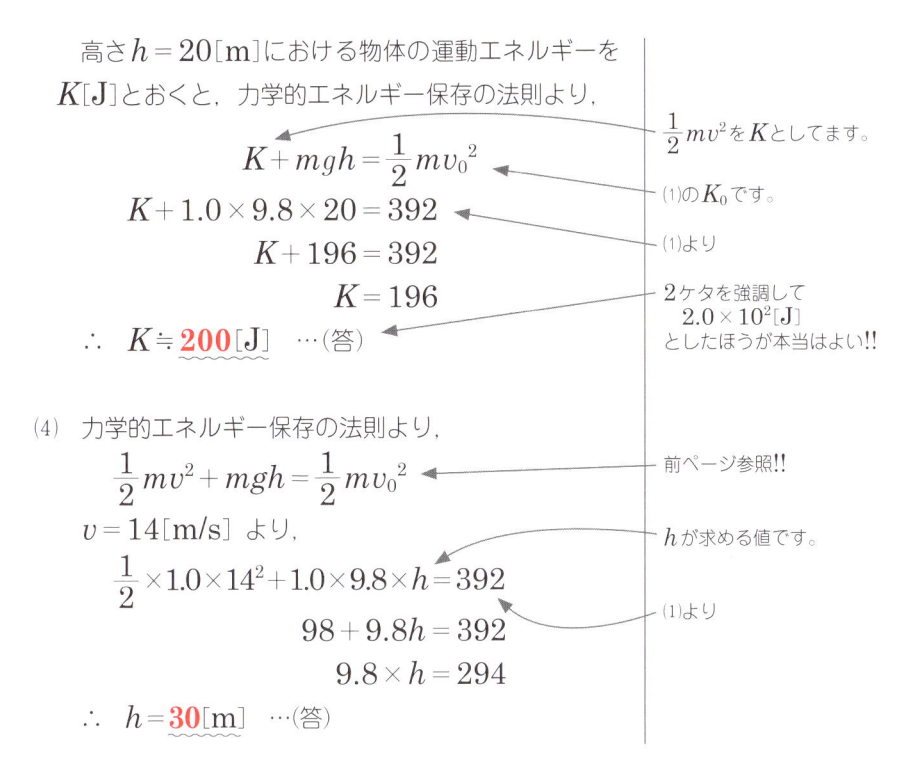

高さ $h = 20\,[\mathrm{m}]$ における物体の運動エネルギーを $K[\mathrm{J}]$ とおくと，力学的エネルギー保存の法則より，

$$K + mgh = \frac{1}{2}mv_0^2$$

$$K + 1.0 \times 9.8 \times 20 = 392$$

$$K + 196 = 392$$

$$K = 196$$

$$\therefore\ K \fallingdotseq \underline{\mathbf{200}}\,[\mathrm{J}] \quad \cdots(\text{答})$$

── $\frac{1}{2}mv^2$ を K としてます。

── (1)の K_0 です。

── (1)より

── 2ケタを強調して $2.0\times 10^2\,[\mathrm{J}]$ としたほうが本当はよい!!

(4) 力学的エネルギー保存の法則より，

$$\frac{1}{2}mv^2 + mgh = \frac{1}{2}mv_0^2$$

$v = 14\,[\mathrm{m/s}]$ より，

$$\frac{1}{2}\times 1.0 \times 14^2 + 1.0 \times 9.8 \times h = 392$$

$$98 + 9.8h = 392$$

$$9.8 \times h = 294$$

$$\therefore\ h = \underline{\mathbf{30}}\,[\mathrm{m}] \quad \cdots(\text{答})$$

── 前ページ参照!!

── h が求める値です。

── (1)より

その2 "保存力と非保存力" のお話

保存力 とは… "力学的エネルギー保存の法則" が成立する力です。

　　例 重力，弾性力，万有引力，静電気力 ── いずれ登場します。

非保存力 とは… "力学的エネルギー保存の法則" が成立しない力です。

　　例 摩擦力，抵抗力（空気抵抗など）

問題63　キソ

下図のような，なめらかな平面と曲面で構成された面がある。左端にばね定数 k [N/m] のばねを水平に配置し，質量 m [kg] の物体とともに l [m] だけ縮めて静かに手を放したところ，ばねは自然長にもどり，物体は水平方向に運動を始め，平面の終点である点 A を通過し，さらに高さ H [m] である点 B も通過した。重力加速度を g [m/s²] として，次の各問いに答えよ。

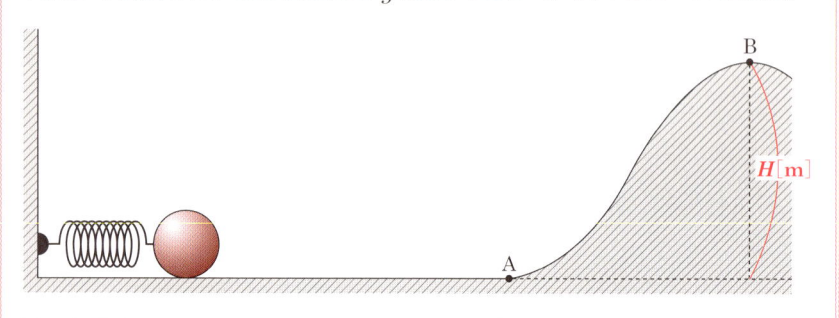

(1) 点 A を通過する瞬間の物体の速さ v_A [m/s] を求めよ。
(2) 点 B を通過する瞬間の物体の速さ v_B [m/s] を求めよ。

ナイスな導入

この物体にはたらいた力は**重力**と**ばねの弾性力**のみである。よって，"力学的エネルギー保存の法則"は成立する。

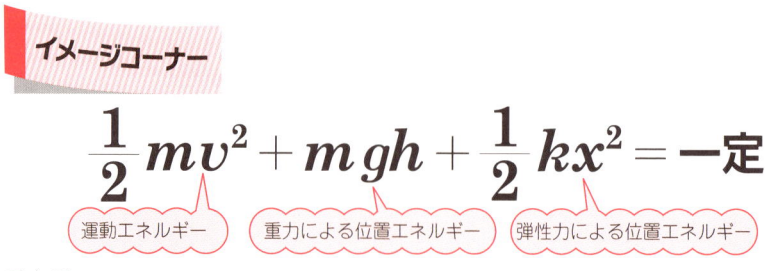

イメージコーナー

$$\frac{1}{2}mv^2 + mgh + \frac{1}{2}kx^2 = 一定$$

- $\frac{1}{2}mv^2$：運動エネルギー
- mgh：重力による位置エネルギー
- $\frac{1}{2}kx^2$：弾性力による位置エネルギー

である。

本問での運動の流れは…

① 最初は，ばねに蓄えられた弾性力による位置エネルギーのみである。

② 物体がばねから離れたとき，ばねの弾性エネルギーはすべて，物体の運動エネルギーに変換される。そのまま点Aを通過!!

③ 点Aを通過した物体は，斜面を登っていく。このとき，

運動エネルギー ＋ 重力による位置エネルギー ＝ 一定

を保ちながら，斜面を登っていく。

では，実際にやってみましょう。

解答でござる

重力による位置エネルギーの基準点は，最初の物体の高さとする。

(1) 物体がばねから離れた瞬間の速さと，物体が点Aを通過する瞬間の速さ v_A [m/s]は等しい。 ← 摩擦がないから!!

ばねに最初に蓄えられた弾性エネルギーが，すべて物体の運動エネルギーに変換されるから，

$$\frac{1}{2}kl^2 = \frac{1}{2}mv_A^2$$ ← 問題文に"ばねは自然長にもどり"と書いてあるので，ばねに残っているエネルギーはない!!

$$mv_A^2 = kl^2$$ ← "力学的エネルギー保存の法則"です。

$$v_A^2 = \frac{kl^2}{m}$$ ← 両辺を2倍して，右辺と左辺を入れかえました。

$v_A > 0$ より，

$$v_A = \sqrt{\frac{kl^2}{m}}$$

v_A は"速さ"なので，正の値です。よって，$v_A = \pm\sqrt{\frac{kl^2}{m}}$ ではない。

∴ $v_A = l\sqrt{\dfrac{k}{m}}$ [m/s] …(答)

文字式の場合，分母の有理化をする必要はない!!

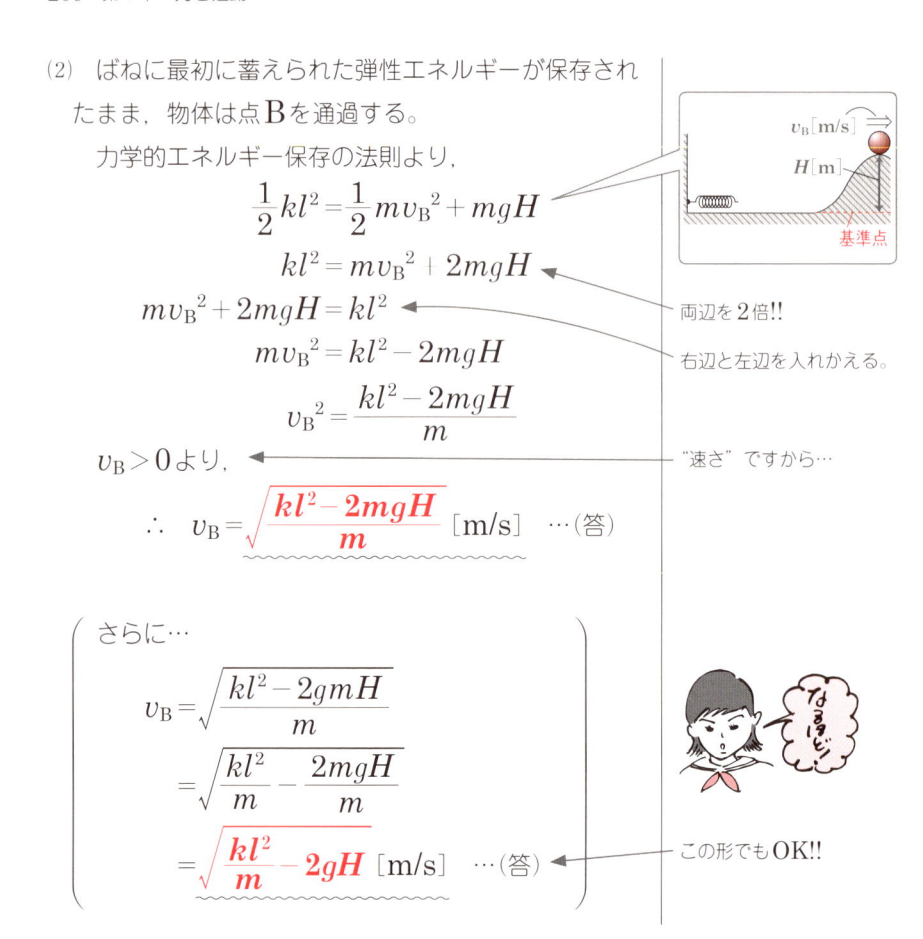

(2) ばねに最初に蓄えられた弾性エネルギーが保存されたまま，物体は点Bを通過する。

力学的エネルギー保存の法則より，

$$\frac{1}{2}kl^2 = \frac{1}{2}m{v_B}^2 + mgH$$

$$kl^2 = m{v_B}^2 + 2mgH \quad \text{両辺を2倍!!}$$

$$m{v_B}^2 + 2mgH = kl^2 \quad \text{右辺と左辺を入れかえる。}$$

$$m{v_B}^2 = kl^2 - 2mgH$$

$$v_B^2 = \frac{kl^2 - 2mgH}{m}$$

$v_B > 0$ より， "速さ"ですから…

$$\therefore \quad v_B = \sqrt{\frac{kl^2 - 2mgH}{m}} \ [\text{m/s}] \quad \cdots \text{(答)}$$

さらに…

$$v_B = \sqrt{\frac{kl^2 - 2gmH}{m}}$$

$$= \sqrt{\frac{kl^2}{m} - \frac{2mgH}{m}}$$

$$= \sqrt{\frac{kl^2}{m} - 2gH} \ [\text{m/s}] \quad \cdots \text{(答)}$$

この形でもOK!!

Theme 20 運動量と力積

mv & Ft

その1 "運動量"とは…?

質量 m[kg]の物体が,速度 v[m/s]で運動しているとき,この物体は mv の運動量をもっているという。

このとき,運動量の単位は,[kg]×[m/s]=[kg·m/s]

> えーっ!! そのまま…??

運動量の公式

質量 m[kg],速度 v[m/s]の物体がもつ運動量は…

$$mv \,[\text{kg·m/s}]$$
質量×速度

で!! 速度は向きをもつベクトルなので,$\vec{v}$[m/s]と実際考えるべきで,これにより,運動量もベクトル(運動量ベクトルと呼んだりします)となる。よって…

$$\vec{mv}\,[\text{kg·m/s}]$$

と表現する場合もある。

その2 "力積"とは…??

ある物体に対して F[N]の力を t[s]間加えたとき,その物体に Ft の力積を加えたという。

このとき,力積の単位は,[N]×[s]=[N·s]

> えーっ!! そのまま…??

力積の公式

力 F [N] が t [s] 間はたらいたとき, 力積は…

$$Ft\,[\mathrm{N\cdot s}]$$

力×時間

で!! 本来, 力は向きをもつベクトルであるから, $\vec{F}$ [N]と考えると, 力積もベクトル(力積ベクトルと呼んだりします)になる。よって…

$$\vec{F}t\,[\mathrm{N\cdot s}]$$

と表現する場合もある。

注 はたらく力が一定でない場合の力積については, 平均の力で考えます。例えば, バットでボールを打つときなどは, バットとボールが接触している時間(かなり短い時間ですが…)の間で, ボールにはたらく力は一定でない。このような場合, (平均の力)×(時間)で力積を考えます。

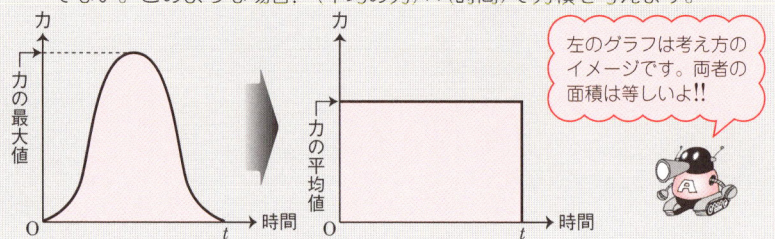

> 左のグラフは考え方のイメージです。両者の面積は等しいよ!!

その3 "運動量と力積の単位は同じ!!" の巻

まず!!
$$[\mathrm{N}] = [\mathrm{kg}] \times [\mathrm{m/s^2}]$$
$$= [\mathrm{kg\cdot m/s^2}]$$

> $F=ma$ です!!
> [N] [kg]×[m/s²]

ここで, 力積の単位は, [N·s]でしたね。
$$[\mathrm{N\cdot s}] = [\mathrm{kg\cdot m/s^2 \cdot s}]$$
$$= [\mathrm{kg\cdot m/s}]$$

> kg·m/s²·s
> = kg × $\dfrac{\mathrm{m}}{\mathrm{s^2}}$ × s
> = kg × $\dfrac{\mathrm{m}}{\mathrm{s}}$

これは, 運動量の単位でしたね。

つまり!!

結局は, **運動量と力積の単位は同じ!!**

その4 "運動量と力積の関係" に迫る!!

結論から言うと，運動量の変化は力積に等しい。

運動量の変化と力積

力積 $\vec{F}t$ [N·s] によって，質量 m [kg] の物体の速度が $\vec{v_0}$ [m/s] から $\vec{v}$ [m/s] に変化したとすると…

$$\vec{F}t = m\vec{v} - m\vec{v_0}$$

- 力積
- 力積がはたらいた後の運動量
- 力積がはたらく前の運動量

理由は…

m [kg] の物体に $\vec{F}$ [N] の力を t [s] 間加えたとき，この物体の速度が $\vec{v_0}$ [m/s] から $\vec{v}$ [m/s] に変化したわけです。

ここで，この物体に生じた加速度を $\vec{a}$ [m/s²] とすると，運動方程式から…

$\vec{F} = m\vec{a}$ …① ← 運動方程式です。

さらに，加速度の意味から，

$\vec{a} = \dfrac{\vec{v} - \vec{v_0}}{t}$ …② ← 加速度 = $\dfrac{速度の変化}{時間}$

②を①に代入して，

$\vec{F} = m \times \dfrac{\vec{v} - \vec{v_0}}{t}$

$\vec{F}t = m(\vec{v} - \vec{v_0})$ ← 両辺を t 倍しました。

$\vec{F}t = m\vec{v} - m\vec{v_0}$ ← 証明おわり!!

注 力積も運動量もベクトル（向きをもつ量）であるので，次のようなイメージである。

$$\vec{F}t = m\vec{v} - m\vec{v_0} \quad \text{より} \quad m\vec{v_0} + \vec{F}t = m\vec{v}$$

イメージ❶ 一直線上であるとき

イメージ❷ 一直線上でないとき

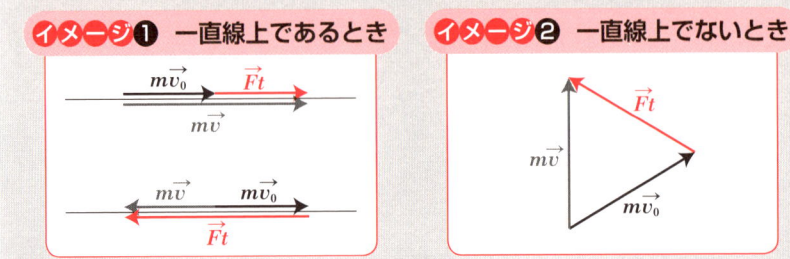

"平行四辺形の法則"以外の考え方です。
ベクトルの和は，矢印をつなぐことにより求まる。

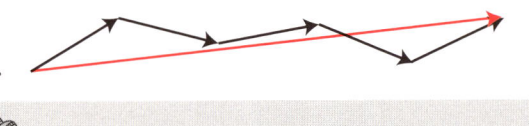

問題64 キソ

一直線上を $15\,[\text{m/s}]$ の速さで運動している質量 $2.0\,[\text{kg}]$ の物体がある。この物体に，運動している向きと同じ向きに $50\,[\text{N}\cdot\text{s}]$ の力積を加えたとき，次の各問いに答えよ。

(1) 力積を加えたあとの物体の運動量の大きさを求めよ。
(2) 力積を加えたあとの物体の速さを求めよ。

ナイスな導入

運動量の変化と力積の関係をしっかりつかんでいればOK!!

$$\vec{F}t = m\vec{v} - m\vec{v_0}$$

よって…

$$m\vec{v} = m\vec{v_0} + \vec{F}t$$

本問は一直線上でのお話であり，運動量の向きと力積の向きが一致しているので，じつに単純…

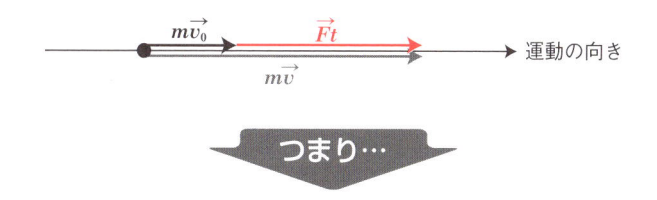

| 力積を加えた後の運動量の大きさ | = | 力積を加える前の運動量の大きさ | + | 力積の大きさ |

解答でござる

(1) 力積を加えた後の運動量の大きさは，

$$2.0 \times 15 + 50 = \underline{80} \, [\text{kg} \cdot \text{m/s}] \quad \cdots (答)$$

（力積を加える前の運動量の大きさです。）
（加えた力積の大きさです。）

(2) 力積を加えた後の物体の速さを $v \, [\text{m/s}]$ として，

$$2.0 \times v = 80$$

$$\therefore \quad v = \underline{40} \, [\text{m/s}] \quad \cdots (答)$$

（運動量の公式 mv です。）

問題65 キソ

右図のように，質量 $0.20\,[\mathrm{kg}]$ の物体が右向きに $20\,[\mathrm{m/s}]$ の速さで壁に当たり，左向きに $8.0\,[\mathrm{m/s}]$ の速さではねかえってきた。右向きを正の向きとして，次の各問いに答えよ。

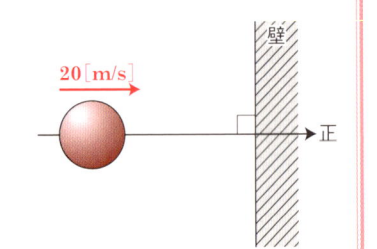

(1) 衝突前の運動量を求めよ。
(2) 衝突後の運動量を求めよ。
(3) 物体に与えられた力積を求めよ。
(4) 壁に与えられた力積を求めよ。

ナイスな導入

物体が壁と衝突している時間内（かなり短い時間です）で，"作用・反作用の法則"により，互いに逆向きで等しい大きさの力をおよぼし合う。

つまり…

"壁が物体に与える力積"と"物体が壁に与える力積"は，互いに逆向きで大きさは等しい。

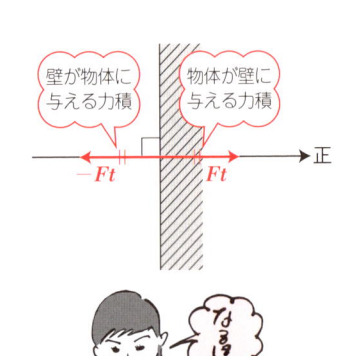

本問は，"運動量の大きさ"ではなく"運動量"，"力積の大きさ"ではなく"力積"…つまり，向きも大切!! プラスorマイナスが必要!!

解答でござる

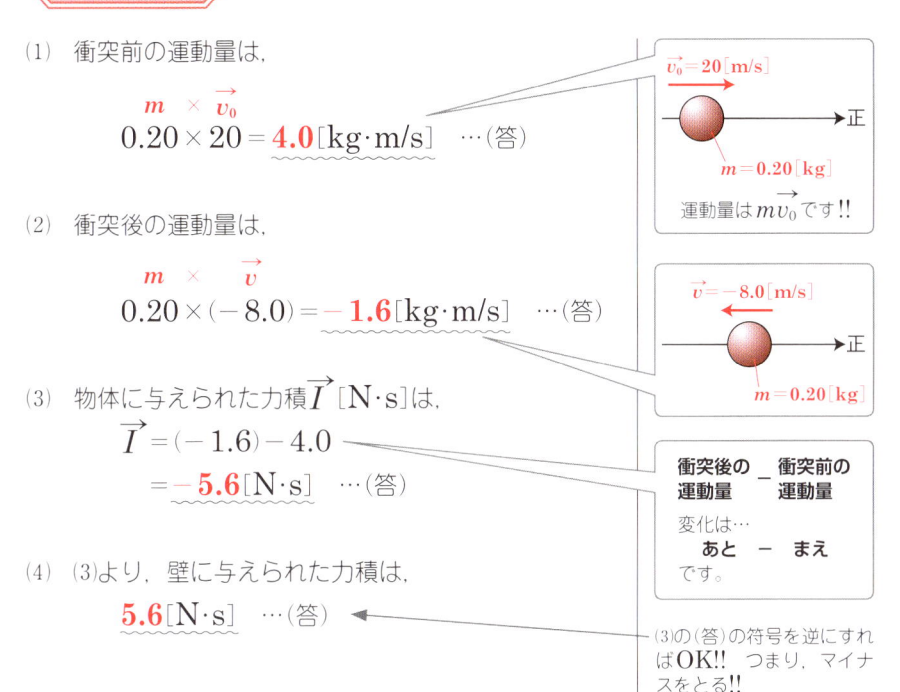

(1) 衝突前の運動量は，

$$\underset{m}{0.20} \times \underset{\vec{v_0}}{20} = \underline{4.0}\,[\text{kg}\cdot\text{m/s}] \quad \cdots(\text{答})$$

$\vec{v_0} = 20\,[\text{m/s}]$
$m = 0.20\,[\text{kg}]$
運動量は $m\vec{v_0}$ です!!

(2) 衝突後の運動量は，

$$\underset{m}{0.20} \times \underset{\vec{v}}{(-8.0)} = \underline{-1.6}\,[\text{kg}\cdot\text{m/s}] \quad \cdots(\text{答})$$

$\vec{v} = -8.0\,[\text{m/s}]$
$m = 0.20\,[\text{kg}]$

(3) 物体に与えられた力積 $\vec{I}\,[\text{N}\cdot\text{s}]$ は，

$$\vec{I} = (-1.6) - 4.0$$
$$= \underline{-5.6}\,[\text{N}\cdot\text{s}] \quad \cdots(\text{答})$$

衝突後の運動量 － 衝突前の運動量
変化は…
あと － まえ
です。

(4) (3)より，壁に与えられた力積は，

$$\underline{5.6}\,[\text{N}\cdot\text{s}] \quad \cdots(\text{答})$$

(3)の(答)の符号を逆にすればOK!! つまり，マイナスをとる!!

> **注** 運動量の単位 $[\text{kg}\cdot\text{m/s}]$ と力積の単位 $[\text{N}\cdot\text{s}]$ が同じ意味であることは p.208 で述べてあります。しかし，運動量のときは $[\text{kg}\cdot\text{m/s}]$，力積のときは $[\text{N}\cdot\text{s}]$ と使い分けることをおすすめします。

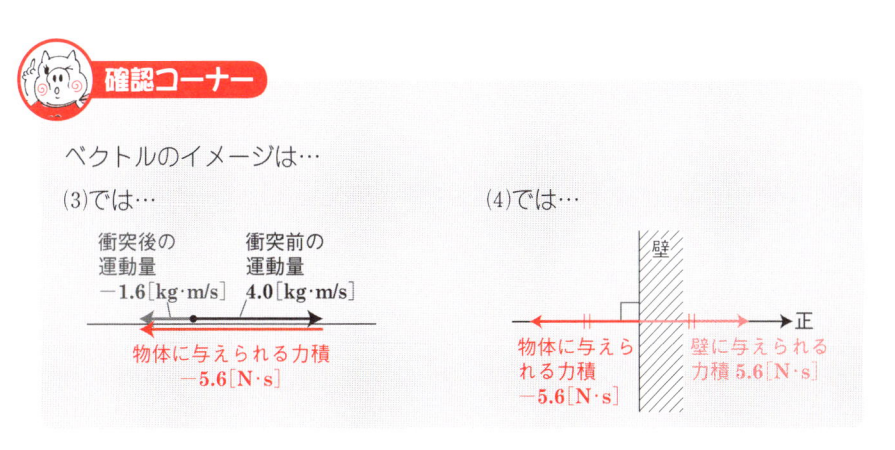

確認コーナー

ベクトルのイメージは…

(3)では…

衝突後の運動量 $-1.6\,[\text{kg}\cdot\text{m/s}]$
衝突前の運動量 $4.0\,[\text{kg}\cdot\text{m/s}]$
物体に与えられる力積 $-5.6\,[\text{N}\cdot\text{s}]$

(4)では…

物体に与えられる力積 $-5.6\,[\text{N}\cdot\text{s}]$
壁に与えられる力積 $5.6\,[\text{N}\cdot\text{s}]$

問題66　標準

　右向きに $8.0\,[\text{m/s}]$ の速さで運動していた質量 $3.0\,[\text{kg}]$ の物体が、静止していた動物に撃突したところ、その物体は、鉛直上向きに速さ $6.0\,[\text{m/s}]$ で飛ばされた。このとき、物体にはたらいた力積の大きさを求めよ。

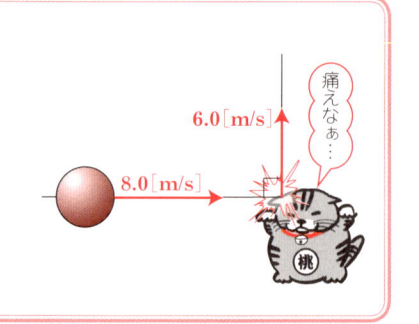

ナイスな導入
とにかく!!

力積は "あと - まえ" です。

$$\vec{F}t = m\vec{v} - m\vec{v_0}$$ です!!

- 物体にはたらいた力積
- 力積がはたらいた後の運動量
- 力積がはたらく前の運動量

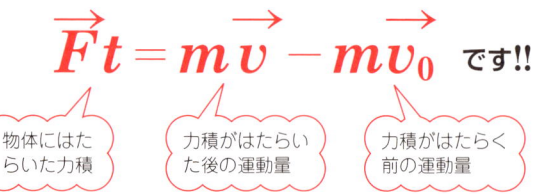

よって…

$$\vec{F}t = m\vec{v} + (-m\vec{v_0})$$

と考えられるから…

本問のイメージは…

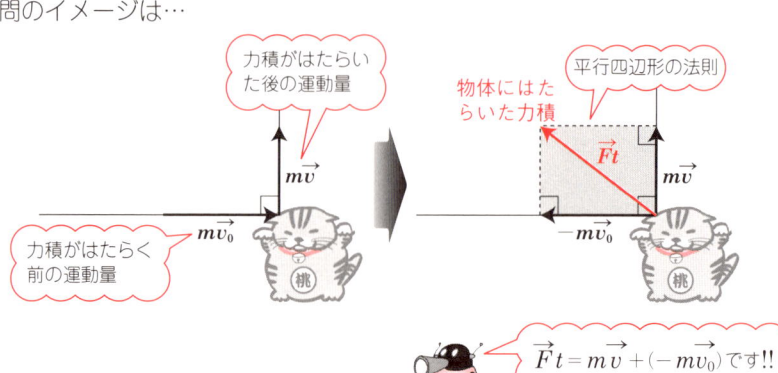

- 力積がはたらいた後の運動量　$m\vec{v}$
- 力積がはたらく前の運動量　$m\vec{v_0}$
- 平行四辺形の法則
- 物体にはたらいた力積　$\vec{F}t$

$\vec{F}t = m\vec{v} + (-m\vec{v_0})$ です!!

解答でござる

撃突する前の運動量の大きさは,
$$3.0 \times 8.0 = 24 [\text{kg} \cdot \text{m/s}]$$ ← $m\vec{v_0}$ の大きさです。

撃突した後の運動量の大きさは,
$$3.0 \times 6.0 = 18 [\text{kg} \cdot \text{m/s}]$$ ← $m\vec{v}$ の大きさです。

物体にはたらいた力積の大きさを $I[\text{N} \cdot \text{s}]$ とすると, 三平方の定理より,

$$I^2 = 24^2 + 18^2$$
$$= 576 + 324$$
$$= 900$$

$I > 0$ より,　　　力積の大きさです!!

∴ $I = \underline{\mathbf{30}}[\text{N} \cdot \text{s}]$　…(答)

$\vec{F}t = m\vec{v} + (-m\vec{v_0})$

大きさは $18[\text{kg} \cdot \text{m/s}]$

大きさは $24[\text{kg} \cdot \text{m/s}]$

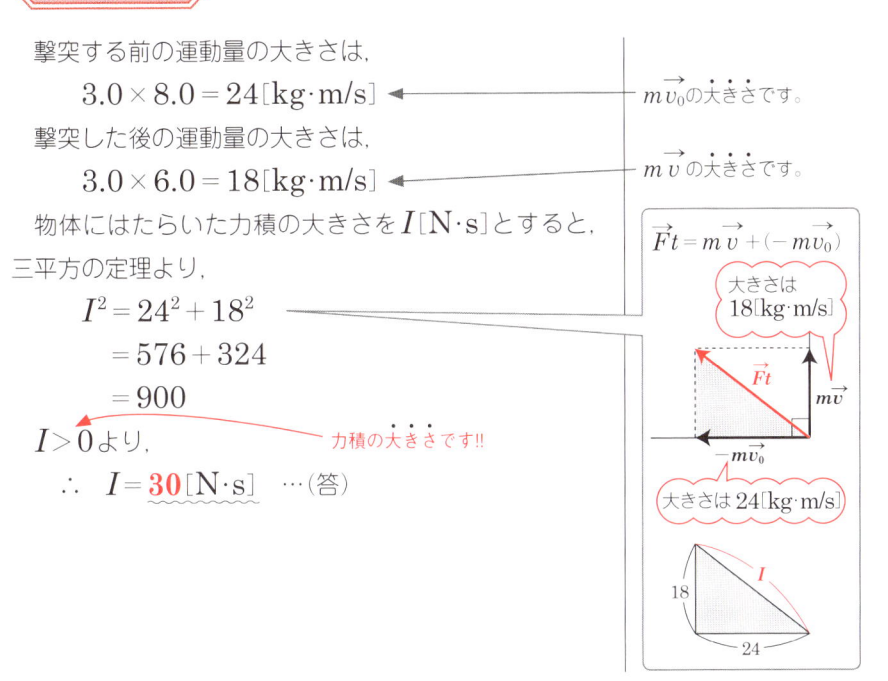

本問に登場した直角三角形は…

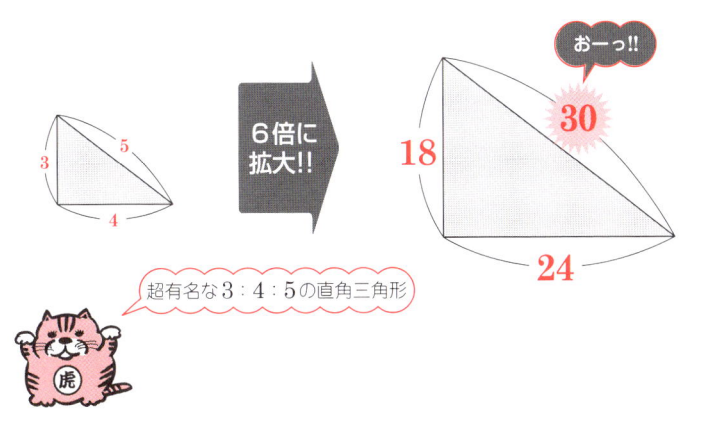

3 : 4 : 5 の直角三角形 → 6倍に拡大!! → 18, 24, 30

超有名な3:4:5の直角三角形

これに気づけば計算いらず!!

216　第1章　力と運動

Theme 21　運動量保存の法則

> "力学的エネルギー保存の法則"とごっちゃにすんなよ!!

　いくつかの物体が互いに力をおよぼし合っていても，外力の影響がない限り，これらの物体の**運動量の合計は一定**である。これを"**運動量保存の法則**"と申します。

　2つの物体AとBで考えた場合，AがBにおよぼした力積を$\vec{F}t$とすると，BがAにおよぼした力積は$-\vec{F}t$となる。つまり，AとBを1つのセットとして考えた場合，力積は打ち消し合うので，0となる。

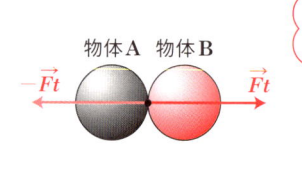

> たしかに，AとBをセットにすると力積の合計は0だな…

　つまり，力積がはたらいてないとみなせるならば，運動量は変化しないので，AとBの運動量の合計は変化しない。

　このような，AB間にはたらく力(作用・反作用の法則により，合計すると打ち消し合う力)を**内力**と呼びます。これに対して，外からはたらく力が**外力**(すぐに登場します!!)です。

運動量保存の法則

　複数の物体が**内力**により力をおよぼし合う(これをカッコよく表現すると**物体系**と申します)とき，**外力**の影響がないのであれば(外力による力積が無視できるということです!!)，これらの物体の

運動量の総和は一定

である。

> カッコよくいい直すと…
> 外力による力積が無視できる場合，物体系の運動量の総和は一定である!!

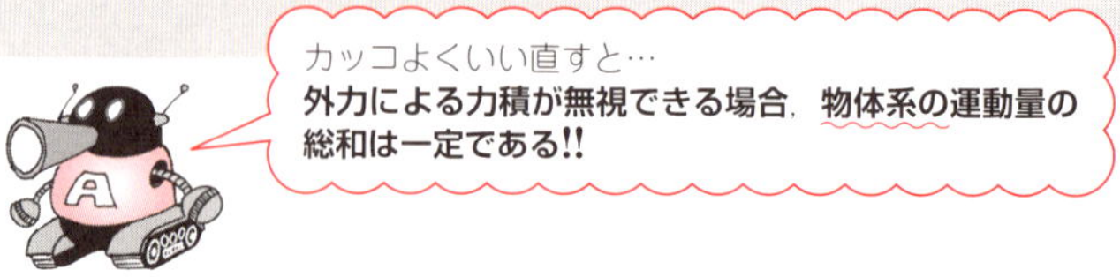

では，"運動量保存の法則"が使える場合を，問題とともに…

エントリーNo.1 衝突!!

問題67 キソ

なめらかな床の上で，質量$5.0\,[\text{kg}]$の物体Aが右向きに$3.0\,[\text{m/s}]$の速さで，質量$2.0\,[\text{kg}]$の物体Bが左向きに$7.0\,[\text{m/s}]$の速さでそれぞれ運動している。これらの物体は一直線上を運動していたため，衝突するハメになり，衝突後，物体Bは右向きに$4.0\,[\text{m/s}]$の速さで運動していた。衝突後の物体Aはどの向きに何$[\text{m/s}]$の速さで運動しているか。

ナイスな導入

外力をチェックしてみよう!!

本問では，"なめらかな床"と書いてあるので，摩擦力は無視できます。

物体には重力と床から受ける垂直抗力がはたらきますが，これらもつり合っているので無視できます。

あとは物体Aと物体Bが衝突するときにはたらく**内力**のみであるから…，物体Aと物体Bで(物体系A，Bで)，

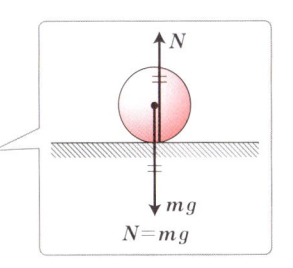

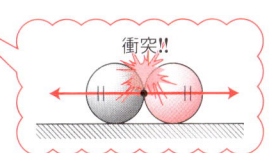

運動量保存の法則

が成立します。

イメージは…

$$m_A\vec{v_A} + m_B\vec{v_B} = m_A\vec{v_A'} + m_B\vec{v_B'}$$

衝突前の運動量の合計　　衝突後の運動量の合計

あとは，右向きを正にするか？　左向きを正にするか？　はお好みで…♥

解答でござる

右向きを正の向きとする。

衝突前

物体A 5.0[kg] 3.0[m/s] →　　　← −7.0[m/s] 物体B 2.0[kg]　正

― 左向きなのでマイナス!!

衝突後

物体A 5.0[kg] v[m/s] →　　　→ 4.0[m/s] 物体B 2.0[kg]　正

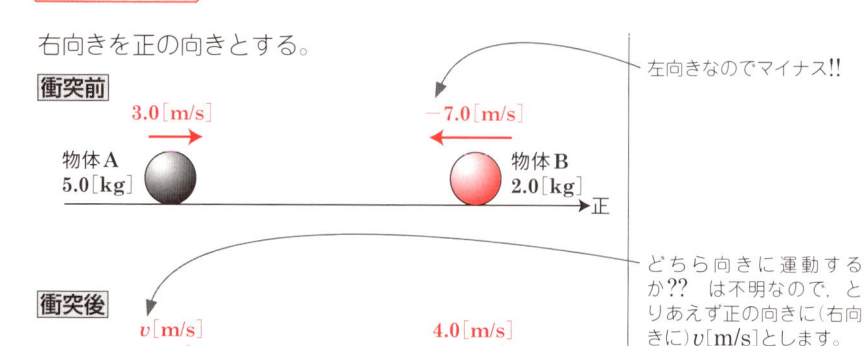

― どちら向きに運動するか??は不明なので,とりあえず正の向きに(右向きに)v[m/s]とします。

衝突後の物体Aが右向きに速さv[m/s]で運動したとすると,運動量保存の法則より,

$$5.0 \times v + 2.0 \times 4.0 = 5.0 \times 3.0 + 2.0 \times (-7.0)$$

　　衝突後の運動量の合計　　　衝突前の運動量の合計

$$5v + 8 = 15 - 14$$
$$5v = -7$$
$$v = -\frac{7}{5}$$
$$\therefore \ v = -1.4$$

よって,衝突後の物体Aは,

左向きに1.4[m/s] …(答)

で運動した。

― もしも,左向きだったら,ちゃんとマイナスの値で求まるから安心しろ!!

― おーっ!! マイナス!! つまり,物体Aは衝突後,左向きに運動した!!

なるほど

Theme 21 運動量保存の法則

エントリーNo.2 合体!!

> 合体も衝突の一種ですが,あえて"合体"と強調したい!!

問題68 キソ

なめらかな床の上で,質量 $8.0[\mathrm{kg}]$ の物体 A が右向きに $3.0[\mathrm{m/s}]$ の速さで,質量 $2.0[\mathrm{kg}]$ の物体 B が左向きに $9.0[\mathrm{m/s}]$ の速さでそれぞれ運動している。これらの物体は一直線上を運動していたので,やがて衝突し,一体となって運動した。このとき,一体となった物体はどの向きに何 $[\mathrm{m/s}]$ の速さで運動するか。

ナイスな導入

本問も 問題67 と同様で,物体系に影響をおよぼす外力ははたらいていません。よって,"運動量保存の法則"が成立します。

解答でござる

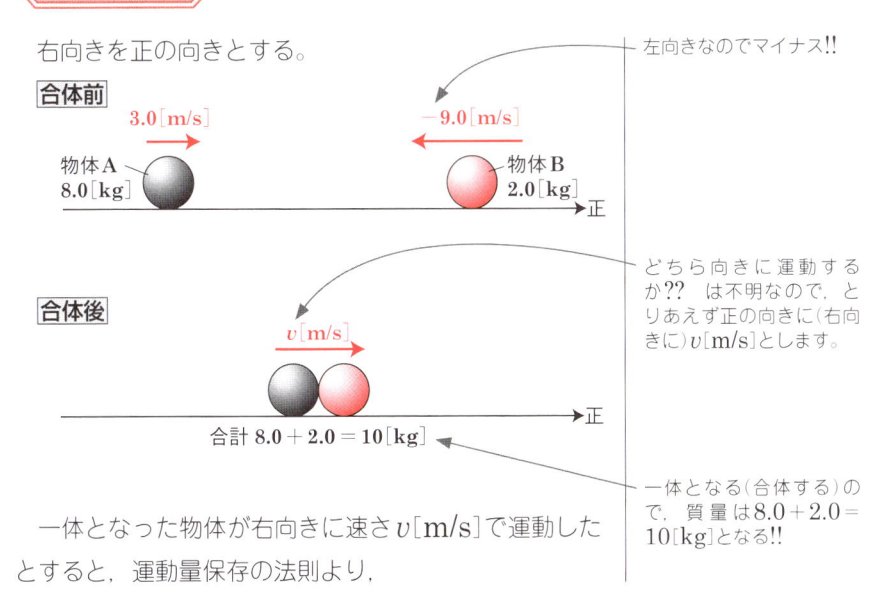

右向きを正の向きとする。

合体前

- 物体A $8.0[\mathrm{kg}]$: $3.0[\mathrm{m/s}]$ (右向き)
- 物体B $2.0[\mathrm{kg}]$: $-9.0[\mathrm{m/s}]$ (左向きなのでマイナス!!)

合体後

$v[\mathrm{m/s}]$

合計 $8.0+2.0=10[\mathrm{kg}]$

> どちら向きに運動するか?? は不明なので,とりあえず正の向きに(右向きに)$v[\mathrm{m/s}]$ とします。

> 一体となる(合体する)ので,質量は $8.0+2.0=10[\mathrm{kg}]$ となる!!

一体となった物体が右向きに速さ $v[\mathrm{m/s}]$ で運動したとすると,運動量保存の法則より,

$$(8.0+2.0) \times v = 8.0 \times 3.0 + 2.0 \times (-9.0)$$

<u>合体後の運動量の合計</u>　　<u>合体前の運動量の合計</u>

$$10v = 24 - 18$$
$$10v = 6$$
$$v = \frac{6}{10}$$
$$\therefore\ v = 0.60$$

よって，一体となった物体は，
右向きに 0.60 [m/s]　…(答)
で運動した。

> プラスなので，運動の向きは右向きです!!
>
> 意外に簡単だなぁ…

エントリー No.3 分裂!!

> これも，内力により分裂するわけだから，"運動量保存の法則"が成立する。

問題69　キソ

水平方向に運動していた質量 5.0[kg] の物体が爆発して，質量 2.0[kg] の物体 A と，質量 3.0[kg] の物体 B に分裂し，A は速さ 4.0[m/s] で，B は速さ 6.0[m/s] で，それぞれ爆発前と同じ向きに運動した。爆発前の物体の速さを求めよ。

ナイスな導入

爆発による分裂も物体系の内力によるものである。よって，"運動量保存の法則"が成立する。

解答でござる

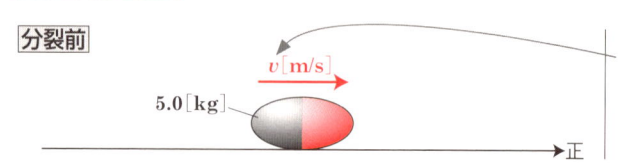

分裂前

5.0[kg]　　v[m/s] →　　　　　　　　正

> 本問では，すべての物体の運動の向きが同じなので，これを正の向きと考えます。

分裂後

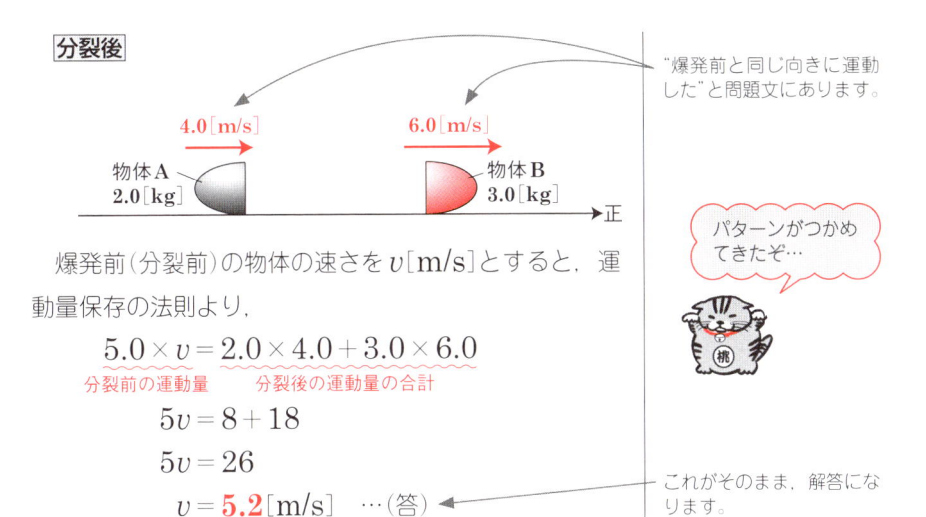

4.0 [m/s]　　　6.0 [m/s]

物体A 2.0 [kg]　　物体B 3.0 [kg]　　正

"爆発前と同じ向きに運動した"と問題文にあります。

爆発前(分裂前)の物体の速さを v [m/s] とすると，運動量保存の法則より，

$$5.0 \times v = 2.0 \times 4.0 + 3.0 \times 6.0$$

　　分裂前の運動量　　分裂後の運動量の合計

$$5v = 8 + 18$$
$$5v = 26$$
$$v = \underline{\underline{5.2}} \text{ [m/s]} \quad \cdots\text{(答)}$$

パターンがつかめてきたぞ…

これがそのまま，解答になります。

このあたりで経験値を増やし，羽ばたきましょう!!

問題70　標準

(1) 右図のように，なめらかな床の上に質量 M [kg] の板状の物体Aを置き，その上に，質量 m [kg] の物体Bを置いた。今，物体Bに右向きの初速度 v_0 [m/s] を与えたところ，AとBの間の摩擦力により物体Aも動き始め，最終的に物体Aと物体Bは一体となって運動をした。最終的な物体の速さを求めよ。

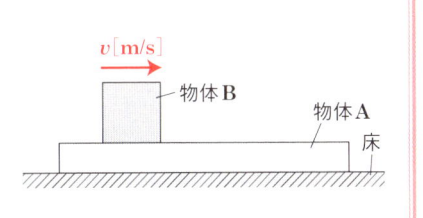

v [m/s]　物体B　物体A　床

(2) なめらかな水平面と曲面が続いている質量 M [kg] の台を，なめらかな床の上に置く。台の水平面上に質量 m [kg] の小球を置き，曲面のほうへ向けて，初速度 v_0 [m/s] で滑らせる。小球が運動の最高点まで達したときの台の速さを求めよ。

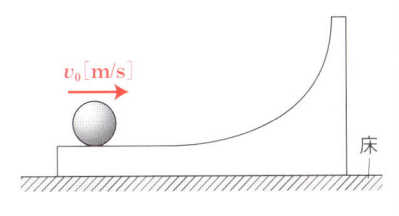

v_0 [m/s]　床

ナイスな導入

(1) 鉛直方向の力（重力と垂直抗力）はつり合っているので，物体AとBに外力として影響をおよぼさない。AとBの間には動摩擦力がはたらくが，作用・反作用の法則にあてはまる内力である。

よって!!

"運動量保存の法則"が成立!!

(2) 右図のように，小球が曲面を登る際，小球が曲面を垂直に押す力が発生するので，この力が台を動かす要因となる。同時に，小球にも曲面から同じ大きさの垂直抗力がはたらく。よって，小球と台を1つの物体系とみなせば，これらは作用・反作用の法則にあてはまる内力である。

よって!!

"運動量保存の法則"が成立!!

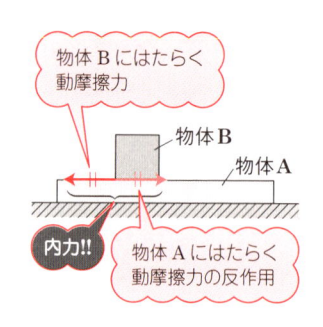

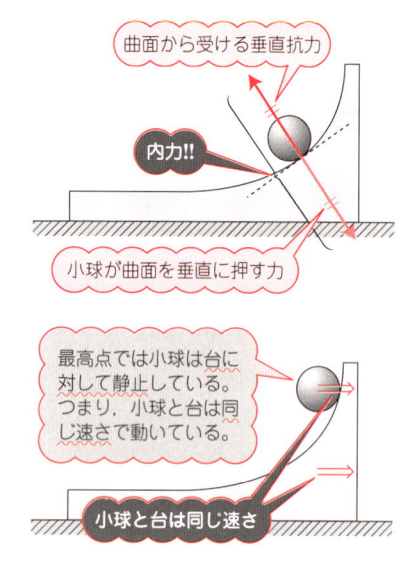

(1)と(2)は，似たものどうし!!
一方の物体に初速度を与え，一体となって動いたときの速さを求める!!
ある意味，**合体**のタイプに属する。

解答でござる

(1) 最終的に一体となって運動したときの速さを V [m/s]とすると，運動量保存の法則より，

$$\underbrace{\underbrace{M\times 0}_{\text{物体Aの運動量}} + \underbrace{mv_0}_{\text{物体Bの運動量}}}_{\text{最初の運動量の合計}} = \underbrace{(M+m)V}_{\substack{\text{最終的に一体となっ}\\\text{たときの運動量}}}$$

$$mv_0 = (M+m)V$$

$$\therefore\ V = \frac{mv_0}{M+m}\ \text{[m/s]} \quad \cdots\text{(答)}$$

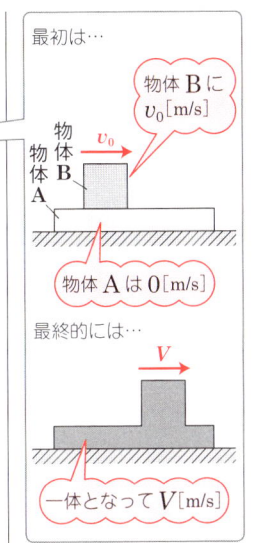

> 気づきましたか??
> 本問は…
> **問題47** の(4)と同じです。
> "運動量保存の法則"って役に立ちますね。

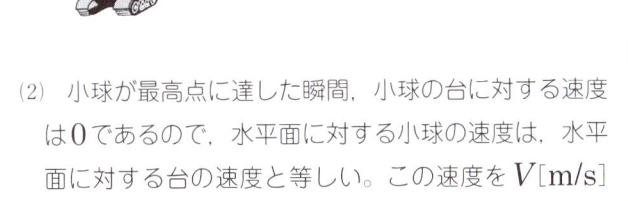

最初は…
物体Bに v_0 [m/s]
物体A 物体B
物体Aは 0 [m/s]

最終的には…
一体となって V [m/s]

(2) 小球が最高点に達した瞬間，小球の台に対する速度は 0 であるので，水平面に対する小球の速度は，水平面に対する台の速度と等しい。この速度を V [m/s] とする。

運動量保存の法則より，

$$\underbrace{\underbrace{M\times 0}_{\text{台の運動量}} + \underbrace{mv_0}_{\text{小球の運動量}}}_{\text{最初の運動量の合計}} = \underbrace{(M+m)V}_{\substack{\text{小球が最高点に達}\\\text{したときの運動量}}}$$

$$mv_0 = (M+m)V$$

$$\therefore\ V = \frac{mv_0}{M+m}\ \text{[m/s]} \quad \cdots\text{(答)}$$

最初は…
小球のみに v_0 [m/s]
小球 台
台は 0 [m/s]

小球が最高点に達したとき…
V
小球は台に対して静止している!! つまり，1つの物体とみなせる!!

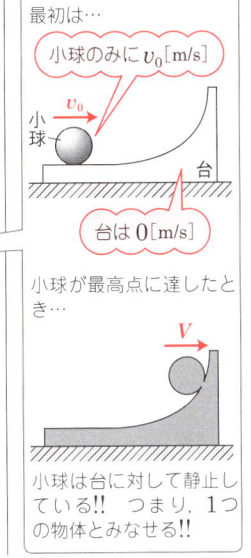

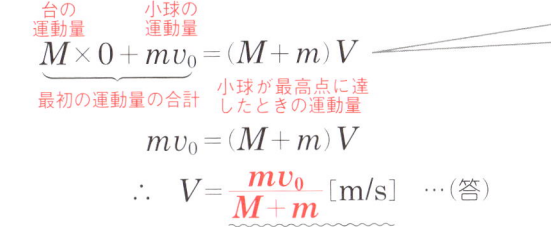

仕上げです。

問題71 ちょいムズ

なめらかな水平面上に静止しているある質量の小球Aに，同じ質量の小球Bを速度v[m/s]で衝突させたところ，A，Bは下図のように小球Bのもとの進行方向に対して，それぞれ$30°$，$60°$の角をなす向きに進んだ。このとき，衝突後のA，Bの速さv_A，v_Bをvで表せ。

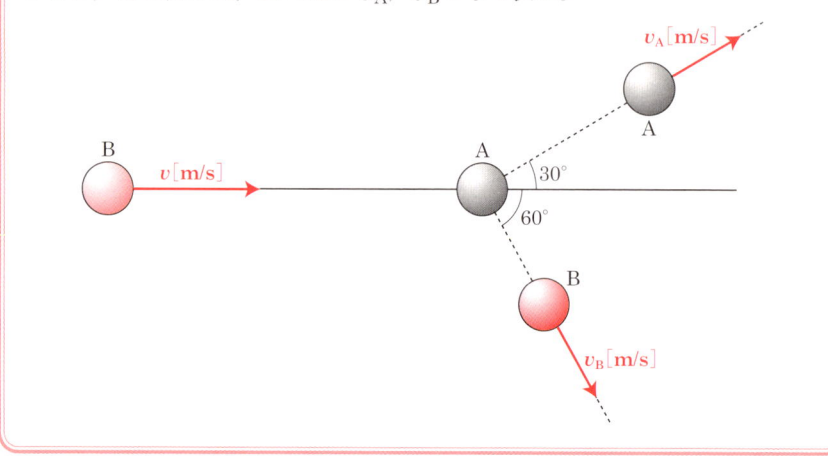

ナイスな導入

本問は"衝突"の問題であるので，"運動量保存の法則"が成立する。今回は，一直線上でのお話ではないので…

"最初に小球Bが運動していた方向"と…

"最初に小球Bが運動していた方向と垂直な方向"に…

分解して，運動量保存の法則を考えればよい。

そこで!!

最初に小球Bが運動していた方向を**x軸方向**，
最初に小球Bが運動していた方向と垂直な方向を**y軸方向**と考える。
小球Aと小球Bは同じ質量なので，ともにm[kg]とおきましょう。
すると…

衝突前は…

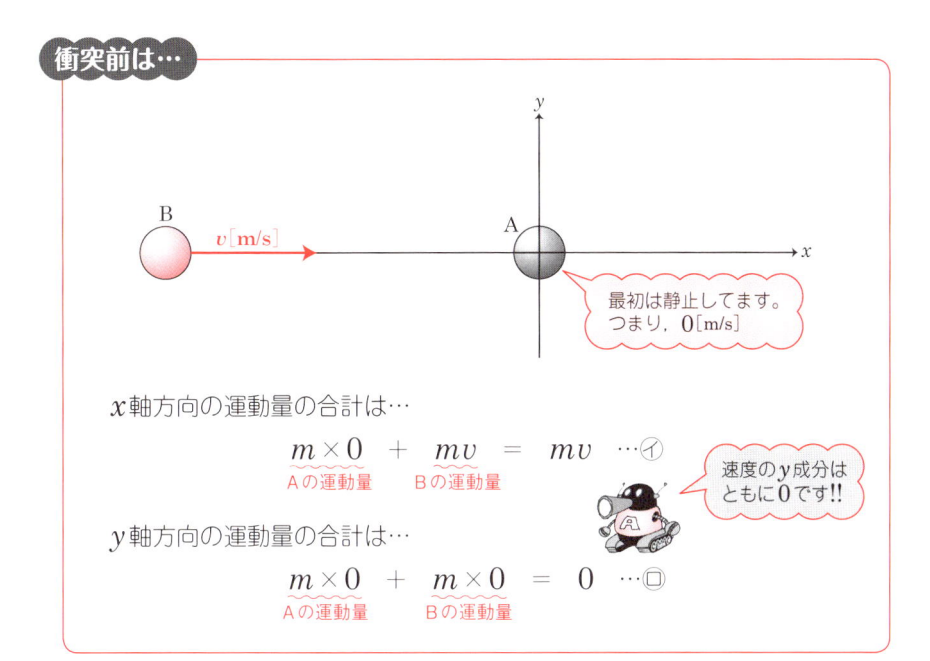

B ● → v[m/s]   A ○ → x

最初は静止してます。つまり，0[m/s]

x軸方向の運動量の合計は…

$$\underbrace{m \times 0}_{\text{Aの運動量}} + \underbrace{mv}_{\text{Bの運動量}} = mv \quad \cdots ㋑$$

速度の y 成分はともに 0 です!!

y軸方向の運動量の合計は…

$$\underbrace{m \times 0}_{\text{Aの運動量}} + \underbrace{m \times 0}_{\text{Bの運動量}} = 0 \quad \cdots ㋺$$

衝突後は…

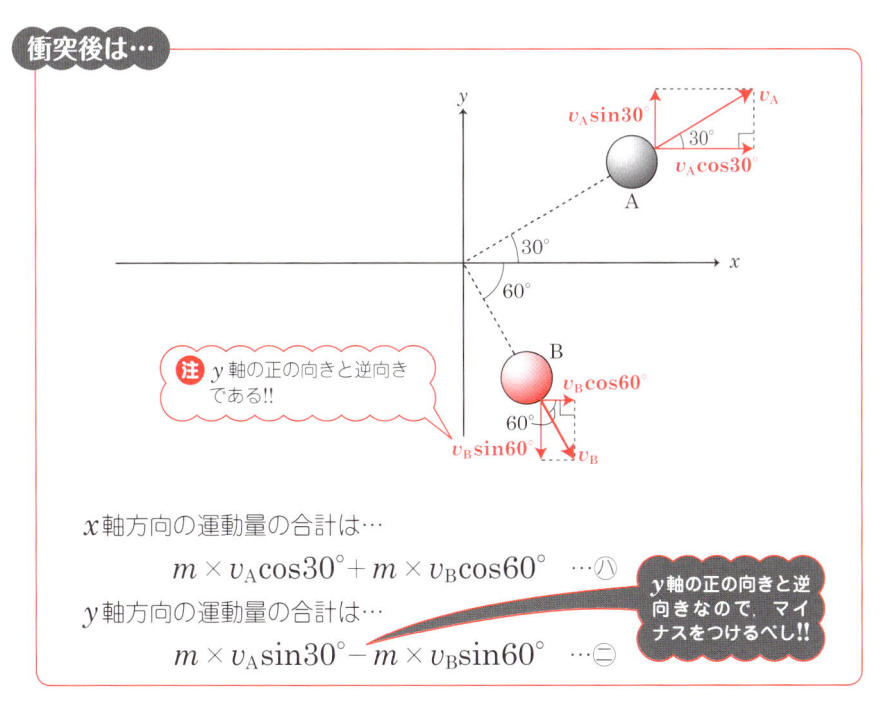

A: $v_A\sin30°$, $v_A\cos30°$, 30°, v_A

30°, 60°

B: $v_B\cos60°$, 60°, $v_B\sin60°$, v_B

注 y 軸の正の向きと逆向きである!!

x軸方向の運動量の合計は…

$$m \times v_A\cos30° + m \times v_B\cos60° \quad \cdots ㋩$$

y軸方向の運動量の合計は…

$$m \times v_A\sin30° - m \times v_B\sin60° \quad \cdots ㊁$$

y 軸の正の向きと逆向きなので，マイナスをつけるべし!!

よって!!

◎ x 軸方向で運動量保存の法則を考える!!

　㋑と㋩の値が一致するから…
$$\underbrace{mv_A\cos30° + mv_B\cos60°}_{㋩} = \underbrace{mv}_{㋑} \quad \cdots ①$$

◎ y 軸方向で運動量保存の法則を考える!!

　㋺と㊁の値が一致するから…
$$\underbrace{mv_A\sin30° - mv_B\sin60°}_{㊁} = \underbrace{0}_{㋺} \quad \cdots ②$$

連立方程式①&②を解けば，万事解決!!

解答でござる

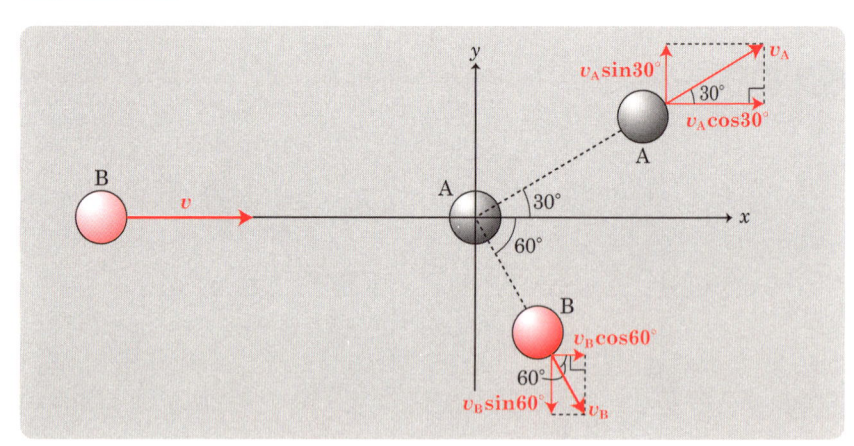

上図のように x 軸, y 軸を定める。小球Aと小球Bの質量を m [kg] としたとき, x 軸方向の運動量保存の法則を考えると，

コツさえつかめば簡単さ…

$$mv_A\cos30° + mv_B\cos60° = mv$$
$$v_A\cos30° + v_B\cos60° = v$$
$$v_A \times \frac{\sqrt{3}}{2} + v_B \times \frac{1}{2} = v$$
$$\sqrt{3}\,v_A + v_B = 2v \quad \cdots ①$$

両辺を m でわる。

$\cos30°=\dfrac{\sqrt{3}}{2}$
$\cos60°=\dfrac{1}{2}$ です!!

両辺を2倍して整理!!

y 軸方向の運動量保存の法則を考えると，

これが最大のポイント!!
このマイナスの理由は，
ナイスな導入
を見てくれ!!

$$mv_A\sin30° - mv_B\sin60° = 0$$
$$v_A\sin30° - v_B\sin60° = 0$$
$$v_A \times \frac{1}{2} - v_B \times \frac{\sqrt{3}}{2} = 0$$
$$v_A - \sqrt{3}\,v_B = 0 \quad \cdots ②$$

両辺を m でわる。

$\sin30°=\dfrac{1}{2}$
$\sin60°=\dfrac{\sqrt{3}}{2}$ です!!

両辺を2倍して整理!!

②より，
$$v_A = \sqrt{3}\,v_B \quad \cdots ②'$$

②'を①に代入して，
$$\sqrt{3} \times \sqrt{3}\,v_B + v_B = 2v$$
$$3v_B + v_B = 2v$$
$$4v_B = 2v$$
$$v_B = \frac{2v}{4}$$
$$\therefore \quad v_B = \frac{1}{2}v \quad \cdots ③$$

$\sqrt{3}\,v_A + v_B = 2v \quad \cdots ①$
$v_A = \sqrt{3}\,v_B \quad \cdots ②'$

$\dfrac{v}{2}$ としてもOK!!

③を②'に代入して，
$$v_A = \sqrt{3} \times \frac{1}{2}v$$
$$\therefore \quad v_A = \frac{\sqrt{3}}{2}v$$

$v_A = \sqrt{3}\,v_B \quad \cdots ②'$
$v_B = \dfrac{1}{2}v \quad \cdots ③$

以上まとめて，
$$v_A = \frac{\sqrt{3}}{2}v\,[\text{m/s}], \quad v_B = \frac{1}{2}v\,[\text{m/s}] \quad \cdots (答)$$

Theme 22 はねかえり係数

その1 "壁や床との衝突におけるはねかえり係数"

物体が，壁や床などに速度 v_0 [m/s] で垂直に衝突して，速度 v [m/s] で垂直にはねかえってきたとき，**はねかえり係数** e を，

$$e = -\frac{v}{v_0}$$

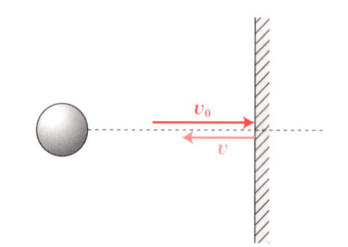

と定義します。

なぜマイナスがついているのか？ の理由も含めて，問題をやってみましょう。

問題72　キソのキソ

ある物体が速さ 30 [m/s] で壁に垂直に衝突し，速さ 18 [m/s] で垂直にはねかえってきた。このとき，はねかえり係数を求めよ。

解答でござる

壁に衝突する前の速度の向きを正とすると，衝突前の物体の速度 v_0 [m/s] は，

$$v_0 = 30 \text{ [m/s]}$$

衝突後の物体の速度 v [m/s] は，

$$v = -18 \text{ [m/s]}$$

よって，はねかえり係数 e は，

$$e = -\frac{-18}{30}$$
$$= \frac{18}{30}$$
$$= \underline{0.60} \quad \cdots \text{(答)}$$

$e = -\dfrac{v}{v_0}$

はねかえり係数に単位はない!!

とにかく!! e を正の値にしたいんです!!

はねかえるわけですから，当然速度の向きは変わります。
v_0 を正とすれば v が負となり…，v_0 を負とすれば v が正となる。
つまり…

$\dfrac{v}{v_0}$ を正の値に補正するために，$-\dfrac{v}{v_0}$ とする!!

その❷ "e の値の範囲" の巻

結論から言うと…

$$0 \leqq e \leqq 1$$

となります。

で!! いろいろと名前がついてまして…

$e = 1$ のとき

$1 = -\dfrac{v}{v_0}$ より $v = -v_0$

つまり，同じ速さではねかえってきます。
これを**弾性衝突**（あるいは，完全弾性衝突）と呼ぶ。

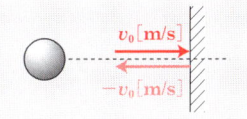

$e = 0$ のとき

$0 = -\dfrac{v}{v_0}$ より $v = 0$

つまり，衝突した瞬間，物体は壁や床にくっついてしまう状態です。
これを**完全非弾性衝突**と申す。

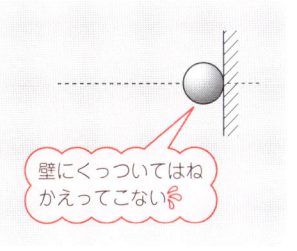

さらに，$e = 1$，$e = 0$ 以外の場合にも名前がついてまして…

$0 < e < 1$ のとき

非弾性衝突と呼びます。

問題73　標準

高さ h_0 [m]の地点から静かに落としたボールが，床ではねかえって，高さ h [m]に達した。この床とボールのはねかえり係数を求めよ。

ナイスな導入

とにかく，床に衝突する直前の速度 v_0 と，床からはねかえった直後の速度 v を求めればOK!!

鉛直下向きを正にするか？　鉛直上向きを正にするか？　はアナタの自由です。

解答でござる

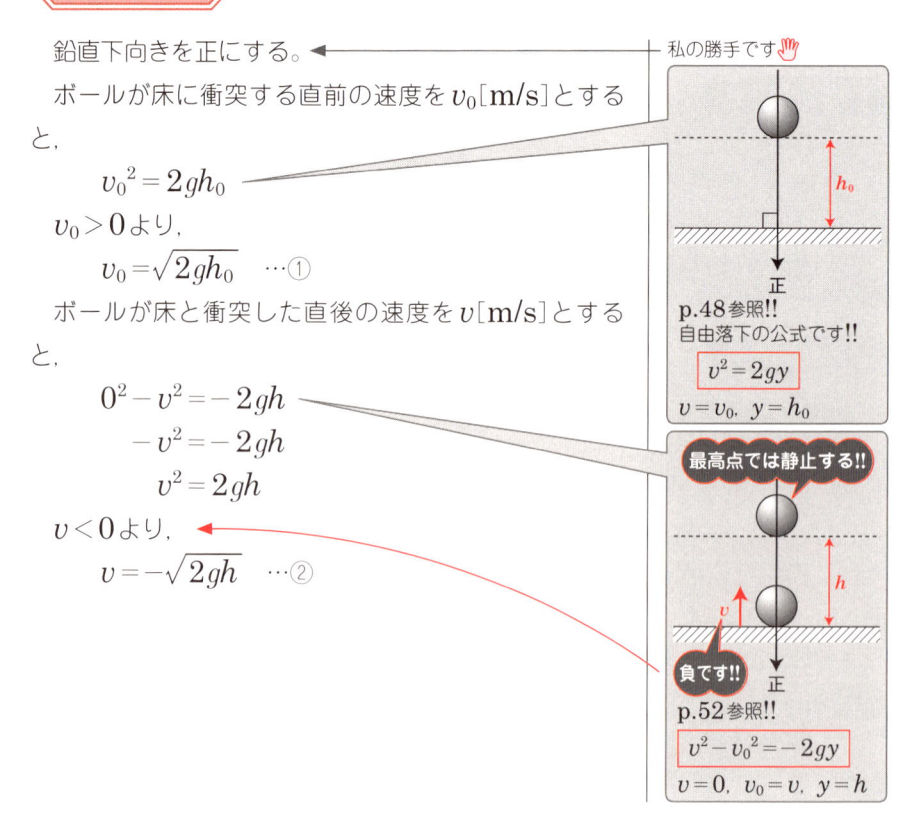

鉛直下向きを正にする。　← 私の勝手です

ボールが床に衝突する直前の速度を v_0 [m/s]とすると，
$$v_0{}^2 = 2gh_0$$
$v_0 > 0$ より，
$$v_0 = \sqrt{2gh_0} \quad \cdots ①$$

ボールが床と衝突した直後の速度を v [m/s]とすると，
$$0^2 - v^2 = -2gh$$
$$-v^2 = -2gh$$
$$v^2 = 2gh$$
$v < 0$ より，
$$v = -\sqrt{2gh} \quad \cdots ②$$

p.48参照!!
自由落下の公式です!!
$$v^2 = 2gy$$
$v = v_0,\ y = h_0$

最高点では静止する!!

負です!!
p.52参照!!
$$v^2 - v_0{}^2 = -2gy$$
$v = 0,\ v_0 = v,\ y = h$

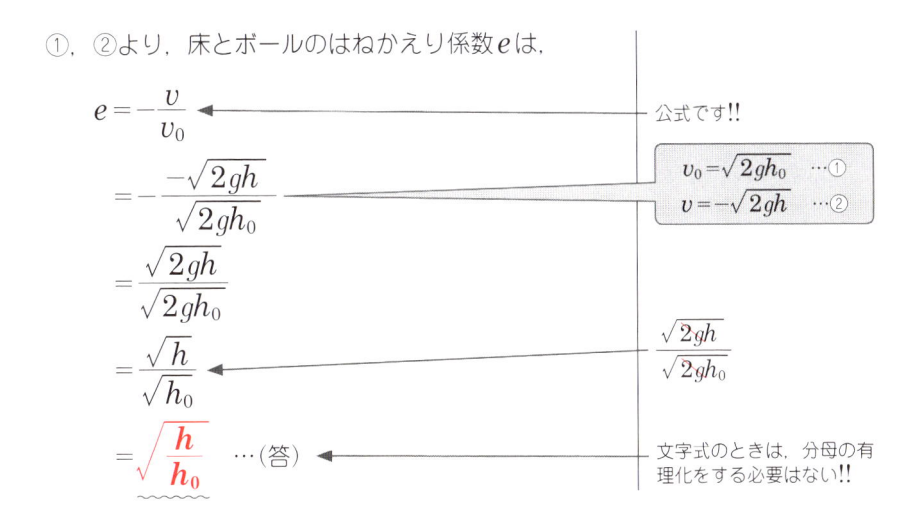

①，②より，床とボールのはねかえり係数 e は，

$$e = -\frac{v}{v_0}$$ ← 公式です!!

$$= -\frac{-\sqrt{2gh}}{\sqrt{2gh_0}}$$

$v_0 = \sqrt{2gh_0}$ …①
$v = -\sqrt{2gh}$ …②

$$= \frac{\sqrt{2gh}}{\sqrt{2gh_0}}$$

$$= \frac{\sqrt{h}}{\sqrt{h_0}}$$ ← $\dfrac{\sqrt{2gh}}{\sqrt{2gh_0}}$

$$= \sqrt{\frac{h}{h_0}}$$ …(答) ← 文字式のときは，分母の有理化をする必要はない!!

ちょっと言わせて

$e = 1$ とすると…

$$1 = \sqrt{\frac{h}{h_0}}$$

両辺を2乗して，

$$1 = \frac{h}{h_0}$$

∴ $h_0 = h$

つまり，$e = 1$ のときは，同じ高さではねかえる!!

$e = 1$ のとき…，もとの高さまではねかえる!!

h_0

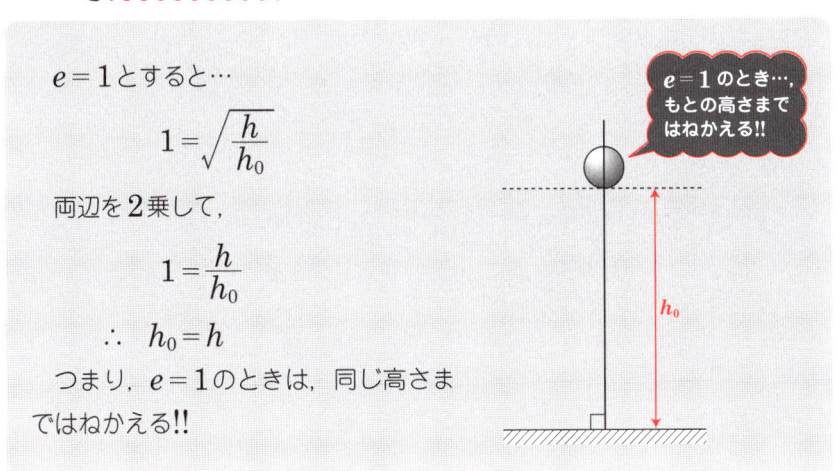

問題74 標準

速さ $20\,[\mathrm{m/s}]$ で運動していた小球が、なめらかな床に対して $60°$ の角度で衝突した。小球と平面のはねかえり係数が 0.50 であったとき、衝突後の小球の速さは何 $[\mathrm{m/s}]$ となるか。

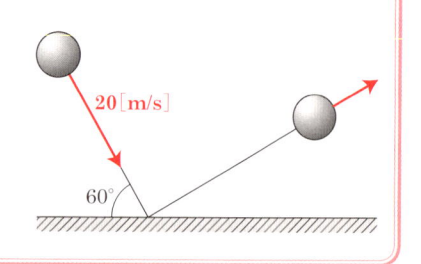

ナイスな導入

床はなめらかであるので、摩擦による力積は受けない。よって、速度の床に平行な成分は変化せず、床に垂直な成分だけはねかえり係数にしたがって変化する。

そこで…

床に平行な成分を x 成分(右向きを正)、
床に垂直な成分を y 成分(鉛直上向きを正)

としよう。

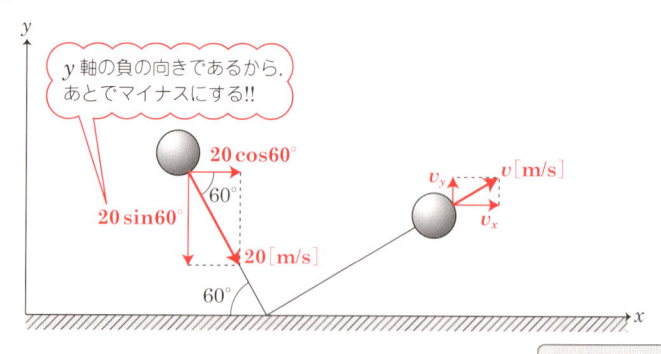

y 軸の負の向きであるから、あとでマイナスにする!!

衝突後の速度を $v\,[\mathrm{m/s}]$ とする。この $v\,[\mathrm{m/s}]$ の x 成分を $v_x\,[\mathrm{m/s}]$、y 成分を $v_y\,[\mathrm{m/s}]$ とする。このとき、

$$v = \sqrt{v_x^2 + v_y^2} \quad \cdots ①$$

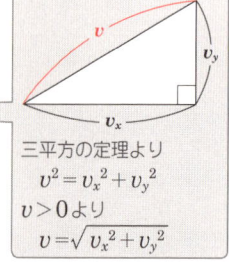

三平方の定理より
$v^2 = v_x^2 + v_y^2$
$v > 0$ より
$v = \sqrt{v_x^2 + v_y^2}$

速度のx成分は変化しないから，
$$v_x = 20\cos 60° \quad \cdots ②$$
速度のy成分は，はねかえり係数にしたがうから，
$$0.50 = -\frac{v_y}{-20\sin 60°}$$

公式 $e = -\dfrac{v}{v_0}$ です!!

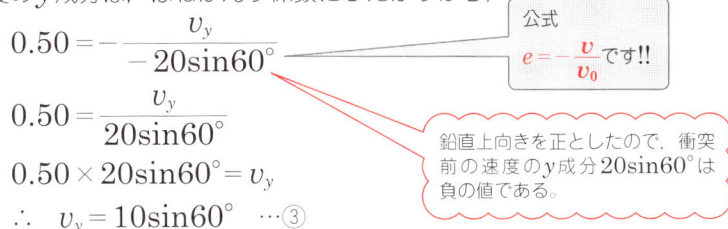

$$0.50 = \frac{v_y}{20\sin 60°}$$
$$0.50 \times 20\sin 60° = v_y$$
$$\therefore \quad v_y = 10\sin 60° \quad \cdots ③$$

鉛直上向きを正としたので，衝突前の速度のy成分$20\sin 60°$は負の値である。

①，②，③を連立すれば，万事解決です。

解答でござる

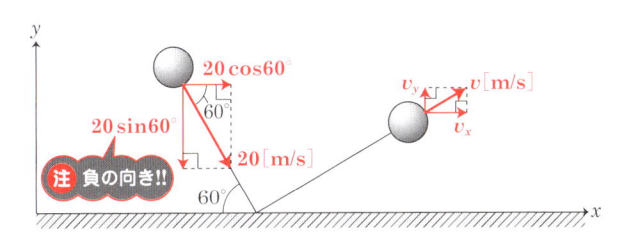

注 負の向き!!

衝突後の速度をv[m/s]とする。上図のようにx軸とy軸を定め，

v[m/s]の $\begin{cases} x成分をv_x[\text{m/s}] \\ y成分をv_y[\text{m/s}] \end{cases}$ とする。

このとき，
$$v = \sqrt{v_x{}^2 + v_y{}^2} \quad \cdots ①$$
である。

詳しくは前ページ参照!! 三平方の定理です。

速度のx成分は変化しないから，
$$v_x = 20\cos 60°$$

床に平行な成分は変化しない!!

$$v_x = 20 \times \frac{1}{2}$$
$$\therefore \quad v_x = 10 \quad \cdots ②$$

$\cos 60° = \dfrac{1}{2}$ です。

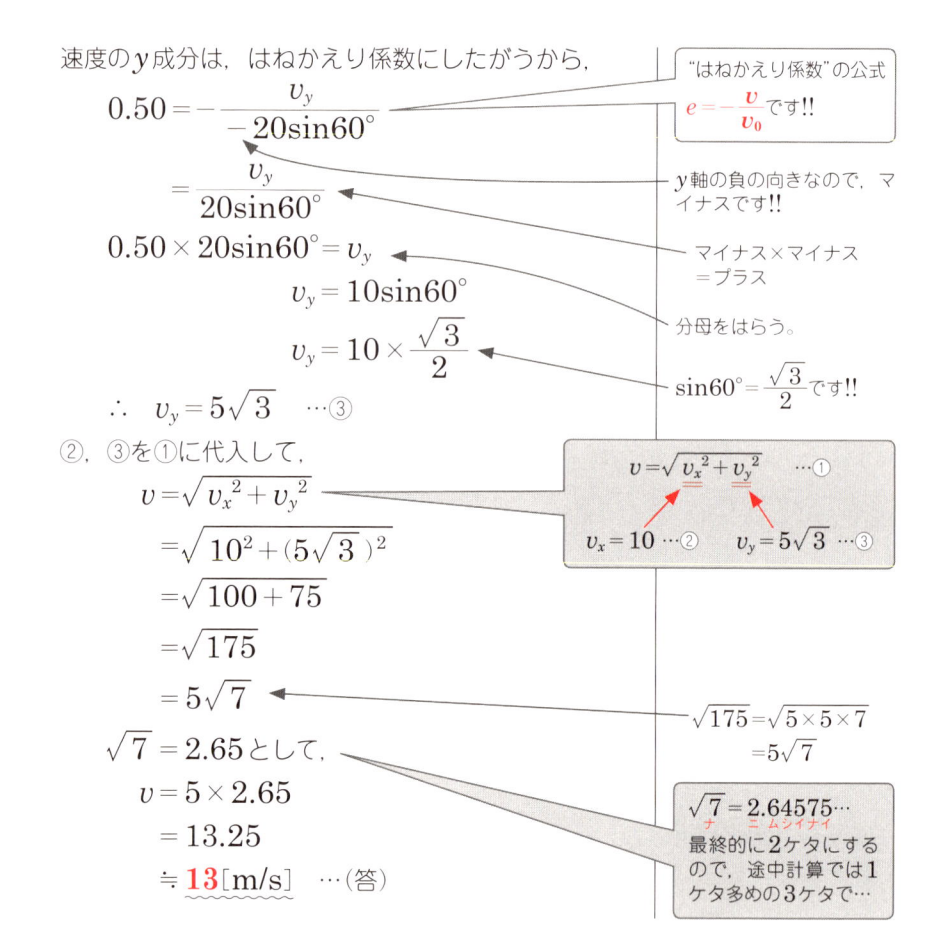

速度の y 成分は，はねかえり係数にしたがうから，

$$0.50 = -\frac{v_y}{-20\sin 60°}$$

$$= \frac{v_y}{20\sin 60°}$$

$$0.50 \times 20\sin 60° = v_y$$

$$v_y = 10\sin 60°$$

$$v_y = 10 \times \frac{\sqrt{3}}{2}$$

∴ $v_y = 5\sqrt{3}$ …③

②，③を①に代入して，

$$v = \sqrt{v_x{}^2 + v_y{}^2}$$

$$= \sqrt{10^2 + (5\sqrt{3})^2}$$

$$= \sqrt{100 + 75}$$

$$= \sqrt{175}$$

$$= 5\sqrt{7}$$

$\sqrt{7} = 2.65$ として，

$$v = 5 \times 2.65$$

$$= 13.25$$

$$≒ \underline{13}[\text{m/s}] \quad \cdots(答)$$

> "はねかえり係数"の公式
> $e = -\dfrac{v}{v_0}$ です!!

> y軸の負の向きなので，マイナスです!!

> マイナス×マイナス＝プラス

> 分母をはらう。

> $\sin 60° = \dfrac{\sqrt{3}}{2}$ です!!

> $v = \sqrt{v_x{}^2 + v_y{}^2}$ …①
> $v_x = 10$ …②　$v_y = 5\sqrt{3}$ …③

> $\sqrt{175} = \sqrt{5 \times 5 \times 7}$
> $= 5\sqrt{7}$

> $\sqrt{7} = 2.64575\cdots$
> 　ナ　　ニムシイナイ
> 最終的に2ケタにするので，途中計算では1ケタ多めの3ケタで…

その3 "動いている物体どうしの衝突におけるはねかえり係数"

動いている物体どうしなので，**相対速度**で考えます。

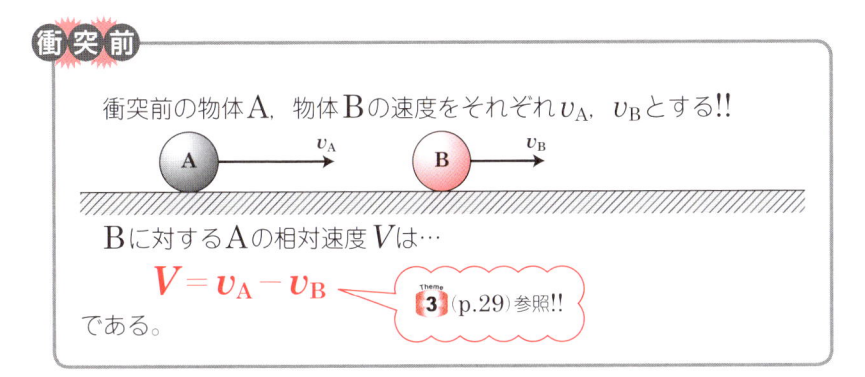

衝突前

衝突前の物体A，物体Bの速度をそれぞれ v_A，v_B とする!!

Bに対するAの相対速度 V は…

$$V = v_A - v_B$$

(Theme 3 (p.29) 参照!!)

である。

そして…2つの物体は衝突する!!

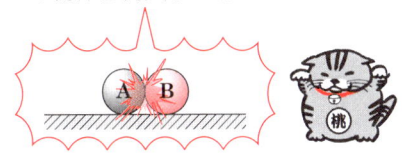

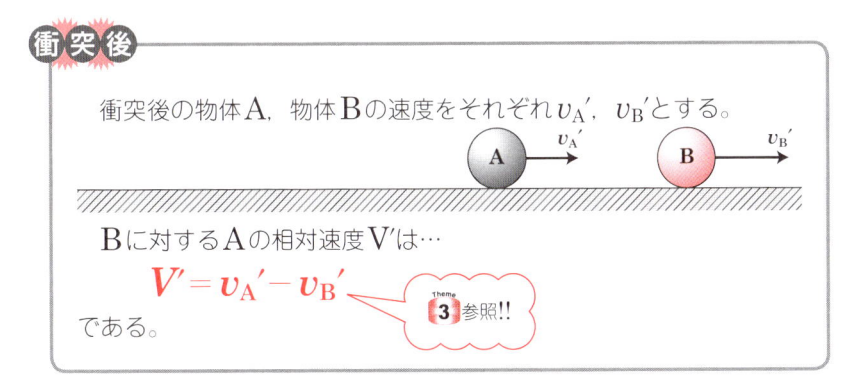

衝突後

衝突後の物体A，物体Bの速度をそれぞれ v_A'，v_B' とする。

Bに対するAの相対速度 V' は…

$$V' = v_A' - v_B'$$

(Theme 3 参照!!)

である。

これらを先ほどのはねかえり係数の公式になぞらえて…

$$e = -\frac{V'}{V} = -\frac{v_A' - v_B'}{v_A - v_B}$$

注 V と V' が，同じ向きになるような衝突は存在しません!!
だから，今回も e を0以上の値にするために，前にマイナスがつきます。

ザ・まとめ!!

はねかえり係数 e は…

① 壁や床に衝突する場合

$$e = -\frac{v}{v_0}$$

v …衝突後の速度
v_0 …衝突前の速度

② 動いている物体どうしの衝突の場合

$$e = -\frac{v_A' - v_B'}{v_A - v_B}$$

$v_A' - v_B'$ …衝突後のBに対するAの相対速度
$v_A - v_B$ …衝突前のBに対するAの相対速度

③ e の範囲は,$0 \leq e \leq 1$

$\begin{cases} e=1 \text{ のときは} & \text{弾性衝突(完全弾性衝突)} \\ 0 < e < 1 \text{ のときは} & \text{非弾性衝突} \\ e=0 \text{ のときは} & \text{完全非弾性衝突} \end{cases}$

問題75　キソ

一直線上を右向きに $5.0\,[\text{m/s}]$ の速さで進む物体Aと,左向きに $7.0\,[\text{m/s}]$ の速さで進む物体Bが正面衝突した。衝突後,物体Aは左向きに速さ $3.0\,[\text{m/s}]$ で進み,物体Bは右向きに $6.0\,[\text{m/s}]$ で進んだ。この衝突のはねかえり係数を求めよ。

ナイスな導入

速度の向きをしっかり押さえるべし!!
右向きを正とすると…

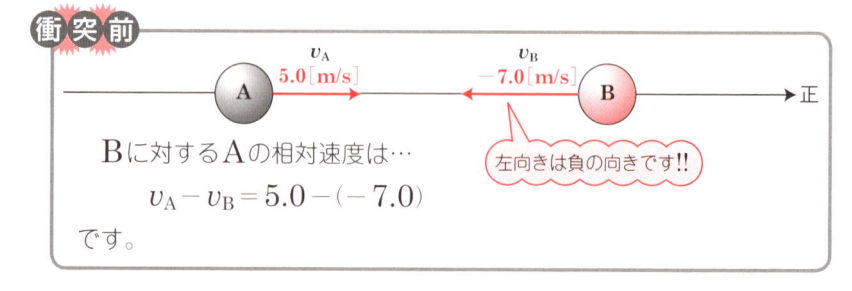

衝突前

v_A　$5.0\,[\text{m/s}]$　　　v_B　$-7.0\,[\text{m/s}]$

左向きは負の向きです!!

Bに対するAの相対速度は…
$v_A - v_B = 5.0 - (-7.0)$
です。

Theme 22 はねかえり係数

衝突後

左向きは負の向きです!!

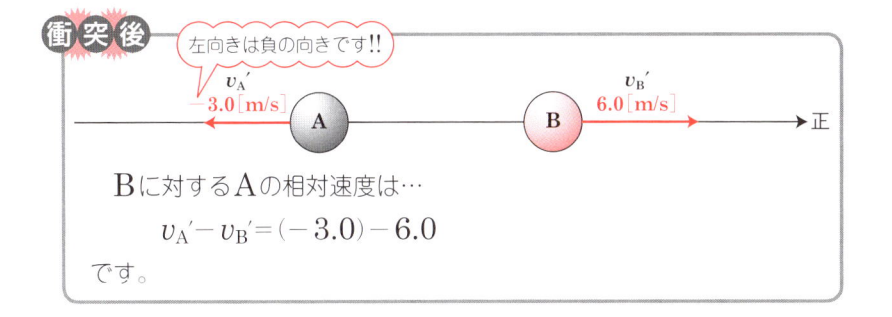

$-v_A' = -3.0\,[\text{m/s}]$ A   B $v_B' = 6.0\,[\text{m/s}]$ 正

Bに対するAの相対速度は…
$$v_A' - v_B' = (-3.0) - 6.0$$
です。

以上より，この衝突のはねかえり係数を e とすると…

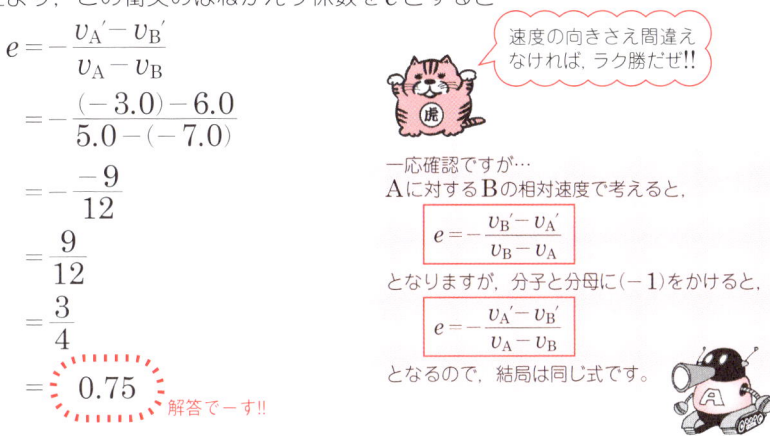

$$
\begin{aligned}
e &= -\frac{v_A' - v_B'}{v_A - v_B} \\
  &= -\frac{(-3.0) - 6.0}{5.0 - (-7.0)} \\
  &= -\frac{-9}{12} \\
  &= \frac{9}{12} \\
  &= \frac{3}{4} \\
  &= 0.75 \quad \text{解答で—す!!}
\end{aligned}
$$

速度の向きさえ間違えなければ，ラク勝だぜ!!

一応確認ですが…
Aに対するBの相対速度で考えると，

$$e = -\frac{v_B' - v_A'}{v_B - v_A}$$

となりますが，分子と分母に (-1) をかけると，

$$e = -\frac{v_A' - v_B'}{v_A - v_B}$$

となるので，結局は同じ式です。

解答でござる

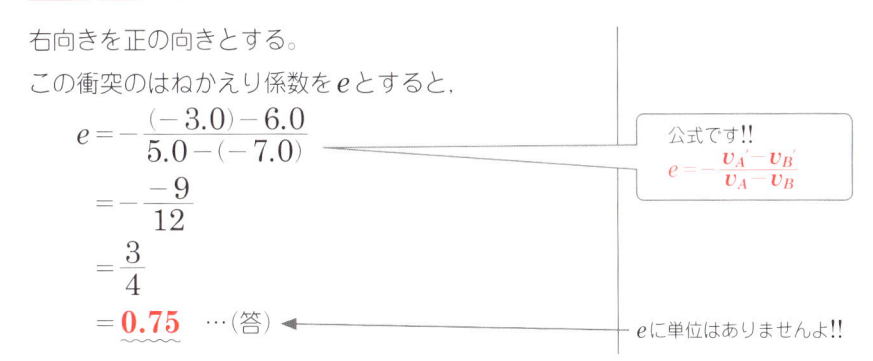

右向きを正の向きとする。
この衝突のはねかえり係数を e とすると，

$$
\begin{aligned}
e &= -\frac{(-3.0) - 6.0}{5.0 - (-7.0)} \\
  &= -\frac{-9}{12} \\
  &= \frac{3}{4} \\
  &= \mathbf{0.75} \quad \cdots(\text{答})
\end{aligned}
$$

公式です!!
$$e = -\frac{v_A' - v_B'}{v_A - v_B}$$

e に単位はありませんよ!!

ちなみに，この値は $0 < 0.75 < 1$ であるから，**非弾性衝突**である。

問題76 標準

(1) ある質量の小球Aが速度v_A[m/s]で，静止している同じ質量の小球Bに弾性衝突をした。衝突後，A，Bはそれぞれどのような運動をするか。

(2) ある質量の小球Aが速度v_A[m/s]で，前方を速度v_Bで同じ向きに進んでいる同じ質量の小球Bに弾性衝突をした。衝突後，A，Bはそれぞれどのような運動をするか。

ナイスな導入

(1)，(2)ともに…

問題をよく読むべし!!

弾性衝突

であるから，はねかえり係数は，

$$e = 1$$

そうきたかぁーっ!!

です!!

で!! 衝突後のA，Bの速度をv_A'，v_B'などとおけばよいのであるが，どう考えても式が2つ必要です（v_A'，v_B'の2つの未知数がありますもんで…）。

1つは，はねかえり係数についての式ですが…

おっと!! 忘れてはいかんよ!!

もう1つは…

運動量保存の法則

の式ですぜ…!! 衝突といえば，これでしたね♥

解答でござる

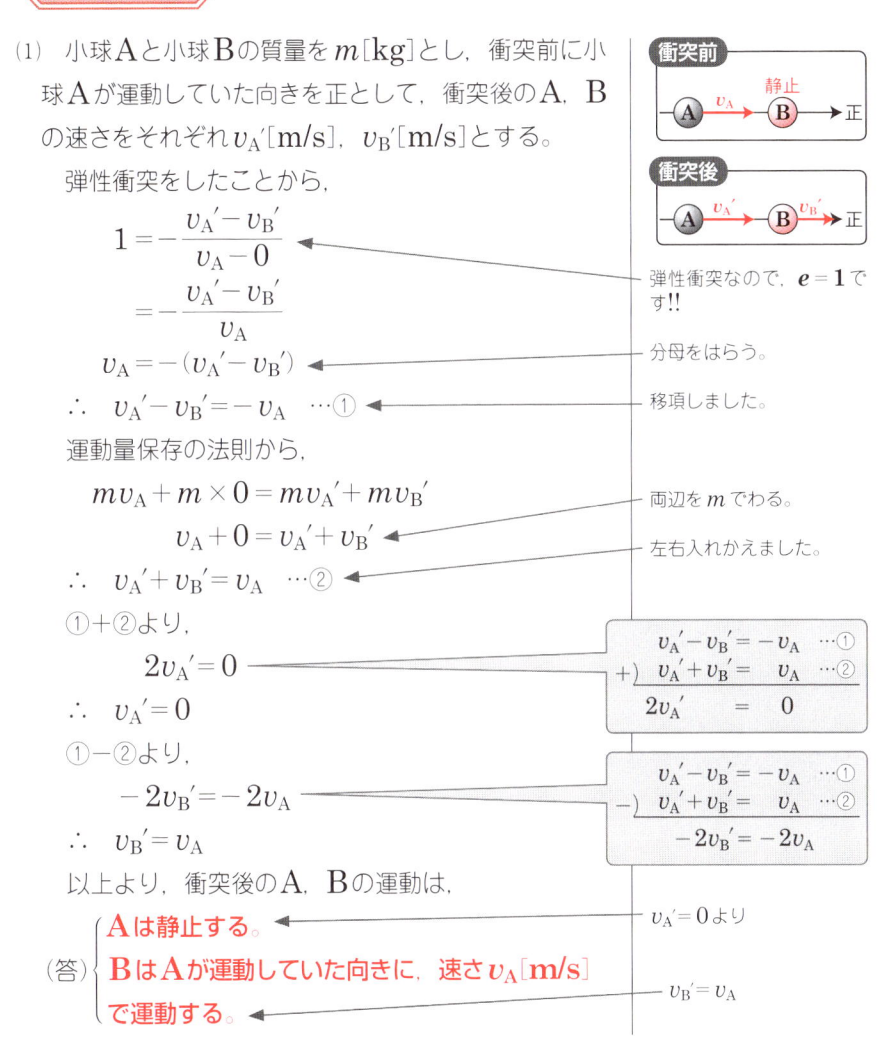

(1) 小球Aと小球Bの質量をm[kg]とし，衝突前に小球Aが運動していた向きを正として，衝突後のA，Bの速さをそれぞれv_A'[m/s]，v_B'[m/s]とする。

弾性衝突をしたことから，

$$1 = -\frac{v_A' - v_B'}{v_A - 0}$$

$$= -\frac{v_A' - v_B'}{v_A}$$

$$v_A = -(v_A' - v_B')$$

∴ $v_A' - v_B' = -v_A$ …①

— 弾性衝突なので，$e = 1$です!!
— 分母をはらう。
— 移項しました。

運動量保存の法則から，

$$mv_A + m \times 0 = mv_A' + mv_B'$$

$$v_A + 0 = v_A' + v_B'$$

∴ $v_A' + v_B' = v_A$ …②

— 両辺をmでわる。
— 左右入れかえました。

①+②より，

$$2v_A' = 0$$

∴ $v_A' = 0$

$$\begin{array}{r} v_A' - v_B' = -v_A \quad \cdots ① \\ +)\ v_A' + v_B' = v_A \quad \cdots ② \\ \hline 2v_A' = 0 \end{array}$$

①−②より，

$$-2v_B' = -2v_A$$

∴ $v_B' = v_A$

$$\begin{array}{r} v_A' - v_B' = -v_A \quad \cdots ① \\ -)\ v_A' + v_B' = v_A \quad \cdots ② \\ \hline -2v_B' = -2v_A \end{array}$$

以上より，衝突後のA，Bの運動は，

(答) { **Aは静止する**。 — $v_A' = 0$ より
BはAが運動していた向きに，速さv_A[m/s]で運動する。 — $v_B' = v_A$

衝突前: A v_A → 静止 B → 正
衝突後: A v_A' → B v_B' → 正

(2) (1)と同様に，正の向きと文字を定める。
弾性衝突をしたことから，
$$1 = -\frac{v_A' - v_B'}{v_A - v_B}$$
$$v_A - v_B = -(v_A' - v_B')$$
$$= -v_A' + v_B'$$
$$\therefore\ v_A' - v_B' = -v_A + v_B \quad \cdots ①$$

運動量保存の法則から，
$$mv_A + mv_B = mv_A' + mv_B'$$
$$v_A + v_B = v_A' + v_B'$$
$$\therefore\ v_A' + v_B' = v_A + v_B \quad \cdots ②$$

①＋②より，
$$2v_A' = 2v_B$$
$$\therefore\ v_A' = v_B$$

①－②より，
$$-2v_B' = -2v_A$$
$$\therefore\ v_B' = v_A$$

以上より，衝突後のA，Bの運動は，

(答) {
Aはもともと運動していた向きに，速さv_B [m/s]で運動する。
Bはもともと運動していた向きに，速さv_A [m/s]で運動する。
}

衝突前: A v_A → B v_B → 正
衝突後: A v_A' → B v_B' → 正

弾性衝突なので，$e = 1$です!!
移項しました。
両辺をmでわる。
左右入れかえました。

$$v_A' - v_B' = -v_A + v_B \quad \cdots ①$$
$$+)\ v_A' + v_B' = v_A + v_B \quad \cdots ②$$
$$\overline{2v_A' = 2v_B}$$

$$v_A' - v_B' = -v_A + v_B \quad \cdots ①$$
$$-)\ v_A' + v_B' = v_A + v_B \quad \cdots ②$$
$$\overline{-2v_B' = -2v_A}$$

$v_A' = v_B$
$v_B' = v_A$

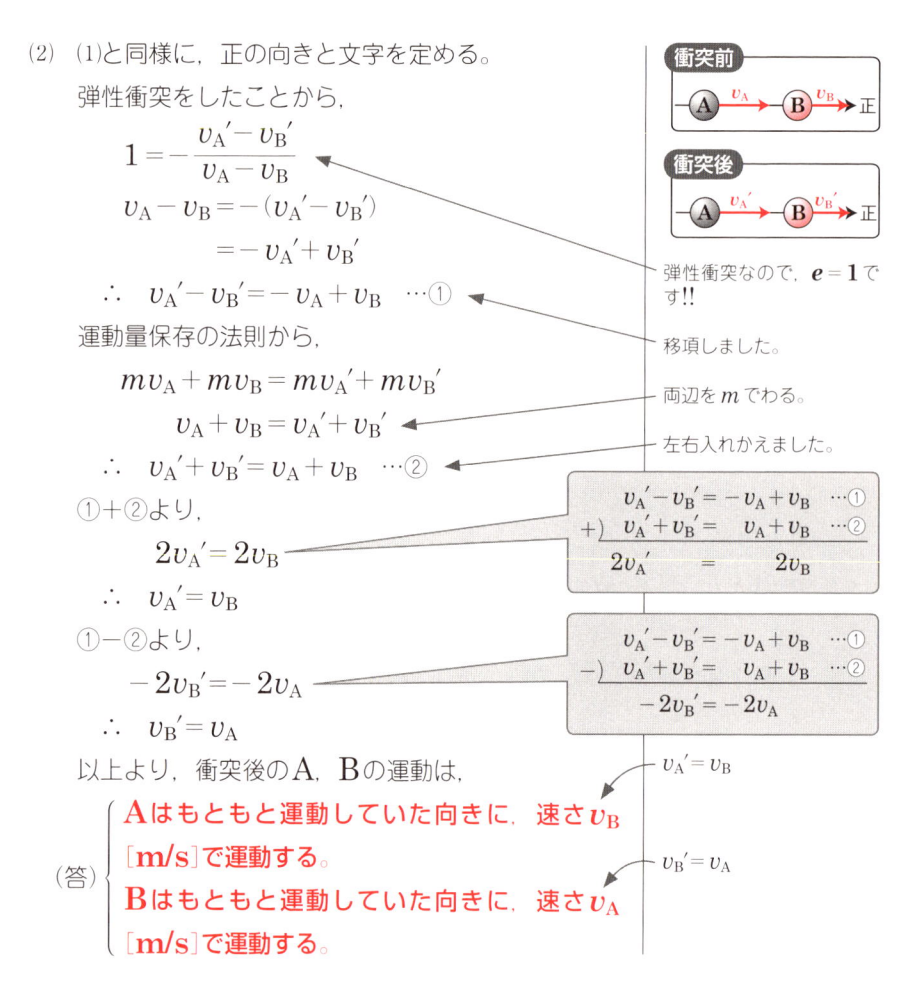

ちょっと言わせて

(1)と(2)で気づいたと思いますが，同じ質量の2つの物体が弾性衝突（$e = 1$の衝突）をすると，2つの物体の速さが入れかわります!!

Theme 23 慣性力

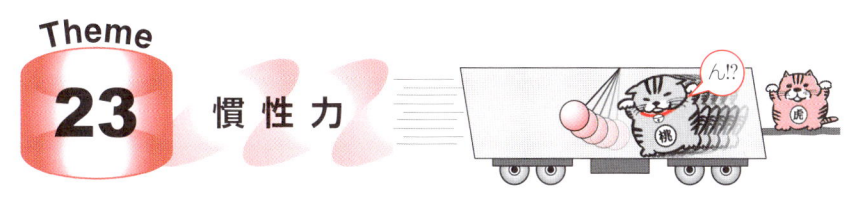

電車が動き出すと，つり革がいっせいに後ろに向かって傾く!!　こ，こ，これはいったい…??

じつはあたりまえの話なんです!!

加速度 $a\,[\mathrm{m/s^2}]$ で動いている電車の天井から，質量 $m\,[\mathrm{kg}]$ のおもりを糸でぶらさげると…

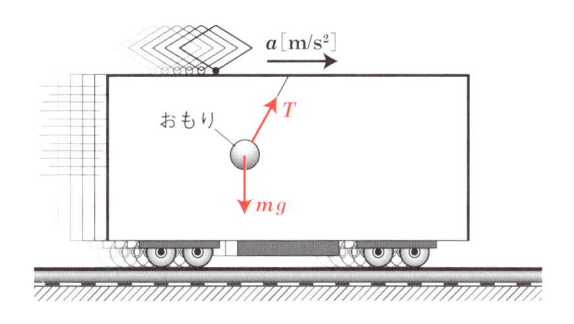

実際におもりにはたらいている力は…

重力 $mg\,[\mathrm{N}]$ と糸の張力 $T\,[\mathrm{N}]$ のみです!!

え!?　なんでおもりが傾くのか??
傾かないといけない，正統な理由があります!!

それは…

おもりも，電車とともに加速度 $a\,[\mathrm{m/s^2}]$ で運動しているので，おもりにも加速度が生じる方向，つまり水平方向の力が必要になります。

とゆーことは…

理屈はわかるぞ…

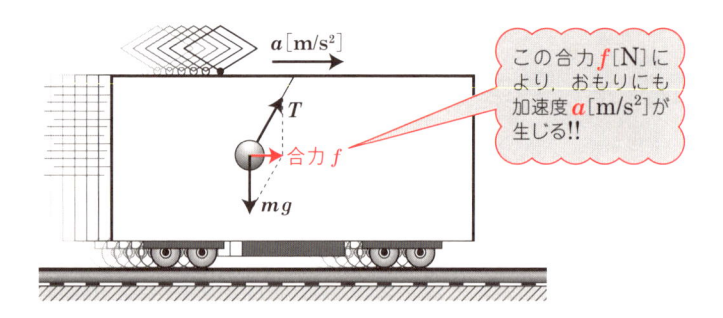

おもりが傾くことにより，上図のような合力 f [N]が生まれ，この合力により，おもりは電車と同じ加速度 a [m/s²]をもつ。

よって，おもりに注目した運動方程式は…

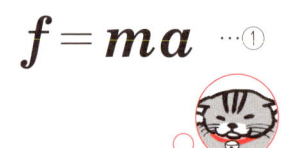

$$f = ma \quad \cdots ①$$

となります。

ところが!! 電車の中にいる**無知な人**は，このあたりまえの現象が不思議で仕方ない

この無知な人に対して合理的に説明するために，実際にははたらいていない空想の力を導入することにより，強引に解決します。この空想の力こそが，**慣性力**です。

つまり…

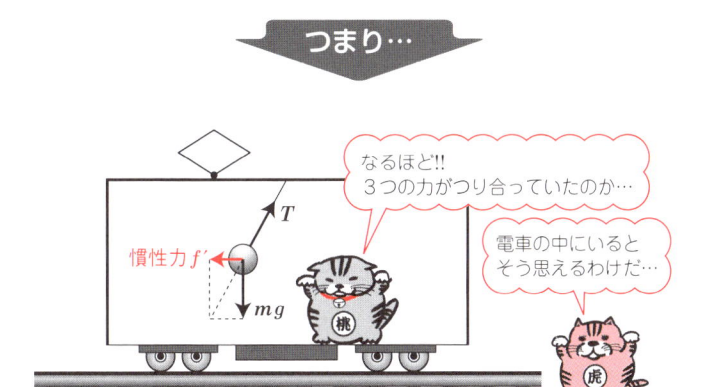

> なるほど!! 3つの力がつり合っていたのか…
> 電車の中にいるとそう思えるわけだ…

（図：電車の中のおもり。T、慣性力 f'、mg が働いている）

電車の中にいて，おもりが静止していると考えている人は，上図のような**慣性力 f'** がはたらいていると思えば納得がいくわけだ。

このとき，f' の大きさは…

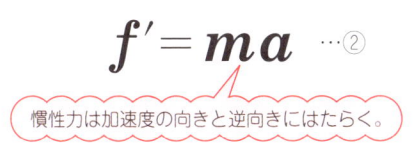

$$f' = ma \quad \cdots ②$$

> 慣性力は加速度の向きと逆向きにはたらく。

重要!!

①の実際におもりにはたらいている合力 f と，②の慣性力 f' は，同じ大きさで逆向きの関係である。

しかし!! この f と f' は，作用・反作用の関係でないことに注意しよう!!

おもりが，実際に加速度運動をしていると考えるならば…

①の f のみを考え，②の f' は考えてはいけない!!

おもりが静止していると考えるならば…

②の f' のみを考え，①の f は考えてはいけない!!

> つまーり!!

f と f' は同時に存在できない!!

244 第1章 力と運動

問題77 キソ

右図のように，ばね定数$10\,[\text{N/m}]$のばねの一端を電車の壁に，他端に質量$2.0\,[\text{kg}]$の物体をつないだ。電車が右向きに動き出すと，ばねは自然の長さから$30\,[\text{cm}]$伸びた。このとき，電車の加速度の大きさを求めよ。ただし，物体と床との摩擦力は無視できるものとする。

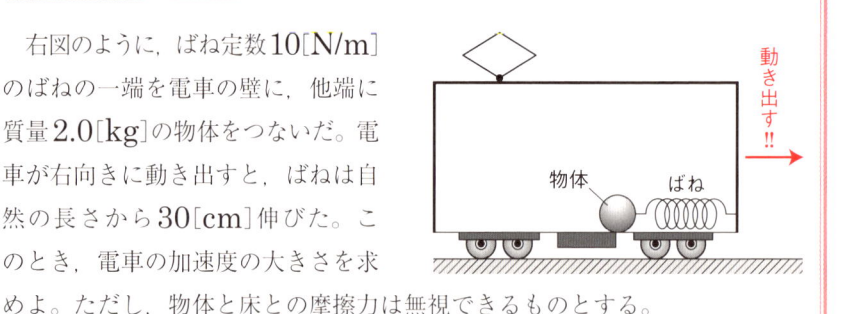

ナイスな導入

まず，電車の加速度の大きさを$a\,[\text{m/s}^2]$としよう!! 考え方は2つあります。

方針❶ 物体に注目した運動方程式を考える!!

伸びたばねの弾性力が，おもりの水平方向の力としてはたらき，これが物体を加速させる要因となった。よって，物体に注目した運動方程式は，

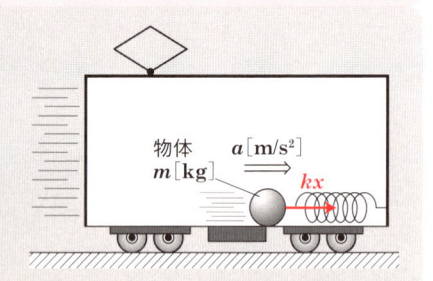

$$ma = kx$$

（mは物体の質量，kはばね定数，xはばねの伸びた長さです）

方針❷ 電車の中にいる人の気持ちになって，物体が静止していると思い込んで**慣性力**を導入し，つり合いの式を考える!!

（架空の力です!!）

電車が加速している向きと逆向きの見かけの力，つまり慣性力によって，ばねが伸びたと考える。

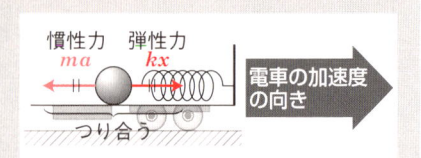

このとき，慣性力の大きさは ma であるから，つり合いの式は…

$$ma = kx$$

となります。

方針❶ と **方針❷** の結果をご覧いただければおわかりだと思いますが，最終的にまったく同じ式になります。

しかし，**方針❶** と **方針❷** はまったく考え方が違うので，けっして同時に考えてはいけません!!

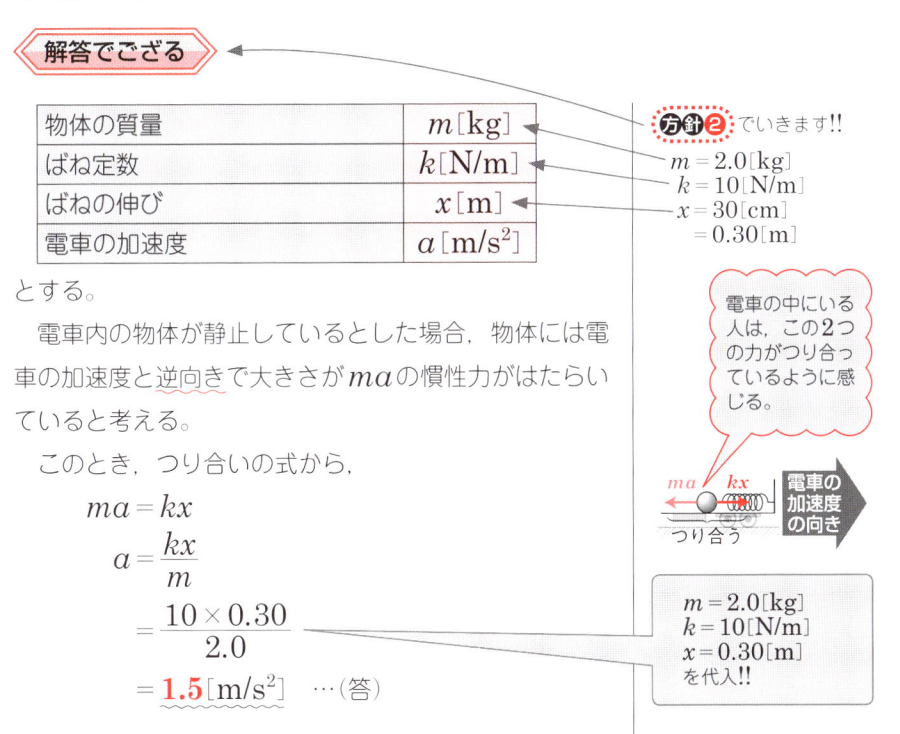

解答でござる

物体の質量	m [kg]
ばね定数	k [N/m]
ばねの伸び	x [m]
電車の加速度	a [m/s^2]

とする。

電車内の物体が静止しているとした場合，物体には電車の加速度と逆向きで大きさが ma の慣性力がはたらいていると考える。

このとき，つり合いの式から，

$$ma = kx$$
$$a = \frac{kx}{m}$$
$$= \frac{10 \times 0.30}{2.0}$$
$$= \underline{1.5} \, [\text{m/s}^2] \quad \cdots (\text{答})$$

方針❷ でいきます!!
$m = 2.0$ [kg]
$k = 10$ [N/m]
$x = 30$ [cm]
$ = 0.30$ [m]

電車の中にいる人は，この2つの力がつり合っているように感じる。

つり合う ← 電車の加速度の向き →

$m = 2.0$ [kg]
$k = 10$ [N/m]
$x = 0.30$ [m]
を代入!!

Theme 24 等速円運動

準備コーナー　"ラジアン(rad)"について

半径 r の円において，長さが r の弧の長さに対応する中心角の大きさを $1[\text{rad}]$ と決める!!

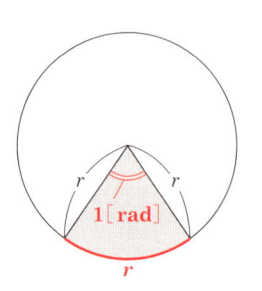

すると…

円周 $2\pi r$ に対応する角の大きさは，$2\pi[\text{rad}]$ となる。

$\times 2\pi$ 　r に対して $1[\text{rad}]$　$\times 2\pi$
$2\pi r$ に対して $2\pi[\text{rad}]$

円周に対応する角度は $360°$ であるから…

$$2\pi[\text{rad}] = 360°$$

つまり…

$$\pi[\text{rad}] = 180°$$

となります。

もっと一般化すると…

弧の長さ l に対応する中心角が $\theta[\text{rad}]$ であるとすると…

$r : 1 = l : \theta$
$\therefore\ l = r\theta$

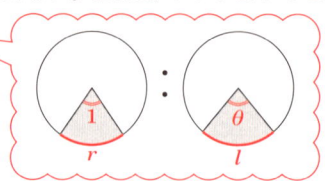

ザ・まとめ

$$\pi[\text{rad}] = 180°$$ 覚えるべし!!

半径 r の円で，弧の長さ l に対応する中心角が $\theta[\text{rad}]$ のとき，
$$l = r\theta$$

その1 "等速円運動" のお話

等速円運動とはその名のとおり，円周に沿って一定の速さで回転する物体の運動のことである。

この等速円運動を表現する方法がいろいろありまして…

角速度 ω [rad/s]   オメガと読みます!! どうぞお見しりおきを…

勘のいい人は，単位を見てピンッときたと思いますが…

角速度とは，1[s]間に回転する角度（回転角という）が何[rad]か??を表したものです。

例 2.0[s]間で6.0[rad]回転する等速円運動の角速度 ω [rad/s]は…

$$\omega = \frac{6.0}{2.0} = 3.0 [\text{rad/s}]$$

です。

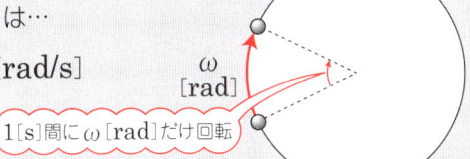

1[s]間に ω [rad]だけ回転

等速円運動の速さ

等速円運動をする物体が，1回転するのに必要な時間 T [s]を**周期**と呼びます。

このことから，いろいろな公式が生まれまして…

ある物体が，半径 r [m]の円周上を周期 T [s]で等速円運動をしているとします。

① 円周 $2\pi r$ [m]の距離を周期 T [s]かけて進むわけだから，速さ v [m/s]は…

$$v = \frac{2\pi r}{T}$$

速さ = 距離 / 時間

$vT = 2\pi r$

∴ $T = \dfrac{2\pi r}{v}$ …㋐

② 1周の回転角 2π [rad]を周期 T[s]で1回転するわけだから，角速度 ω[rad]は…

$$\omega = \frac{2\pi}{T}$$

> 前ページ参照!!
> 角速度の意味より

$$\omega T = 2\pi$$
$$\therefore \ T = \frac{2\pi}{\omega} \quad \cdots ㋺$$

③ ㋑と㋺から，T を消去すると…

$$\frac{2\pi}{\omega} = \frac{2\pi r}{v}$$
$$2\pi v = 2\pi r\omega$$

> 両辺に $v\omega$ をかける!!
> $\frac{2\pi}{\omega} \times v\omega = \frac{2\pi r}{v} \times v\omega$
> $\therefore \ 2\pi v = 2\pi r\omega$

よって，

$$v = r\omega$$ ← 重要な式です!!

例 半径 $r = 3.0$[m]の円周上を角速度 $\omega = 2.0$[rad/s]で等速円運動する物体の速さ v[m/s]は…

$$v = r\omega = 3.0 \times 2.0 = 6.0 \text{[m/s]}$$

です。

回転数 n[Hz]

物体が1[s]間に円周上を回転する回数を**回転数**と呼び，単位は[Hz]（ヘルツ）を用います。

周期 T[s]の等速円運動の回転数 n[Hz]は…

$$n = \frac{1}{T}$$

> 1[s]の中に T[s]が何回あるか??
> これが回転数です!!

例 周期が $T = 0.020$[s] の円運動の回転数 n[Hz] は…

$$n = \frac{1}{T} = \frac{1}{0.020} = \frac{100}{2} = 50 \text{[Hz]}$$

です。

問題78 キソ

半径 2.0 [m] の円周上を，10 秒間に 5.0 回の割合で等速円運動をする物体がある。このとき，次の各問いに答えよ。
(1) 周期を求めよ。
(2) 角速度を求めよ。
(3) 速さを求めよ。
(4) 回転数を求めよ。

ナイスな導入

(1) 周期 T [s] は公式を覚えるのではなく，意味を押さえるべし!!
  5.0 回転するのに 10 [s] かかる!! 1.0 回転では…??
(2) $\omega = \dfrac{2\pi}{T}$ です。これも意味を理解していれば，暗記することはない!!
(3) $v = r\omega$ の活用です!! これは覚えておこう!!
(4) $n = \dfrac{1}{T}$ です。

解答でござる

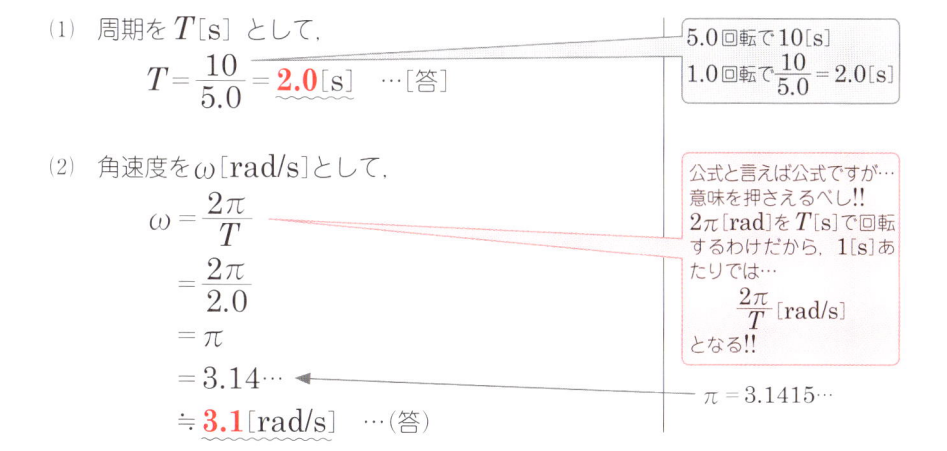

(1) 周期を T [s] として，
$$T = \dfrac{10}{5.0} = \mathbf{2.0} \text{[s]} \quad \cdots \text{[答]}$$

> 5.0 回転で 10 [s]
> 1.0 回転で $\dfrac{10}{5.0} = 2.0$ [s]

(2) 角速度を ω [rad/s] として，
$$\omega = \dfrac{2\pi}{T} = \dfrac{2\pi}{2.0} = \pi = 3.14\cdots \fallingdotseq \mathbf{3.1} \text{[rad/s]} \quad \cdots \text{(答)}$$

> 公式と言えば公式ですが…意味を押さえるべし!!
> 2π [rad] を T [s] で回転するわけだから，1 [s] あたりでは…
> $\dfrac{2\pi}{T}$ [rad/s]
> となる!!

$\pi = 3.1415\cdots$

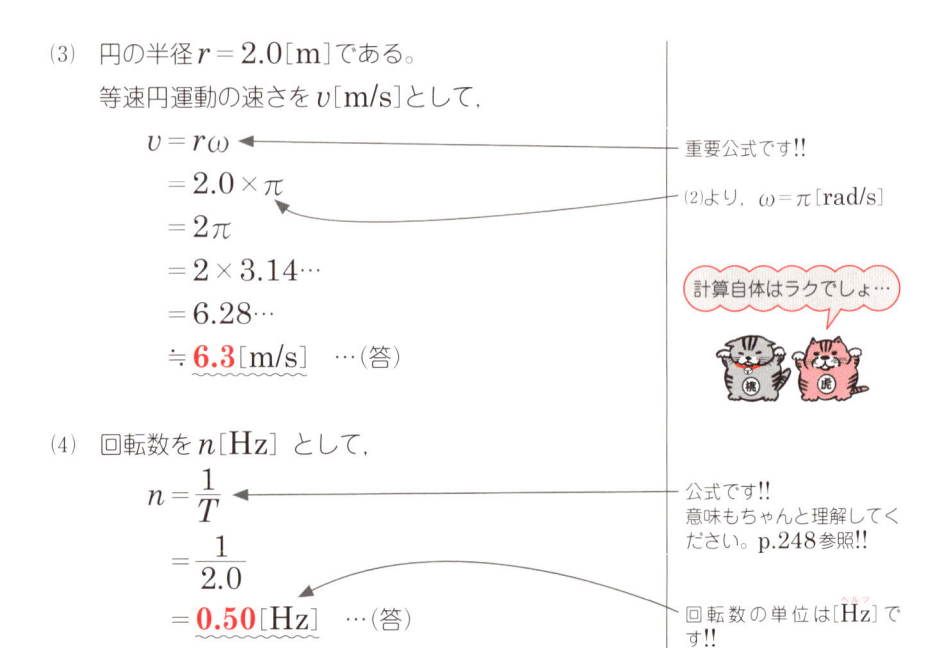

(3) 円の半径 $r = 2.0 [\mathrm{m}]$ である。

等速円運動の速さを $v [\mathrm{m/s}]$ として，

$$\begin{aligned} v &= r\omega \\ &= 2.0 \times \pi \\ &= 2\pi \\ &= 2 \times 3.14\cdots \\ &= 6.28\cdots \\ &\fallingdotseq \underline{\mathbf{6.3}[\mathrm{m/s}]} \quad \cdots (\text{答}) \end{aligned}$$

― 重要公式です!!

(2)より，$\omega = \pi [\mathrm{rad/s}]$

計算自体はラクでしょ…

(4) 回転数を $n [\mathrm{Hz}]$ として，

$$\begin{aligned} n &= \frac{1}{T} \\ &= \frac{1}{2.0} \\ &= \underline{\mathbf{0.50}[\mathrm{Hz}]} \quad \cdots (\text{答}) \end{aligned}$$

― 公式です!!
意味もちゃんと理解してください。p.248参照!!

― 回転数の単位は[Hz]です!!

その 2 "等速円運動の加速度と力"

加速度の大きさと向き

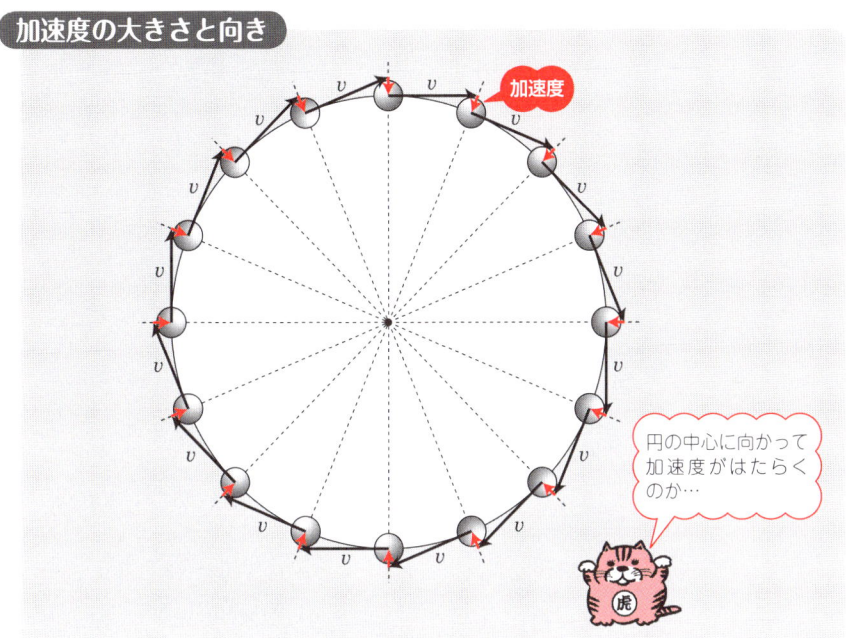

円の中心に向かって加速度がはたらくのか…

上図のように,円周上で物体を運動させるためには,円の中心に向かう加速度を加えつづけなければならない!! この加速度により,速度の向きが絶えず変化し,うまく円周上に乗るわけです。

この加速度の大きさ $a\,[\mathrm{m/s^2}]$ は,速さ $v\,[\mathrm{m/s}]$ と角速度 $\omega\,[\mathrm{rad/s}]$ で次のように表される!!

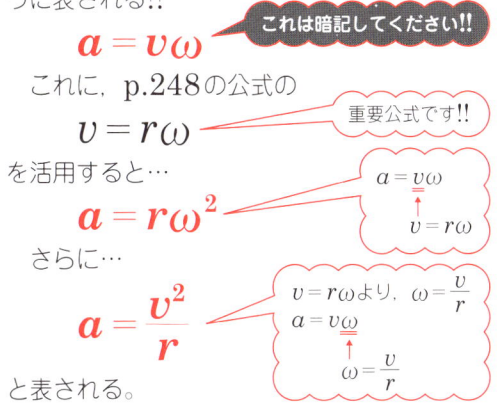

$$a = v\omega$$

これは暗記してください!!

これに,p.248の公式の

$$v = r\omega$$

重要公式です!!

を活用すると…

$$a = r\omega^2$$

$a = v\omega$
 ↑
$v = r\omega$

さらに…

$$a = \frac{v^2}{r}$$

$v = r\omega$ より,$\omega = \dfrac{v}{r}$
$a = v\underline{\omega}$
 ↑
$\omega = \dfrac{v}{r}$

と表される。

向心力

　加速度が生じるということは，力がはたらいているということです。この力を**向心力**と呼びます。加速度が円の中心に向かってはたらくので，当然，力も中心に向かってはたらきます。

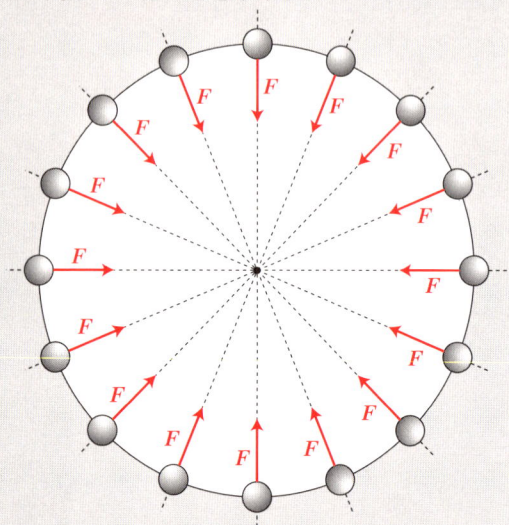

この向心力の大きさをF[N]とすると…

$$F = ma$$

> これはふつうの運動方程式です。

これに前ページの値を代入して…

$$F = mr\omega^2$$

> $a = r\omega^2$より

$$F = m\frac{v^2}{r}$$

> $a = \dfrac{v^2}{r}$より

ザ・まとめ

円の中心に向かう加速度の大きさa[m/s]は…

$$a = v\omega = r\omega^2 = \frac{v^2}{r}$$

向心力の大きさF[N]は…

$$F = mr\omega^2 = m\frac{v^2}{r}$$

> たしかに $F = mv\omega$ にもなるが…あまり使うことはない!!

問題79 キソ

なめらかな水平面上を，質量$5.0\,[\mathrm{kg}]$の物体が糸でつながれ，角速度3.0 $[\mathrm{rad/s}]$で半径$2.0\,[\mathrm{m}]$の等速円運動をしている。このとき，次の各問いに答えよ。

(1) 糸の張力の大きさを求めよ。
(2) 角速度を3倍にすると，張力の大きさは何倍になるか。

ナイスな導入

本問では…
糸の張力が向心力となる!!
つまり…
(1)も(2)も向心力の公式を思い浮かべれば，解決です。

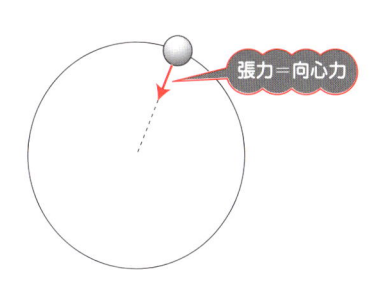

張力＝向心力

解答でござる

(1) 糸の張力は円運動の向心力であるから，これをF $[\mathrm{N}]$とすると，
$$F = 5.0 \times 2.0 \times 3.0^2$$
$$= \underline{90\,[\mathrm{N}]} \quad \cdots (答)$$

等速円運動の**運動方程式**です。
$F = ma$
$a = r\omega^2$より…
$F = mr\omega^2$
です。

(2) 向心力Fはω^2に比例するから，ωが3倍になると，ω^2は9倍になることより，張力の大きさは，
9倍になる …(答)

張力＝向心力です。
$F = mr\omega^2$
もとの向心力をω_0とする。
このとき…
$F = mr\omega_0^2$
向心力が$3\omega_0$になると…
$F = mr \times (3\omega_0)^2$
$= mr \times 9\omega_0^2$
$= 9mr\omega_0^2$

その3 "遠心力も慣性力" の巻

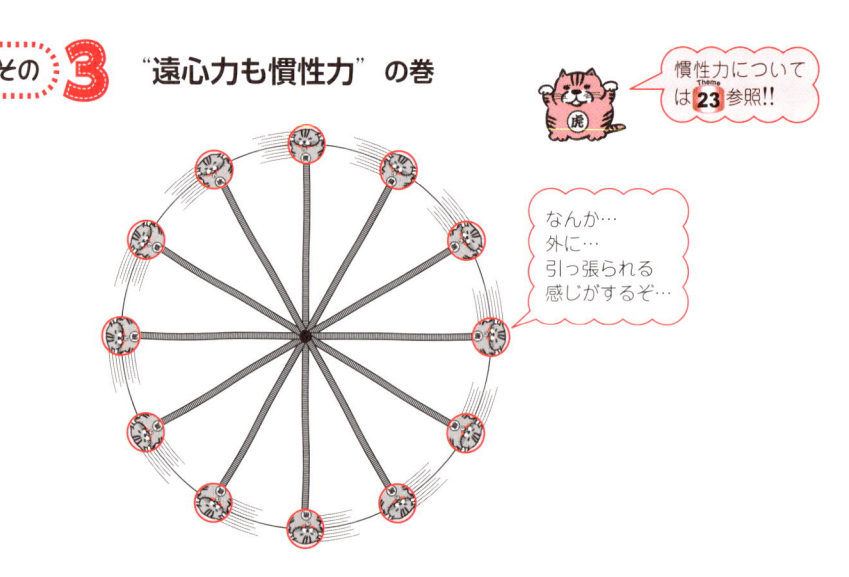

慣性力については 23 参照!!

なんか…外に…引っ張られる感じがするぞ…

　自動車に乗っているときや，ジェットコースターに乗っているとき，カーブにさしかかった瞬間，なにやら外に引っ張られる感じに襲われたことはありませんか??　あれが**遠心力**です。しかし，これも 23 で学習した慣性力で，実際にはたらいているわけではないのです。

　ただ，円運動をしている物体とともに運動している観測者の立場から見ると，この遠心力の考え方を導入するとうまく説明がつきます。

遠心力

　円の中心と反対向きにはたらく慣性力です。遠心力 F [N] の大きさは向心力と同じで，

$$F = mr\omega^2 = m\frac{v^2}{r}$$

注　遠心力は，あくまでも慣性力であるので，実際にはたらいているわけではありません。向心力と作用・反作用の関係にあるわけではないので，ご注意を!!
- 向心力を考えるときは，遠心力を考えてはダメ!!
- 遠心力を考えるときは，向心力を考えてはダメ!!

問題80　標準

右図のように，長さ l [m]の糸の一端に質量 m [kg]のおもりをつけ，他端を天井の一点に固定し，糸が鉛直方向と θ の角をなすように，おもりを水平面内で等速円運動をさせる。重力加速度を g [m/s^2]として，以下の問いに答えよ。

(1) 糸の張力の大きさを求めよ。
(2) 角速度を求めよ。

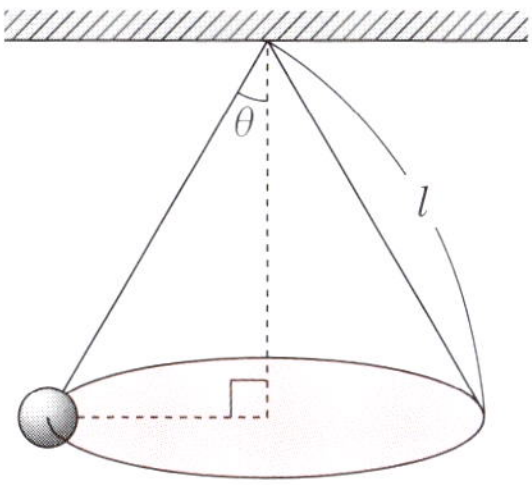

ナイスな導入

向心力で考えるか？　遠心力で考えるか？　アナタ次第です…。

方針①　実際にはたらいている力の向心力で，等速円運動を考える。

張力 T [N]と重力 mg [N]の合力が向心力としてはたらく。

T の鉛直成分は重力とつり合っているから，

$$T\cos\theta = mg \quad \cdots ①$$

T の水平成分が向心力としてはたらく。

水平方向の運動方程式は，等速円運動の円の半径を r [m]として，

$$T\sin\theta = mr\omega^2 \quad \cdots ②$$

向心力の公式です!!

さらに，

$$r = l\sin\theta \quad \cdots ③$$

①，②，③を連立すれば，すべて解決!!

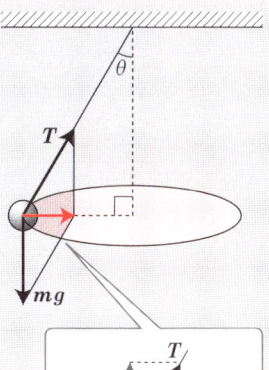

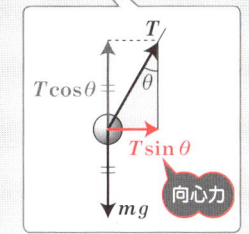

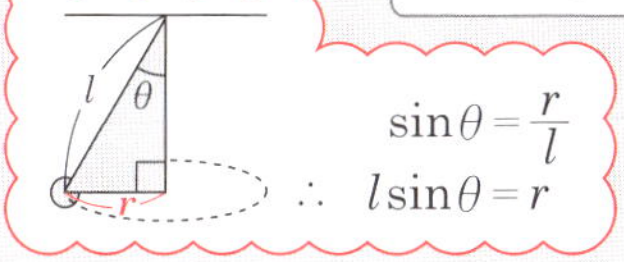

$\sin\theta = \dfrac{r}{l}$
$\therefore\ l\sin\theta = r$

方針❷ おもりを止めて考え，慣性力である遠心力で考える。

おもりが静止していると考えてください（おもりの写真を撮って，その写真をながめているイメージです）。T の鉛直成分が重力とつり合っているから，

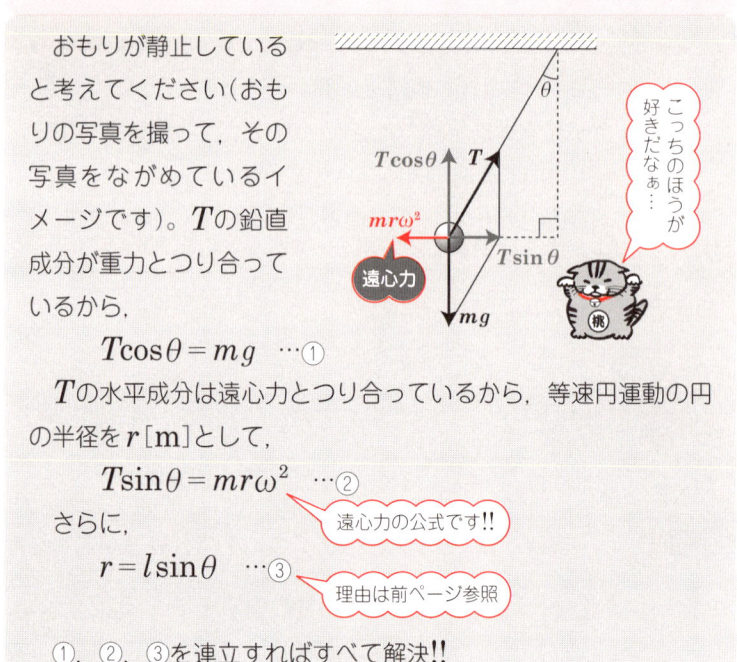

$$T\cos\theta = mg \quad \cdots ①$$

T の水平成分は遠心力とつり合っているから，等速円運動の円の半径を r [m] として，

$$T\sin\theta = mr\omega^2 \quad \cdots ②$$

（遠心力の公式です!!）

さらに，

$$r = l\sin\theta \quad \cdots ③$$

（理由は前ページ参照）

①，②，③を連立すればすべて解決!!

方針❶ も **方針❷** も結局は同じ式になります。

　しかし!! まったく違う考え方なので，ごっちゃにしないようにしてください!!

　向心力を考えるときは，遠心力は考えない!!

　遠心力を考えるときは，向心力は考えない!!

　向心力と遠心力を両立するのは，NG!!

解答でござる

糸の張力を T[N],おもりが等速円運動をしている円の半径を r[m]とする。

おもりを止めて考えたとき,鉛直方向のつり合いの式から,
$$T\cos\theta = mg \quad \cdots ①$$
水平方向のつり合いの式から,
$$T\sin\theta = mr\omega^2 \quad \cdots ②$$
さらに,
$$r = l\sin\theta \quad \cdots ③$$
①より,
$$T = \frac{mg}{\cos\theta} \quad \cdots ④$$
③と④を②に代入して,
$$\frac{mg}{\cos\theta} \times \sin\theta = m \times (l\sin\theta) \times \omega^2$$
$$\frac{g}{\cos\theta} = l\omega^2$$
$$\omega^2 = \frac{g}{l\cos\theta}$$
$\omega > 0$ より,
$$\omega = \sqrt{\frac{g}{l\cos\theta}} \quad \cdots ⑤$$
以上から,
(1) ④より,
$$T = \underline{\frac{mg}{\cos\theta}}\,[\text{N}] \quad \cdots (\text{答})$$
(2) ⑤より,
$$\omega = \underline{\sqrt{\frac{g}{l\cos\theta}}}\,[\text{rad/s}] \quad \cdots (\text{答})$$

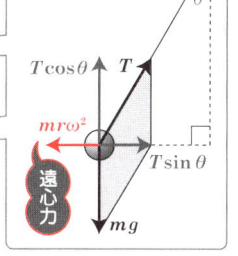

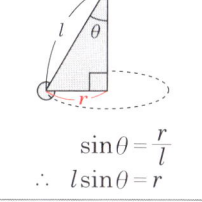

方針❷でGO!!

(1)の解答です。

$$T\sin\theta = mr\omega^2 \quad \cdots ②$$
$$T = \frac{mg}{\cos\theta} \quad \cdots ④ \quad r = l\sin\theta \quad \cdots ③$$

両辺を m と $\sin\theta$ でわりました。

角速度は必ず正です。

(2)の解答です。

T は簡単に求まったもんだなぁ…

Theme 25 鉛直面内の円運動

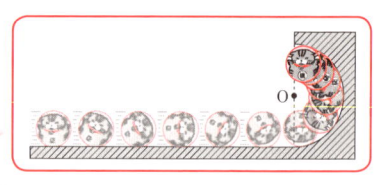

このエリアは，問題の解き方をテーマにお送りします。

問題81　ちょいムズ

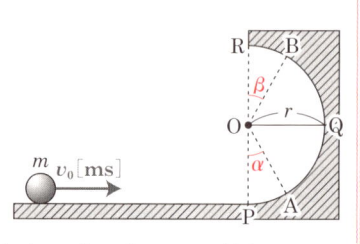

右図のように，なめらかな水平面の右端に，なめらかな点Oを中心とする半径rの半円筒が続いている。縦断面PORは鉛直である。水平面に質量mの小さな物体を置き，縦断面に垂直な初速度v_0を与えて，半円筒の面内を滑り上らせるとき，次の各問いに答えよ。ただし，重力加速度をgとする。

(1) 点Pを通る直前の物体にはたらく垂直抗力を求めよ。
(2) 点Pを通った直後の物体にはたらく垂直抗力を求めよ。
(3) ∠POA＝αとしたとき，物体が点Aを通過する瞬間に，面が物体におよぼす垂直抗力の大きさを求めよ。
(4) 物体が点Oと同じ高さである点Qまで上がるためには，v_0をいくら以上にすればよいか。
(5) 物体が頂点Rを通過するためには，v_0をいくら以上にすればよいか。
(6) 物体が∠ROB＝βとなるような点Bで半円筒の面から離れるとき，$\cos\beta$の値を求めよ。

ナイスな導入

本問には単位がありませんが，r[m]，m[kg]，v_0[m/s]，g[m/s^2]，α[rad]，β[rad]であることが前提です。文字の問題の場合，単位がないことが多々あります。

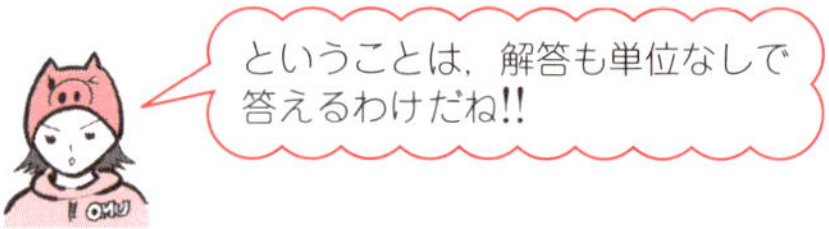

> ということは，解答も単位なしで答えるわけだね!!

では，本題です。

物体が半円筒の面内を滑り上るとき，**円運動**になります。しかし，鉛直面の円運動では，物体の速さが変化します（上れば上るほど，どんどん遅くなる!!）。

したがって，**24**で学習したような等速円運動ではありません。

で!! 物体にはたらく力は，重力と垂直抗力のみです。

垂直抗力は運動方向に対して常に垂直にはたらくので，物体に仕事をしません。つまり…

力学的エネルギー保存の法則

が成立します。　　重力は保存力ですよ!!

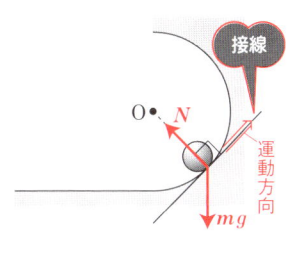

これにより，各点における物体の速さを求めることができます。

ここで，右図のような，ある瞬間における物体の運動について考えてみよう。

◎接線方向では…

重力の接線方向の成分 $mg\sin\theta$ のみがはたらき，これが，速さを小さくする要因です。

◎法線方向（接線と垂直な方向で，円の中心を通る方向）では…

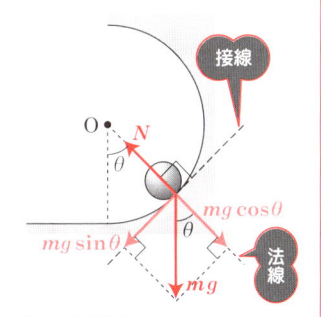

垂直抗力 N と重力の法線方向の成分 $mg\cos\theta$ の関係は，
$$N > mg\cos\theta$$
であり，$N - mg\cos\theta$ が向心力としてはたらきます。

これが，実際に物体に起こっている話ですが…

本問の場合，点Pやら点Aやら点Bやら…，さまざまな点における状況についての設問が並んでいます。

このようなときは，物体とともに運動している観測者の立場に立って**遠心力**を導入し，物体をその点で止めて考え，つり合いの式を立てることをおすすめします。

まぁ，とにかくやってみましょう!!

解答でござる

(1) 物体が点Pを通る直前では，物体にはたらく重力mgと水平面から物体にはたらく垂直抗力N_pはつり合っている。よって，

$$N_p = \underline{mg} \quad \cdots (答)$$

(2) 物体が点Pを通った直後では，物体は円運動を始めているので，重力mg，垂直抗力N_p'，遠心力$m\dfrac{v_0^2}{r}$がつり合う。よって，

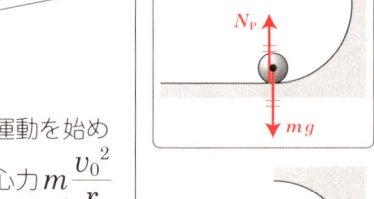

$$N_p' = \underline{mg + m\dfrac{v_0^2}{r}} \quad \cdots (答)$$

半径r，速さv_0です!!
公式はp.254参照!!

半円筒の面に差しかかった瞬間!!
遠心力$m\dfrac{v_0^2}{r}$の分だけ垂直抗力は大きくなります。

すごい話だ…

(3) 物体の点Aにおける速さをv_Aとすると，点Pを基準点としたときの点Aの鉛直方向の高さh_Aは，

$$h_A = r - r\cos\alpha$$
$$= r(1-\cos\alpha)$$

力学的エネルギー保存の法則から，

$$\dfrac{1}{2}mv_0^2 = \dfrac{1}{2}mv_A^2 + mgh_A$$
$$\dfrac{1}{2}mv_0^2 = \dfrac{1}{2}mv_A^2 + mgr(1-\cos\alpha)$$
$$v_0^2 = v_A^2 + 2gr(1-\cos\alpha)$$
$$\therefore\ v_A^2 = v_0^2 - 2gr(1-\cos\alpha) \quad \cdots ①$$

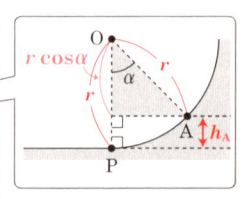

点Pでの力学的エネルギー = 点Aでの力学的エネルギー

両辺を2倍して，mでわった。

点Aで面が物体におよぼす垂直抗力をN_Aとすると，遠心力も含めた法線方向のつり合いの式より，

$$N_A = mg\cos\alpha + m\frac{v_A^2}{r} \quad \cdots ②$$

> 点Aで物体を止めて考えたときの力の関係です。

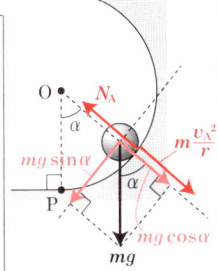

①を②に代入して，

$$N_A = mg\cos\alpha + m \times \frac{v_0^2 - 2gr(1-\cos\alpha)}{r}$$

$$= mg\cos\alpha + \frac{mv_0^2}{r} - \frac{2mgr(1-\cos\alpha)}{r}$$

$$= mg\cos\alpha + \frac{mv_0^2}{r} - 2mg(1-\cos\alpha)$$

$$= mg\cos\alpha + \frac{mv_0^2}{r} - 2mg + 2mg\cos\alpha$$

$$= 3mg\cos\alpha - 2mg + \frac{mv_0^2}{r}$$

$$= \boldsymbol{mg(3\cos\alpha - 2)} + \frac{\boldsymbol{mv_0^2}}{\boldsymbol{r}} \quad \cdots (答)$$

> 注 重力の接線方向の成分である$mg\sin\alpha$はそのまま残り，物体のスピードを弱めるはたらきをもつ。

mをかけ忘れるべからず!!

とりあえずバラバラに…

$mg\cos\theta$をまとめる。

mgでくくりました。

(4) 物体の点Qにおける速さをv_Qとする。点Pを基準点としたときの点Qの鉛直方向の高さh_Qは，

$$h_Q = r$$

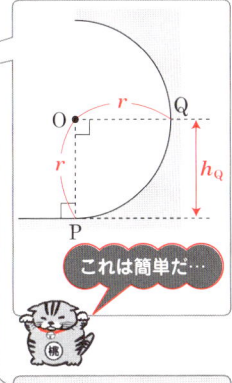

力学的エネルギー保存の法則から，

$$\frac{1}{2}mv_0^2 = \frac{1}{2}mv_Q^2 + mgh_Q$$

$$\frac{1}{2}mv_0^2 = \frac{1}{2}mv_Q^2 + mgr$$

$$v_0^2 = v_Q^2 + 2gr$$

$$\therefore \quad v_Q^2 = v_0^2 - 2gr \quad \cdots ③$$

> これは簡単だ…

点Pでの力学的エネルギー ＝ 点Qでの力学的エネルギー

両辺をmでわり，2倍に!!

点Qまで上がるためには，点Qでの速さv_Qが，
$$v_Q \geqq 0$$
でなければならない。つまり，
$$v_Q^2 \geqq 0 \quad \cdots ④$$
③，④より，
$$v_0^2 - 2gr \geqq 0$$
$$v_0^2 \geqq 2gr$$
$v_0 > 0$より，
$$v_0 \geqq \sqrt{2gr}$$
つまり，
v_0を$\sqrt{2gr}$以上にすればよい。 …(答)

> 点Qでスピードが残ってないとまずい!!
> 最悪，点Qでいったん止まって，点Pの方へもどっていく。

$v_Q^2 = v_0^2 - 2gr \geqq 0$

注 $x^2 \geqq 9$のとき，
数学では$x \geqq 3$としてはNG!!
$x^2 - 9 \geqq 0$
$(x+3)(x-3) \geqq 0$
$x \leqq -3, \ 3 \leqq x$
である!!
しかし，$x > 0$であることが前提なら，
$x^2 \geqq 9$
$x \geqq 3$としてOK!!
本問はこのタイプです。

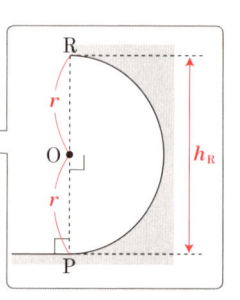

(5)
> 今回は，物体が落ちてきてしまう可能性があります。よって，(4)のように，力学的エネルギー保存の法則だけを考えてもダメ!!

点Rにおける物体の速さをv_Rとする。点Pを基準点としたときの点Rの鉛直方向の高さh_Rは，
$$h_R = 2r$$
力学的エネルギー保存の法則から，
$$\frac{1}{2}mv_0^2 = \frac{1}{2}mv_R^2 + mgh_R$$
$$\frac{1}{2}mv_0^2 = \frac{1}{2}mv_R^2 + mg \times 2r$$
$$\frac{1}{2}mv_0^2 = \frac{1}{2}mv_R^2 + 2mgr$$
$$v_0^2 = v_R^2 + 4gr$$
$$\therefore \ v_R^2 = v_0^2 - 4gr \quad \cdots ⑤$$

点Pでの力学的エネルギー ＝ 点Rでの力学的エネルギー

両辺をmでわり，2倍に!!

点Rで，面が物体におよぼす垂直抗力をN_Rとすると，遠心力も含めた法線方向のつり合いの式より，

$$N_R + mg = m\frac{v_R^2}{r}$$

$$\therefore \quad N_R = m\frac{v_R^2}{r} - mg \quad \cdots ⑥$$

⑤を⑥に代入して，

$$N_R = m \times \frac{v_0^2 - 4gr}{r} - mg$$

$$= \frac{mv_0^2}{r} - \frac{4mgr}{r} - mg$$

$$= \frac{mv_0^2}{r} - 4mg - mg$$

$$= \frac{mv_0^2}{r} - 5mg \quad \cdots ⑦$$

⑦において，$N_R \geqq 0$であればよいから，

$$\frac{mv_0^2}{r} - 5mg \geqq 0$$

$$\frac{mv_0^2}{r} \geqq 5mg$$

$$\frac{v_0^2}{r} \geqq 5g$$

$$v_0^2 \geqq 5gr$$

$v_0 > 0$より，

$$v_0 \geqq \sqrt{5gr}$$

つまり，

v_0を$\sqrt{5gr}$以上にすればよい。 …(答)

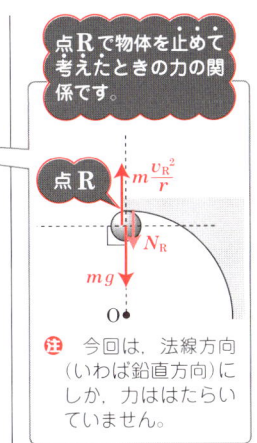

> 点Rで物体を止めて考えたときの力の関係です。
>
> 点R　$m\frac{v_R^2}{r}$　N_R　mg　O
>
> 注 今回は，法線方向（いわば鉛直方向）にしか，力ははたらいていません。

とりあえずバラバラに…

> 物体が面とくっついているアカシ…
> それは，面が物体に垂直抗力をおよぼしているということです!!
> つまーり!!
> $N_R \geqq 0$

なるほど

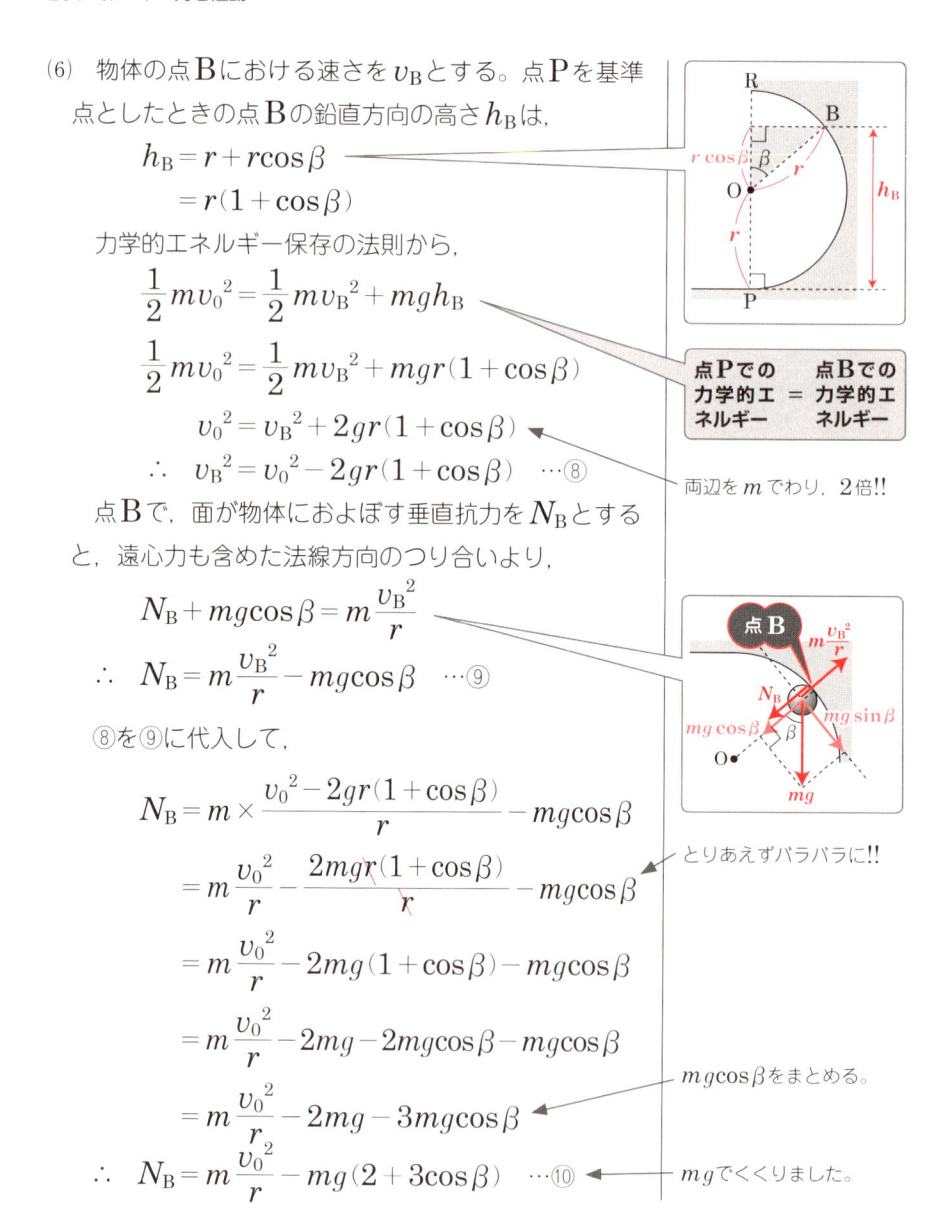

(6) 物体の点Bにおける速さをv_Bとする。点Pを基準点としたときの点Bの鉛直方向の高さh_Bは,
$$h_B = r + r\cos\beta$$
$$= r(1+\cos\beta)$$

力学的エネルギー保存の法則から,
$$\frac{1}{2}mv_0^2 = \frac{1}{2}mv_B^2 + mgh_B$$
$$\frac{1}{2}mv_0^2 = \frac{1}{2}mv_B^2 + mgr(1+\cos\beta)$$
$$v_0^2 = v_B^2 + 2gr(1+\cos\beta)$$
$$\therefore\ v_B^2 = v_0^2 - 2gr(1+\cos\beta) \quad \cdots ⑧$$

点Bで,面が物体におよぼす垂直抗力をN_Bとすると,遠心力も含めた法線方向のつり合いより,
$$N_B + mg\cos\beta = m\frac{v_B^2}{r}$$
$$\therefore\ N_B = m\frac{v_B^2}{r} - mg\cos\beta \quad \cdots ⑨$$

⑧を⑨に代入して,
$$N_B = m \times \frac{v_0^2 - 2gr(1+\cos\beta)}{r} - mg\cos\beta$$
$$= m\frac{v_0^2}{r} - \frac{2mgr(1+\cos\beta)}{r} - mg\cos\beta$$
$$= m\frac{v_0^2}{r} - 2mg(1+\cos\beta) - mg\cos\beta$$
$$= m\frac{v_0^2}{r} - 2mg - 2mg\cos\beta - mg\cos\beta$$
$$= m\frac{v_0^2}{r} - 2mg - 3mg\cos\beta$$
$$\therefore\ N_B = m\frac{v_0^2}{r} - mg(2+3\cos\beta) \quad \cdots ⑩$$

"点Bで面から離れた"とあるので，点Bで面が物体におよぼす垂直抗力N_Bは，
$$N_B = 0 \quad \cdots ⑪$$
となる。

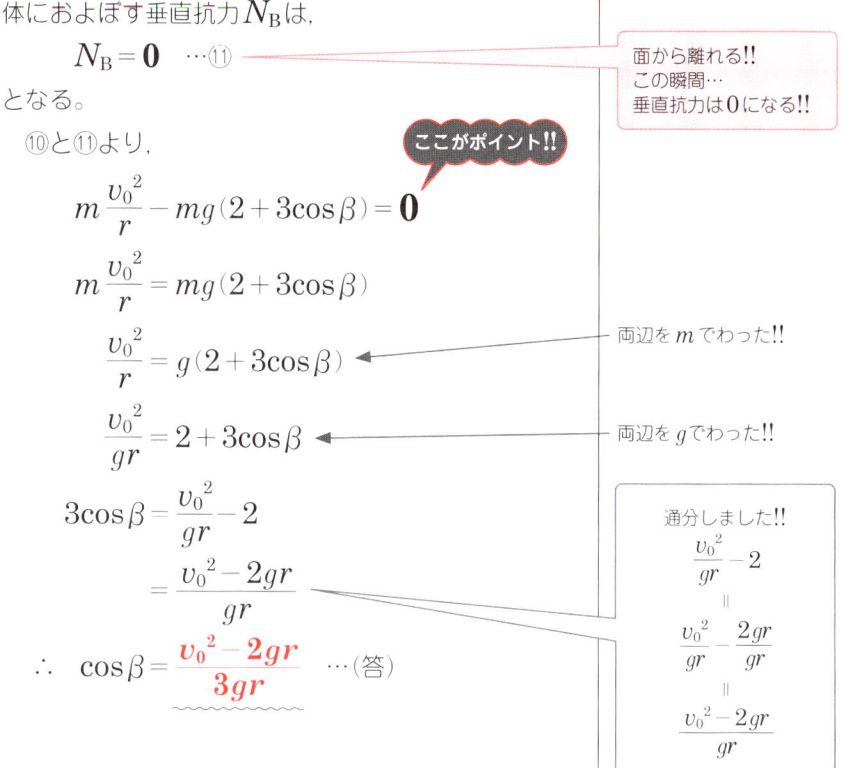

⑩と⑪より，

> ここがポイント!!

$$m\frac{v_0^2}{r} - mg(2 + 3\cos\beta) = 0$$

$$m\frac{v_0^2}{r} = mg(2 + 3\cos\beta)$$

$$\frac{v_0^2}{r} = g(2 + 3\cos\beta) \quad \text{←両辺を}m\text{でわった!!}$$

$$\frac{v_0^2}{gr} = 2 + 3\cos\beta \quad \text{←両辺を}g\text{でわった!!}$$

$$3\cos\beta = \frac{v_0^2}{gr} - 2$$

$$= \frac{v_0^2 - 2gr}{gr}$$

$$\therefore \quad \cos\beta = \frac{v_0^2 - 2gr}{3gr} \quad \cdots (\text{答})$$

> 面から離れる!!
> この瞬間…
> 垂直抗力は0になる!!

> 通分しました!!
> $$\frac{v_0^2}{gr} - 2$$
> $$\parallel$$
> $$\frac{v_0^2}{gr} - \frac{2gr}{gr}$$
> $$\parallel$$
> $$\frac{v_0^2 - 2gr}{gr}$$

266　第1章　力と運動

ガンガンいきまっせ〜♥

問題82　ちょいムズ

(1) 右図のように，鉛直面で質量 m の小さな物体に，長さ l の糸をつけ，最下点で水平方向の初速度 v_0 を与える。この物体が，円運動を続けるための v_0 の条件を求めよ。ただし，重力加速度を g とする。

(2) (1)の糸を長さ l の軽い棒にかえた場合，物体が円運動を続けるための v_0 の条件を求めよ。ただし，重力加速度を g とする。

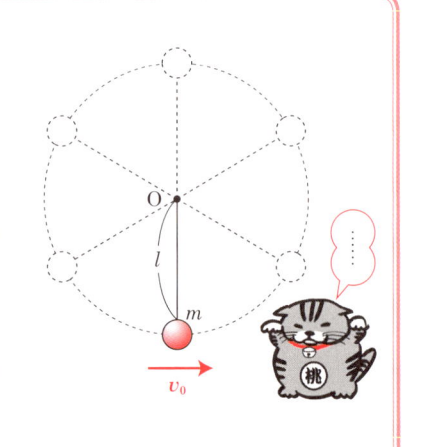

ナイスな導入

最上点を通過できるか?? が，ポイントです。
問題81 と同様に，**遠心力**で考えましょう。

解答でござる

(1) 最上点における物体の速さを v とおく。力学的エネルギー保存の法則から，

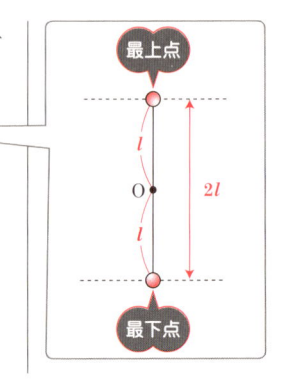

$$\frac{1}{2}mv_0^2 = \frac{1}{2}mv^2 + mg \times 2l$$

$$\frac{1}{2}mv_0^2 = \frac{1}{2}mv^2 + 2mgl$$

$$v_0^2 = v^2 + 4gl$$

$$\therefore\ v^2 = v_0^2 - 4gl \quad \cdots ①$$

最上点における糸の張力を T とすると，遠心力も含めた力のつり合いは，

$$T + mg = m\frac{v^2}{l}$$

$$\therefore \quad T = m\frac{v^2}{l} - mg \quad \cdots ②$$

①を②に代入して，

$$T = m \times \frac{v_0^2 - 4gl}{l} - mg$$

$$= \frac{mv_0^2}{l} - \frac{4mgl}{l} - mg$$

$$= \frac{mv_0^2}{l} - 4mg - mg$$

$$= \frac{mv_0^2}{l} - 5mg \quad \cdots ③$$

最上点を通過するための条件は，最上点で糸がたるまないことである。よって，

$$T \geq 0$$

となればよい。

つまり③から，

$$\frac{mv_0^2}{l} - 5mg \geq 0$$

$$\frac{mv_0^2}{l} \geq 5mg$$

$$v_0^2 \geq 5gl$$

$v_0 > 0$ より，

$$\boldsymbol{v_0 \geq \sqrt{5gl}} \quad \cdots (答)$$

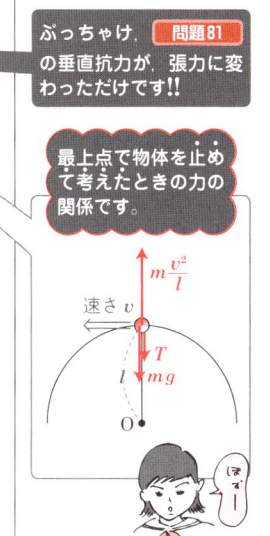

ぶっちゃけ，問題81 の垂直抗力が，張力に変わっただけです!!

最上点で物体を止めて考えたときの力の関係です。

糸がたるまない!! つまり，張力 T が0以上!!

問題81 の(5)と同じじゃん!!

これが v_0 の条件です!!

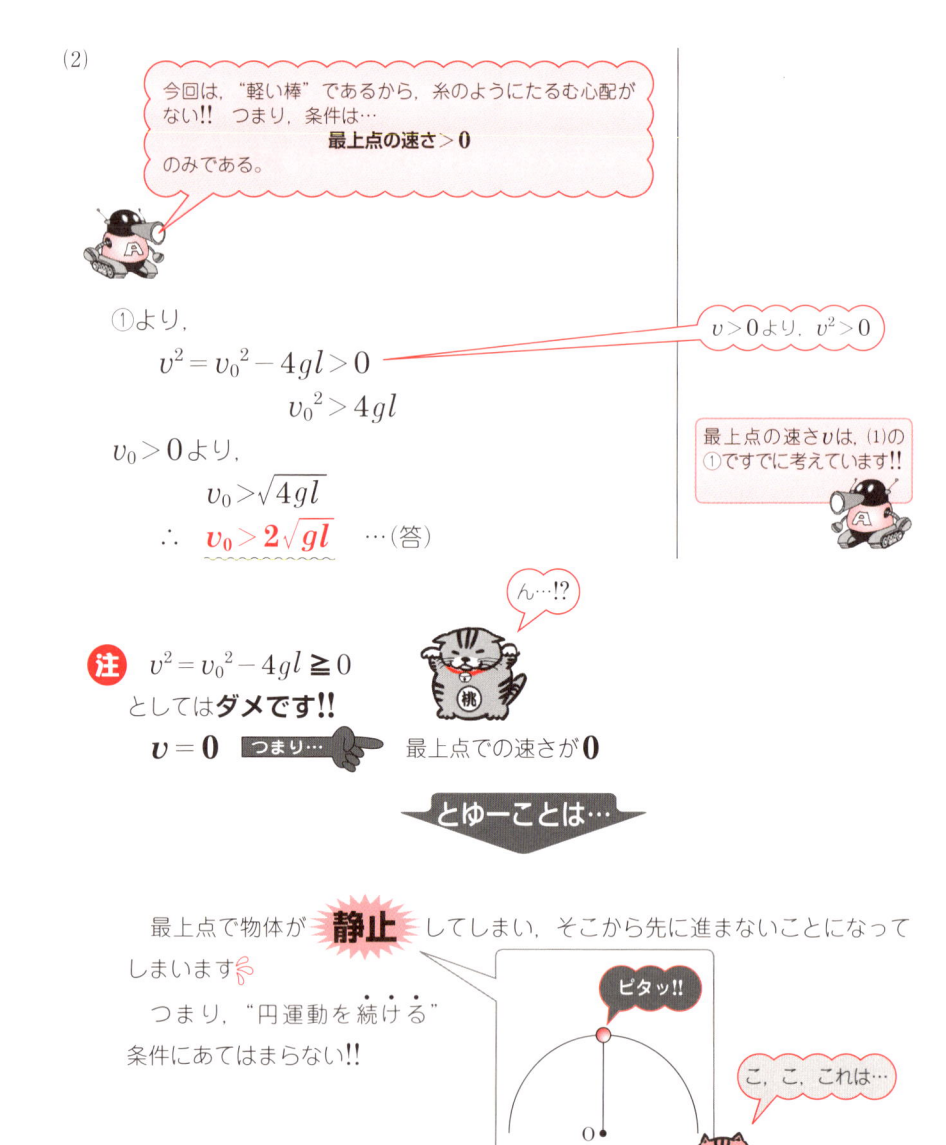

(2)

> 今回は、"軽い棒"であるから、糸のようにたるむ心配がない!! つまり、条件は…
> **最上点の速さ > 0**
> のみである。

①より、
$$v^2 = v_0^2 - 4gl > 0$$
$$v_0^2 > 4gl$$

> $v > 0$ より、$v^2 > 0$

$v_0 > 0$ より、
$$v_0 > \sqrt{4gl}$$
$$\therefore \quad \boldsymbol{v_0 > 2\sqrt{gl}} \quad \cdots \text{(答)}$$

> 最上点の速さ v は、(1)の①ですでに考えています!!

注 $v^2 = v_0^2 - 4gl \geqq 0$
としては**ダメです!!**
$v = 0$ **つまり…** 最上点での速さが **0**

とゆーことは…

最上点で物体が **静止** してしまい、そこから先に進まないことになってしまいます

つまり、"円運動を続ける"条件にあてはまらない!!

ピタッ!!

こ、こ、これは…

さらに!! もう一発!!

問題83 ちょいムズ

表面がなめらかな半径 r の半球が, 地面に固定されている。その頂点Pに質量 m の小球を置き, 水平方向の初速度 v_0 を与える。重力加速度を g として, 次の各問いに答えよ。

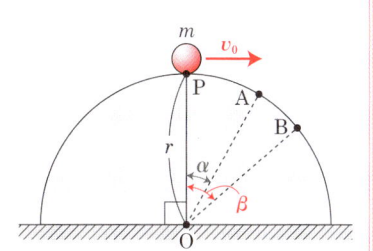

(1) 小球が点Aを通過する瞬間に, 面が小球におよぼす抗力の大きさを求めよ。ただし, $\angle \mathrm{POA} = \alpha$ とする。

(2) 小球が点Bで面から離れるとする。$\angle \mathrm{POB} = \beta$ のとき, $\cos \beta$ の値を求めよ。

(3) 小球が点Pでただちに面から離れるための v_0 の条件を求めよ。

解答でござる 問題81 の類題です!! さっそく解答にまいりましょう!!

(1) 小球の点Aにおける速さを v_A とする。点Pを基準点としたときの点Aの高さは,
$$-(r - r\cos\alpha) = -r(1-\cos\alpha)$$
である。

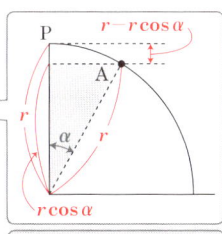

力学的エネルギー保存の法則より,
$$\frac{1}{2}mv_0^2 = \frac{1}{2}mv_\mathrm{A}^2 - mgr(1-\cos\alpha)$$
$$\therefore \ v_\mathrm{A}^2 = v_0^2 + 2gr(1-\cos\alpha) \quad \cdots ①$$

点Aで, 面が小球におよぼす抗力 (垂直抗力) の大きさを N_A として, 遠心力を含めた点Aの法線方向のつり合いの式は,
$$N_\mathrm{A} + m\frac{v_\mathrm{A}^2}{r} = mg\cos\alpha$$
$$\therefore \ N_\mathrm{A} = mg\cos\alpha - m\frac{v_\mathrm{A}^2}{r} \quad \cdots ②$$

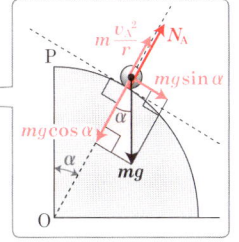

①を②に代入して，

$$N_A = mg\cos\alpha - m \times \frac{v_0^2 + 2gr(1-\cos\alpha)}{r}$$

$$= mg\cos\alpha - m\frac{v_0^2}{r} - \frac{2mgr(1-\cos\alpha)}{r}$$

$$= mg\cos\alpha - m\frac{v_0^2}{r} - 2mg + 2mg\cos\alpha$$

$$= 3mg\cos\alpha - 2mg - m\frac{v_0^2}{r}$$

$$= \boldsymbol{mg(3\cos\alpha - 2) - m\frac{v_0^2}{r}} \quad \cdots \text{(答)}$$

とりあえずバラバラに…

$mg\cos\alpha$ をまとめる!!

mg でくくるとカッコイイ!!

(2) 点Bで，面が小球におよぼす抗力(垂直抗力)の大きさを N_B とする。(1)と同様に，

$$N_B = mg(3\cos\beta - 2) - m\frac{v_0^2}{r} \quad \cdots ③$$

小球が点Bで面から離れたことから，

$$N_B = 0 \quad \cdots ④$$

である。

③，④から，

$$mg(3\cos\beta - 2) - m\frac{v_0^2}{r} = 0$$

$$mg(3\cos\beta - 2) = m\frac{v_0^2}{r}$$

$$g(3\cos\beta - 2) = \frac{v_0^2}{r}$$

$$3\cos\beta - 2 = \frac{v_0^2}{gr}$$

$$3\cos\beta = \frac{v_0^2}{gr} + 2$$

$$= \frac{v_0^2 + 2gr}{gr}$$

$$\therefore \cos\beta = \boldsymbol{\frac{v_0^2 + 2gr}{3gr}} \quad \cdots \text{(答)}$$

(1)の解答の α を β に書きかえればOK!!

結局は同じことだもんね…

面から離れるということは，この瞬間，垂直抗力が0になったということである。

両辺を m でわった!!

両辺を g でわった!!

右辺を通分しました!!

両辺を3でわった!!

(3) 点Pで，面が小球におよぼす抗力（垂直抗力）の大きさを N_P として，遠心力を含めた点Pでの法線方向のつり合いの式は，

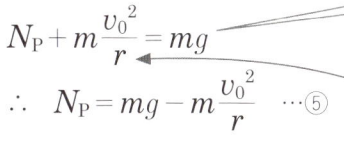

$$N_P + m\frac{v_0^2}{r} = mg$$

$$\therefore \ N_P = mg - m\frac{v_0^2}{r} \quad \cdots ⑤$$

点Pで，小球が面から離れるためには，

$$N_P \leqq 0 \quad \cdots ⑥$$

が条件である。

⑤，⑥より，

$$mg - m\frac{v_0^2}{r} \leqq 0$$

$$mg \leqq m\frac{v_0^2}{r}$$

$$g \leqq \frac{v_0^2}{r}$$

$$gr \leqq v_0^2$$

$$v_0^2 \geqq gr$$

$v_0 > 0$ より，

$$\underline{v_0 \geqq \sqrt{gr}} \quad \cdots（答）$$

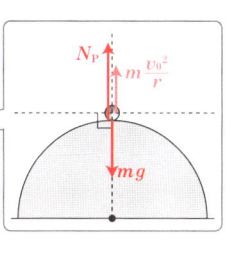

点Pでは，初速度 v_0 です。

N_P が0のとき，点Pで小球が面から離れるギリギリの値です。N_P が0より小さいときは，余裕で小球が面から離れます。以上から，点Pで小球が面から離れる条件は，$N_P \leqq 0$

両辺を m でわった!!
両辺を r 倍した!!
右辺と左辺を入れかえました。

別解でござる　デキるヤツはこう解く!!

(3) $\beta = 0$ の場合，点Bは点Pの位置となる。

(2)の結果で，$\beta = 0$ として，

$$\cos 0 = \frac{v_0^2 + 2gr}{3gr}$$

$\cos 0 = 1$ です!!

$$1 = \frac{v_0^2 + 2gr}{3gr}$$

$$3gr = v_0^2 + 2gr$$

$$v_0^2 = gr$$

両辺を $3gr$ 倍しました!!

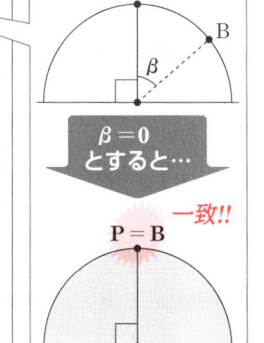

デキるヤツ…

$\beta = 0$ とすると…

一致!!
P = B

$v_0 > 0$ より,
$$v_0 = \sqrt{gr}$$
この値が,点Pで小球が面から離れるための最小の値であるから,求めるべき条件は,
$$\underline{v_0 \geqq \sqrt{gr}} \quad \cdots (答)$$

> この値が,点Pで小球が面から離れるギリギリの値です。

なるほど！

プロフィール

浜畑直次郎（ハマハタナオジロウ）（43才）

生真面目なサラリーマン 郊外の庭つきマイホームから長距離出勤の毎日。

並外れたモミアゲのボリュームから,人呼んで『モミー』

モミ〜

Theme 26 単振動

> まん中が速いな…

準備コーナー "正射影"ってなんだ…??

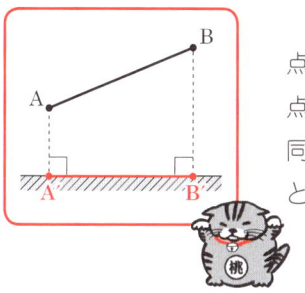

左図のように…
点Aの垂線の足A'をAの正射影
点Bの垂線の足B'をBの正射影
同時に，線分A'B'は，線分ABの正射影
と呼びます。

その 1 "単振動と等速円運動の関係"の巻

まず，**等速円運動の正射影が単振動**です!!

物体Pは，中心O，半径Aの円周上を等速円運動している。

右図のように，x軸を設定し，点O，物体Pのx軸への正射影をそれぞれO'，P'とする。

このとき，P'はO'を中心に左右対称の往復運動をくりかえす。これが，**単振動**である。

いま，物体Pは時刻$t = 0$で，円周と線分OO'の交点を出発して，時計と反対まわり(左まわり)に等速円運動をした。

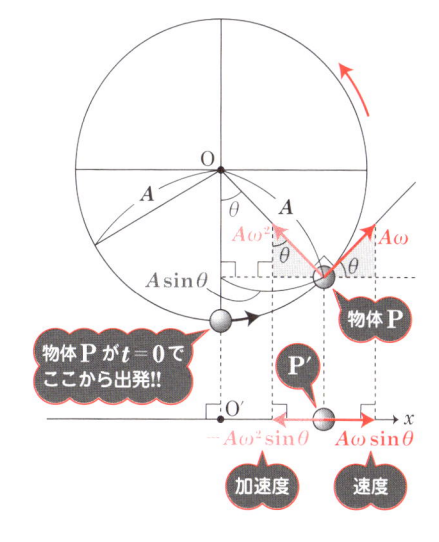

物体Pが$t = 0$でここから出発!!

$-A\omega^2\sin\theta$ 加速度

$A\omega\sin\theta$ 速度

単振動の変位

等速円運動の角速度を ω [rad/s] とする。右図が，出発してから t 秒後であるとすると，

$$\theta = \omega t$$

となる。

ここで，P′の x 座標（変位）は，

$$x = A\sin\theta$$

と表されるから…

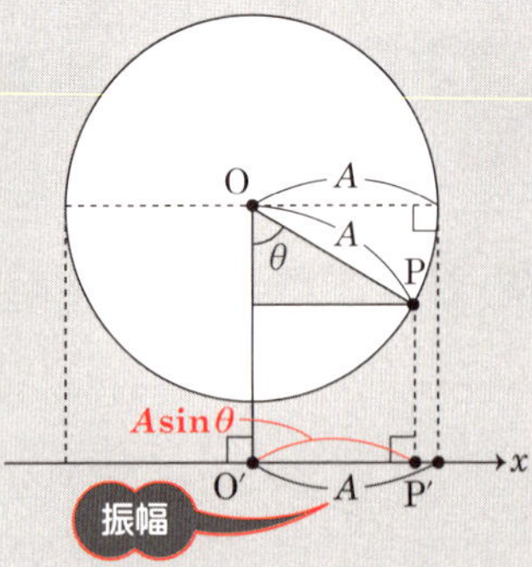

単振動の変位 x は…

（$\theta = \omega t$ を代入!!）

$$x = A\sin\omega t$$

このとき，A は変位 x の最大値であり，この A を**振幅**と呼ぶ!!

注 等速円運動の場合，$\theta = \omega t$ を回転角と呼びましたが，単振動の場合，**位相**と呼ぶ。

単振動の速度

等速円運動の速さを v_0 [m/s] とすると…

v_0 の x 軸への正射影 v は，

$$v = v_0 \cos\theta$$

このとき，

$$v_0 = A\omega$$
$$\theta = \omega t$$

であるから…

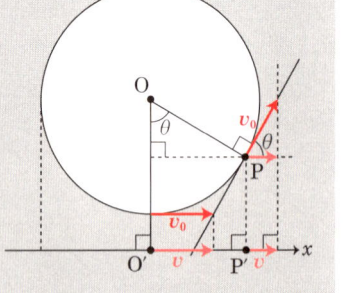

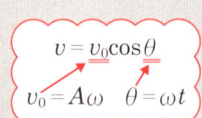

単振動の速度 v は…

$$v = v_0\cos\theta$$
$$v_0 = A\omega \quad \theta = \omega t$$

$$v = A\omega\cos\omega t$$

① 振動の中心（この場合は O′）を通過する瞬間の速さが最大で，この大きさは $A\omega$ である。

② 振幅の両端での速さは **0** である。

Theme 26 単振動

角度については大丈夫ですか…??
右図において，
∠POA = θ より，∠OPA = 90° − θ
このとき，
∠BPC = 180° − ∠OPC − ∠OPA
     = 180° − 90° − (90° − θ)
     = θ

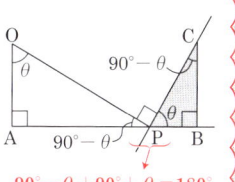

$90° − θ + 90° + θ = 180°$
ちゃんとうまくいく!!

単振動の加速度

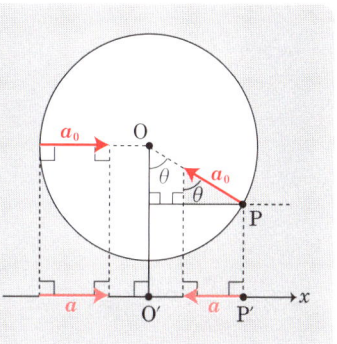

等速円運動の向心加速度を $a_0\,[\mathrm{m/s^2}]$ とすると…

a_0 の x 軸への正射影 a は，

$$a = -a_0 \sin\theta$$

このとき， （x 軸の正の向きと逆向きです!!）

$a_0 = A\omega^2$
$\theta = \omega t$

であるから…（等速円運動の公式です!! p.251参照!! $a = r\omega^2$）

単振動の加速度 a は…

$$a = -A\omega^2 \sin\omega t$$

（このマイナスがポイント）

① 振動の両端で加速度の大きさは最大。この大きさは $A\omega^2$ である。
② 振動の中心 O′ での加速度の大きさは **0** です。

ここで，ものすごいことが起こります!!

$x = A\sin\omega t$ …① （前ページ参照!!）

さらに，

$a = -A\omega^2 \sin\omega t$
 $= -\omega^2 \times A\sin\omega t$ …②

①を②に代入して…

$a = -\omega^2 \times x$

よって…

$$a = -\omega^2 x$$

（かなり!! 大切な公式!!）

単振動の周期と振動数

単振動が1往復(1振動)する時間 T を **周期** と呼び，1秒間の往復回数(振動回数) f を **振動数** と呼ぶ。

そもそも，単振動は等速円運動の正射影であるから，周期は同じであり，振動数は等速円運動の回転数に対応する。

$$T = \frac{2\pi}{\omega} \ [\text{s}]$$

$$f = \frac{1}{T} \ [\text{Hz}]$$

等速円運動のときとまったく同じ公式です!! 等速円運動の T と f については，p.247参照!!

ヘルツ

注 円運動では ω を角速度と呼びましたが，単振動では **角振動数** と呼びます。

その2 "単振動を引き起こす力" とは…??

単振動の加速度 a は…

$$a = -\omega^2 x$$

前ページ参照!!

で表されました。

このとき，単振動をしている物体の質量を $m\,[\text{kg}]$，単振動を引き起こす力を $F\,[\text{N}]$ とすると…

運動方程式から…

$$\begin{aligned} F &= ma \\ &= m \times (-\omega^2 x) \\ &= -m\omega^2 x \end{aligned}$$

"$F = ma$" 久しぶりだね♥

となります。 このマイナスがポイント!!

つまり…

$x > 0$ のとき!!

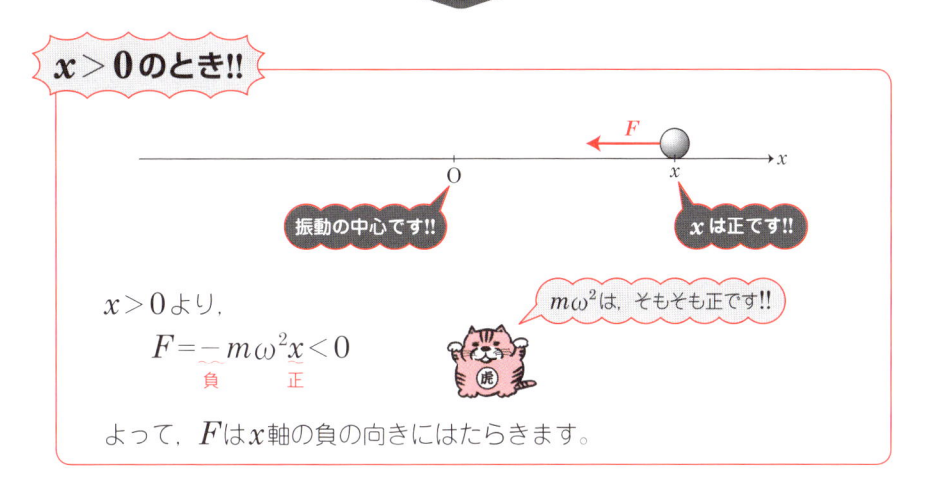

> 振動の中心です!!
> x は正です!!

$x > 0$ より,
$$F = \underset{負}{-}\underset{正}{m\omega^2 x} < 0$$

$m\omega^2$ は,そもそも正です!!

よって,F は x 軸の負の向きにはたらきます。

$x < 0$ のとき!!

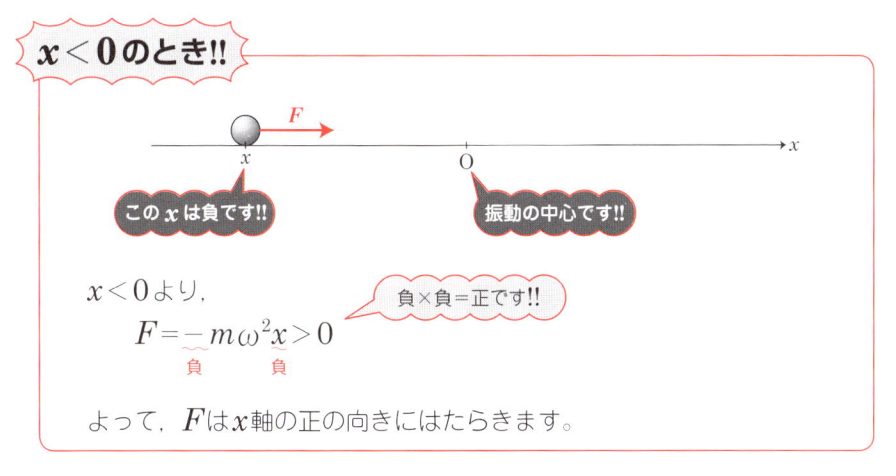

> この x は負です!!
> 振動の中心です!!

$x < 0$ より,
$$F = \underset{負}{-}\underset{負}{m\omega^2 x} > 0$$

負×負＝正です!!

よって,F は x 軸の正の向きにはたらきます。

よって!!

単振動をしている物体には…

変位 x に比例した,変位とは逆向きの力がはたらいている!!

変位＝x 座標と考えてください!!

この，単振動を引き起こしている力（振動の中心にもどろうとする力）のことを，**復元力**と呼びます。
まとめておきましょう。

復元力

単振動を引き起こしている力です!!

振動の中心からの変位をxとすると，復元力Fは…

$$F = -m\omega^2 x$$

（mは物体の質量，ωは角振動数）

円運動のときは，角速度と呼んでいました。

ザ・まとめ

角振動数ω[rad/s]，振幅A[m]の単振動では…

- 変位：$x = A\sin\omega t$
- 速度：$v = A\omega\cos\omega t$ ← 速さの最大値は$A\omega$です!!
- 加速度：$a = -A\omega^2\sin\omega t$ ← 加速度の大きさの最大値は$A\omega^2$です!!

さらに…

$$a = -\omega^2 x \quad \text{超重要!!}$$

- 単振動の周期：$T = \dfrac{2\pi}{\omega}$
- 振動数：$f = \dfrac{1}{T}$

等速円運動のときと同じ!!

- 復元力：$F = -m\omega^2 x$ 超重要!!

mは単振動をする物体の質量[kg]

問題84 　標準

右のグラフは，単振動する物体の原点からの変位 x[m]と，時間 t[s]の関係を表している。

(1) 振幅 A[m]を求めよ。
(2) 周期 T[s]を求めよ。
(3) 振動数 f[Hz]を求めよ。
(4) 角振動数 ω[rad/s]を求めよ。
(5) 速度 v[m/s]と時間 T[s]との関係を表すグラフをかけ。
(6) 加速度 a[m/s^2]と時間 T[s]との関係を表すグラフをかけ。
(7) $x = 0.10$[m]のときの加速度を求めよ。
(8) $x = -0.20$[m]のときの加速度を求めよ。

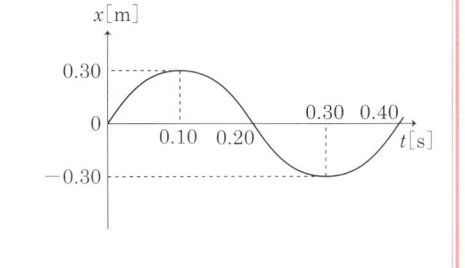

ビジュアル解答

(1) グラフより振幅は，
$$A = \underline{0.30}\,[\text{m}] \quad \cdots (答)$$

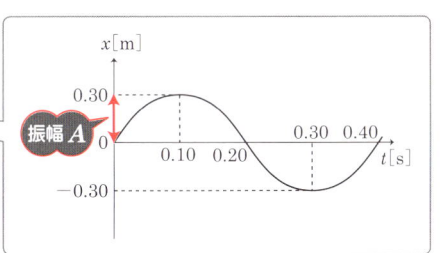

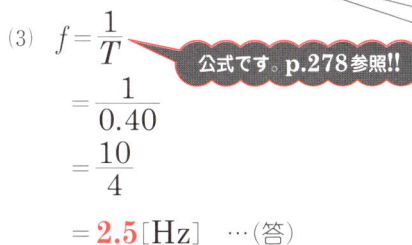

(2) グラフより周期は，
$$T = \underline{0.40}\,[\text{s}] \quad \cdots (答)$$

(3) $f = \dfrac{1}{T}$ 　公式です。p.278参照!!
$= \dfrac{1}{0.40}$
$= \dfrac{10}{4}$
$= \underline{2.5}\,[\text{Hz}] \quad \cdots (答)$ 　単位はヘルツです!!

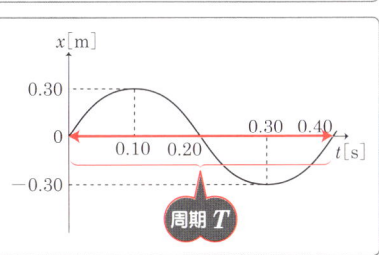

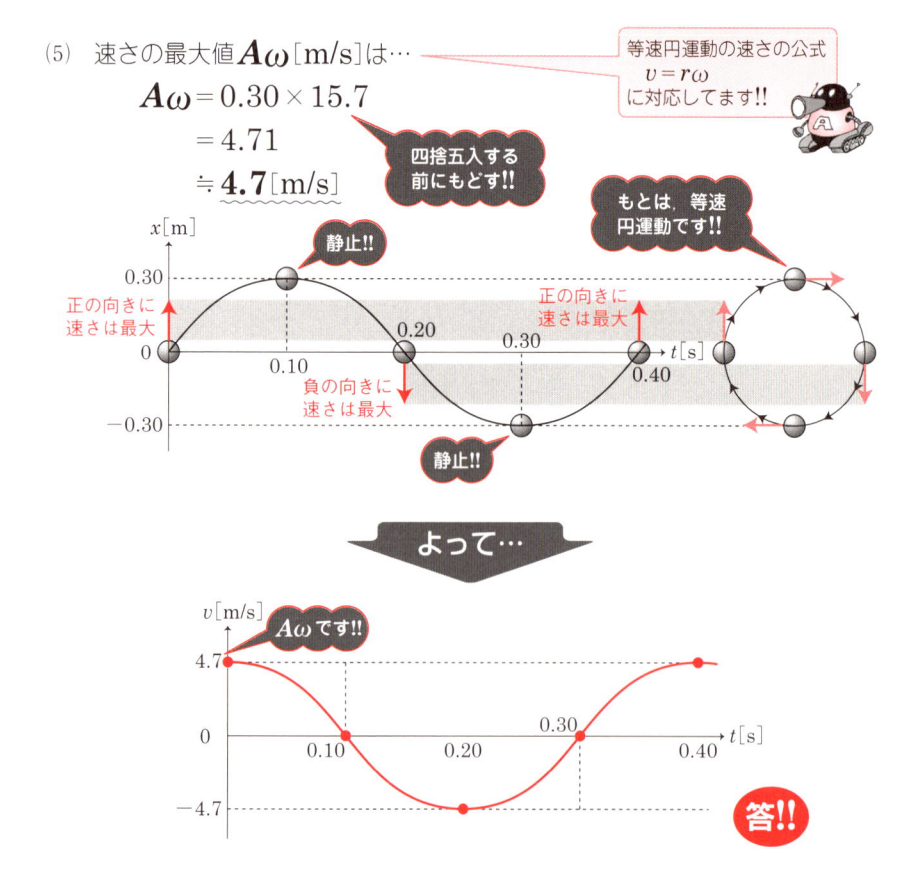

(4) $T = \dfrac{2\pi}{\omega}$ より， 〔公式です!! p.276参照!!〕

$T\omega = 2\pi$ 〔右辺の分母を払いました。〕

∴ $\omega = \dfrac{2\pi}{T}$

これに，数値を代入して…

$\omega = \dfrac{2 \times 3.14}{0.40}$ 〔$\pi = 3.14$ です。〕 〔(2)より，$T = 0.40$[s]〕

$= \dfrac{62.8}{4}$

$= 15.7$ 〔2ケタにしました!!〕

$\fallingdotseq \underline{\mathbf{16}\text{[rad/s]}}$ …(答)

(5) 速さの最大値 $\boldsymbol{A\omega}$[m/s] は… 〔等速円運動の速さの公式 $v = r\omega$ に対応してます!!〕

$\boldsymbol{A\omega} = 0.30 \times 15.7$

$= 4.71$ 〔四捨五入する前にもどす!!〕

$\fallingdotseq \mathbf{4.7}$[m/s]

〔静止!!〕 〔もとは，等速円運動です!!〕

〔正の向きに速さは最大〕 〔正の向きに速さは最大〕

〔負の向きに速さは最大〕

〔静止!!〕

よって…

〔$A\omega$ です!!〕

答!!

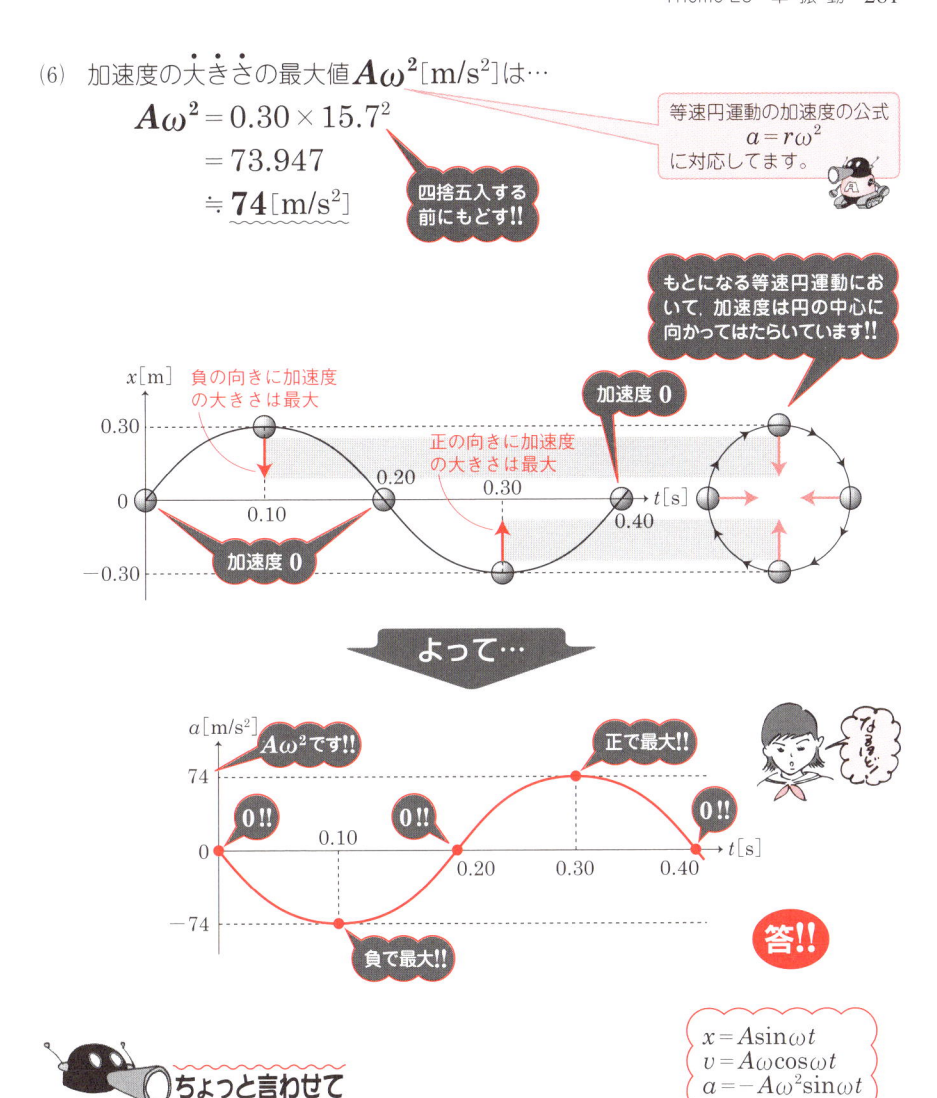

(6) 加速度の大きさの最大値 $A\omega^2$ [m/s²] は…

$$A\omega^2 = 0.30 \times 15.7^2$$
$$= 73.947$$
$$\fallingdotseq \underline{\mathbf{74}} \, [\text{m/s}^2]$$

等速円運動の加速度の公式
$a = r\omega^2$
に対応してます。

四捨五入する前にもどす!!

もとになる等速円運動において，加速度は円の中心に向かってはたらいています!!

負の向きに加速度の大きさは最大

正の向きに加速度の大きさは最大

加速度 0

加速度 0

よって…

$A\omega^2$ です!!

正で最大!!

0!!　0!!　0!!

負で最大!!

答!!

$x = A\sin\omega t$
$v = A\omega\cos\omega t$
$a = -A\omega^2\sin\omega t$

ちょっと言わせて

　(5)や(6)は公式を機械的に活用して考えてもよいが，応用が効かなくなるので，おすすめしません。

　問題によっては，$x = A\cos\omega t$ のようなグラフで攻めてくるかもしれないので，もとになる等速円運動の動きと照らし合わせて，理解しましょう!!

(7) 　"加速度の大きさ"ではなく,"加速度"であるから,向きも考える必要があります。

$x = 0.10\,[\mathrm{m}]$ より,求める加速度を $a\,[\mathrm{m/s^2}]$ として,

$$a = -\omega^2 x$$ 　超重要公式です!!
$$= -15.7^2 \times 0.10$$
$$= -24.649$$
$$\fallingdotseq \underline{-25}\,[\mathrm{m/s^2}] \quad \cdots (答)$$

マイナスをつけないとダメ!!

(8) $x = -0.20\,[\mathrm{m}]$ より,求める加速度を $a\,[\mathrm{m/s^2}]$ として,

$$a = -\omega^2 x$$ 　重要公式!!
$$= -15.7^2 \times (-0.20)$$
$$= 49.298$$
$$\fallingdotseq \underline{49}\,[\mathrm{m/s^2}] \quad \cdots (答)$$

問題85 標準

下図のように，なめらかな水平面上に，質量 m [kg] のおもりのついたばね定数 k [N/m] のばねが，一端を壁に固定して置かれている。ばねが自然長のときのおもりの位置を原点 O とし，ばねが伸びる向きを正の向きとした x 軸を定める。ばねを l [m] 引いて放したところ，おもりは単振動を始めた。このとき，次の各問いに答えよ。

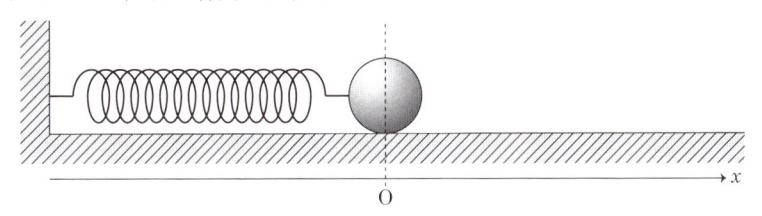

(1) この単振動の振幅を求めよ。
(2) おもりが座標 x にいるときの加速度を求めよ。
(3) この単振動の角振動数を求めよ。
(4) この単振動の周期を求めよ。

ナイスな導入

(1) 単振動は，振動の中心に対して対称に運動します。

ばねを l [m] 引いて放したのであるから，ばねが l [m] 縮んだところまでいって，おもりは引き返してきます。

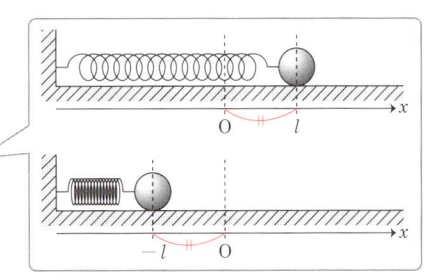

よって!!

振幅は l [m] です!! ラク勝!!

これは，"力学的エネルギー保存の法則" からも簡単に説明がつきます。やってみましょう!!

ばねが縮む最大値を $L\,[\mathrm{m}]$ とおきます。力学的エネルギー保存の法則から…

$$\frac{1}{2}kL^2 = \frac{1}{2}kl^2$$

ばねが $L\,[\mathrm{m}]$ 縮んだときの弾性力による位置エネルギー

ばねを $l\,[\mathrm{m}]$ 引いたときの弾性力による位置エネルギー

両端ではおもりはいったん静止するので、運動エネルギーはともに $0\,[\mathrm{J}]$ です!!

$$L^2 = l^2$$
$L > 0$ として、
$$L = l$$

本当だ!!
伸ばした長さ＝縮んだ長さ になるわけか…

(2)

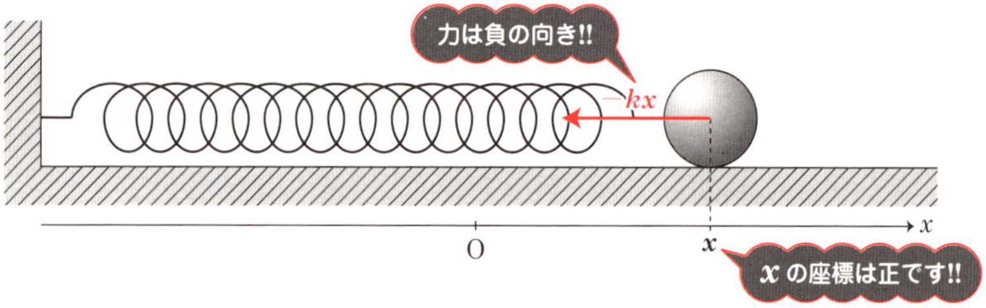

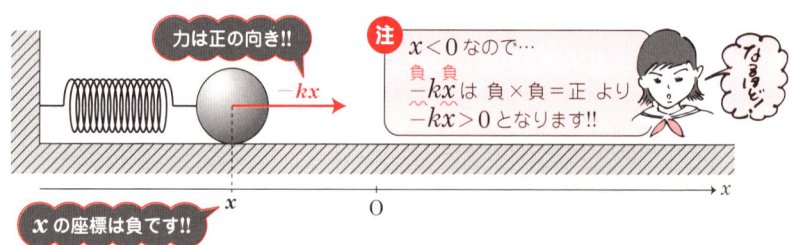

力は負の向き!!
$-kx$
x の座標は正です!!

力は正の向き!!
$-kx$
注 $x < 0$ なので…
　　　負 負
$-kx$ は 負×負＝正 より
$-kx > 0$ となります!!

x の座標は負です!!

座標 x におけるおもりの運動方程式は、

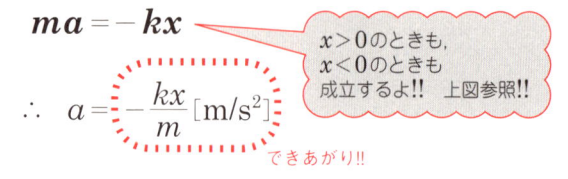

$$ma = -kx$$

$x > 0$ のときも、$x < 0$ のときも成立するよ!! 上図参照!!

$$\therefore\ a = -\frac{kx}{m}\,[\mathrm{m/s^2}]$$

できあがり!!

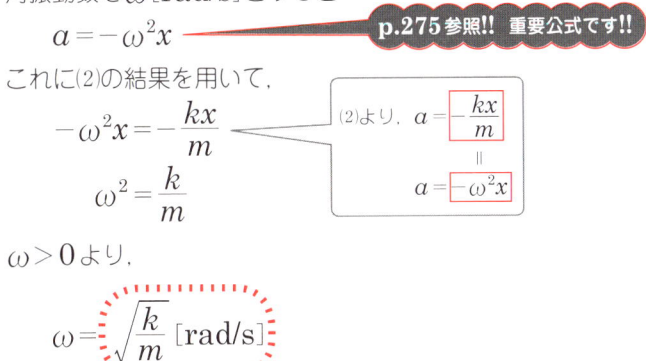

(3) 角振動数を ω [rad/s] とすると…

$$a = -\omega^2 x$$

> p.275 参照!! 重要公式です!!

これに(2)の結果を用いて，

$$-\omega^2 x = -\frac{kx}{m}$$

$$\omega^2 = \frac{k}{m}$$

> (2)より，$a = -\dfrac{kx}{m} = -\omega^2 x$

$\omega > 0$ より，

$$\omega = \sqrt{\frac{k}{m}} \text{ [rad/s]}$$

できあがり!!

(4) 単振動の周期を T [s] として…

$$T = \frac{2\pi}{\omega}$$

> 等速円運動のころからおなじみの公式です。

$$= \frac{2\pi}{\sqrt{\dfrac{k}{m}}}$$

$$= \frac{2\pi\sqrt{m}}{\sqrt{k}}$$

> 分子と分母に $\sqrt{m}$ をかけた!!
> $\dfrac{2\pi \times \sqrt{m}}{\sqrt{\dfrac{k}{m}} \times \sqrt{m}} = \dfrac{2\pi\sqrt{m}}{\sqrt{k}}$

$$= 2\pi\sqrt{\frac{m}{k}} \text{ [s]}$$

できあがり!!

解答でござる

(1) 単振動は，振動の中心に関して対称的に運動する。ばねを l [m] 引いて放したことから，この単振動の振幅は，

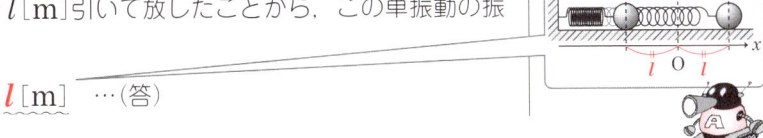

　　l [m] …(答)

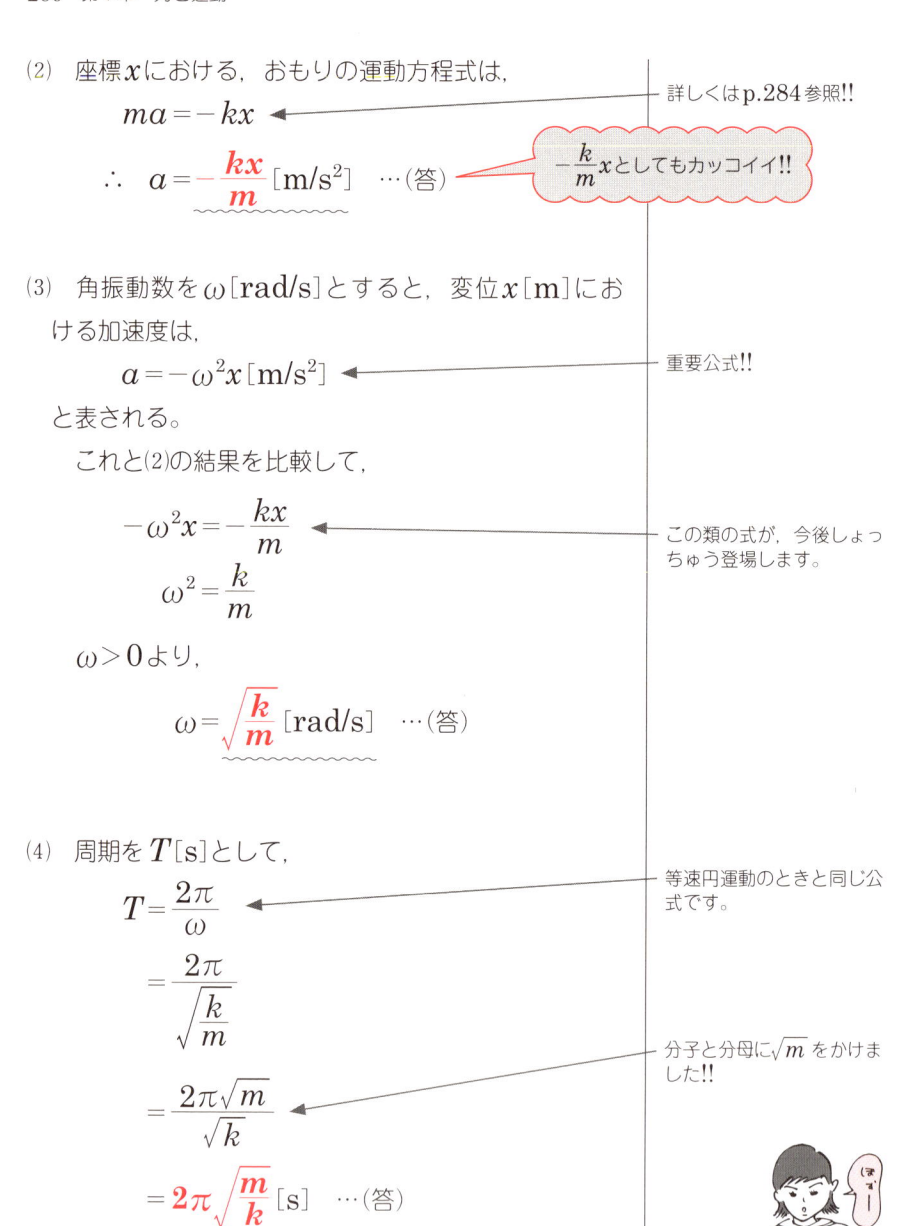

(2) 座標 x における，おもりの運動方程式は，

$$ma = -kx$$

∴ $a = -\dfrac{kx}{m}$ [m/s²] …(答)

← 詳しくはp.284参照!!

$-\dfrac{k}{m}x$ としてもカッコイイ!!

(3) 角振動数を ω [rad/s] とすると，変位 x [m] における加速度は，

$$a = -\omega^2 x \text{ [m/s}^2\text{]}$$

と表される。

← 重要公式!!

これと(2)の結果を比較して，

$$-\omega^2 x = -\dfrac{kx}{m}$$

$$\omega^2 = \dfrac{k}{m}$$

← この類の式が，今後しょっちゅう登場します。

$\omega > 0$ より，

$$\omega = \sqrt{\dfrac{k}{m}} \text{ [rad/s]} \quad \text{…(答)}$$

(4) 周期を T [s] として，

$$T = \dfrac{2\pi}{\omega}$$

$$= \dfrac{2\pi}{\sqrt{\dfrac{k}{m}}}$$

$$= \dfrac{2\pi\sqrt{m}}{\sqrt{k}}$$

$$= 2\pi\sqrt{\dfrac{m}{k}} \text{ [s]} \quad \text{…(答)}$$

← 等速円運動のときと同じ公式です。

← 分子と分母に $\sqrt{m}$ をかけました!!

こんなのはいかが??

問題86 ちょいムズ

質量 m [kg], 断面積 S [m²] の円筒形の木片が, 鉛直に浮いている。

重力加速度の大きさを g [m/s²], 水の密度を ρ [kg/m³] として, 次の各問いに答えよ。

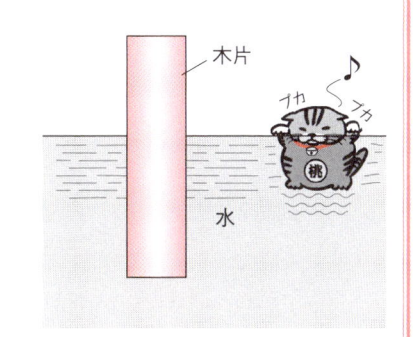

(1) 木片が水中に入っている長さ l_0 [m] を求めよ。

(2) 木片を少し指で真下に押して, 静かに指をはなしたところ, 木片は単振動をした。この単振動の周期 T [s] を求めよ。

ビジュアル解答

(1) 木片が水中に入っている体積は…
$$S \times l_0 = Sl_0 \, [\text{m}^3]$$
この体積分の水の質量は…
$$\rho \times Sl_0 = \rho Sl_0 \, [\text{kg}]$$
よって, 木片にはたらく浮力 f_0 [N] は,
$$f_0 = \rho Sl_0 g \, [\text{N}]$$
この浮力 f_0 [N] が, 木片の重力 mg [N] とつり合うから,
$$\rho Sl_0 g = mg \quad \cdots ①$$
$$l_0 = \frac{m}{\rho S} \, [\text{m}] \quad \cdots (答)$$

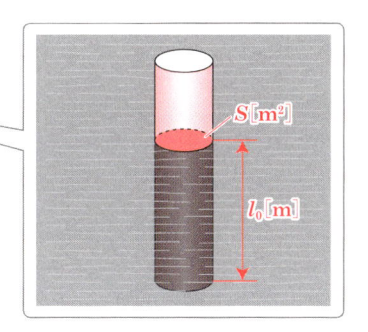

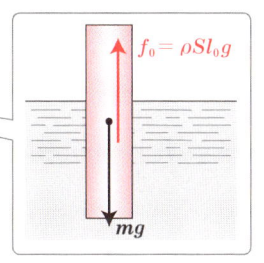

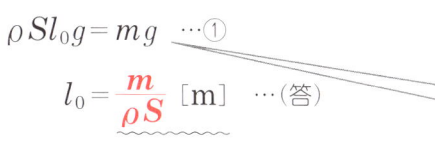

(2)

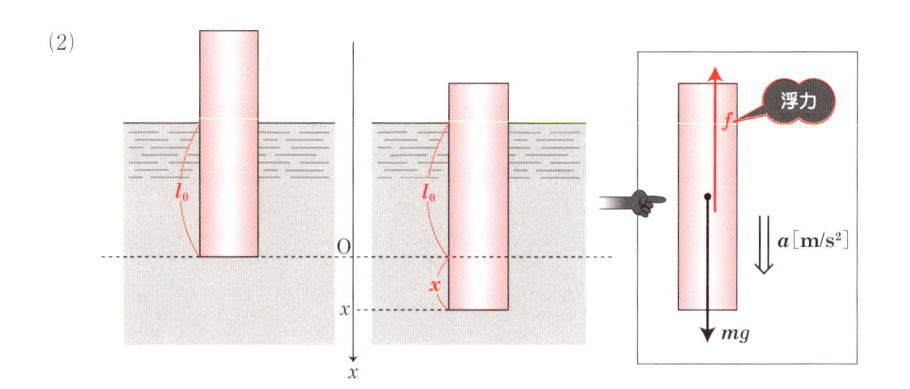

上図のように，つり合いの位置での木片の下端を原点Oとして，鉛直下向きにx軸をとる。木片の下端が，座標xにあるときの木片の運動方程式を考えることにしよう!!

まず，このときの木片にはたらく浮力fは…
$$f = \rho S(l_0 + x)g$$

> 木片が水中に入っている体積は…
> $S(l_0+x)$ [m^3]
> この体積分の水の質量は…
> $\rho S(l_0+x)$ [kg]
> よって，浮力は…
> $\rho S(l_0+x)g$ [N]

このとき，木片の運動方程式は，
$$ma = mg - f$$
$$ma = mg - \rho S(l_0 + x)g$$
$$ma = mg - \rho S l_0 g - \rho S g x \quad \cdots ②$$

②で(1)の①を考えると，
$$ma = -\rho S g x$$
$$\therefore \quad a = -\frac{\rho S g x}{m} \quad \cdots ③$$

> $\rho S l_0 g = mg \quad \cdots ①$
> ①より，②において…
> $ma = mg - \rho S l_0 g - \rho S g x$
> 消える!!

一方，角振動数がω [rad/s]である単振動の変位xにおける加速度aは，
$$a = -\omega^2 x \quad \cdots ④$$

であるから，

おーっ!! また出てきた!!

③と④から，
$$-\omega^2 x = -\frac{\rho S g x}{m}$$
$$\omega^2 = \frac{\rho S g}{m}$$

いつものヤツね… 最近定番だなぁ…

$\omega > 0$ より,

$$\omega = \sqrt{\frac{\rho S g}{m}}$$

よって, 単振動の周期 $T[\mathrm{s}]$ は,

$$T = \frac{2\pi}{\omega}$$ ◁ 公式です!!

$$= \frac{2\pi}{\sqrt{\dfrac{\rho S g}{m}}}$$

$$= \frac{2\pi \sqrt{m}}{\sqrt{\rho S g}}$$ ◁ 分子と分母に $\sqrt{m}$ をかけた!!

$$= 2\pi \sqrt{\frac{m}{\rho S g}} \quad \cdots (答)$$

おいらも単振動するぞーっ!!

ばねを縦にしてみましょう。

問題87　標準

ばね定数k[N/m]のばねの一端を天井に固定し，他端に質量m[kg]のおもりをつけて，つり合いの位置からl[m]引いて放すと，おもりは単振動を始めた。このとき，次の各問いに答えよ。

(1) この単振動の周期を求めよ。
(2) この単振動の振幅を求めよ。

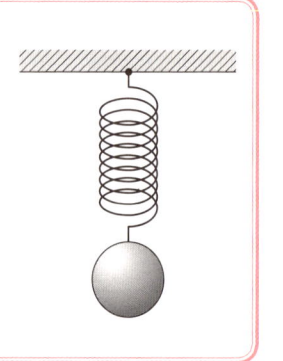

ビジュアル解答

(1) 質量m[kg]のおもりをつけたとき，ばねが自然長からd[m]だけ伸びてつり合うとすると，つり合いの式は，

$$kd = mg \quad \cdots ①$$

つり合いの位置を原点Oとし，鉛直下向きを正の向きとして，x軸を定める。

座標xにおける，おもりの運動方程式は，

$$ma = mg - k(x+d) \quad \cdots ②$$

つり合いの位置でd伸びていて，さらにx伸ばしているので，合計$x+d$伸びている!!

②より，

$$ma = mg - kx - kd$$

これに①を用いて，

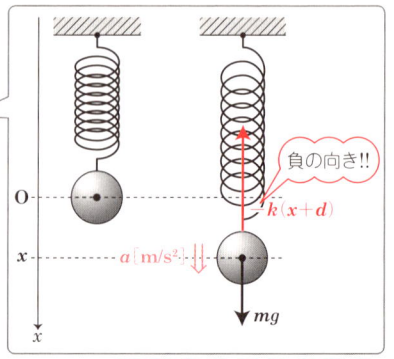

運動方程式を立てるときは，向きに注意してくれ!!

$$ma = mg - kx - kd$$
$$\therefore\ ma = -kx \quad \cdots ③$$

（①より，$kd = mg$ です!! よって消える!!）

（あれ…?? 問題85 と同じ式だ!!）

③より，
$$a = -\frac{kx}{m} \quad \cdots ④$$

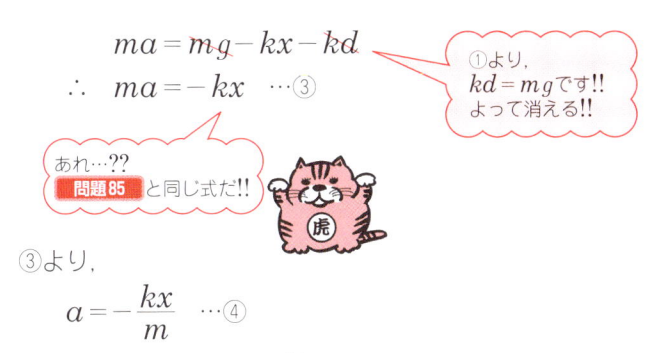

一方，角振動数を ω [rad/s] としたとき，変位 x [m] における加速度は，
$$a = -\omega^2 x \quad \cdots ⑤$$

（重要公式です!!）

④と⑤より，
$$-\omega^2 x = -\frac{kx}{m}$$
$$\omega^2 = \frac{k}{m}$$

$\omega > 0$ より，
$$\omega = \sqrt{\frac{k}{m}}$$

よって，この単振動の周期を T [s] とすると，
$$T = \frac{2\pi}{\omega}$$
$$= \frac{2\pi}{\sqrt{\frac{k}{m}}}$$
$$= \frac{2\pi\sqrt{m}}{\sqrt{k}}$$

（分子と分母に $\sqrt{m}$ をかけた!!）

$$= \boldsymbol{2\pi\sqrt{\frac{m}{k}}} \text{ [s]} \quad \cdots （答）$$

（問題85 と同じ答えです!!）

(2) 単振動は振動の中心に対して対称に運動する。この単振動の振動の中心は，つり合いの位置である。このつり合いの位置から l [m] 引いて放したことから，この l [m] こそが振幅となる。よって，振幅は $\underline{l}$ [m]　…（答）

確認コーナー

(2)の証明をしてみましょう!!

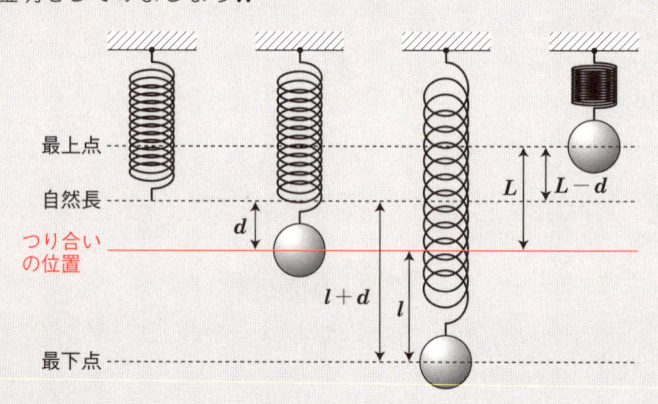

最下点と最上点では、おもりがいったん停止しているので、ともに運動エネルギーは$0[\mathrm{J}]$です。

つり合いの位置を基準点として、重力による位置エネルギーを考える。最上点がつり合いの位置より$L[\mathrm{m}]$上方にあるとして、

最上点における力学的エネルギーの総和は、

$$mgL + \frac{1}{2}k(L-d)^2 \quad \cdots ㋑$$

上図参照!! $L-d[\mathrm{m}]$ ばねは縮んでいる。

最下点における力学的エネルギーの総和は、

$$-mgl + \frac{1}{2}k(l+d)^2 \quad \cdots ㋺$$

"力学的エネルギー保存の法則"から、㋑と㋺の値は等しくなる!!

$$mgL + \frac{1}{2}k(L-d)^2 = -mgl + \frac{1}{2}k(l+d)^2$$
$$2mgL + k(L-d)^2 = -2mgl + k(l+d)^2 \quad \times 2$$

p.290の①より、$kd = mg$であるから、

$$2kdL + k(L-d)^2 = -2kdl + k(l+d)^2$$
$$2kdL + k(L^2 - 2Ld + d^2) = -2kdl + k(l^2 + 2ld + d^2)$$
$$2kdL + kL^2 - 2kLd + kd^2 = -2kdl + kl^2 + 2kld + kd^2$$
$$kL^2 = kl^2$$
$$L^2 = l^2$$

どんどん消える!!

$L > 0$ として,
$$L = l$$ キターッ!!

よって,

| つり合いの位置から最上点までの距離 | $=$ | つり合いの位置から最下点までの距離 | $=$ | l 振幅 |

なるほど!

ザ・まとめ

① ばね定数 $k\,[\mathrm{N/m}]$ のばねに, 質量 $m\,[\mathrm{kg}]$ の物体をつけて単振動させたときの周期 $T\,[\mathrm{s}]$ は…

☞ 一般的に**ばね振子**と呼びます。

$$T = 2\pi\sqrt{\frac{m}{k}}\,[\mathrm{s}]$$

注 問題85 と 問題87 を比較してもらえばわかると思いますが, この値はばねをつるす向きに関係ありません!!

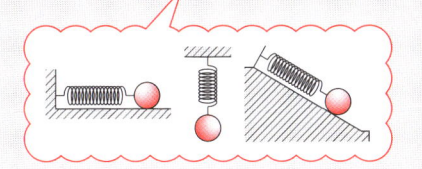

m と k で…
みかんと覚えよう!!

② 単振動における振幅は, つり合いの位置から, 最初に与えた変位の大きさで決まる。

問題88 ─ 標準

次のそれぞれのばね振子の周期 T[s] を求めよ。ただし，おもりの質量はすべて m[kg] とする。

(1) ばね定数が k_1[N/m] のばねと，ばね定数が k_2[N/m] のばねを直列につなぎ，なめらかな水平面で単振動させる。

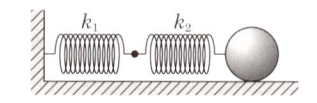

(2) ばね定数が k_1[N/m] のばねと，ばね定数が k_2[N/m] のばねを並列につなぎ，鉛直方向に単振動させる。

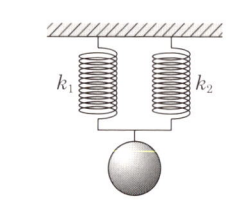

(3) ばね定数が k_1[N/m] のばねと，ばね定数が k_2[N/m] のばねを直列につなぎ，傾き θ のなめらかな斜面で単振動させる。

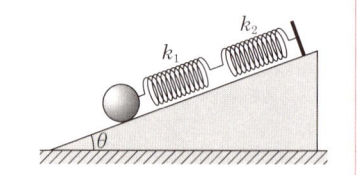

(4) ばね定数が k_1[N/m] のばねと，ばね定数が k_2[N/m] のばねを並列につなぎ，鉛直上向きに a[m/s^2] で加速度運動するエレベーターの中で，鉛直方向に単振動させる。

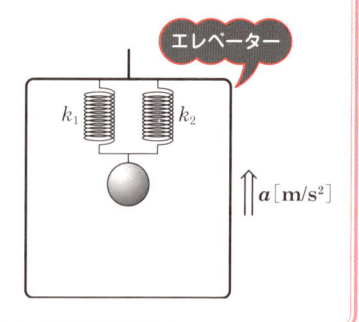

ナイスな導入

前ページの ザ・まとめ でも述べましたが，ばね振子の周期 T[s]は，ばねの性質であるばね定数 k[N/m]と物体の質量 m[kg]のみで決まりました。つまり，重力や慣性力の影響はないということです。

$mとkでみかん$

$$T = 2\pi\sqrt{\frac{m}{k}}\ [\text{s}]$$

あとは，合成ばね定数の求め方を覚えていれば，ラク勝です。

合成ばね定数（1本のばねと考えたときのばね定数）

ばね定数が k_1[N/m]のばねと，ばね定数が k_2[N/m]のばねを，次のようにつないだときの合成ばね定数を K[N/m]とする。

① 直列につなぐとき

$$\frac{1}{K} = \frac{1}{k_1} + \frac{1}{k_2}$$

p.97で学習しましたよ!!

② 並列につなぐとき

$$K = k_1 + k_2$$

解答でござる

(1) 直列だから，合成ばね定数 K[N/m]として，

$$\frac{1}{K} = \frac{1}{k_1} + \frac{1}{k_2}$$

$$\frac{1}{K} = \frac{k_1 + k_2}{k_1 k_2}$$ ← 通分しました!!

$$\therefore\ K = \frac{k_1 k_2}{k_1 + k_2}\ [\text{N/m}]$$ ← 両辺逆数をとる!!

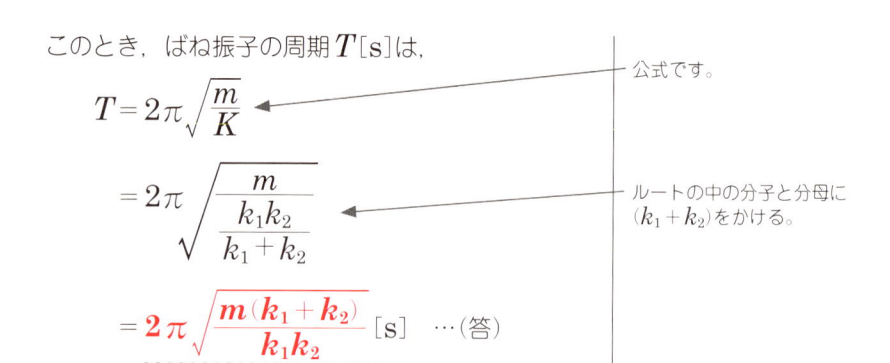

このとき，ばね振子の周期 T [s] は，

$$T = 2\pi\sqrt{\frac{m}{K}}$$

← 公式です。

$$= 2\pi\sqrt{\frac{m}{\dfrac{k_1 k_2}{k_1 + k_2}}}$$

← ルートの中の分子と分母に (k_1+k_2) をかける。

$$= \underline{\underline{2\pi\sqrt{\frac{m(k_1+k_2)}{k_1 k_2}}}} \text{ [s]} \quad \cdots \text{(答)}$$

(2) 注 ばねが鉛直方向になっているが，周期には無関係です。

並列だから，合成ばね定数を K [N/m] として，
$$K = k_1 + k_2 \text{ [N/m]}$$

このとき，ばね振子の周期 T [s] は，

$$T = 2\pi\sqrt{\frac{m}{K}}$$

← 公式です!!

$$= \underline{\underline{2\pi\sqrt{\frac{m}{k_1+k_2}}}} \text{ [s]} \quad \cdots \text{(答)}$$

(3) 注 ばねが斜めになっていますが，周期には無関係です。

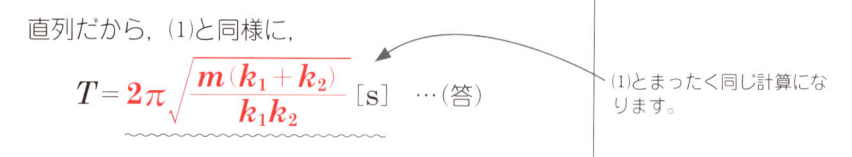

直列だから，(1)と同様に，

$$T = \underline{\underline{2\pi\sqrt{\frac{m(k_1+k_2)}{k_1 k_2}}}} \text{ [s]} \quad \cdots \text{(答)}$$

(1)とまったく同じ計算になります。

(4) 注 エレベーター内で，おもりに慣性力がはたらきますが，周期には無関係です。ばね定数と質量のみで周期は決まる!!

並列だから，(2)と同様に，

$$T = \underline{\underline{2\pi\sqrt{\frac{m}{k_1+k_2}}}} \text{ [s]} \quad \cdots \text{(答)}$$

(2)とまったく同じ計算になります。

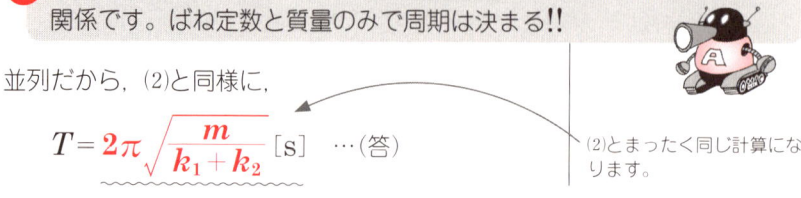

くれぐれも油断しないように!!

問題89 〈標準〉

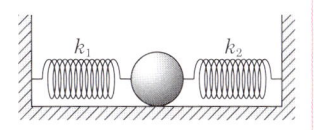

右図のように，ばね定数が k_1, k_2 のばねを水平につないだ質量 m の物体が，水平でなめらかな平面上に置かれている。2つのばねの一端は壁に固定され，ばねは自然長である。いま，物体を右に l だけ動かして放すと，物体は単振動を始めた。このとき，次の各問いに答えよ。

(1) この単振動の振幅を求めよ。
(2) この単振動の周期を求めよ。
(3) 物体がはじめの静止の位置を通る瞬間の速さを求めよ。

ナイスな警告!! えーっ!!

ばねが2つ横に並んでるからって，直列じゃないぞ!! よく見てくれ!! 物体が間にはさまってるじゃん!!

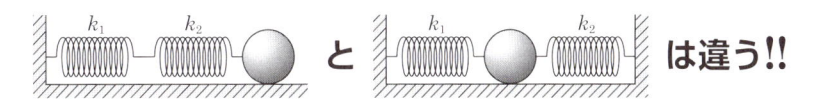

と　は違う!!

まぁ，詳しくは解答にて✋

解答でござる

(1) つり合いの位置（単振動の中心）から，最初に動かした距離が l であるから，この単振動の振幅は，

l …(答)

本問では，つり合いの位置は2つのばねが自然長のときの位置です。

一方のばねは伸び，一方のばねは縮むわけだ…

(2)

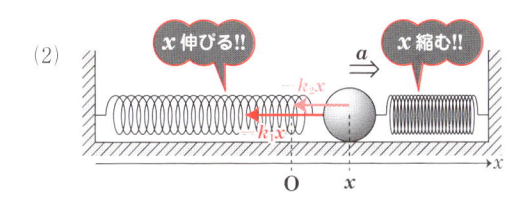

最初のおもりの位置を原点Oとし，右向きを正の向きとしてx軸を定める。おもりが座標xにあるときの運動方程式は，

$$ma = -k_1 x - k_2 x$$
$$ma = -(k_1 + k_2)x$$
$$\therefore\ a = -\frac{(k_1 + k_2)x}{m} \quad \cdots ①$$

いずれのばねの弾性力も変位と逆向きにはたらく!!

一方，角振動数をωとしたとき，座標xにおける加速度aは，

$$a = -\omega^2 x \quad \cdots ②$$

重要公式です。

と表せる。

①と②より，

$$-\omega^2 x = -\frac{(k_1 + k_2)x}{m}$$

$$\omega^2 = \frac{k_1 + k_2}{m}$$

いつものパターンです!!
問題85 & 問題87 でも登場しました!!

$\omega > 0$ より，

$$\therefore\ \omega = \sqrt{\frac{k_1 + k_2}{m}}$$

この単振動の周期をTとして，

$$T = \frac{2\pi}{\omega}$$

等速円運動と共通の公式

$$= \frac{2\pi}{\sqrt{\dfrac{k_1 + k_2}{m}}}$$

$$= \frac{2\pi \sqrt{m}}{\sqrt{k_1 + k_2}}$$

分子と分母に$\sqrt{m}$をかけた。

$$= \boldsymbol{2\pi \sqrt{\frac{m}{k_1 + k_2}}} \quad \cdots(答)$$

(3) **物体を右に l だけ動かして放す直前**

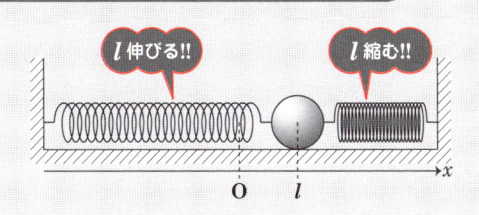

l 伸びる!!　　l 縮む!!

ばねの弾性力による位置エネルギーの合計は，

$$\frac{1}{2}k_1 l^2 + \frac{1}{2}k_2 l^2$$

このとき，物体は静止しているので，運動エネルギーは0である!!

等しい!!

物体がはじめの静止の位置を通る瞬間

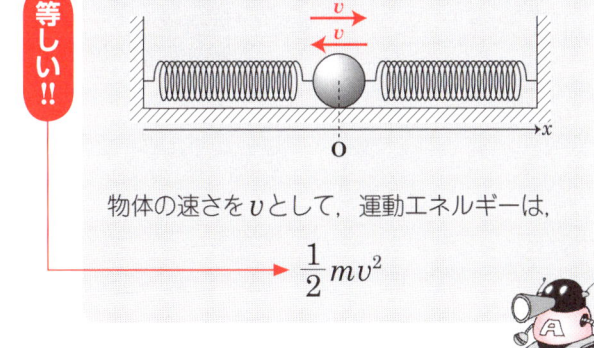

物体の速さを v として，運動エネルギーは，

$$\frac{1}{2}mv^2$$

このとき，2本のばねは自然長であるから，ばねの弾性力による位置エネルギーは0である!!
単振動であるから，v の向きは2通りある!!

力学的エネルギー保存の法則から，物体がはじめの静止の位置を通る瞬間の速さを v として，

$$\frac{1}{2}mv^2 = \frac{1}{2}k_1 l^2 + \frac{1}{2}k_2 l^2$$ ← 上の解説を見てくれ!!

$$mv^2 = k_1 l^2 + k_2 l^2$$ ← 両辺を2倍!!

$$= (k_1 + k_2)l^2$$

$$v^2 = \frac{(k_1 + k_2)l^2}{m}$$

$v>0$ より，

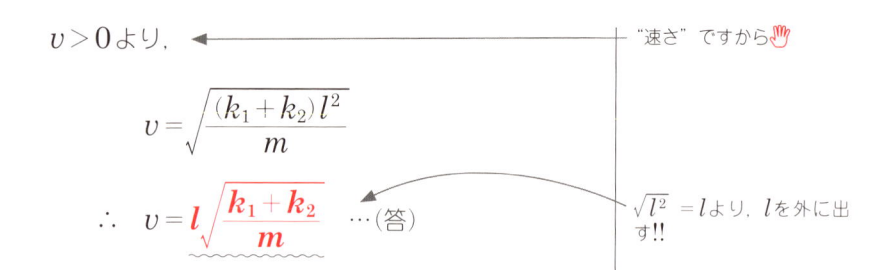

$$v = \sqrt{\frac{(k_1+k_2)l^2}{m}}$$

∴ $v = l\sqrt{\dfrac{k_1+k_2}{m}}$ …(答)

> "速さ"ですから

> $\sqrt{l^2}=l$ より，l を外に出す!!

別解でござる

(3) 振動の中心を通るとき，速さは最大である。この速さを v とおくと，

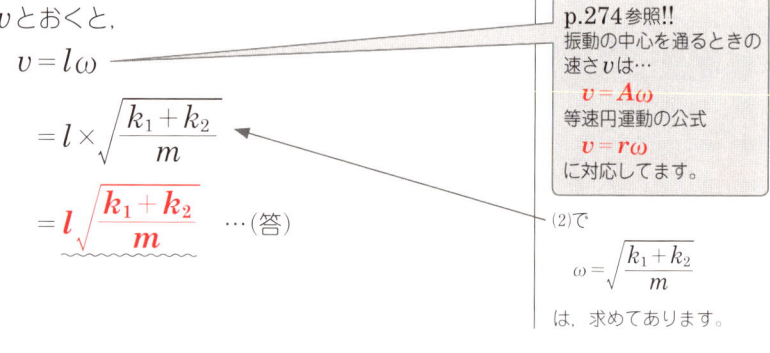

$v = l\omega$

$\quad = l \times \sqrt{\dfrac{k_1+k_2}{m}}$

$\quad = l\sqrt{\dfrac{k_1+k_2}{m}}$ …(答)

> p.274参照!!
> 振動の中心を通るときの速さ v は…
> $v = A\omega$
> 等速円運動の公式
> $v = r\omega$
> に対応してます。

> (2)で
> $\omega = \sqrt{\dfrac{k_1+k_2}{m}}$
> は，求めてあります。

Theme 27 単振り子

糸が切れるぞ!!

とりあえず覚えてくれ!!

長さ l [m] の糸におもりをつけて，小さく振動させたときの単振動の周期 T [s] は，重力加速度を g [m/s^2] として…

$$T = 2\pi\sqrt{\frac{l}{g}}$$

l と g で**りんご**と覚えてくれ!!

この証明は 問題92 でやりましょう!!

注 振幅が大きいと，円運動の一部になってしまうので，単振動に近似することはできない!!

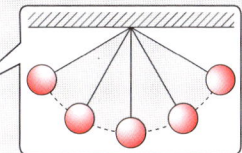

問題90 キソ

長さ 0.80 [m] の糸に 0.20 [kg] のおもりをつけて，小さく振動させた。この単振り子の周期を求めよ。ただし，重力加速度の大きさを 9.8 [m/s^2] とする。

解答でござる

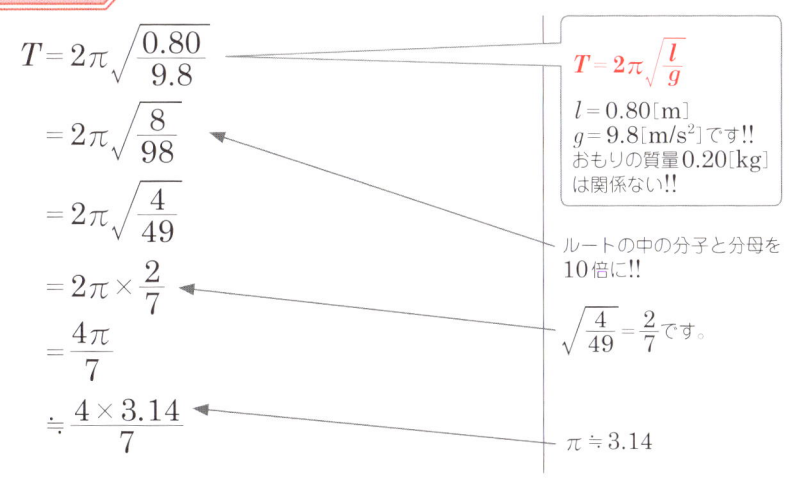

$$T = 2\pi\sqrt{\frac{0.80}{9.8}}$$

$$= 2\pi\sqrt{\frac{8}{98}}$$

$$= 2\pi\sqrt{\frac{4}{49}}$$

$$= 2\pi \times \frac{2}{7}$$

$$= \frac{4\pi}{7}$$

$$\fallingdotseq \frac{4 \times 3.14}{7}$$

$T = 2\pi\sqrt{\frac{l}{g}}$

$l = 0.80$ [m]
$g = 9.8$ [m/s^2] です!!
おもりの質量 0.20 [kg] は関係ない!!

ルートの中の分子と分母を 10 倍に!!

$\sqrt{\frac{4}{49}} = \frac{2}{7}$ です。

$\pi \fallingdotseq 3.14$

$= 1.794\cdots$
$\fallingdotseq \underline{1.8}(\mathrm{s})$ …(答)　← 2ケタにしました。

問題91　標準

鉛直上向きに加速度 $a[\mathrm{m/s^2}]$ で上昇するロケットの天井に，長さ $l\,[\mathrm{m}]$ の単振り子を小さく振動させた。重力加速度を $g[\mathrm{m/s^2}]$ として，この単振り子の周期 $T[\mathrm{s}]$ を求めよ。

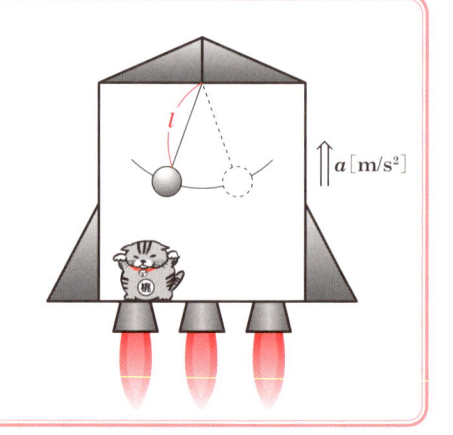

ナイスな導入

本問のテーマは…

重力と慣性力の合力 ＝ 見かけの重力

おもりの質量を $m[\mathrm{kg}]$ とすると…
ロケット内のおもりには，重力 $mg[\mathrm{N}]$ と，ロケットが鉛直上向きに加速することによって生じる慣性力 $ma[\mathrm{N}]$ が鉛直下向きにはたらく。

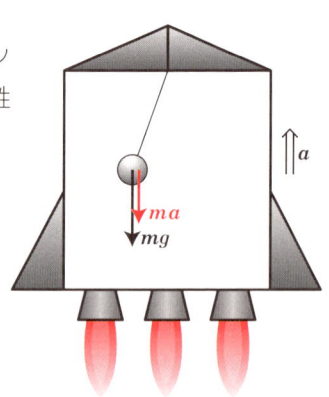

つまり…

ロケット内の観測者から見たおもりにはたらく見かけの重力は…

$$mg + ma = m(g+a) \quad (g')$$

よって!!

ロケット内の観測者から見た見かけの重力加速度 $g'[\mathrm{m/s^2}]$ は…
$g' = g + a\,[\mathrm{m/s^2}]$ となる!!

解答でござる

ロケット内の見かけの重力加速度 g' [m/s²] は,
$$g' = g + a$$
よって, この単振り子の周期 T [s] は…
$$T = 2\pi\sqrt{\frac{l}{g'}}$$
$$= 2\pi\sqrt{\frac{l}{g+a}} \quad \cdots(答)$$

詳しくは**ナイスな導入**参照!!

とうとう, この問題をやるときが…

問題92 モロ難

長さ l, おもりの質量 m の単振り子の周期を T と考える。振動の中心を O として, 水平方向に x 軸をとり, 糸が鉛直方向と角 θ をなしているときのおもりの座標を x とする。

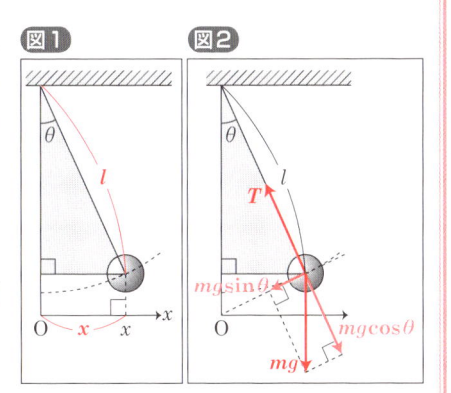

(1) 図1において, $\sin\theta$ の値を l と x で表せ。

(2) 図2において, 糸の張力 T と, 重力の法線方向の成分 $mg\cos\theta$ はつり合っている。重力の接線方向の成分 $mg\sin\theta$ が, ほぼ x 軸と平行であると考えて, x 軸の正の向きの加速度を a として, おもりの運動方程式を立てよ。

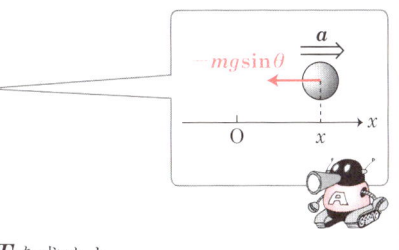

(3) (1)と(2)から, この単振り子の周期 T を求めよ。

解答でござる

(1) 図1より,

$$\sin\theta = \frac{x}{l} \quad \cdots(答)$$

(2) おもりのx軸方向の運動方程式は,

$$ma = -mg\sin\theta \quad \cdots(答)$$

注 実際は、$mg\sin\theta$は、接線方向にはたらいている（前ページ図2参照!!）。ところが、θがかなり小さい値と考えたとき、$mg\sin\theta$の向きは、x軸とほぼ平行であると考えてよい。

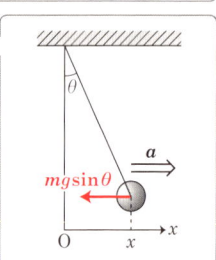

(3) (2)より,

$$a = -g\sin\theta \quad \cdots①$$

（両辺をmでわった。）

これに(1)の結果を代入して,

$$a = -g \times \frac{x}{l}$$

（$\sin\theta = \frac{x}{l}$）

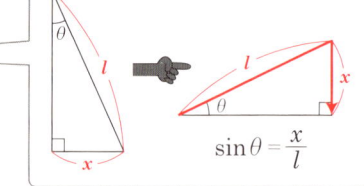

$$\therefore \quad a = -\frac{gx}{l} \quad \cdots②$$

一方、角振動数をωとしたとき、変位xにおける加速度aは,

$$a = -\omega^2 x \quad \cdots③$$

②と③より,
$$-\omega^2 x = -\frac{gx}{l}$$
$$\omega^2 = \frac{g}{l}$$

$\omega > 0$ より,
$$\omega = \sqrt{\frac{g}{l}}$$

この単振り子の周期 T は,
$$T = \frac{2\pi}{\omega}$$
$$= \frac{2\pi}{\sqrt{\dfrac{g}{l}}}$$
$$= \frac{2\pi\sqrt{l}}{\sqrt{g}}$$
$$= \boldsymbol{2\pi\sqrt{\frac{l}{g}}} \quad \cdots \text{(答)}$$

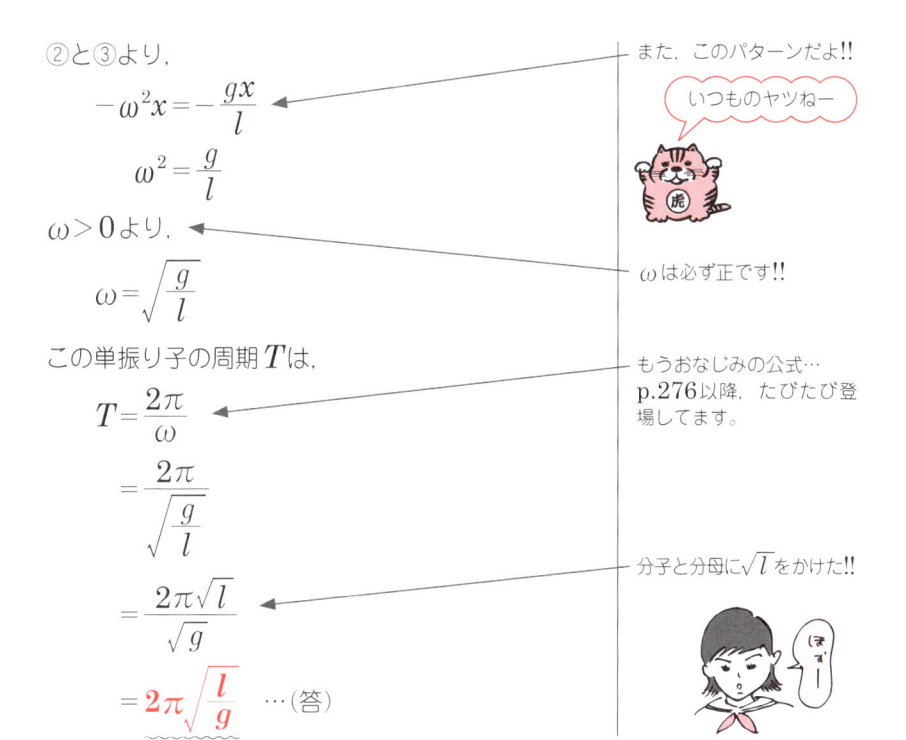

- また，このパターンだよ!!
- いつものヤツねー
- ω は必ず正です!!
- もうおなじみの公式… p.276以降，たびたび登場してます。
- 分子と分母に $\sqrt{l}$ をかけた!!

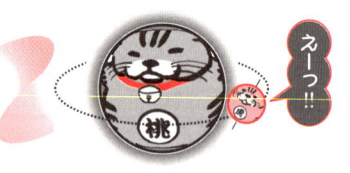

Theme 28 万有引力の法則

その1 "ケプラーの3法則" の巻

ケプラーの第1法則

惑星は，太陽を1つの焦点とする**楕円軌道上**を運動する。

右図のように，惑星が最も太陽に近づく点を近日点，最も太陽から遠ざかる点を遠日点と呼びます。

> 注　太陽系の惑星の軌道は，かなり円に近い楕円です。

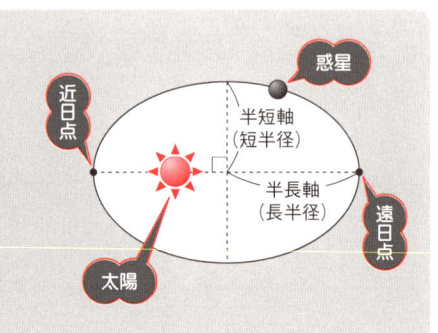

ケプラーの第2法則

惑星と太陽とを結ぶ線分が，単位時間（通常1秒間）に描く面積（これを**面積速度**と呼ぶ!!）は，一定である。もちろん!! この一定値は，惑星によって異なります。

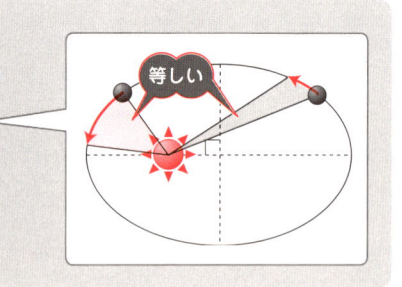

問題93　標準

ある惑星が近日点A，遠日点Bを通過する速さがそれぞれ，v_A, v_Bで，点Aと太陽までの距離がr_Aであるとき，点Bと太陽までの距離r_Bを求めよ。

ビジュアル解答

楕円の性質より，点Aと点Bにおける接線は，線分AB(長軸)と垂直である。

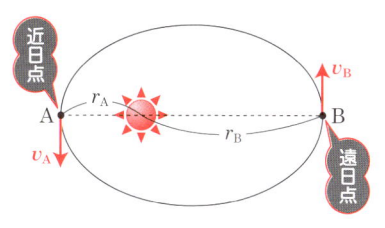

よって，v_A，v_Bの向きは，線分ABに垂直である。

さらに，単位時間(通常1秒間)において，点A，点Bにおける面積速度は，それぞれ三角形の面積に近似できます。

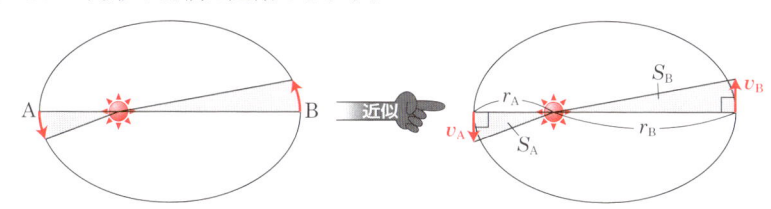

点Aでの面積速度S_Aは…

$$S_A = \frac{1}{2} r_A v_A \quad \cdots ①$$

点Bでの面積速度S_Bは…

$$S_B = \frac{1}{2} r_B v_B \quad \cdots ②$$

ケプラーの第2法則より，

$$S_A = S_B \quad \cdots ③$$

面積速度が等しい!!

①と②を③に代入して，

$$\frac{1}{2} r_A v_A = \frac{1}{2} r_B v_B$$

$$r_A v_A = r_B v_B \quad \text{両辺を2倍!!}$$

$$\therefore \quad r_B = \frac{r_A v_A}{v_B} \quad \cdots (答)$$

ケプラーの第3法則

惑星の公転周期 T の2乗(T^2)は，惑星の楕円軌道の半長軸(長半径) a の3乗(a^3)に比例する。

$$T^2 = ka^3$$

注 k は惑星の種類によらない比例定数です。つまり，すべての惑星において同じ値です!!

問題94 キソ

木星の公転軌道の半長軸(長半径)は，地球の約 5 倍ある。木星の公転周期は約何年であるか。有効数字 2 桁で答えよ。

ナイスな導入

$T^2 = ka^3$ より $\dfrac{T^2}{a^3} = k = $ 一定 である。

ケプラーの第3法則です!!

地球の公転周期は? 大丈夫??

解答でござる

地球の公転軌道の半長軸を l とおくと，木星の公転軌道の半長軸は $5l$ となる。 ← 問題文より，約5倍

木星の公転周期を T [年] として，ケプラーの第3法則から，

$$\frac{T^2}{(5l)^3} = \frac{1^3}{l^3}$$

地球の公転周期は1年

$$\frac{T^2}{125l^3} = \frac{1}{l^3}$$

$$T^2 = 125$$ ← 両辺を $125l^3$ 倍した。

$T>0$ より,

$\quad T=\sqrt{125}$

$\quad\quad =5\sqrt{5}$

$\quad\quad =5\times 2.24$

$\quad\quad =11.2$

$\quad\quad ≒11$ [年] …(答)

$\sqrt{5}=2.2360679$
$\sqrt{5}≒2.24$ としました。
2ケタより1ケタ多めに…

問題文に"有効数字2ケタ"
と指示があります。

11年…長っ…

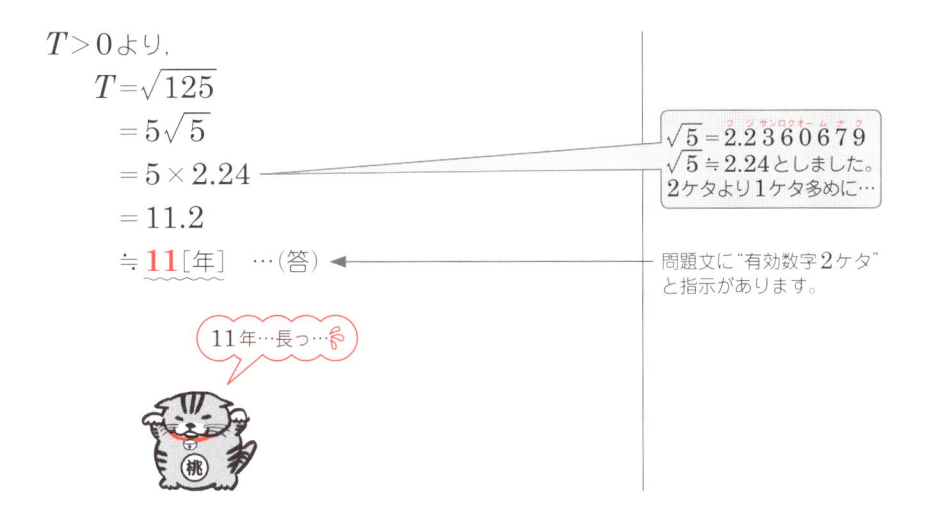

アントニオ豚木

PLOFIL(プロフィール)
12才。
のんびり屋ながら性格の良さに定評がある。
ハムが大好物！

その2 "万有引力の法則" の巻

万有引力の法則とは，結局，次の式のことである。

万有引力の法則

質量 m [kg] の物体と質量 M [kg] の物体が，距離 R [m] 離れて置かれているとき，物体間にはたらく力の大きさ F [N] は…

$$F = G\frac{mM}{R^2} \text{[N]}$$

で表されます。この力 F を **万有引力** と呼び，G を **万有引力定数** と呼びます。このとき，

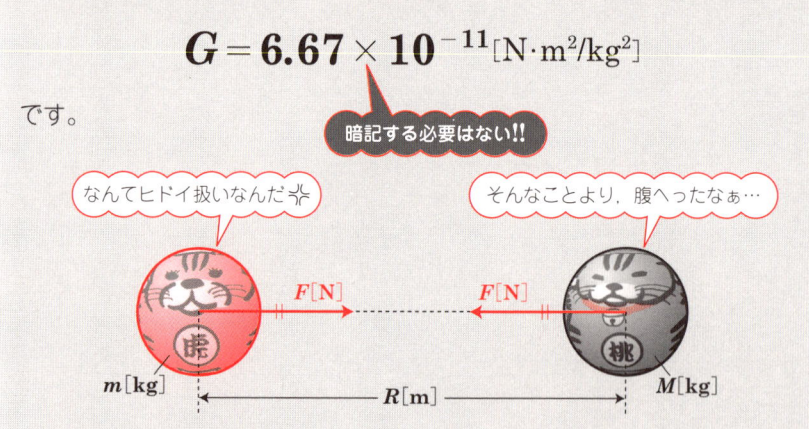

$$G = 6.67 \times 10^{-11} \text{[N·m}^2\text{/kg}^2\text{]}$$

です。

> 暗記する必要はない!!

> なんてヒドイ扱いなんだ

> そんなことより，腹へったなぁ…

F [N]　　F [N]

m [kg]　　R [m]　　M [kg]

注 すべての物体間で，万有引力ははたらいています。上の2匹のネコの間にも万有引力ははたらいています。しかし，2匹ともそれに気づいていません。それは，万有引力定数 G があまりにも小さな値なので，m か M のいずれかがとてつもなく大きな値でない限り，万有引力の存在は無視できます。太陽や地球のような天体の質量はハンパなく大きな値なので，われわれは地球に引きつけられ，地球は太陽のまわりを運動します。

> なるほど！

問題 95 標準

重力加速度 $g\,[\mathrm{m/s^2}]$ を,地球の質量 $M\,[\mathrm{kg}]$,地球の半径 $R\,[\mathrm{m}]$,万有引力定数 $G\,[\mathrm{N\cdot m^2/kg^2}]$ で表せ。ただし,地球は完全な球体であるとし,遠心力は無視できるものとする。

ナイスな導入

われわれは,地球の自転とともに回転してます。つまり,われわれには地球の引力(われわれと地球との間の万有引力)以外に,遠心力もはたらいています。しかし,この遠心力は引力の $0.3\,[\%]$ 程度なので,無視できます。

で!! 本問のポイントは…

地球は大きいので,地球の質量すべてが地球の中心(重心)に存在しているものと考えることです。

すると…

地球上の物体と地球の中心との距離,つまり地球の半径が地球上の物体と地球との距離となります。

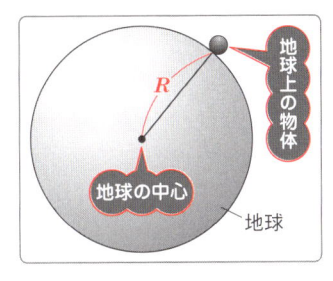

こう考える!!

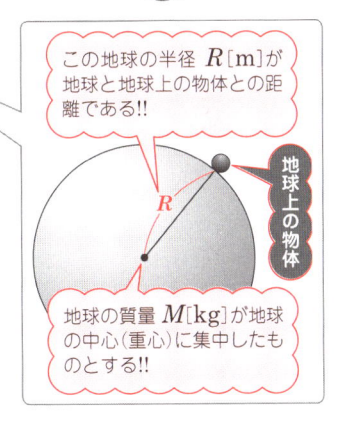

この地球の半径 $R\,[\mathrm{m}]$ が地球と地球上の物体との距離である!!

地球の質量 $M\,[\mathrm{kg}]$ が地球の中心(重心)に集中したものとする!!

解答でござる

地球上のある物体の質量を $m\,[\mathrm{kg}]$ とする。このとき，この物体と地球の間にはたらく万有引力 $F\,[\mathrm{N}]$ は，

$$F = G\frac{mM}{R^2} \quad \cdots ①$$

この $F\,[\mathrm{N}]$ を重力加速度 $g\,[\mathrm{m/s^2}]$ で表すと，

$$F = mg \quad \cdots ②$$

①と②より，

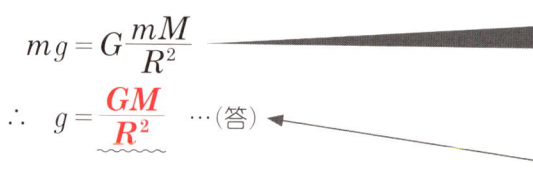

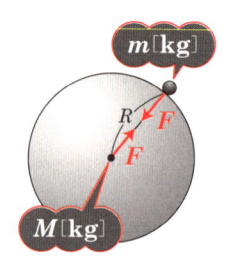

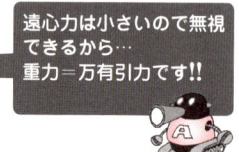

$$mg = G\frac{mM}{R^2}$$

$$\therefore \quad g = \frac{GM}{R^2} \quad \cdots （答）$$

> 遠心力は小さいので無視できるから…
> 重力＝万有引力です!!

これは，よく使う式です!!

押さえておこう!!

地球の質量 $M\,[\mathrm{kg}]$，地球の半径 $R\,[\mathrm{m}]$ とすると，重力加速度 $g\,[\mathrm{m/s^2}]$ は…

$$g = \frac{GM}{R^2}$$

> G は万有引力定数だよ。

問題96 標準

ある人工衛星が，地球の中心から$r[\mathrm{m}]$の円軌道を運動している。地球の半径を$R[\mathrm{m}]$，重力加速度の大きさを$g[\mathrm{m/s^2}]$として，人工衛星の速さを求めよ。

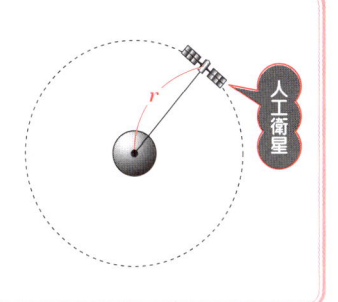

ビジュアル解答

人工衛星と地球間の万有引力が，この人工衛星が等速円運動するための向心力となっている!!
ここで…

> 人工衛星の質量……………$m[\mathrm{kg}]$
> 地球の質量…………………$M[\mathrm{kg}]$
> 万有引力定数………………$G[\mathrm{N \cdot m^2/kg^2}]$
> 人工衛星の速さ……………$v[\mathrm{m/s}]$

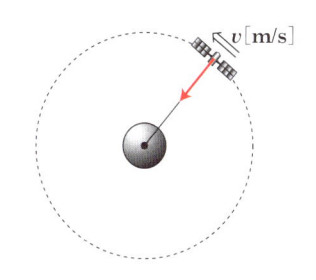

として…
人工衛星の運動方程式は…

$$m\frac{v^2}{r} = G\frac{mM}{r^2}$$

(向心力) (万有引力の法則)

$$v^2 = \frac{GM}{r}$$

両辺をmでわり，さらに両辺をr倍した!!

$v>0$より，

$$v = \sqrt{\frac{GM}{r}} \quad \cdots ①$$

ん??

これが解答といいたいところだが…。GとMは問題文に登場していない文字です🎀 なんとかしないと…。

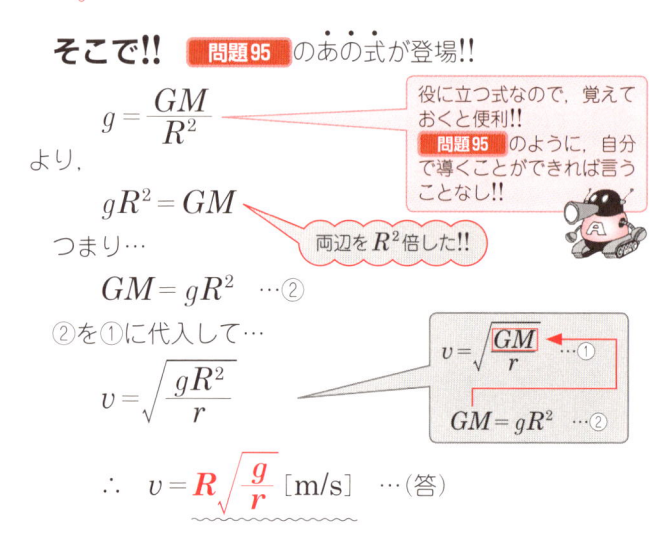

そこで!! 問題95 のあの式が登場!!

$$g = \frac{GM}{R^2}$$

より，

$$gR^2 = GM$$

> 役に立つ式なので，覚えておくと便利!!
> 問題95 のように，自分で導くことができれば言うことなし!!

> 両辺をR^2倍した!!

つまり…

$$GM = gR^2 \quad \cdots ②$$

②を①に代入して…

$$v = \sqrt{\frac{gR^2}{r}}$$

> $v = \sqrt{\dfrac{GM}{r}} \quad \cdots ①$
> $GM = gR^2 \quad \cdots ②$

$$\therefore \quad v = R\sqrt{\frac{g}{r}} \; [\text{m/s}] \quad \cdots (答)$$

追加コーナー

赤道上の円軌道を地球の自転と同じ周期でまわる人工衛星を，特に**静止衛星**と呼びます。つまり，地球から見ると，赤道の上空に静止して見えるわけです。

その3 "万有引力による位置エネルギー"のお話

数Ⅲの積分を使わないと証明できない話なので，次の公式は丸暗記してください。証明はバッサリカットします。

万有引力による位置エネルギー

万有引力による位置エネルギーの基準は，**無限遠方**です。質量 M [kg] の物体から，距離 R [m] の点に置かれている質量 m [kg] の物体がもつ万有引力による位置エネルギー U [J] は…

$$U = -G\frac{mM}{R} \text{ [J]}$$

となります。

G は万有引力定数です。

注 無限遠方の位置エネルギーを 0 [J] としています。

問題97 ちょいムズ

地表面から鉛直上向きに物体を打ち上げる。地球の中心から距離 r のところまで到達させるためには，初速度 v_0 をいくらにすればよいか。ただし，地球の半径を R，重力加速度の大きさを g とする。

ナイスな導入

地球付近では，重力加速度の大きさは一定であると考えてよいが，地表からはるかに高い位置のお話になってしまうと…🌀 地表から離れれば離れるほど，重力は小さくなってしまうので，重力による位置エネルギーの公式 $U = mgh$ は役に立たない!!

よって!!

重力による位置エネルギー
$$U = mgh$$
ではなく…

万有引力による位置エネルギー
$$U = -G\frac{mM}{r}$$
を活用する!!

もちろん!! 天体でも"力学的エネルギー保存の法則"は成立!!
具体的に表現すると…

$$\underbrace{\frac{1}{2}mv^2}_{\text{運動エネルギー}} \underbrace{- G\frac{mM}{r}}_{\substack{\text{万有引力による}\\\text{位置エネルギー}}} = 一定$$

ふーん…

解答でござる

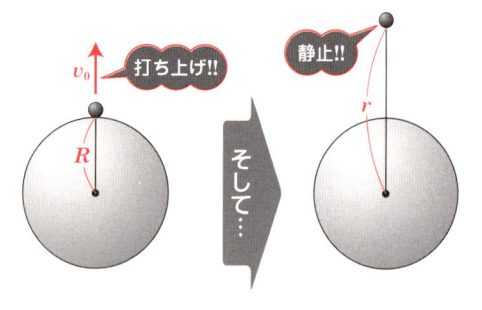

打ち上げ!! v_0 R

静止!! r

そして…

地球を考えるときは、すべての質量が地球の中心（重心）に集中しているものとして考える!!

物体の質量を m, 地球の質量を M, 万有引力定数を G とおくと, 力学的エネルギー保存の法則から,

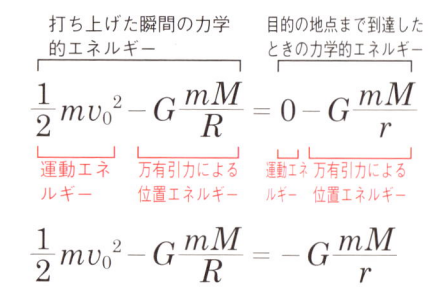

$$\underbrace{\frac{1}{2}mv_0^2}_{\substack{\text{運動エネ}\\\text{ルギー}}} \underbrace{- G\frac{mM}{R}}_{\substack{\text{万有引力による}\\\text{位置エネルギー}}} = \underbrace{0}_{\substack{\text{運動エネ}\\\text{ルギー}}} \underbrace{- G\frac{mM}{r}}_{\substack{\text{万有引力による}\\\text{位置エネルギー}}}$$

打ち上げた瞬間の力学的エネルギー／目的の地点まで到達したときの力学的エネルギー

$$\frac{1}{2}mv_0^2 - G\frac{mM}{R} = -G\frac{mM}{r}$$

なるほど！

$$\frac{1}{2}mv_0^2 - G\frac{mM}{R} - G\frac{mM}{r}$$

$$v_0^2 = 2G\frac{M}{R} - 2G\frac{M}{r}$$

両辺を m でわり，2倍した!!

$$= 2GM\left(\frac{1}{R} - \frac{1}{r}\right)$$

$2GM$ でくくる。

$v_0 > 0$ より，

$$v_0 = \sqrt{2GM\left(\frac{1}{R} - \frac{1}{r}\right)} \quad \cdots ①$$

ここで，G と M は使ってはいけない文字です。なんとかしなければ…

このとき，

$$g = \frac{GM}{R^2}$$

問題96 でも登場しましたね!! 本問でも登場!! つまり，重要公式だってことです!!

であるから，

$$GM = gR^2 \quad \cdots ②$$

そうだった…この手があったか…

②を①に代入して，

$$v_0 = \sqrt{2 \times gR^2 \times \left(\frac{1}{R} - \frac{1}{r}\right)}$$

$v_0 = \sqrt{2GM\left(\frac{1}{R} - \frac{1}{r}\right)} \quad \cdots ①$
$GM = gR^2 \quad \cdots ②$

$$= \sqrt{2 \times g \times R \times R \times \left(\frac{1}{R} - \frac{1}{r}\right)}$$

ここをまとめる!!

$$= \sqrt{2gR\left(\frac{R}{R} - \frac{R}{r}\right)}$$

$$= \boxed{\sqrt{2gR\left(1 - \frac{R}{r}\right)}} \quad \cdots (答)$$

さらに計算を続けて…

$$= \sqrt{2gR\left(\frac{r-R}{r}\right)}$$

(　)内を通分!!

$$= \boxed{\sqrt{\frac{2gR(r-R)}{r}}} \quad \cdots (答)$$

これもカッコイイかも!!

問題98 　標準

　地球の表面すれすれにまわる人工衛星の速さを**第1宇宙速度**と呼び，地上から打ち上げた人工衛星が，地球の引力圏から脱出し，無限遠方まで行ってしまう最小の初速度を**第2宇宙速度**と呼ぶ。地球の半径を$R[\mathrm{m}]$，重力加速度を$g[\mathrm{m/s^2}]$として，次の各問いに答えよ。

(1) 第1宇宙速度を求めよ。
(2) 第2宇宙速度を求めよ。

解答でござる

(1)

第1宇宙速度	$v_1[\mathrm{m/s}]$
人工衛星の質量	$m[\mathrm{kg}]$
地球の質量	$M[\mathrm{kg}]$
万有引力定数	$G[\mathrm{N\cdot m^2/kg^2}]$

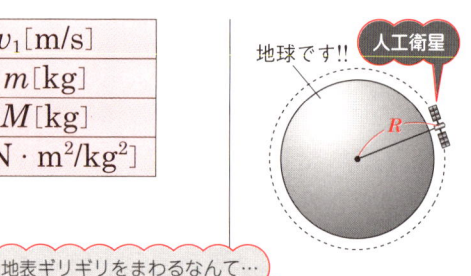

とする。人工衛星の運動方程式は，

$$m\frac{v_1{}^2}{R} = G\frac{mM}{R^2}$$

$$v_1{}^2 = \frac{GM}{R}$$

$v_1 > 0$ より，

$$v_1 = \sqrt{\frac{GM}{R}} \quad \cdots ①$$

さらに，

$$g = \frac{GM}{R^2}$$

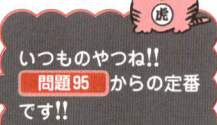

より，

$$GM = gR^2 \quad \cdots ②$$

②を①に代入して，

$$v_1 = \sqrt{\frac{gR^2}{R}}$$

$$\therefore \ v_1 = \underline{\sqrt{gR}} \ [\mathrm{m/s}] \quad \cdots (答)$$

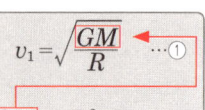

地表ギリギリをまわるなんて…とんでもないなぁ…

いつものやつね!!
問題95からの定番です!!

$v_1 = \sqrt{\dfrac{GM}{R}} \quad \cdots ①$

$GM = gR^2 \quad \cdots ②$

(2) 地上から打ち上げた人工衛星の初速度を v_0[m/s]とする。

この人工衛星が地球の中心から r[m]の距離で v[m/s]の速さで運動していたとすると、力学的エネルギー保存の法則から、

$$\frac{1}{2}mv_0^2 - G\frac{mM}{R} = \frac{1}{2}mv^2 - G\frac{mM}{r} \quad \cdots ③$$

となる。

③で、$r = \infty$（rを無限遠方と考える）とすると、

$$\frac{1}{2}mv_0^2 - G\frac{mM}{R} = \frac{1}{2}mv^2 - 0$$

$$\frac{1}{2}mv_0^2 - G\frac{mM}{R} = \frac{1}{2}mv^2 \quad \cdots ④$$

人工衛星が無限遠方に達するための条件は、④で、

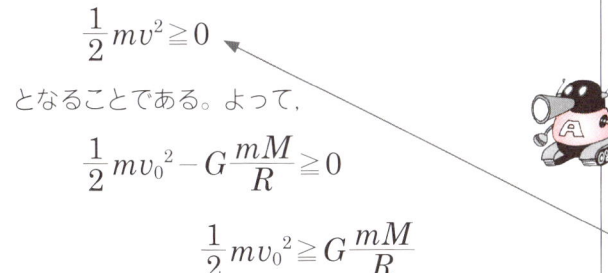

$$\frac{1}{2}mv^2 \geq 0$$

となることである。よって、

$$\frac{1}{2}mv_0^2 - G\frac{mM}{R} \geq 0$$

$$\frac{1}{2}mv_0^2 \geq G\frac{mM}{R}$$

$$v_0^2 \geq \frac{2GM}{R}$$

$v_0 > 0$ より、

$$v_0 \geq \sqrt{\frac{2GM}{R}} \quad \cdots ⑤$$

②を⑤に代入して、

$$v_0 \geq \sqrt{\frac{2gR^2}{R}}$$

$$\therefore \quad v_0 \geq \sqrt{2gR} \quad \cdots ⑥$$

$-G\dfrac{mM}{\infty}$ となり、0に限りなく近づく‼

そもそも…**無限遠方が万有引力による位置エネルギーの基準点**でしたね。
つまり…無限遠方の万有引力による位置エネルギーは、0[J]です‼

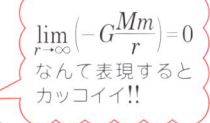

$\lim_{r \to \infty}\left(-G\dfrac{Mm}{r}\right) = 0$
なんて表現するとカッコイイ‼

無限遠方でも、運動エネルギーが残っている（0以上）イメージです。

両辺を m でわり、2倍した‼

またまた、いつものヤツです‼

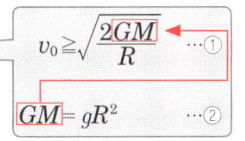

$v_0 \geq \sqrt{\dfrac{2GM}{R}} \quad \cdots ①$
$GM = gR^2 \quad \cdots ②$

第2宇宙速度 v_2 [m/s] は，人工衛星が無限遠方に達するための v_0 の最小値であるから，⑥より，

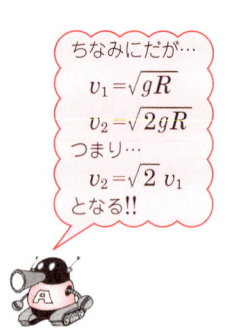

$$v_2 = \sqrt{2gR} \text{ [m/s]} \quad \cdots \text{(答)}$$

> ちなみにだが…
> $v_1 = \sqrt{gR}$
> $v_2 = \sqrt{2gR}$
> つまり…
> $v_2 = \sqrt{2}\, v_1$
> となる!!

Theme 29 剛体のつり合い

(モーメントが登場するぞ!!)

今までは物体の形状についてまったく無視してまいりましたが，今回はこれがテーマになります。

実際の物体にはいろいろな形状（棒状のもの，円板状のもの，その他いろいろ…）があり，その形状の中で質量が分散してます。

しかしながら，密度が均一でないその辺のぬいぐるみとかおにぎりなどを題材にすると，かなり難しい問題に発展してしまうので，高校物理では密度が均一な堅い物体（変形しない物体），つまり**剛体**のみを扱います。

その1　"力のモーメント"について

点Oのまわりに剛体を回転させるはたらきを**力のモーメント**と呼びます。力のモーメント M [N·m] は，右図のような場合，次のように表されます。

$$M = Fh = Fl\sin\theta$$

($h = l\sin\theta$ です!!)

力のモーメントの単位は，[N]×[m]＝[N·m]です。ただし，回転方向が関係する値なので，一般に**反時計まわりを正の向き**とします。

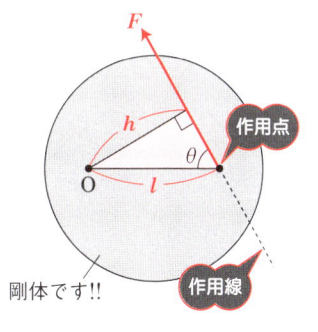

問題99 キソ

下図のような，楕円状の剛体に $F_1 \sim F_5$ の力がはたらいています。反時計まわりを正の向きとして，点 O のまわりの力のモーメントを求めよ。ただし，力の大きさはすべて $10 \, [\mathrm{N}]$ で，距離や角度は図中の値を用いよ。

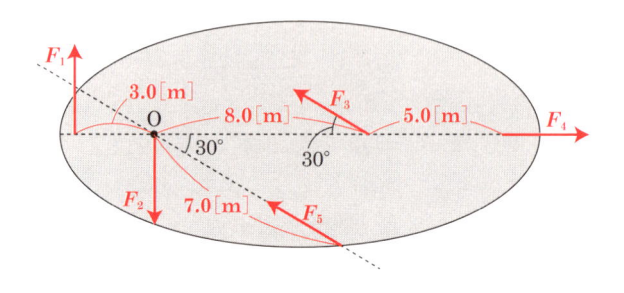

ナイスな導入

楕円状であることは，いっさい関係ありません。とにかく，力のモーメント $M \, [\mathrm{N \cdot m}]$ は…

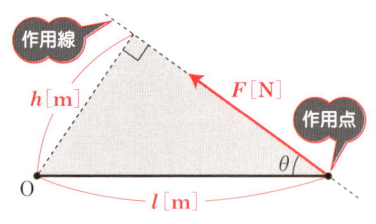

このとき，$h = l \sin \theta$

$$M = Fh$$

$$M = Fl \sin \theta \, [\mathrm{N \cdot m}]$$

注 ただし，反時計まわりを正の向きとします。

特に!! $\theta = 90°$ の場合は!!

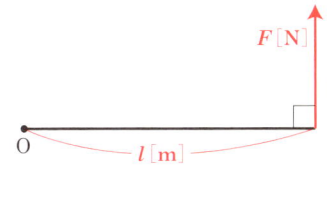

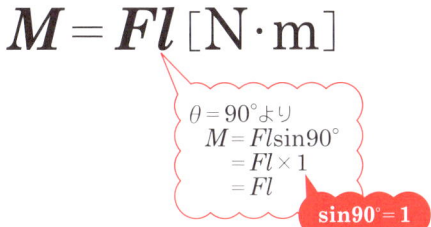

$$M = Fl \, [\text{N·m}]$$

$\theta = 90°$ より
$M = Fl \sin 90°$
$ = Fl \times 1$
$ = Fl$

$\sin 90° = 1$

解答でござる

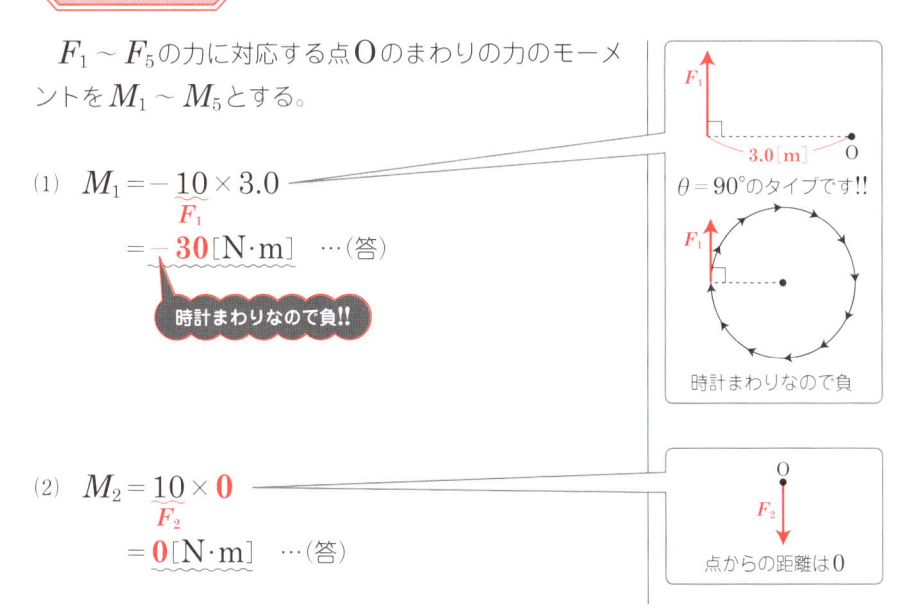

$F_1 \sim F_5$ の力に対応する点Oのまわりの力のモーメントを $M_1 \sim M_5$ とする。

(1) $M_1 = -\underbrace{10}_{F_1} \times 3.0$
$ = \underline{-30 \, [\text{N·m}]}$ …(答)

時計まわりなので負!!

$\theta = 90°$ のタイプです!!

時計まわりなので負

(2) $M_2 = \underbrace{10}_{F_2} \times 0$
$ = \underline{0 \, [\text{N·m}]}$ …(答)

点からの距離は0

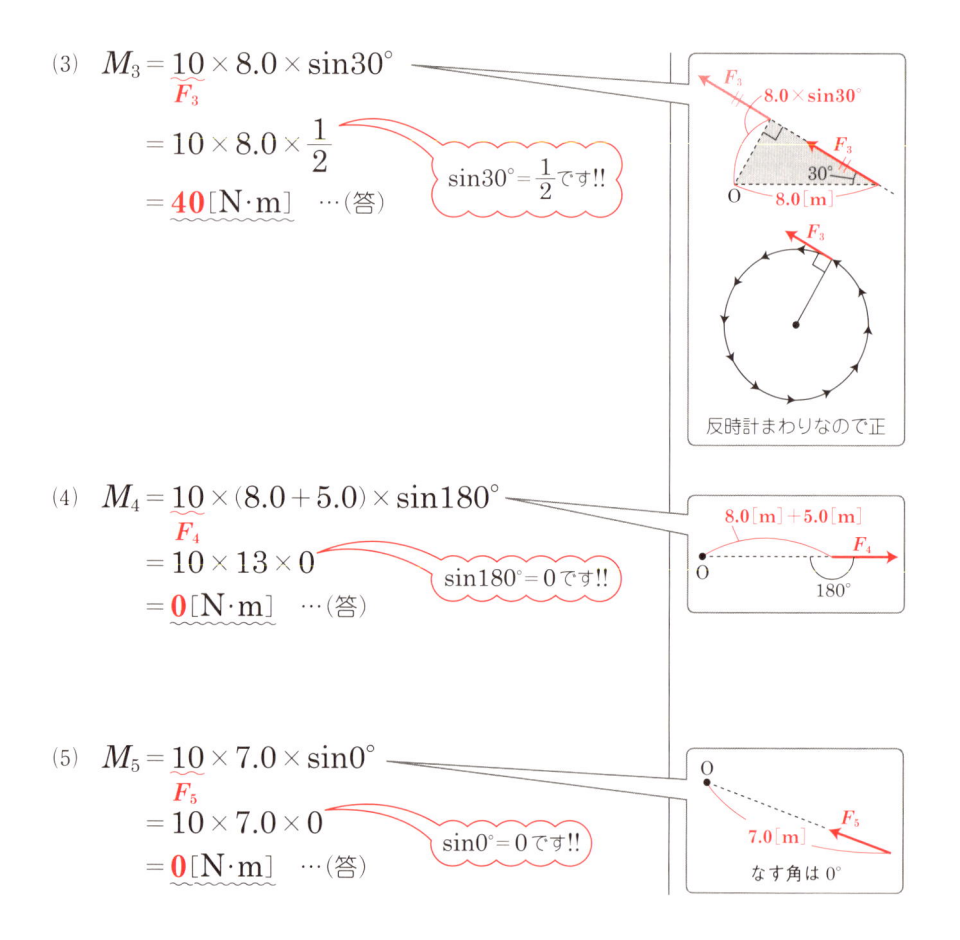

(3) $M_3 = \underbrace{10}_{F_3} \times 8.0 \times \sin 30°$

$= 10 \times 8.0 \times \dfrac{1}{2}$

$\sin 30° = \dfrac{1}{2}$ です!!

$= \underline{\mathbf{40}}\,[\text{N·m}]$ …(答)

反時計まわりなので正

(4) $M_4 = \underbrace{10}_{F_4} \times (8.0 + 5.0) \times \sin 180°$

$= 10 \times 13 \times 0$

$\sin 180° = 0$ です!!

$= \underline{\mathbf{0}}\,[\text{N·m}]$ …(答)

(5) $M_5 = \underbrace{10}_{F_5} \times 7.0 \times \sin 0°$

$= 10 \times 7.0 \times 0$

$\sin 0° = 0$ です!!

$= \underline{\mathbf{0}}\,[\text{N·m}]$ …(答)

なす角は 0°

ちょっと言わせて

(2)のように点Oがそのまま作用点の場合，(4)と(5)のように点Oと作用点を結んだ直線上ではたらく力は，物体を回転させるはたらきがまったくありません。よって，わざわざ公式を活用しなくても，力のモーメントは **0[N·m]** と即答可能です。

その2 "物体が回転しない条件"

物体にいくつかの力 F_1, F_2, F_3, …がはたらいていて，それぞれの力のモーメントが M_1, M_2, M_3, …で表されるとき，

$$M_1 + M_2 + M_3 + \cdots = 0$$

の関係が成立すれば，力のモーメントはつり合っており，このとき，**物体は回転しない!!**

問題100 キソ

下図のような棒状の剛体がある。この棒上の点Oを固定することにより，次のような2力 F_1, F_2 を加えても，回転することはなかった。このとき，AO間の距離 x [m] を求めよ。

(1) A——x[m]——O ————— B，全長5.0[m]，$F_1=2.0$[N]（Aで下向き），$F_2=3.0$[N]（Bで下向き）

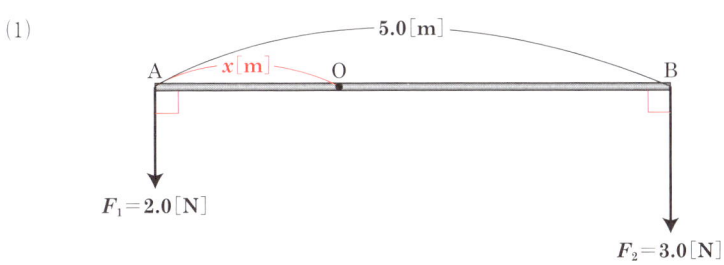

(2) B ————— A——x[m]——O，全長5.0[m]，$F_2=2.0$[N]（Bで上向き），$F_1=5.0$[N]（Aで下向き）

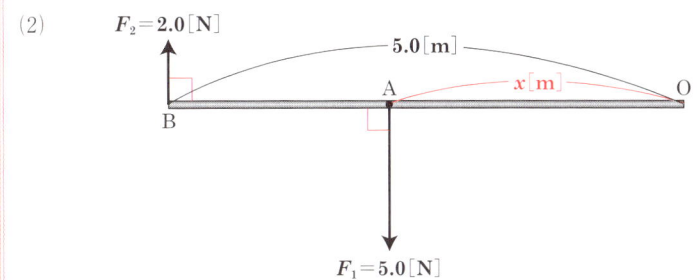

ナイスな導入

回転しない条件は，

力のモーメントの和 = 0

です!!

解答でござる

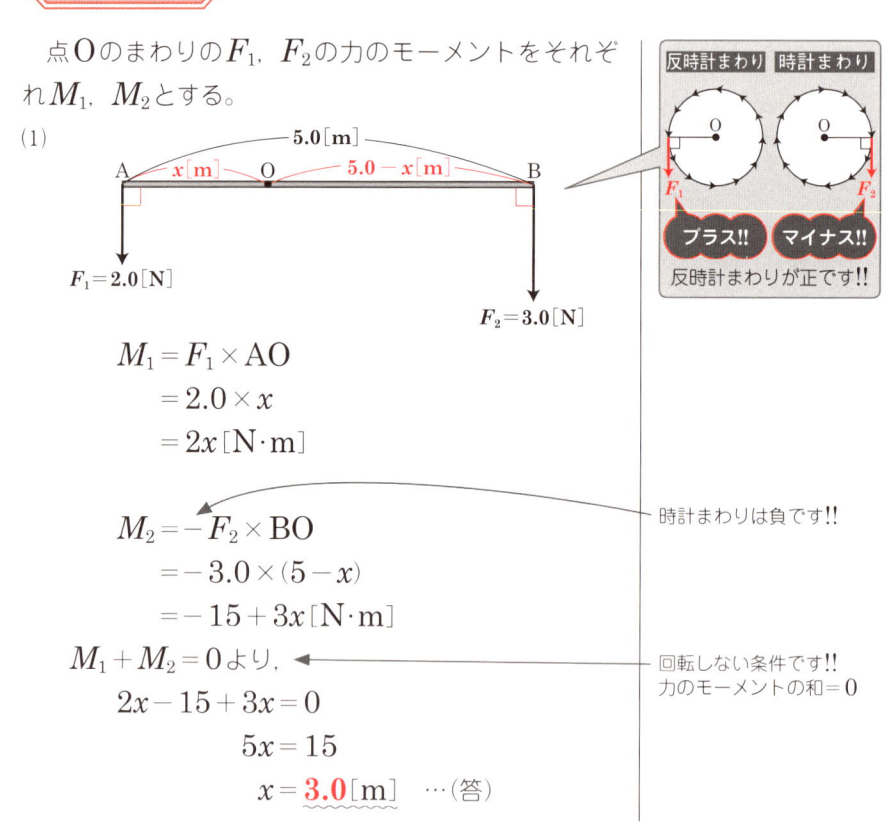

点OのまわりのF_1，F_2の力のモーメントをそれぞれM_1，M_2とする。

(1)

反時計まわりが正です!!

$$M_1 = F_1 \times \mathrm{AO}$$
$$= 2.0 \times x$$
$$= 2x \, [\mathrm{N \cdot m}]$$

$$M_2 = -F_2 \times \mathrm{BO}$$
$$= -3.0 \times (5 - x)$$
$$= -15 + 3x \, [\mathrm{N \cdot m}]$$

時計まわりは負です!!

$M_1 + M_2 = 0$ より，

$$2x - 15 + 3x = 0$$
$$5x = 15$$
$$x = \underline{3.0} \, [\mathrm{m}] \quad \cdots (答)$$

回転しない条件です!!
力のモーメントの和 = 0

(2)

$M_1 = F_1 \times \mathrm{AO}$
$ = 5.0 \times x$
$ = 5x \,[\mathrm{N \cdot m}]$

$M_2 = -F_2 \times \mathrm{BO}$
$ = -2.0 \times 5.0$
$ = -10\,[\mathrm{N \cdot m}]$

$M_1 + M_2 = 0$ より,
$5x - 10 = 0$
$5x = 10$
$x = \underline{\mathbf{2.0}}\,[\mathrm{m}]$ …(答)

時計まわりは負です!!

回転しない条件です!!
力のモーメントの和 = 0

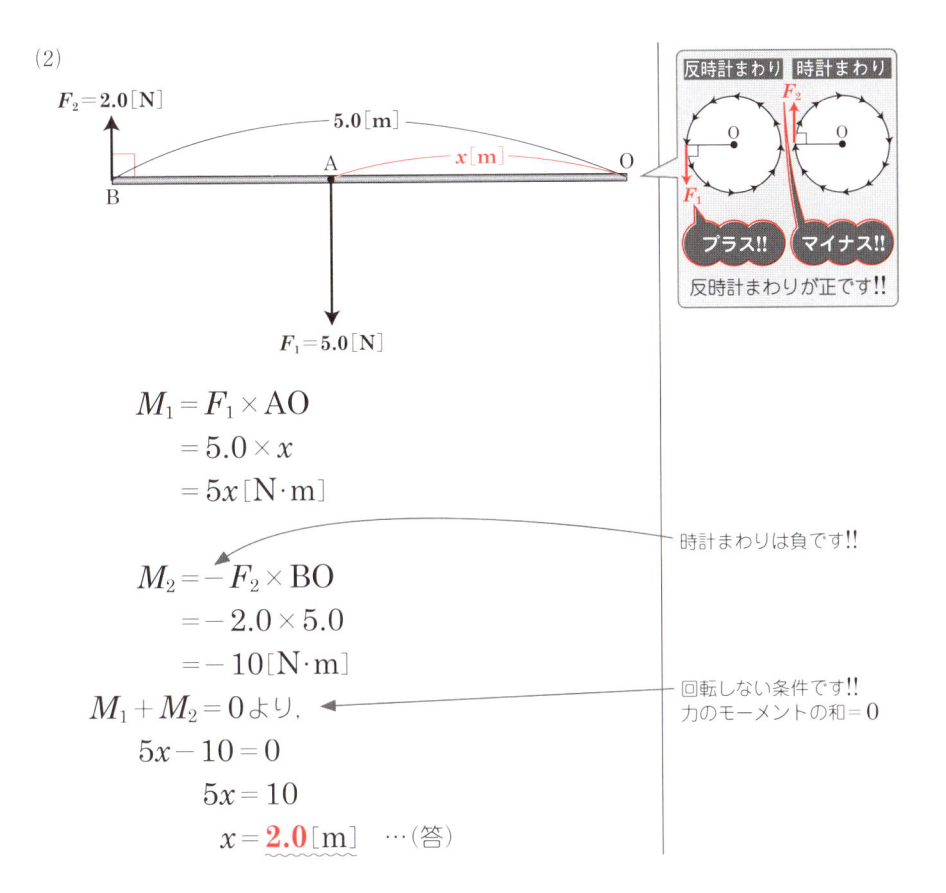

その3 "偶力" のお話

異なる作用線上の2つの力について,互いに平行で大きさが等しく,向きが反対の1組の力を**偶力**と呼びます。ドライバーでねじを回すときの力などが,この偶力に属します。

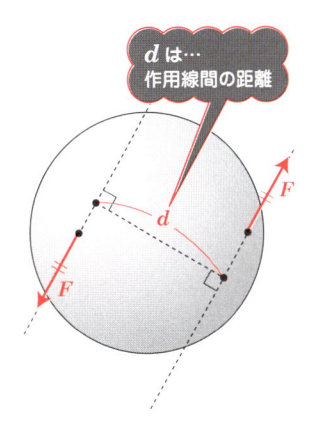

d は…
作用線間の距離

右図のように，AB上に点Oをとり，AO = x，BO = $d - x$とする。このとき，偶力のモーメントの和は，

$F \times \text{AO} + F \times \text{BO}$
$= F \times x + F \times (d - x)$
$= \cancel{Fx} + Fd - \cancel{Fx}$
$= Fd$

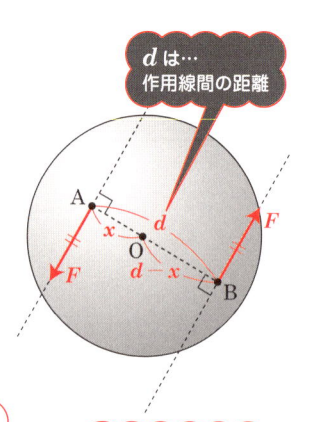

つまり，点Oの位置に関係なく，偶力のモーメントの和Mは…

$$M = Fd$$

Fは偶力の大きさ，dは平行な偶力の作用線間の距離です。

見やすくするために，Fを作用線上で移動させました。

dは…作用線間の距離

となります。

つまり，回転軸の位置には無関係なんです!!

偶力については，計算問題としてはあまり登場しません。
とりあえず偶力という名前と性質だけ，頭の片スミにおいといてください。

その4 "重心" のお話

物体にはたらく重力は，物体の各部分にはたらく重力の合力である。この合力の作用点が**重心**であり，Gで表します。

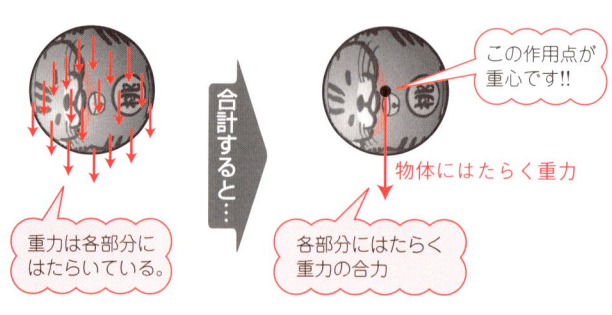

重力は各部分にはたらいている。

合計すると…

各部分にはたらく重力の合力

この作用点が重心です!!

物体にはたらく重力

> **注** 各部分にはたらく重力の合力を，普通に"物体にはたらく重力"と呼ぶ。

で!! 2つの物体が合体すると，新たな位置に重心が生まれる!!
そこで!! 次の公式を覚えておくと便利です。

（新たな重心）

重心の座標

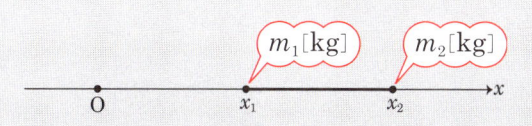

上図のような座標軸を定めた。

座標 x_1 のところに質量 m_1 [kg] が存在し，座標 x_2 のところに質量 m_2 [kg] が存在している。これらをつないだときの重心の座標は…

$$\frac{m_1 x_1 + m_2 x_2}{m_1 + m_2}$$

となる。

問題101 ─ キソ

質量が m [kg] の正方形の鉄板 5 枚を，右図のようにつなぎ合わせたとき，この鉄板の重心の位置を図中にかき込め。

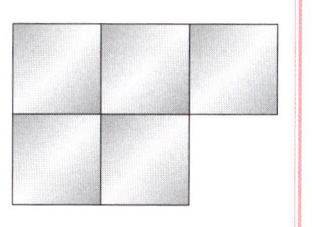

ビジュアル解答

正方形の重心の位置は，対角線の交点であるから（ド真ん中ってことです），

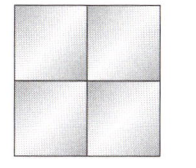

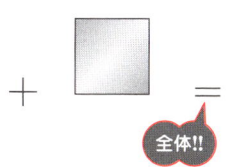

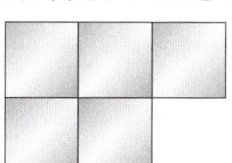

■■ + ■ 〈全体!!〉 = ■■■

と考える!!

の重心の位置は，　　　ここです!!

　　　の重心の位置は，　　　ここです!!

　　　の質量は，$m \times 4 = 4m\,[\mathrm{kg}]$　4枚分

　　　の質量は$m\,[\mathrm{kg}]$

よって…

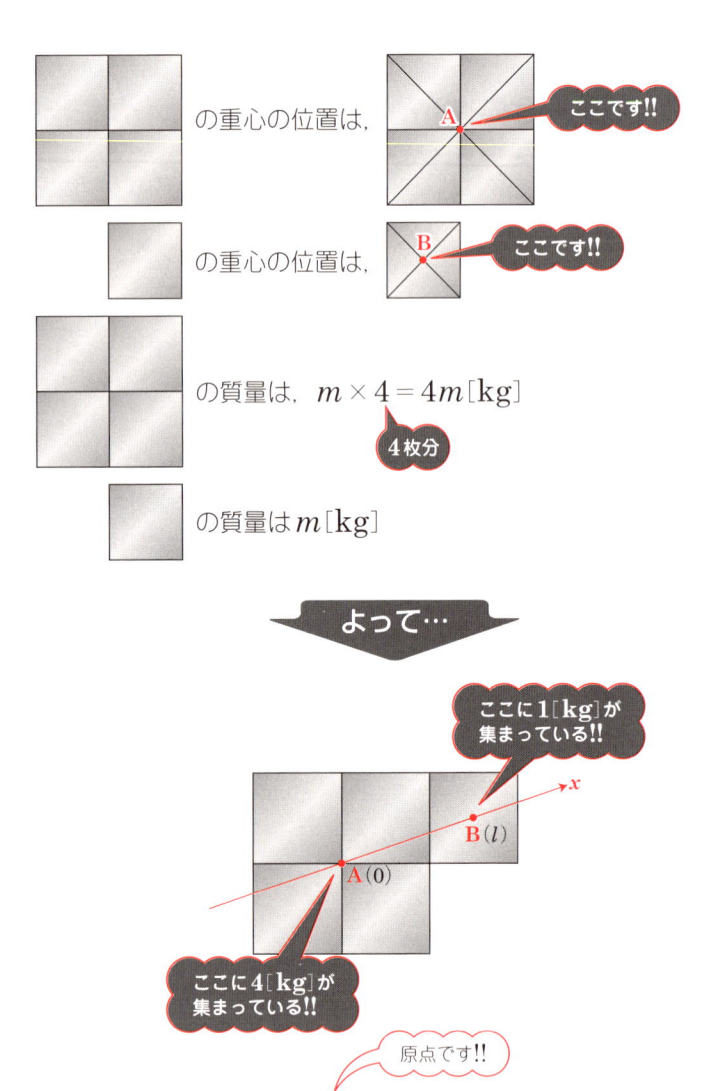

ここに$1\,[\mathrm{kg}]$が集まっている!!

ここに$4\,[\mathrm{kg}]$が集まっている!!

原点です!!

上図のように座標軸を考え，$\mathrm{A}(0)$，$\mathrm{B}(l)$とする。このとき，重心の座標Gは，

$$\frac{4 \times 0 + 1 \times l}{4+1}$$
$$= \frac{1}{5}l$$

$\dfrac{m_1 x_1 + m_2 x_2}{m_1 + m_2}$ です!!
$m_1 = 4.0\,[\mathrm{kg}]$，$m_2 = 1.0\,[\mathrm{kg}]$
$x_1 = 0$，$x_2 = l$

つまーり!!

答えです!!

この5枚の鉄板の重心の位置Gは…

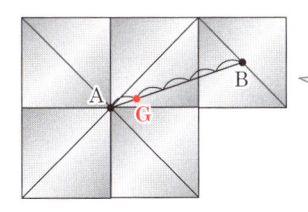

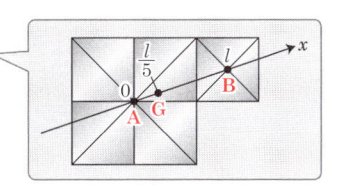

ABを1:4に内分する点である。

その5 "剛体がつり合うための条件" とは…??

剛体が完全につり合い，まったく動かないための条件は…

① **合力が0である!!** ←これは，あたりまえ!! とっくの昔に学習済みです。

② **力のモーメントの和が0である!!** ←そうか…回転することも許されないのね…

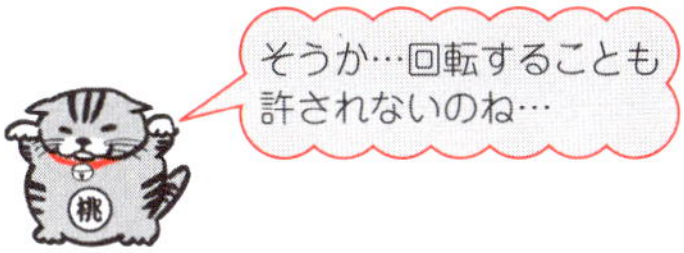

では，代表的な問題を通して，イメージをつかもう!!

問題102 標準

右図のように，なめらかで鉛直な壁と摩擦のある床に，質量M[kg]の棒が立てかけてあり，静止している。3点O，A，Bを決め，∠ABO＝60°であったとき，点Bにはたらく摩擦力は何[N]であるか。ただし，重力加速度をg[m/s^2]とする。

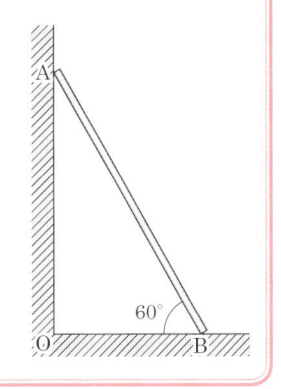

ナイスな導入

棒は一様であると考えることは常識なので，重力は棒の重心 G（AB の中点）から鉛直下向きにはたらくと考えてよい。

さらに，物体の形状によらず，壁や床からは，（壁や床に対して）垂直な向きの抗力（垂直抗力）がはたらく。これらを右図のように，N_A，N_B とする。

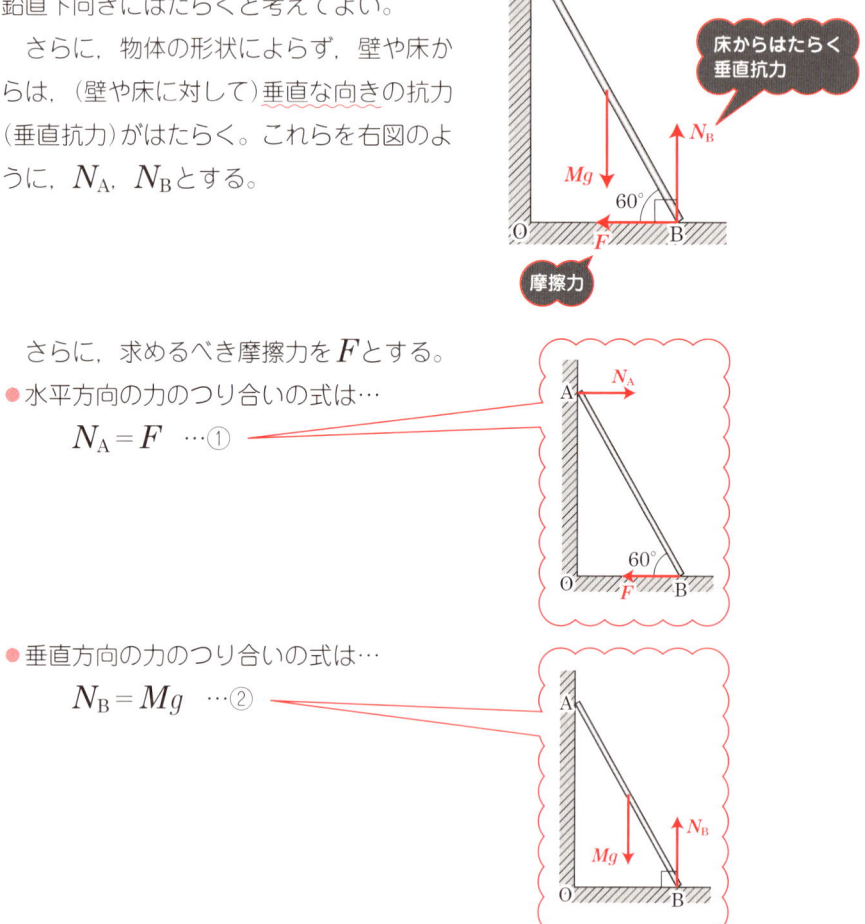

さらに，求めるべき摩擦力を F とする。
- 水平方向の力のつり合いの式は…

$$N_A = F \quad \cdots ①$$

- 垂直方向の力のつり合いの式は…

$$N_B = Mg \quad \cdots ②$$

あとは，力のモーメントのつり合いの式が必要です。回転の中心をどこにするか?? は，アナタが決めることです!!

しかし!! 点Bがオススメ!!

理由は，回転の中心ではたらく力のモーメントは0なので，無視できます。点Bでは，FとN_Bの2つの力がはたらいているので，お得感が大きいですよ♥

> 点Bを回転の中心にすると，FとN_Bの力のモーメントが無視できるわけか…

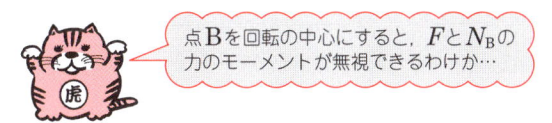

棒の長さをlとして，ABの中点をGとする!! 力N_Aのモーメントは…

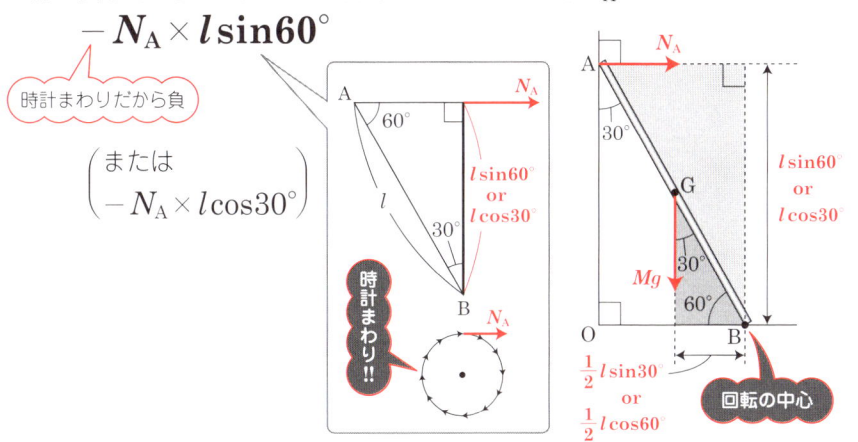

$$-N_A \times l\sin 60°$$

（時計まわりだから負）

$$\begin{pmatrix} \text{または} \\ -N_A \times l\cos 30° \end{pmatrix}$$

さらに…
重力Mgのモーメントは…

$$Mg \times \frac{1}{2}l\sin 30°$$

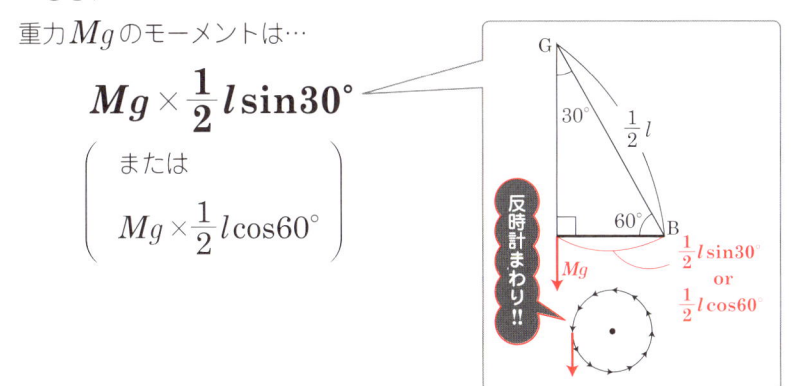

$$\begin{pmatrix} \text{または} \\ Mg \times \frac{1}{2}l\cos 60° \end{pmatrix}$$

これらの力のモーメントの和が0となるから，

$$-N_A \times l\sin 60° + Mg \times \frac{1}{2}l\sin 30° = 0 \quad \cdots ③$$

以上，①，②，③を連立すれば，Fを求めることができます。

🔖 **解答でござる**

点Aで，壁から棒にはたらく垂直抗力	N_A [N]
点Bで，床から棒にはたらく垂直抗力	N_B [N]
点Bで，床と棒の間にはたらく摩擦力	F [N]
棒の長さ（ABの長さ）	l [m]

とする。

さらに，ABの中点をGとする。 💭 棒の重心です。

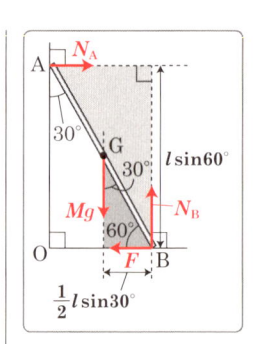

水平方向の力のつり合いより，

$$N_A = F \quad \cdots ①$$

鉛直方向の力のつり合いより，

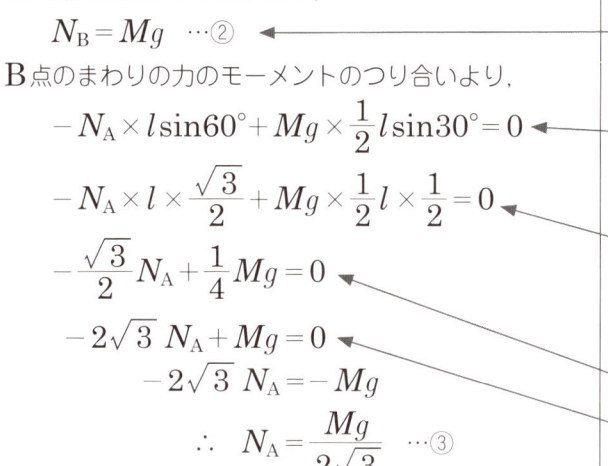

$$N_B = Mg \quad \cdots ②$$

← 本問では，結果的にこの式は使いません。しかし，重要な式です!!

B点のまわりの力のモーメントのつり合いより，

$$-N_A \times l\sin60° + Mg \times \frac{1}{2}l\sin30° = 0$$

← 詳しくは ナイスな導入 参照

$$-N_A \times l \times \frac{\sqrt{3}}{2} + Mg \times \frac{1}{2}l \times \frac{1}{2} = 0$$

$$\sin60° = \frac{\sqrt{3}}{2}$$
$$\sin30° = \frac{1}{2}$$

$$-\frac{\sqrt{3}}{2}N_A + \frac{1}{4}Mg = 0$$

両辺を l でわって整理

$$-2\sqrt{3}\,N_A + Mg = 0$$
$$-2\sqrt{3}\,N_A = -Mg$$

両辺を4倍!!

$$\therefore\ N_A = \frac{Mg}{2\sqrt{3}} \quad \cdots ③$$

③を①に代入して，

$$F = \frac{Mg}{2\sqrt{3}}$$

← ①より，$F = N_A$ つまり，③がそのまま F です!!

$$= \frac{\sqrt{3}\,Mg}{6} \text{ [N]} \quad \cdots (答)$$

← 分母を有理化しました。

Theme 30 熱と温度

その1 "絶対温度" について

t[℃]を絶対温度T[K]で表すと…

$$T = 273 + t$$

絶対温度の単位は[K]（ケルビン）です。

> 気体分子の熱運動がなくなる温度が-273[℃]なので, これを0[K]と定めた。

その2 "熱量の計算" の巻

比熱

比熱とは, 物質1[g]の温度を1[K]だけ上昇させるのに必要な熱量である。単位は[J/(g・K)]です。

例 36[J/(g・K)]の物体 ➡ 物質1[g]の温度を1[K]上昇させるのに36[J]必要

熱容量

> 質量には無関係!!

熱容量とは, ある物体全体の温度を1[K]だけ上昇させるのに必要な熱量である。単位は[J/K]です。

例 500[J/K]の物体 ➡ 1[K]上昇させるのに500[J]必要

つまり!!

質量m[g], 比熱c[J/(g・K)]の物体の熱容量C[J/K]は,

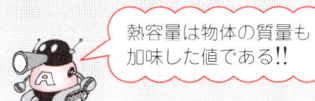

$$C = mc \text{ [J/K]}$$

> 熱容量は物体の質量も加味した値である!!

熱量の求め方

比熱 $c\,[\mathrm{J/(g \cdot K)}]$ と熱容量 $C\,[\mathrm{J/K}]$ の意味さえ理解できれば，次の公式が成立することも理解できるでしょう。

物体の質量を $m\,[\mathrm{g}]$，温度上昇を $\Delta t\,[\mathrm{K}]$

物体の比熱を $c\,[\mathrm{J/(g \cdot K)}]$，物体の熱容量を $C\,[\mathrm{J/K}]$

としたとき，温度の上昇に必要な熱量 $Q\,[\mathrm{J}]$ は…

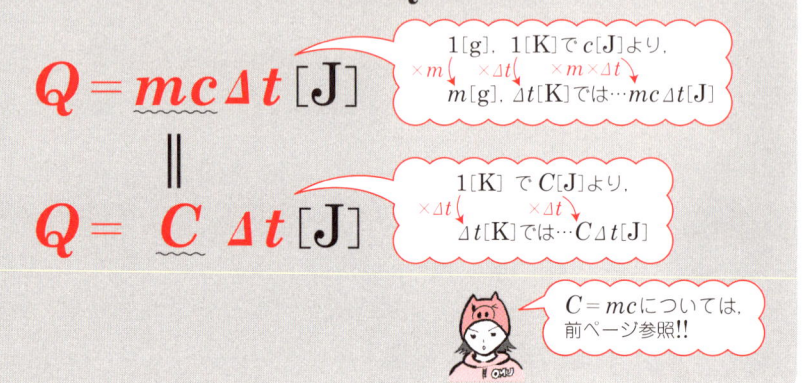

$$Q = \underline{mc\Delta t}\,[\mathrm{J}]$$

1[g]，1[K]で c[J]より，
$\times m$　$\times \Delta t$　$\times m \times \Delta t$
m[g]，Δt[K]では… $mc\Delta t$[J]

$$\parallel$$

$$Q = \underline{C\,\Delta t}\,[\mathrm{J}]$$

1[K]で C[J]より，
$\times \Delta t$　$\times \Delta t$
Δt[K]では… $C\Delta t$[J]

$C = mc$ については，前ページ参照!!

問題103 — キソのキソ

(1) 比熱 $0.30\,[\mathrm{J/(g \cdot K)}]$ の物体 $200\,[\mathrm{g}]$ の温度を $12\,[\mathrm{K}]$ 上げるのに必要な熱量を求めよ。

(2) 熱容量 $25\,[\mathrm{J/K}]$ の物体の温度を $2.6\,[\mathrm{K}]$ 上げるのに必要な熱量を求めよ。

解答でござる

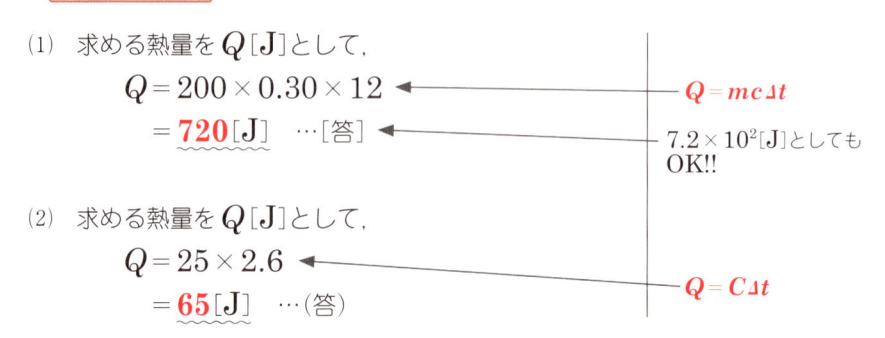

(1) 求める熱量を $Q\,[\mathrm{J}]$ として，

$$Q = 200 \times 0.30 \times 12$$
$$= \underline{\mathbf{720}}\,[\mathrm{J}] \quad \cdots [答]$$

$Q = mc\Delta t$

$7.2 \times 10^2\,[\mathrm{J}]$ としても OK!!

(2) 求める熱量を $Q\,[\mathrm{J}]$ として，

$$Q = 25 \times 2.6$$
$$= \underline{\mathbf{65}}\,[\mathrm{J}] \quad \cdots (答)$$

$Q = C\Delta t$

Theme 30 熱と温度

カロリー VS ジュール

次の関係は覚えておこう!!

$$1[\text{cal}] = 4.19[\text{J}]$$

（カロリー）　　（ジュール）

問題104 キソ

比熱 $0.35[\text{J}/(\text{g}\cdot\text{K})]$ の物体 $30[\text{g}]$ の温度を $2.0[\text{K}]$ 上昇させるのに必要な熱量は何 $[\text{cal}]$ か。ただし，$1[\text{cal}] = 4.2[\text{J}]$ とする。

ナイスな導入

実際は，$1[\text{cal}] = 4.19[\text{J}]$ であるが…
計算を簡単にするために，$1[\text{cal}] = 4.2[\text{J}]$ とすることが多々ある。本問も同様です。

あと…

両辺を4.2でわる!!

$$1[\text{cal}] = 4.2[\text{J}] \iff \frac{1}{4.2}[\text{cal}] = 1[\text{J}]$$

です。

解答でござる

必要な熱量を $Q[\text{J}]$ とする。

$Q = 30 \times 0.35 \times 2.0$
　$= 21[\text{J}]$

これを $[\text{cal}]$ に直せばよい。

$1[\text{J}] = \dfrac{1}{4.2}[\text{cal}]$ より，

$Q = 21[\text{J}]$
　$= 21 \times \dfrac{1}{4.2}[\text{cal}]$
　$= \underline{5.0}[\text{cal}]$ …(答)

まずは[J]で!!

ジュール

$Q = mc\varDelta t$

ナイスな導入 参照!!

$21[\text{J}]$
$= 21 \times 1[\text{J}]$
$= 21 \times \dfrac{1}{4.2}[\text{cal}]$

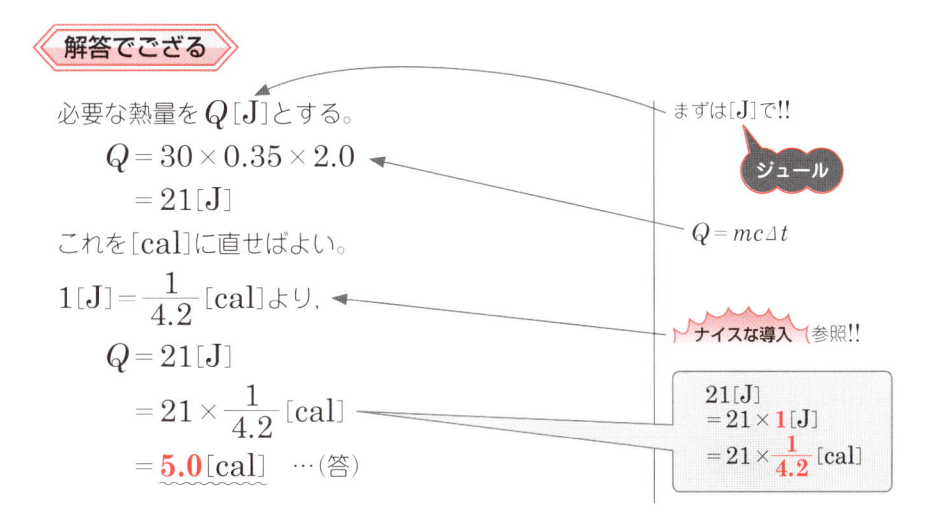

熱の仕事当量

仕事と熱の関係は，$W[\text{J}]$の仕事がすべて$Q[\text{cal}]$の熱に変わることを前提とすると…

$$W = JQ$$

このとき，Jを**熱の仕事当量**と呼び，

$$J = 4.19\,[\text{J/cal}]$$

である。

> カロリー!!
>
> 単位に注目!! 1[cal]につき，4.19[J]です!!
>
> 前ページで見ましたよね?? 1[cal]=4.19[J]ですから，あたりまえの値です。

問題105 — キソ

質量$5.0[\text{kg}]$の物体を，高さ$3.0[\text{m}]$の地点から落としたときに発生する熱量は何$[\text{cal}]$か。ただし，熱の仕事当量は$4.2[\text{J/cal}]$，重力加速度を$9.8[\text{m/s}^2]$とする。

ナイスな導入

$$W = JQ \iff Q = \frac{W}{J}$$

> 本問で求める値です!!

解答でござる

地面を基準点として，最初に物体がもつエネルギーは，

$$5.0 \times 9.8 \times 3.0 = 147[\text{J}]$$

この位置エネルギーが仕事に変換され，さらに熱量に変換されたと考えればよいから，発生する熱量を$Q[\text{cal}]$とすると，

$$Q = \frac{147}{4.2}$$
$$= \underline{\mathbf{35}}[\text{cal}] \quad \cdots (\text{答})$$

> mgh
> Wになります。
>
> 実際は，すべて熱量に変換されるような上手い話はない!! 必ずムダがあるもんさ。
>
> $Q = \dfrac{W}{J}$

Theme 30 熱と温度

その3 "熱量保存の法則"のお話

高温の物体と低温の物体を接触させた場合，外部との熱の出入りがなければ…

高温物体が失った熱量 ＝ 低温物体が得た熱量

が成立します。これを，**熱量保存の法則**と申します。

> **注** 熱は必ず，高温の物体から低温の物体へと移動します。

問題106 ｜ 標準

熱容量 $80\,[\mathrm{J/K}]$ の容器に温度 $10\,[\mathrm{℃}]$ の水 $200\,[\mathrm{g}]$ が入っている。この水の中に，$80\,[\mathrm{℃}]$，質量 $1.0\,[\mathrm{kg}]$ の金属球を入れた。十分時間がたってから温度を測ったところ，水の温度は $34\,[\mathrm{℃}]$ であった。水の比熱を $4.2\,[\mathrm{J/(g \cdot K)}]$ として，次の各問いに答えよ。
(1) 容器と水が得た熱量は何 $[\mathrm{J}]$ か。
(2) 金属球の比熱は何 $[\mathrm{J/(g \cdot K)}]$ か。

ナイスな導入

最初は，容器の温度と水の温度は常に等しいと考えるべし!!

さらに，"十分時間がたってから"と書いてあるので，最終的には水，容器，金属球の温度はすべて同じになったと考える!!

これは常識だぞ!!

本問のテーマは…

金属球が失った熱量 ＝ 水と容器が得た熱量
　　　　高温の物体　　　　　　　　低温の物体

である。

解答でござる

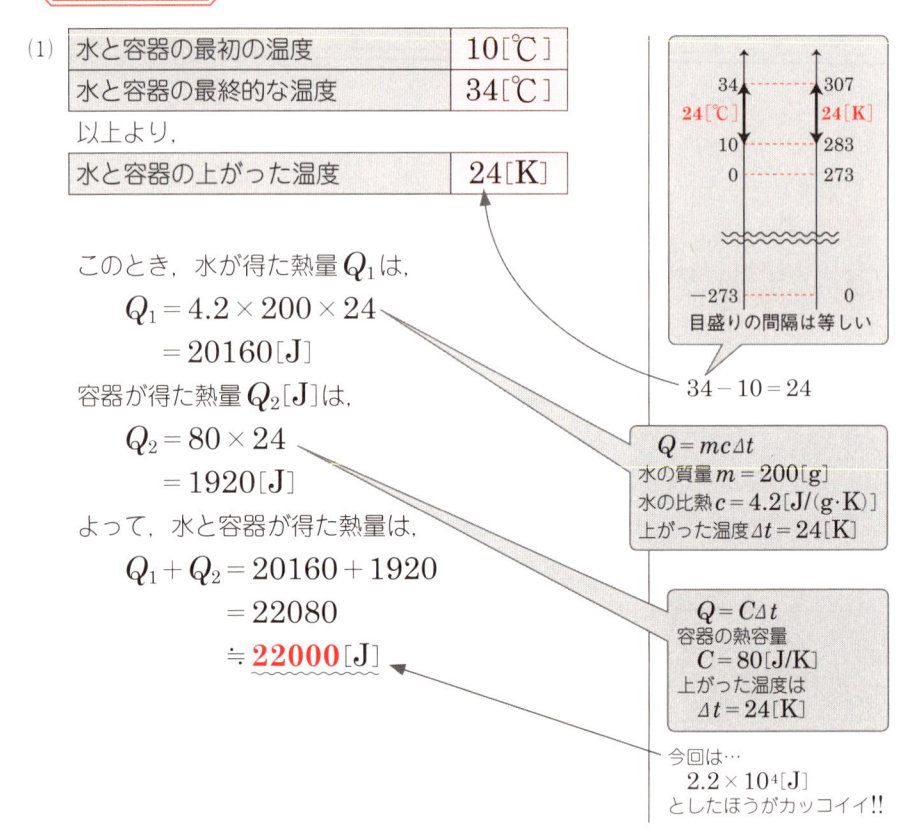

(1)
水と容器の最初の温度	10 [℃]
水と容器の最終的な温度	34 [℃]

以上より，

水と容器の上がった温度	24 [K]

このとき，水が得た熱量 Q_1 は，

$$Q_1 = 4.2 \times 200 \times 24$$
$$= 20160 \text{ [J]}$$

容器が得た熱量 Q_2 [J] は，

$$Q_2 = 80 \times 24$$
$$= 1920 \text{ [J]}$$

よって，水と容器が得た熱量は，

$$Q_1 + Q_2 = 20160 + 1920$$
$$= 22080$$
$$\fallingdotseq \underline{22000} \text{ [J]}$$

---

34 − 10 = 24

$Q = mc\Delta t$
水の質量 $m = 200$ [g]
水の比熱 $c = 4.2$ [J/(g·K)]
上がった温度 $\Delta t = 24$ [K]

$Q = C\Delta t$
容器の熱容量
$C = 80$ [J/K]
上がった温度は
$\Delta t = 24$ [K]

今回は…
2.2×10^4 [J]
としたほうがカッコイイ!!

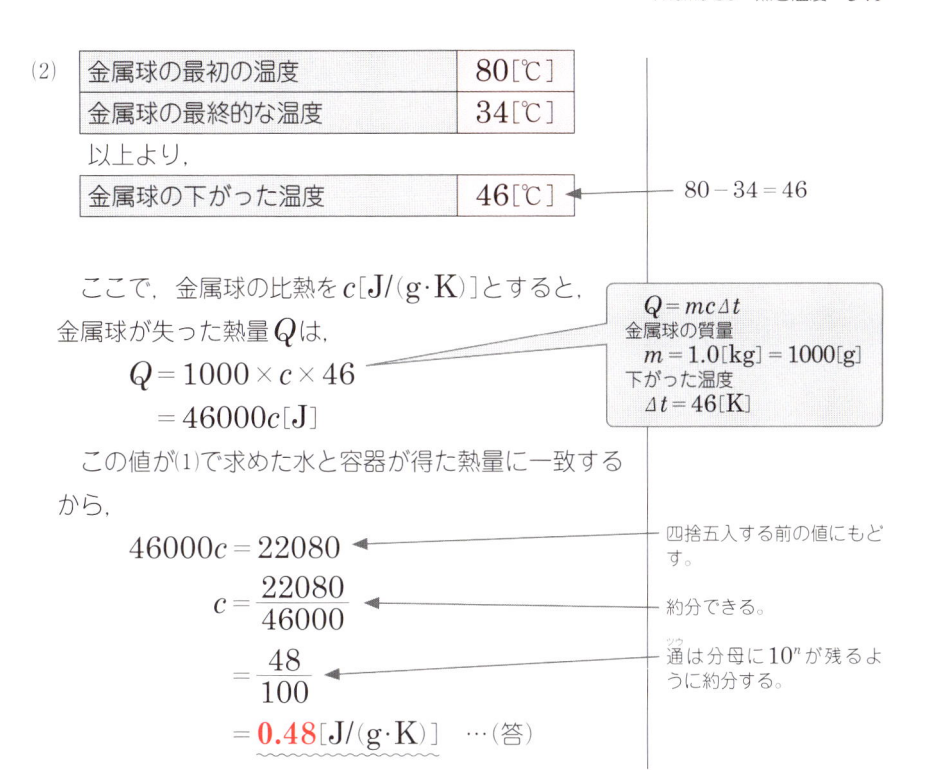

(2)

金属球の最初の温度	80[℃]
金属球の最終的な温度	34[℃]

以上より,

金属球の下がった温度	46[℃]

← $80 - 34 = 46$

ここで,金属球の比熱を $c[\mathrm{J/(g\cdot K)}]$ とすると,金属球が失った熱量 Q は,

$$Q = 1000 \times c \times 46$$
$$= 46000c[\mathrm{J}]$$

$Q = mc\Delta t$
金属球の質量
 $m = 1.0[\mathrm{kg}] = 1000[\mathrm{g}]$
下がった温度
 $\Delta t = 46[\mathrm{K}]$

この値が(1)で求めた水と容器が得た熱量に一致するから,

$$46000c = 22080$$
$$c = \frac{22080}{46000}$$
$$= \frac{48}{100}$$
$$= \mathbf{0.48}[\mathrm{J/(g\cdot K)}] \quad \cdots (答)$$

――四捨五入する前の値にもどす。
――約分できる。
――普通は分母に 10^n が残るように約分する。

Theme 31 化学っぽい話がチラホラ

（ボイル・シャルルの法則，理想気体…）

その 1 "気体の公式がいろいろ" の巻

ボイル・シャルルの法則

[Pa]でもOK!!　必ず[K]ですよ!!

一定量の気体において，圧力を $P[\text{N/m}^2]$，体積を $V[\text{m}^3]$，温度を $T[\text{K}]$ とすると，次の公式が成立します。これを**ボイル・シャルルの法則**という。

$$\frac{PV}{T} = \text{一定}$$

注1 単位にはくれぐれも注意してくださいませ。

注2 "一定量の気体"とは，モル数が一定という意味です。つまり気体の分子の個数が一定ということです!!

問題107 ── キソのキソ

27[℃]，3.0×10^5[Pa]で0.80[m^3]の気体は，127[℃]，2.0×10^5[Pa]では，何[m^3]を占めるか。

解答でござる

求める体積を $V[\text{m}^3]$ とする。
ボイル・シャルルの法則から，

$$\frac{3.0 \times 10^5 \times 0.80}{273 + 27} = \frac{2.0 \times 10^5 \times V}{273 + 127}$$

$$\frac{3.0 \times 10^5 \times 0.80}{300} = \frac{2.0 \times 10^5 \times V}{400}$$

$$V = \frac{3.0 \times 10^5 \times 0.80}{300} \times \frac{400}{2.0 \times 10^5}$$

$$= \underline{1.6 [\text{m}^3]} \quad \cdots（答）$$

$\frac{PV}{T} = $ 一定 ということは…
P_1[Pa]，V_1[m^3]，T_1[K]の気体が…
P_2[Pa]，V_2[m^3]，T_2[K]に変化したとすると，
$$\frac{P_1 V_1}{T_1} = \frac{P_2 V_2}{T_2}$$
が成り立つ。

27[℃] = 273 + 27 = 300[K]
127[℃] = 273 + 127 = 400[K]
温度は**ケルビン**ですよ!!

ボイルの法則

　一定量の気体の温度を一定に保って，圧力と体積だけを変化させることを**等温変化**と呼びます。

　ボイル・シャルルの法則において，一定値を k とおくと，

$$\frac{PV}{T} = k \quad \text{一定です!!}$$

ここで!! 等温変化の場合，温度 $T=$ 一定であるので…

$$PV = kT \quad \left(\frac{PV}{T} = k \text{ の両辺を } T \text{ 倍する!!}\right)$$

このとき，kT がまるごと一定値となるので…

$$\boldsymbol{PV = \text{一定}}$$

となります。これを**ボイルの法則**と呼びます。

$PV = a$ とおくと
$P = \dfrac{a}{V}$
反比例のグラフです。

シャルルの法則

　一定量の気体の圧力を一定に保って，温度と体積だけを変化させることを**定圧変化**と呼びます。

　またまた，ボイル・シャルルの法則において一定値を k とおくと，

$$\frac{PV}{T} = k \quad \text{一定です!!}$$

ここで!! 定圧変化の場合，圧力 $P =$ 一定であるので…

$$\frac{V}{T} = \frac{k}{P} \quad \left(\frac{PV}{T} = k \text{ の両辺を } P \text{ でわる!!}\right)$$

このとき，$\dfrac{k}{P}$ がまるごと一定値となるので…

$$\boldsymbol{\frac{V}{T} = \text{一定}}$$

となります。これを**シャルルの法則**と呼びます。

$\dfrac{V}{T} = a$ とおくと
$V = aT$
傾き a の直線です!!

344　第2章　熱力学

ぶっちゃけ!!　"ボイル・シャルルの法則"だけ覚えておけば，すべての計算問題に対応できます。"ボイルの法則"と"シャルルの法則"は"ボイル・シャルルの法則"の一部にすぎません。

問題108　標準

一定量の気体を容器に入れて，圧力と体積を右図のA→B→C→D→Aの順で変化させた。Aの状態では，温度が300[K]であった。次の各問いに答えよ。

(1) 状態Bの温度T_B[K]を求めよ。
(2) B→Cの間が等温変化であったとすると，状態Cの体積V_C[m^3]を求めよ。
(3) 状態Dの温度T_D[K]を求めよ。

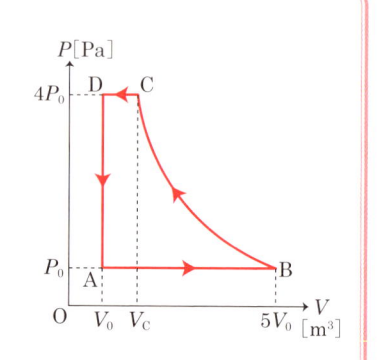

ナイスな導入

"ボイル・シャルルの法則"のみですべて解決!!

$$\frac{PV}{T} = 一定 \iff \frac{P_1 V_1}{T_1} = \frac{P_2 V_2}{T_2}$$

解答でござる

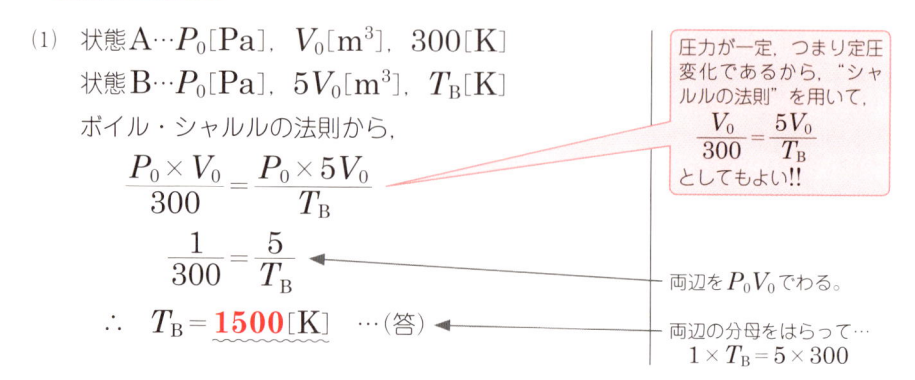

(1) 状態A…P_0[Pa]，V_0[m^3]，300[K]
　　状態B…P_0[Pa]，$5V_0$[m^3]，T_B[K]
　　ボイル・シャルルの法則から，

$$\frac{P_0 \times V_0}{300} = \frac{P_0 \times 5V_0}{T_B}$$

$$\frac{1}{300} = \frac{5}{T_B}$$

∴　$T_B = \underline{1500}$[K]　…(答)

> 圧力が一定，つまり定圧変化であるから，"シャルルの法則"を用いて，
> $$\frac{V_0}{300} = \frac{5V_0}{T_B}$$
> としてもよい!!

両辺を$P_0 V_0$でわる。

両辺の分母をはらって…
$1 \times T_B = 5 \times 300$

(2) B→Cの間は等温変化であるから，　←　問題文に書いてある。
状態Cの温度は，1500[K]である。　←　T_Bと同じです。
　　状態B…P_0[Pa]，$5V_0$[m³]，1500[K]
　　状態C…$4P_0$[Pa]，V_C[m³]，1500[K]　←　このV_Cを求める!!
　　ボイル・シャルルの法則から，

$$\frac{P_0 \times 5V_0}{1500} = \frac{4P_0 \times V_C}{1500}$$

温度が一定，つまり等温変化であるから，"ボイルの法則"より，
$P_0 \times 5V_0 = 4P_0 \times V_C$
としてもOKです。

$$P_0 \times 5V_0 = 4P_0 \times V_C$$　←　両辺を1500倍!!
$$5V_0 = 4V_C$$　←　両辺をP_0でわる!!
$$\therefore \quad V_C = \underline{\frac{5}{4}V_0}[\text{m}^3] \quad \cdots \text{(答)}$$

文字の問題なので分数のままでよいが…
小数に直すのならば…
$\frac{5}{4}V_0 = 1.25V_0$
　　　$\fallingdotseq 1.3V_0$

別解でござる

(2) 　状態Aと状態Cで"ボイル・シャルルの法則"を用いる!!

　　状態A…P_0[Pa]，V_0[m³]，300[K]
　　状態C…$4P_0$[Pa]，V_C[m³]，1500[K]
　　ボイル・シャルルの法則から，

$$\frac{P_0 \times V_0}{300} = \frac{4P_0 \times V_C}{1500}$$

$$5V_0 = 4V_C$$

$$\therefore \quad V_C = \underline{\frac{5}{4}V_0}[\text{m}^3] \quad \cdots \text{(答)}$$

そうか…
すべての状態で"ボイル・シャルルの法則"が使えるわけか…

両辺を1500倍して，さらにP_0でわる。

さっきと同じになりました。

(3) 状態C…$4P_0$[Pa], $\dfrac{5}{4}V_0$[m³], 1500[K]

状態D…$4P_0$[Pa], V_0[m³], T_D[K]

ボイル・シャルルの法則から,

$$\dfrac{4P_0 \times \dfrac{5}{4}V_0}{1500} = \dfrac{4P_0 \times V_0}{T_D}$$

$$\dfrac{5P_0V_0}{1500} = \dfrac{4P_0V_0}{T_D}$$

$$\dfrac{5}{1500} = \dfrac{4}{T_D}$$

$$\dfrac{1}{300} = \dfrac{4}{T_D}$$

∴ $T_D = \underline{1200}$[K] …(答)

> このT_Dを求める!!

> 定圧変化であるから,"シャルルの法則"より,
> $$\dfrac{\dfrac{5}{4}V_0}{1500} = \dfrac{V_0}{T_D}$$
> としてもOK!!

> 両辺をP_0V_0でわった!!

> 両辺の分母をはらって…
> $1 \times T_D = 4 \times 300$

別解でござる

(3) 状態Aと状態Dで"ボイル・シャルルの法則"を用いる!!

状態A…P_0[Pa], V_0[m³], 300[K]

状態D…$4P_0$[Pa], V_0[m³], T_D[K]

ボイル・シャルルの法則から,

$$\dfrac{P_0 \times V_0}{300} = \dfrac{4P_0 \times V_0}{T_D}$$

$$\dfrac{1}{300} = \dfrac{4}{T_D}$$

∴ $T_D = \underline{1200}$[K] …(答)

> そうか…すべての状態で"ボイル・シャルルの法則"が使えるんだね

> 本当にわかってんの??

> 両辺をP_0V_0でわる!!

> 両辺の分母をはらって…
> $1 \times T_D = 4 \times 300$

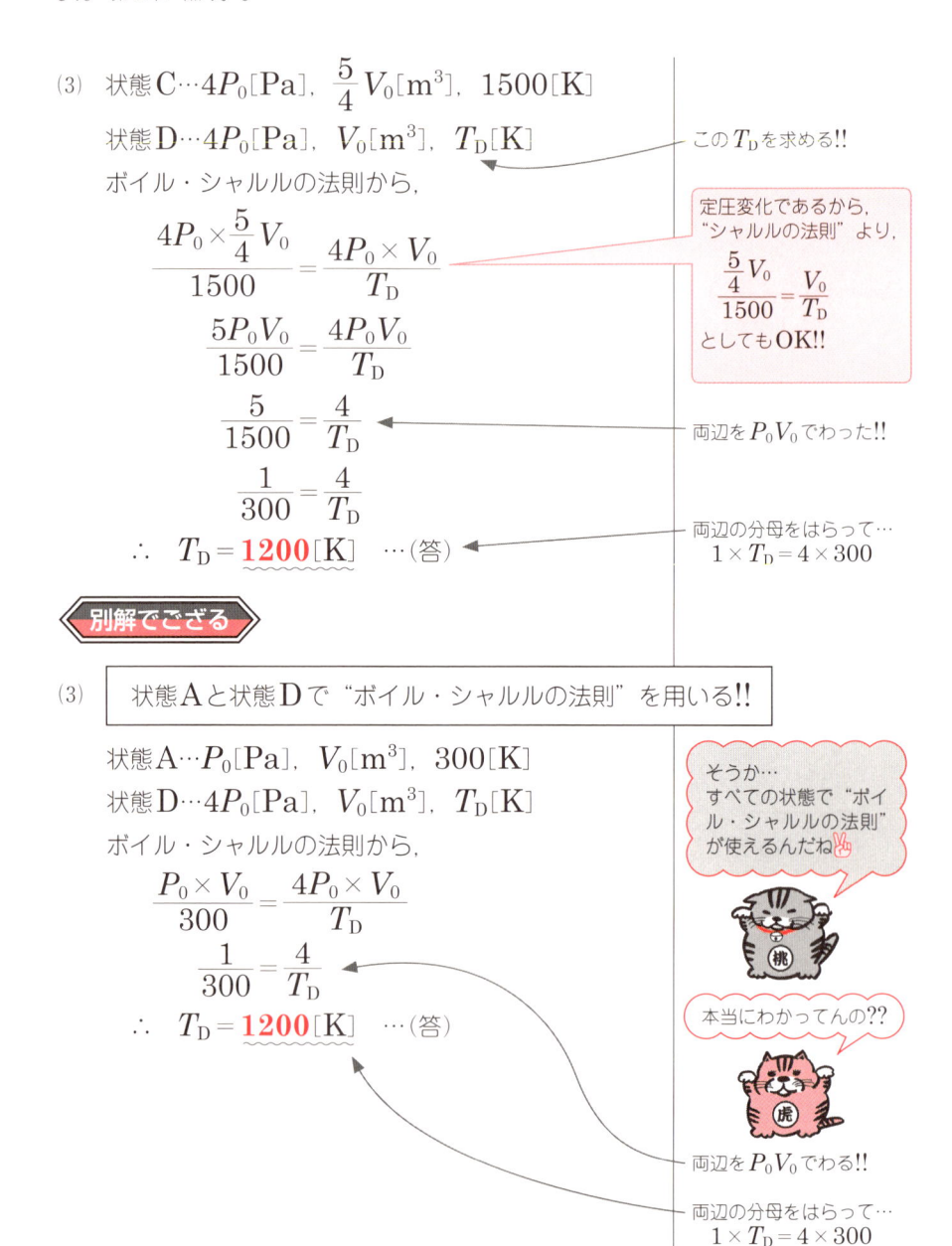

Theme 32 熱と仕事

右図のようなピストンがついた容器に，一定量の気体を入れて，熱を加えてみよう。すると，気体は膨張し，与えた熱量は外部にする仕事に変化する。

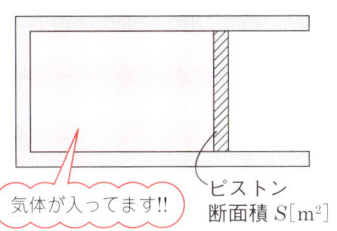

仕事といえば，**力×距離**だぜ!!

気体が外部にする仕事

容器内の気体の圧力を $P\,[\mathrm{N/m^2}]$ とすると…
内側からピストンを押す力 $F\,[\mathrm{N}]$ は，

$$F = PS\,[\mathrm{N}] \quad \cdots ①$$

圧力×断面積=力です!!

ピストンが $l\,[\mathrm{m}]$ 移動するとすると…
この力 $F\,[\mathrm{N}]$ が外部にする仕事 $W'\,[\mathrm{J}]$ は，

$$W' = F \times l\,[\mathrm{J}] \quad \cdots ②$$

仕事=力×距離です!!

①を②に代入して…

$$W' = PS \times l = PSl \quad \cdots ③$$

このとき，気体の体積の増加量 $\Delta V\,[\mathrm{m^3}]$ に注目すると，

$$\Delta V = S \times l = Sl\,[\mathrm{m^3}] \quad \cdots ④$$

③に④を代入すると…

$$W' = P\Delta V\,[\mathrm{J}]$$

$W' = P\boxed{Sl}$ …③
$\Delta V = Sl$ …④

となる。
これが容器内の気体が外部にする仕事になります。

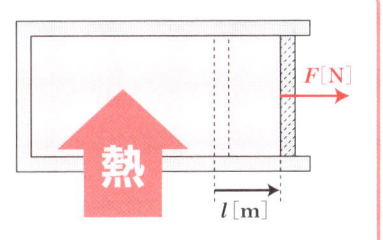

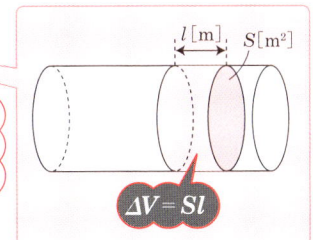

で!! 冷却した場合は…

気体は縮小して，容器内の圧力による力F[N]と逆向きにピストンが移動するので，気体が外部にする仕事は**負**になります。つまり，気体が外部からされる仕事は**正**です。

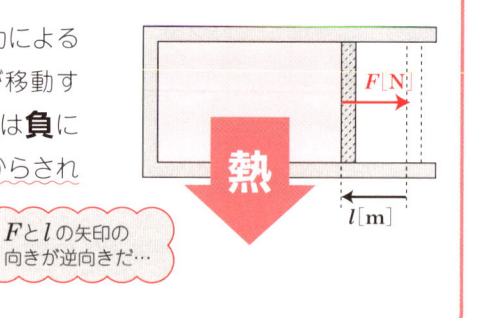

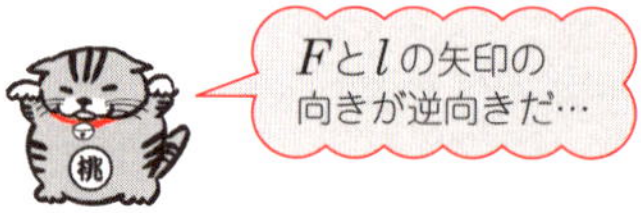

> Fとlの矢印の向きが逆向きだ…

ザ・まとめ

[Pa]でもOK!!

圧力がP[N/m²]の気体の体積がΔVだけ変化するとき，この気体が外部にする仕事W'[J]は…

$$W' = P\Delta V \text{ [J]}$$

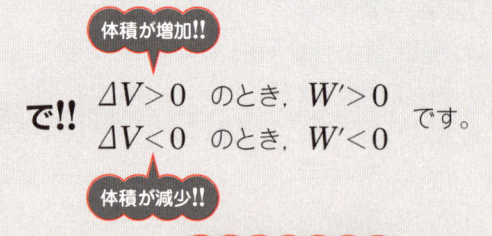

です。

で!!

体積が増加!!
$\Delta V > 0$ のとき，$W' > 0$
$\Delta V < 0$ のとき，$W' < 0$ です。
体積が減少!!

いずれWで表します。

注 "気体が外部から**される**仕事" の場合は，上のお話と正・負が逆転します。"**する**"か？"**される**"か？ これから先，よく注意しましょう!!

P-Vグラフの面積は…??

$W' = P\Delta V$ でしたね…。

定圧変化(等圧変化)の場合，圧力 $P[\text{N/m}^2]$ は一定であるので，気体の体積が $\Delta V[\text{m}^3]$ 変化するようすのグラフで表される。

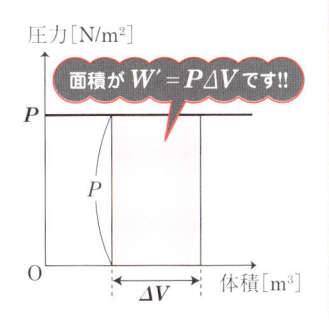

面積が $W' = P\Delta V$ です!!

よって!!

気体が外部にする仕事 $W' = P\Delta V$ は…
グラフのピンク色の部分の面積で表されます。

このお話は何も定圧変化のときだけではなく，すべての場合で成立します!!

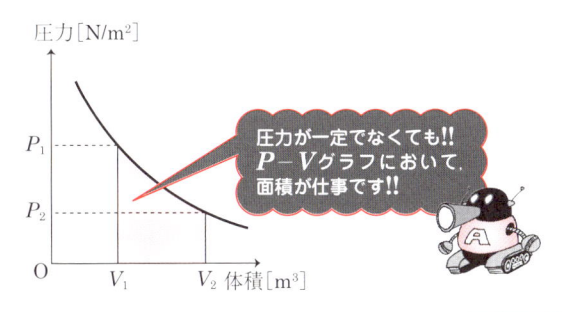

圧力が一定でなくても!!
$P-V$ グラフにおいて，
面積が仕事です!!

問題109　キソ

一定量の気体を右図のように A→B→C→A の順に変化させた。次の各問いに答えよ。

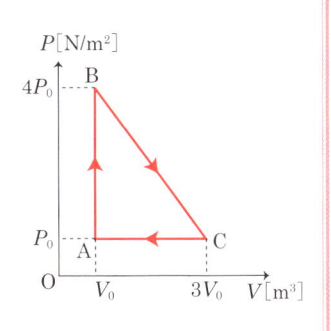

(1) A→B で，気体が外部にした仕事は何 [J] か。
(2) B→C で，気体が外部にした仕事は何 [J] か。
(3) C→A で，気体が外部にした仕事は何 [J] か。
(4) A→B→C→A で，気体が外部にした仕事は何 [J] か。
(5) A→B→C→A で，気体が外部からされた仕事は何 [J] か。

解答でござる

(1) A→Bでは、体積が変化していないから、気体が外部にした仕事 W_1' [J] は、

$$W_1' = \underline{0}\text{[J]} \quad \cdots \text{(答)}$$

> $W' = P\Delta V$ において $\Delta V = 0$ より $W' = 0$

(2) B→Cでは、気体が外部にした仕事 W_2' [J] は図に示す、台形の面積で表される。

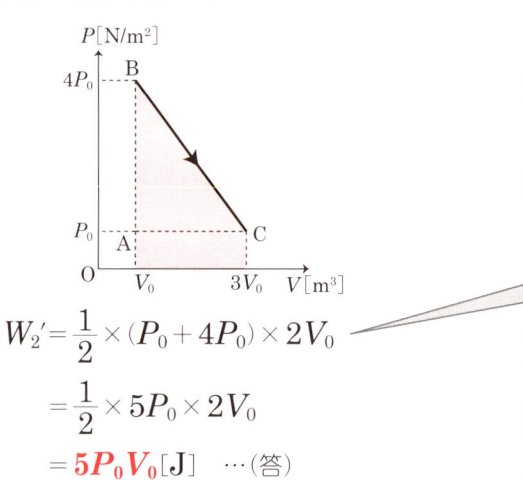

$$W_2' = \frac{1}{2} \times (P_0 + 4P_0) \times 2V_0$$

$$= \frac{1}{2} \times 5P_0 \times 2V_0$$

$$= \underline{5P_0V_0}\text{[J]} \quad \cdots \text{(答)}$$

> 面積は、
> $\frac{1}{2} \times (P_0 + 4P_0) \times 2V_0$
> $\frac{1}{2} \times (上底+下底) \times 高さ$

(3) C→Aでは、気体が外部にした仕事 W_3' は、

$$W_3' = P_0 \times (-2V_0)$$

$$= \underline{-2P_0V_0}\text{[J]} \quad \cdots \text{(答)}$$

> 体積は減少してます!!

> 上の長方形の面積は…
> $P_0 \times 2V_0 = 2P_0V_0$
> しかし、矢印の向きに注意しよう!!
> 体積は減少しているので、気体が外部にした仕事は、
> $-2P_0V_0$ [J]
> ちなみに、気体が外部からされた仕事は、
> $2P_0V_0$ [J]

(4) A→B→C→Aで、気体が外部にした仕事 W' [J] は、W_1', W_2', W_3' の和であるから、(1), (2), (3)より、

$$W' = W_1' + W_2' + W_3'$$

$$= 0 + 5P_0V_0 + (-2P_0V_0)$$

$$= \underline{3P_0V_0}\text{[J]} \quad \cdots \text{(答)}$$

(5) A→B→C→Aで，気体が外部からされた仕事を W[J] とすると，

$$W = -W'$$
$$= -3P_0V_0 \text{[J]} \quad \cdots \text{(答)}$$

> "気体が外部にした仕事 W'" と，"気体が外部からされた仕事 W" は大きさは同じですが，符号は変わります。

ちょっと言わせて

ぶっちゃけ，(4)の W'[J] は，△ABCの面積になります。

△ABCの面積は…

$$\frac{1}{2} \times 3P_0 \times 2V_0 = 3P_0V_0 \text{[J]}$$

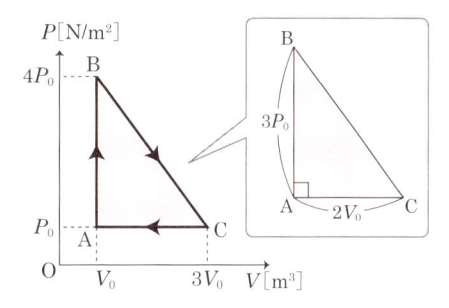

おっ!! (4)の答えだ!!

しかし!!
矢印の向きに注意しないと爆死する!!

今回はたまたま，**プラス**でした!!

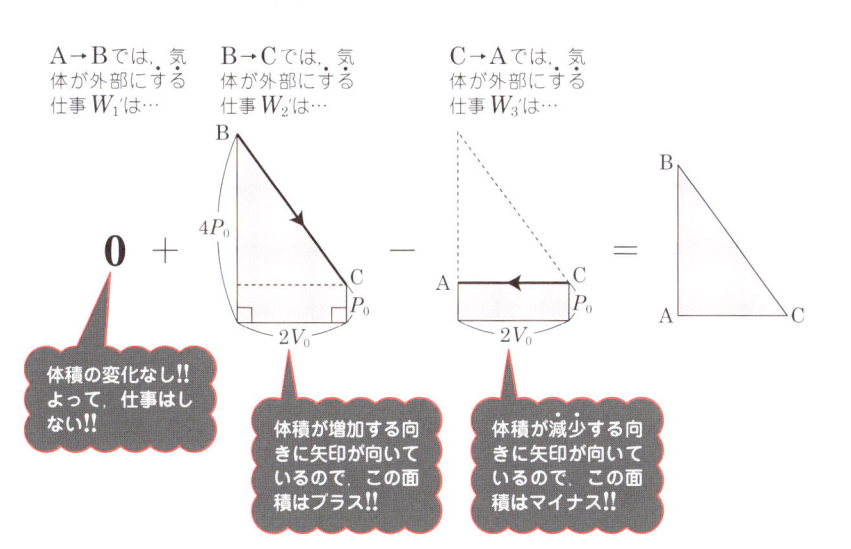

A→Bでは，気体が外部にする仕事 W_1' は…

0

体積の変化なし!! よって，仕事はしない!!

B→Cでは，気体が外部にする仕事 W_2' は…

体積が増加する向きに矢印が向いているので，この面積はプラス!!

C→Aでは，気体が外部にする仕事 W_3' は…

体積が減少する向きに矢印が向いているので，この面積はマイナス!!

つまり!! 矢印が逆向きだと正・負が逆転するので，三角形ABCの面積に マイナス をつけなければならない!!

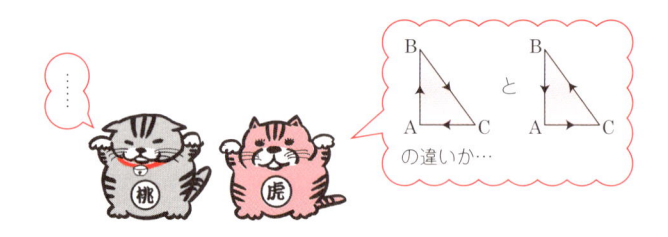

気体の体積が 増加 してるか？ 減少 してるか？
また!!
気体が する 仕事か？ される 仕事か？
しっかり考えるようにしよう!!

その 2 "気体の内部エネルギー" って何??

気体は分子の集まりである。分子にも質量があるが，軽すぎるので無視できます。つまり，分子の重力による位置エネルギーは，無視してOKです。

が!! 分子の運動をあなどってはいけない!! 分子はさまざまなスピードで，自由に飛びまわっています。つまり，運動エネルギーは無視できません!! しかも，この連中が集団になれば，かなりのエネルギーをもっていることになります。

で!! 一定量の気体において，この中にいる分子がもつ運動エネルギーを合計したものを**気体の内部エネルギー**と呼びます。

> **注** **高温**だと気体の分子運動が盛んになるので，**気体の内部エネルギーは大きい!!** **低温**だとその逆になるので，**気体の内部エネルギーは小さい!!**

その 3 "熱力学第1法則" のお話

では，気体の内部エネルギーを増加させたいとき，どうすればよいでしょうか??

まぁ，1つの方法として，**熱を加える!!** という手があります。

じつは，もう1つ方法があるんですよ…。わかりますか…？ つい先ほどまで登場していたお話です。

もう1つの方法とは…，**外部から仕事する!!** という手です。

これら，2つの方法により，気体の分子運動が盛んになり，気体の内部エネルギーは増加します。これを式で表したものが，**熱力学第1法則**です。

▼ **つまーり!!**

熱力学第1法則

内部エネルギーの増加量を $\Delta U \,[\mathrm{J}]$，外部から加えた熱量を $Q\,[\mathrm{J}]$，さらに外部から加えた仕事（気体が外部からされた仕事）を $W\,[\mathrm{J}]$ とすると…

$$\Delta U = Q + W$$

が成立します。

問題110 キソ

一般にシリンダーと呼びます。

右図のような，なめらかなピストンのついた頑丈（がんじょう）な容器内に気体が入れてある。この気体に $500[\text{J}]$ の熱を加え，$2.0 \times 10^5 [\text{Pa}]$ の圧力で $1.5 \times 10^{-3} [\text{m}^3]$ の体積だけ圧縮した。次の各問いに答えよ。

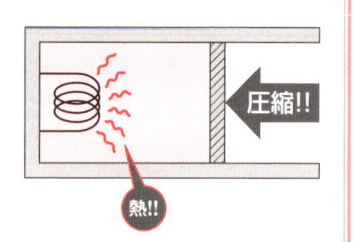

(1) 外部から気体に加えた仕事は何 $[\text{J}]$ か。
(2) 気体の内部エネルギーの増加量は何 $[\text{J}]$ か。

ナイスな導入

熱力学第1法則です!!

$$\Delta U = Q + W$$

- ΔU：内部エネルギーの増加量
- Q：外部から加えた熱量
- W：外部から加えた仕事

解答でござる

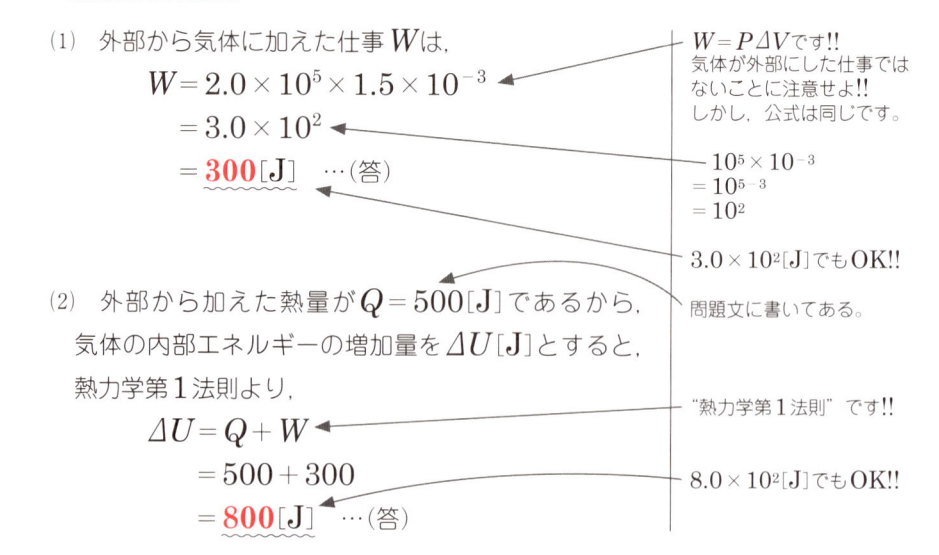

(1) 外部から気体に加えた仕事 W は，
$$W = 2.0 \times 10^5 \times 1.5 \times 10^{-3}$$
$$= 3.0 \times 10^2$$
$$= \mathbf{300} [\text{J}] \quad \cdots (答)$$

$W = P\Delta V$ です!!
気体が外部にした仕事ではないことに注意せよ!!
しかし，公式は同じです。

$10^5 \times 10^{-3}$
$= 10^{5-3}$
$= 10^2$

$3.0 \times 10^2 [\text{J}]$ でもOK!!

(2) 外部から加えた熱量が $Q = 500[\text{J}]$ であるから，気体の内部エネルギーの増加量を $\Delta U [\text{J}]$ とすると，熱力学第1法則より，

$$\Delta U = Q + W$$
$$= 500 + 300$$
$$= \mathbf{800} [\text{J}] \quad \cdots (答)$$

問題文に書いてある。

"熱力学第1法則" です!!

$8.0 \times 10^2 [\text{J}]$ でもOK!!

問題111 　標準

なめらかなピストンがついたシリンダー内に気体が入れてある。この気体に500[J]の熱を加えたところ、体積が2.0×10^{-3}[m^3]だけ膨張した。

大気圧(外部の圧力)を1.0×10^5[Pa]として、次の各問いに答えよ。
(1) 外部から気体に加えた仕事は何[J]か。
(2) 気体の内部エネルギーの増加量は何[J]か。

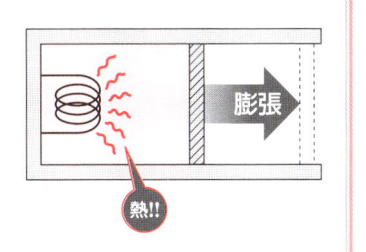

ナイスな導入

押さえておきたいのは…

ピストンの両面で圧力はつり合ってます!!

つり合っていないと、ピストンがどちらかの向きに加速度運動をしてしまいます

ピストンがつり合っている状態
‖
内側の圧力と外側の圧力は等しい!!

ということです。

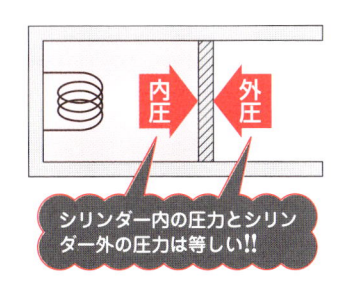

▼つまーり!!

大気圧(外部の圧力)が1.0×10^5[Pa]で一定であるので、シリンダー内の気体の圧力も1.0×10^5[Pa]で一定であったことになります。

> 注　ピストンが動いているときも、"ゆっくり動いている"ことが大前提です!! つまり、内圧と外圧がつり合いながらピストンは動いたと考えてください。

解答でござる

(1) シリンダー内の気体が、外部にした仕事 W' [J] は、

$$W' = 1.0 \times 10^5 \times 2.0 \times 10^{-3}$$
$$= 2.0 \times 10^2$$
$$= 200 \text{[J]}$$

よって、外部から気体に加えた仕事(気体が外部からされた仕事) W [J] は、

$$W = -W'$$
$$= \underline{-200 \text{[J]}} \quad \cdots (答)$$

$W' = P\Delta V$

気体は膨張しているので、外部に仕事をしています!!

-2.0×10^{-2} [J]でもOK!!

(2) 外部から加えた熱量が $Q = 500$ [J] であるから、気体の内部エネルギーの増加量を ΔU [J] とすると、熱力学第1法則から、

$$\Delta U = Q + W$$
$$= 500 - 200$$
$$= \underline{300 \text{[J]}} \quad \cdots (答)$$

本問では… シリンダー内の気体が膨張し、外部に対して**正**の仕事をしているので…、外部からされた仕事は**負**になります。

3.0×10^2 [J]でもOK!!

その 4 "断熱変化" のお話です

"断熱"とは，その名が示すとおり，外部との熱のやりとりがいっさいないということです。

そこで，"熱力学第1法則"を思い出してください…。

熱力学第1法則

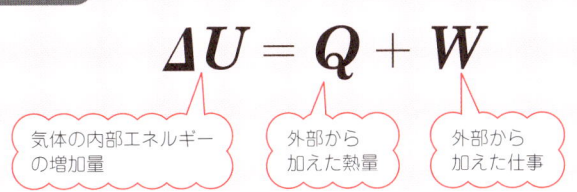

$$\Delta U = Q + W$$

- ΔU：気体の内部エネルギーの増加量
- Q：外部から加えた熱量
- W：外部から加えた仕事

で!! "断熱"ですから… $Q = 0$ です!!

とゆーことは…

$$\boxed{\Delta U = W}$$

になります。

とゆーことは…

① $W > 0$ のとき，$\Delta U > 0$ も成立!!

　つまり… 外部からの仕事が正だと，気体の内部エネルギーは増加!!

　つまり… **圧縮されると気体の温度が上がる!!**

② $W < 0$ のとき，$\Delta U < 0$ も成立!!

　つまり… 外部からの仕事が負だと，気体の内部エネルギーは減少!!

　つまり… 気体が外部にする仕事が正だと，気体の内部エネルギーは減少!!

　つまり… **膨張すると気体の温度は下がる!!**

ザ・まとめ

① **断熱圧縮** といえば… 温度が上がる!!

理由は，$\Delta U = W > 0$ です。

② **断熱膨張** といえば… 温度が下がる!!

理由は，$\Delta U = W < 0$ です。

注 断熱変化は "急激に変化させること" が前提となる。問題文にこの断り書きが書いていないことが多いが，気にしないように…。

問題112　標準

断熱材でつくられたシリンダー内に気体を入れ，ピストンを引いて膨張させた。ピストンを引く力がした仕事が $30 \, [\mathrm{J}]$ であったとき，次の各問いに答えよ。

(1) 気体の内部エネルギーの変化を，増加・減少も含めて答えよ。
(2) 気体の温度は上がったか，下がったか。

解答でござる

(1) 内部エネルギーの変化量…………$\Delta V \, [\mathrm{J}]$
　　気体に外部から加えた仕事………$W \, [\mathrm{J}]$
とすると，断熱変化の場合，
$$\Delta U = W \quad \cdots ①$$
ピストンを引いて膨張させたことから，$W < 0$ である。

> "熱力学第1法則" より
> $\Delta U = Q + W$
> $Q = 0$ より
> $\Delta U = W$

> 膨張した
> ⇔ 気体が外部に**正**の仕事をした
> ⇔ 気体が外部から**負**の仕事をされた
> ⇔ 気体に外部から加えた仕事は**負**

よって，条件より，
$$W = -30 [\text{J}] \quad \cdots ②$$
①と②より，
$$\Delta U = -30 [\text{J}]$$
つまり，気体の内部エネルギーは，
30[J] 減少する …(答) ← マイナスですから!!

> ピストンを引く力がピストンにした仕事は30[J]であるが，気体は膨張しているので，この力が気体にした仕事は，−30[J]です。
>
> **マイナス!!**
>
> 圧縮させた 👉 気体に外部からした仕事は正
> 膨張させた 👉 気体に外部からした仕事は負

(2)　温度は**下がった**　…(答)

> 気体の内部エネルギーが減少した
> ⇔　気体の分子運動が弱まった
> ⇔　温度が下がったことになる

その5 "熱効率" のお話

何かを燃焼させ，そこから熱エネルギーを得て，この熱エネルギーを仕事に変換する装置を**熱機関**と申します。

> ガソリンエンジン，蒸気機関などが熱機関か…

しかしながら，発生させた熱エネルギーをすべて仕事に変換できる夢のような熱機関は，この世に存在しません!! 実際はいろいろとムダが出てしまいます。

発生させた熱エネルギーをどのくらいの割合で仕事に変換できるか？を表した値が**熱効率**です。

熱効率

発生させた熱エネルギーを Q[J]，実際にできた仕事を W[J] としたとき，熱効率 e は…

$$e = \frac{W}{Q}$$

となります。

注 熱効率に単位はありませんが，100倍すると%（パーセント）になります。

問題113 ─ キソ

ある装置で，1.0[g]あたり 3.0×10^5[J] の熱エネルギーが生じる燃料を2.0[kg]消費したところ，1.5×10^8[J] の仕事を取り出すことができた。このとき，この装置の熱効率は何[%]か。

解答でござる

発生させた熱量 Q[J] は，

$Q = 3.0 \times 10^5 \times 2.0 \times 10^3$
$ = 6.0 \times 10^8$[J]

1.0[g]あたり 3.0×10^5[J] だから
2.0[kg] = 2.0×10^3[g] では…
 $3.0 \times 10^5 \times 2.0 \times 10^3$
 $= 6.0 \times 10^8$[J]

取り出すことのできた仕事 W [J]は,
$$W = 1.5 \times 10^8 \text{[J]}$$ ← 問題文にあります。

この装置の熱効率 e は,
$$e = \frac{W}{Q}$$ ← 公式です。
$$= \frac{1.5 \times 10^8}{6.0 \times 10^8}$$
$$= \frac{1.5}{6.0}$$ ← 10^8 で約分
$$= \frac{1}{4}$$
$$= 0.25$$ ← これをパーセントに直す!!
$$= \underline{25\text{[\%]}} \quad \cdots \text{(答)}$$ $0.25 \times 100 = 25\text{[\%]}$

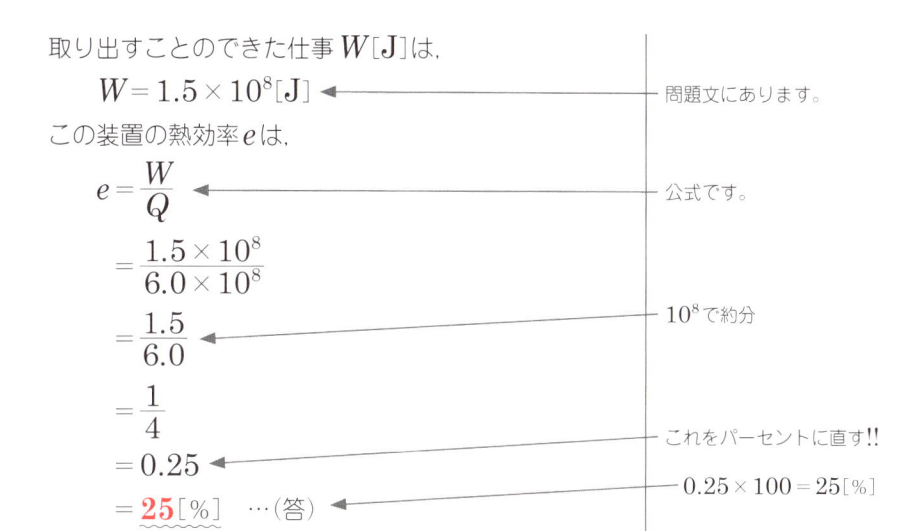

その6 "熱力学第2法則"ってあるの…??

私は忘れない…あの日のことを…
"ラジオ体操第1"があるということは,"ラジオ体操第2"もあるのかも…
ずーっと心の片スミで思っていた…
そして、とうとう"ラジオ体操第2"を体験する日がきた…
なんだ…こ,こ,これは…
暗い音楽…ヘンな動き…今から,これと似た経験をするかもよ…

熱力学第2法則　実際は複雑な表現なのですが,簡単にまとめると,次の①と②のお話になります。

① 熱が高温の物体から低温の物体へ移動する現象は,もとにもどすことはできない("不可逆反応である"と申します)。

② 仕事をすべて熱に変換することはできるが,熱をすべて仕事に変換することはできない。つまり,熱効率が 100 [%] である熱機関は存在しない。

えーっ!! これだけーっ!?
と思うかもしれませんが…大切なお話です。
特に①はあたりまえですよね…

Theme 33 分子運動と圧力

> 分子たちが衝突して圧力を生み出す!!

その1 "1[mol]って何個?" の巻

12個を1ダースというように…

$$6.02 \times 10^{23} 個 = 1 [\text{mol}]$$

と定義します。

で!! この 6.02×10^{23} という数を**アボガドロ数**と呼びます。原子や分子が1[mol]（6.02×10^{23}個）集まったときの質量は，その原子量や分子量に単位[g]をつけた値に一致します。

例 水素分子 H_2 の 1[mol] の質量は…
$H_2 = 2$（分子量は2）より，2[g]です。

その2 "気体の状態方程式" のお話

1[mol]の気体で，ボイル・シャルルの法則を考えたとき，「$\dfrac{PV}{T} = 一定$」の一定値を R とおきます。

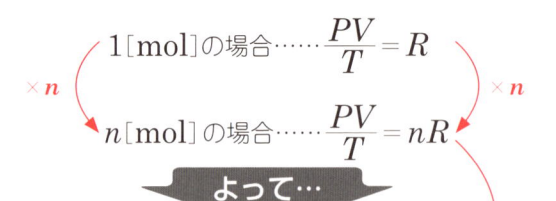

1[mol]の場合……$\dfrac{PV}{T} = R$

$\times n$ ↓ ↑ $\times n$

n[mol]の場合……$\dfrac{PV}{T} = nR$

よって…

両辺 T 倍すると…

気体の状態方程式

$$PV = nRT$$

圧力…P[Pa]，体積…V[m³]，モル数…n[mol]，温度…T[K]，そして R は**気体定数**と呼び，$R = 8.31$[J/(mol·K)]です。

問題114 キソ 人呼んで、"標準状態"と申します。

$0[℃]$, $1.013 \times 10^5 [Pa]$で，$1[mol]$の気体が占める体積が $2.24 \times 10^{-2} [m^3]$であることを利用して，気体定数を有効数字3ケタで求めよ。

ナイスな導入

気体の状態方程式

$$PV = nRT$$

より…

$$R = \frac{PV}{nT}$$

$PV = nRT$ の両辺をnTでわる!!
$\frac{PV}{nT} = R$

これに，上記の値を代入すれば解決です!!

が!! 単位が…
では，単位についてです。

$[Pa] = [N/m^2]$です!!

$$R = \frac{PV}{nT} \cdots\cdots \frac{[N/m^2] \times [m^3]}{[mol] \times [K]}$$

$$= \frac{[N \cdot m]}{[mol \cdot K]}$$

$$= \frac{[J]}{[mol \cdot K]}$$

$$= [J/(mol \cdot K)]$$

仕事を思い出そう!!
仕事$[J]$=力$[N]$×距離$[m]$

つまり…

$[J] = [N \cdot m]$

解答でござる

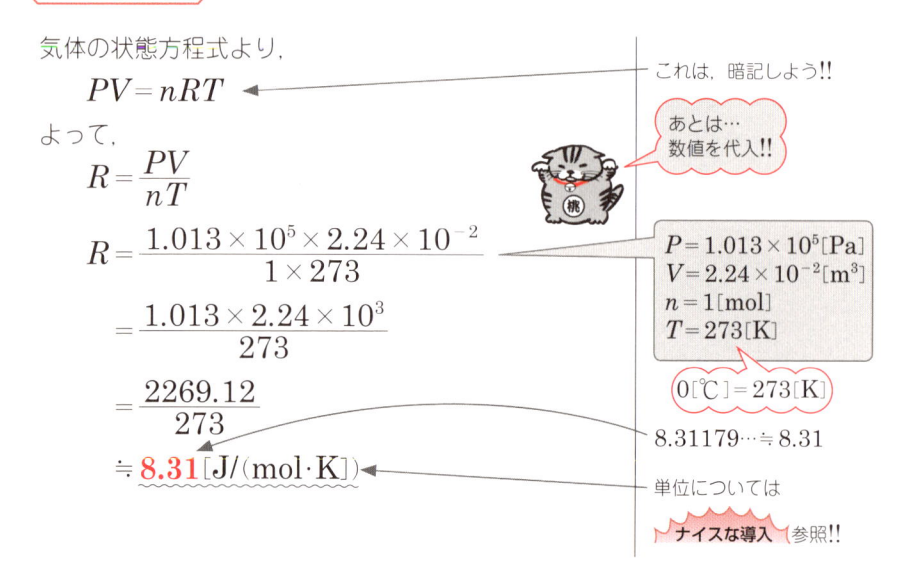

気体の状態方程式より，

$$PV = nRT$$

よって，

$$R = \frac{PV}{nT}$$

$$R = \frac{1.013 \times 10^5 \times 2.24 \times 10^{-2}}{1 \times 273}$$

$$= \frac{1.013 \times 2.24 \times 10^3}{273}$$

$$= \frac{2269.12}{273}$$

$$\fallingdotseq 8.31 [\mathrm{J/(mol \cdot K)}]$$

これは，暗記しよう!!

あとは… 数値を代入!!

$P = 1.013 \times 10^5 [\mathrm{Pa}]$
$V = 2.24 \times 10^{-2} [\mathrm{m}^3]$
$n = 1 [\mathrm{mol}]$
$T = 273 [\mathrm{K}]$

0[℃] = 273[K]

8.31179… ≒ 8.31

単位については **ナイスな導入** 参照!!

気体定数 $R = 8.31 [\mathrm{J/(mol \cdot K)}]$ は，覚えておきましょう!!
化学とは数値と単位が違うので注意しよう。

問題 115 キソ

ある気体を $5.0 \times 10^{-3} [\mathrm{m^3}]$ の容器に入れて密封し，$227[℃]$ まで加熱したところ，圧力は $6.0 \times 10^5 [\mathrm{Pa}]$ を示した。この気体のモル数を求めよ。ただし，気体定数は $R = 8.31 [\mathrm{J/(mol \cdot K)}]$ とする。

解答でござる

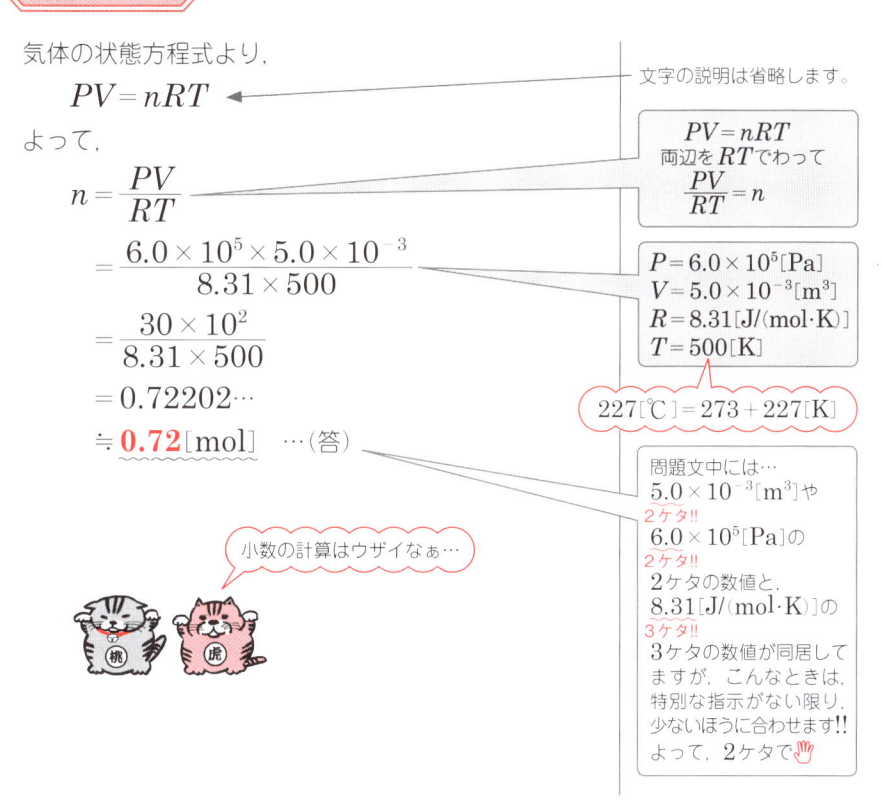

気体の状態方程式より，

$$PV = nRT$$

よって，

$$n = \frac{PV}{RT}$$

$$= \frac{6.0 \times 10^5 \times 5.0 \times 10^{-3}}{8.31 \times 500}$$

$$= \frac{30 \times 10^2}{8.31 \times 500}$$

$$= 0.72202\cdots$$

$$\fallingdotseq \mathbf{0.72\,[mol]} \quad \cdots (答)$$

文字の説明は省略します。

$PV = nRT$
両辺を RT でわって
$\dfrac{PV}{RT} = n$

$P = 6.0 \times 10^5 [\mathrm{Pa}]$
$V = 5.0 \times 10^{-3} [\mathrm{m^3}]$
$R = 8.31 [\mathrm{J/(mol \cdot K)}]$
$T = 500 [\mathrm{K}]$

$227[℃] = 273 + 227 [\mathrm{K}]$

問題文中には…
$5.0 \times 10^{-3} [\mathrm{m^3}]$ や
2ケタ!!
$6.0 \times 10^5 [\mathrm{Pa}]$ の
2ケタ!!
2ケタの数値と，
$8.31 [\mathrm{J/(mol \cdot K)}]$ の
3ケタ!!
3ケタの数値が同居してますが，こんなときは，特別な指示がない限り，少ないほうに合わせます!!
よって，2ケタで✋

小数の計算はウザイなぁ…

その 3 "気体の分子運動から圧力を議論する!!"

次の問題自体が有名です!! 各問いごとに流れを覚えてください。穴埋め問題とかで,よく狙われますよ!!

はーい!!

問題116 標準

1辺の長さ l [m]の立方体の容器に,質量 m [kg]の分子が N 個入っており,それらはすべて同じ速さ v [m/s]で運動しているものとする。N 個の分子は $\dfrac{N}{3}$ 個が x 軸方向,$\dfrac{N}{3}$ 個が y 軸方向,$\dfrac{N}{3}$ 個が z 軸方向に運動しており,分子は互いに衝突することもなく,壁とは弾性衝突(完全弾性衝突)をするものとする。このとき,次の各問いに答えよ。

なんか…細かい話だニャアー!!

(1) 図中の壁Aが,1個の分子の1回の衝突で受ける力積の大きさを求めよ。
(2) x 軸方向に運動する1個の分子が,t 秒間に壁Aに衝突する回数を求めよ。
(3) 壁Aが t 秒間に分子から受ける力積の大きさの総和を求めよ。
(4) 壁Aが分子から受ける平均の力を求めよ。
(5) 壁Aにはたらく圧力を求めよ。

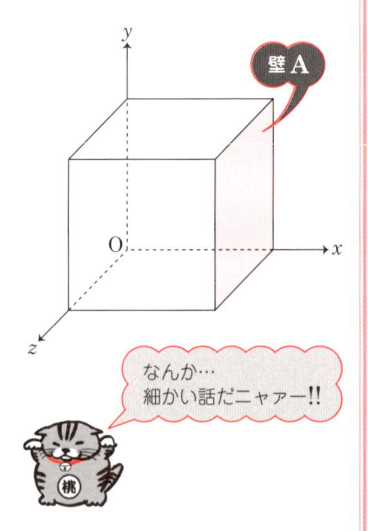

Theme 33　分子運動と圧力　367

ビジュアル解答

(1)　x軸方向に速度v[m/s]で運動している分子は，壁Aで**弾性衝突**をし，x軸方向に$-v$[m/s]ではねかえってくる。

> 弾性衝突は，同じ速さではねかえる衝突です。Theme 22 参照!!

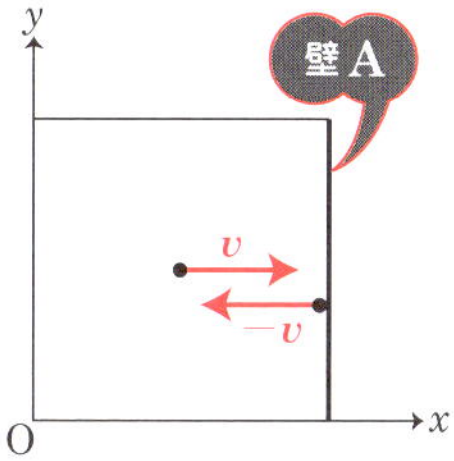

　このとき，1個の分子が壁Aから受ける力積は，運動量の変化よりx軸方向を正として，

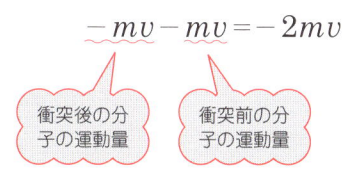

$$-mv - mv = -2mv$$

- $-mv$：衝突後の分子の運動量
- mv：衝突前の分子の運動量

よって，壁Aが1個の分子の1回の衝突で受ける力積は，x軸方向を正として$2mv$である。よって，力積の大きさは，**$2mv$[N·s]** …(答)

> 正の値であるから，そのまま力積の大きさです。

(2)　壁Aに衝突した分子が，反対側の壁に衝突して再び壁Aに衝突するには，往復$2l$[m]の距離を運動しなければならない。

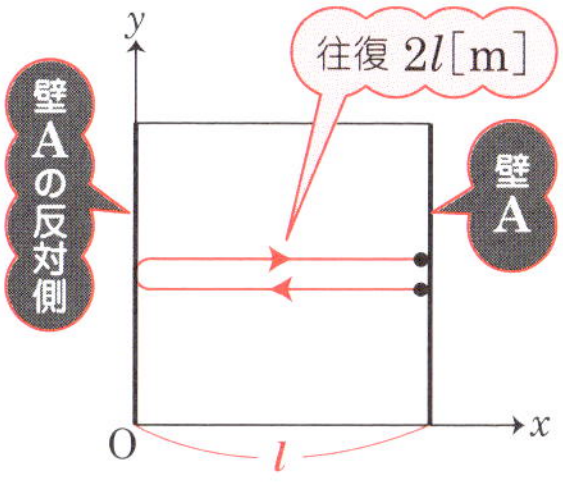

　x軸方向に運動する1個の分子は，1秒間にv[m]の距離をはねかえりながら移動する。

　よって，t秒間ではvt[m]の距離をはねかえりながら移動することになる。

　$2l$[m]ごとに壁に衝突するから，壁Aに衝突する回数は，

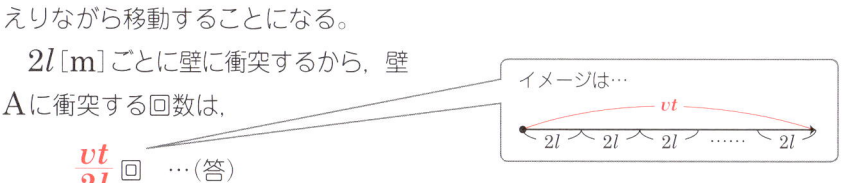

$$\dfrac{vt}{2l} \text{ 回} \quad \text{…(答)}$$

> イメージは…　vt を $2l$ ごとに区切る

(3) 壁Aに衝突する分子の個数は，x軸方向に運動している分子であるから，$\dfrac{N}{3}$個である。これと，(1), (2)から…

壁Aが1個の分子から1回の衝突で受ける力積の大きさ	$2mv$ [N·s]
壁Aにt秒間で1個の分子が衝突する回数	$\dfrac{vt}{2l}$ 回
壁Aに衝突する分子の個数	$\dfrac{N}{3}$ 個

以上より，壁Aがt秒間に分子から受ける力積の大きさの総和は，

$$2mv \times \dfrac{vt}{2l} \times \dfrac{N}{3} = \underline{\dfrac{Nmv^2 t}{3l}} \text{ [N·s]} \quad \cdots(答)$$

（1個1回につき）（回数）（個数）

(4) 壁Aが分子から受ける平均の力をF[N]とすると，(3)で求めた力積の大きさの総和は，Ft[N·s]で表せる。
よって，（力×時間）

$$Ft = \dfrac{Nmv^2 t}{3l}$$

（両辺をtでわる。）

$$\therefore \quad F = \underline{\dfrac{Nmv^2}{3l}} \text{ [N]} \quad \cdots(答)$$

(5) 壁Aにはたらく圧力をP[N/m²]とすると，

$$P \times l^2 = F$$

（圧力×断面積=力）（壁Aの断面積はl^2[m²]）

これに，(4)の結果を代入して，

$$Pl^2 = \dfrac{Nmv^2}{3l}$$

$$\therefore \quad P = \underline{\dfrac{Nmv^2}{3l^3}} \text{ [N/m²]} \quad \cdots(答)$$

（単位は[Pa]でもOK!!）

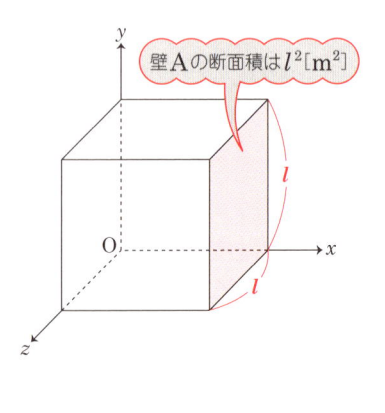

補足コーナー

l^3 は，立方体の体積 $V\,[\mathrm{m}^3]$ を表しているので，$l^3 = V$ とし，v^2 も実際はいろいろな速さの分子があるので，v^2 の平均値ということで $\overline{v^2}$ とします。

よって…

$$P = \frac{Nmv^2}{3l^3} \quad \text{改良して…} \quad P = \frac{Nm\overline{v^2}}{3V}$$

（v^2 の平均という意味です。）

（これが本当の形）

似た問題をもう1問!!

問題117　ちょいムズ

半径 $r\,[\mathrm{m}]$ の球形容器に，質量 $m\,[\mathrm{kg}]$ の気体分子が N 個含まれ，各分子は等しい速さ $v\,[\mathrm{m/s}]$ で不規則な方向に飛びまわっている。これらは互いに衝突することなく壁面と弾性衝突（完全弾性衝突）するものとする。次の各問いに答えよ。

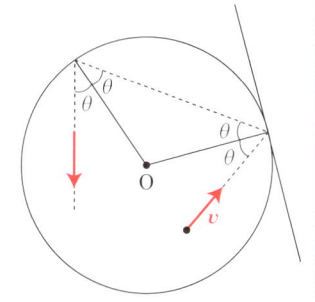

(1) 図のように，1個の分子が入射角 θ で壁面に衝突するとき，この分子にはたらいた力積の大きさを求めよ。
(2) (1)の分子が壁面に与える力積の大きさを求めよ。
(3) (1)の分子は1秒間あたり何回壁面に衝突するか。
(4) 1個の分子が1秒間に壁面に与える力積の大きさを求めよ。
(5) 全分子が1秒間に壁面に与える力積の大きさを求めよ。
(6) 全分子から壁面が受ける平均の力の大きさを求めよ。
(7) 全分子から壁面が受ける圧力を求めよ。

ビジュアル解答

まず押さえておいてほしいのは…
弾性衝突であるから，分子が壁面との衝突をいくらくり返しても，分子の速さは永久に $v\,[\mathrm{m/s}]$ のままで一定です!!

(1) 一般に…

物体にはたらいた力積　衝突後の運動量　衝突前の運動量

$$\vec{F}t = m\vec{v'} - m\vec{v}$$

が成立することは大丈夫ですね？

力積も運動量もベクトルであるので，(1)はベクトルの計算になります。

衝突前の分子の運動量を $m\vec{v}$，衝突後の分子の運動量を $m\vec{v'}$ とし，さらに壁面が分子に与えた力積（分子にはたらいた力積）を $\vec{F}t$ とおきます。

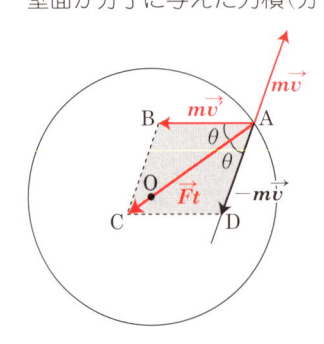

$m\vec{v}$ と $m\vec{v'}$ の大きさは等しい（ともに mv）ので，左図の平行四辺形 ABCD はひし形になります。

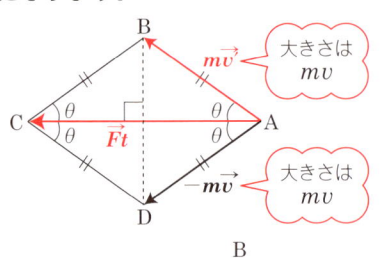

> 大きさは mv

> 大きさは mv

求める力積の大きさは，ひし形 ABCD の対角線 AC の長さである。

対角線 AC と BD の交点を H としたとき，直角三角形 ABH において，

$$\cos\theta = \frac{\text{AH}}{\text{AB}}$$

$$\text{AH} = \text{AB}\cos\theta$$

∴ $\text{AH} = mv\cos\theta$　　〈 $\text{AB} = mv$ です。

よって，

$$\text{AC} = 2 \times \text{AH}$$

∴ $\text{AC} = 2mv\cos\theta$　　〈 これが力積 $\vec{F}t$ の大きさです。

分子にはたらいた力積の大きさは…

　　　$\underline{2mv\cos\theta}$ [N·s]　…(答)

ちょっと言わせて

問題文の図中に書いてありますが…
弾性衝突では入射角と反対角は等しい。

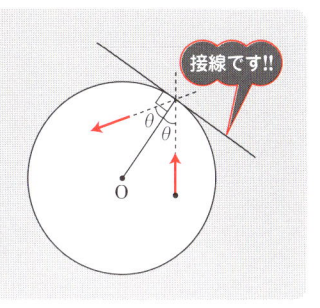

接線です!!

(2) **壁面が分子に与えた力積の大きさ**(分子にはたらいた力積の大きさ)
   ‖
  分子が壁面に与えた力積の大きさ

あたりまえの話だ…

(1)より,分子が壁面に与えた力積の大きさは…

$$2mv\cos\theta \, [\text{N}\cdot\text{s}] \quad \cdots(答)$$

(1)と同じです!!

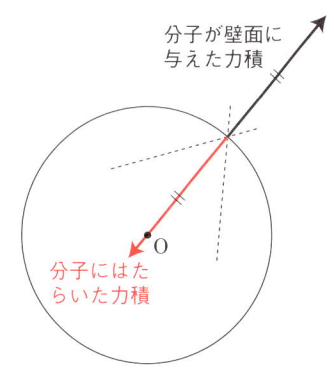

分子が壁面に与えた力積

分子にはたらいた力積

(3) 右図のように，分子は同じ入射角と反対角の衝突をくり返しながら運動する。

つまり，$A_1A_2 = A_2A_3 = A_3A_4 = \cdots$

今…

$A_1A_2 = A_2A_3 = A_3A_4 = \cdots = l\,[\mathrm{m}]$

とおき，この l を求めてみよう。

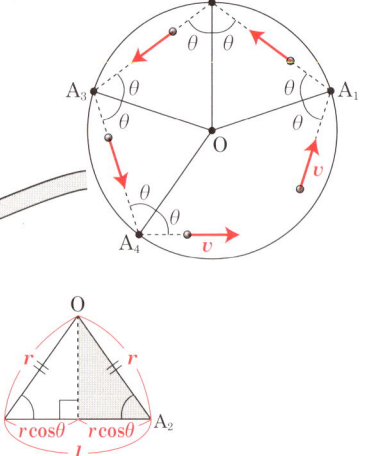

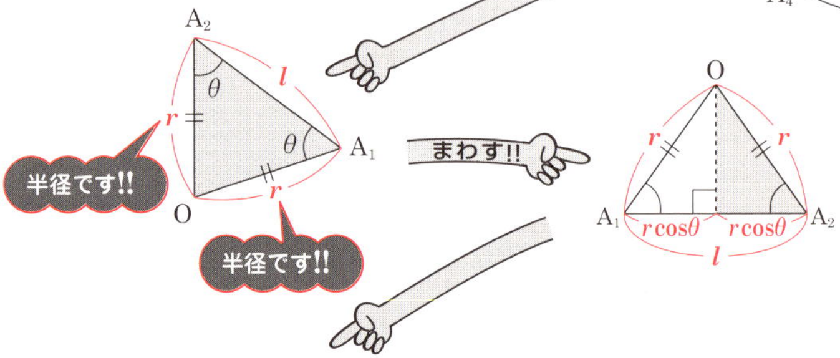

半径です!!
半径です!!
まわす!!

$l = 2r\cos\theta\,[\mathrm{m}]$

となる。

$v[\mathrm{m/s}]$ですから!!

で!! 分子が1秒間に運動する距離は $v\,[\mathrm{m}]$ であるから，距離 $2r\cos\theta$ $[\mathrm{m}]$ ごとに1回ずつ壁面に衝突することになる。

よって，1個の分子が1秒間に壁面に衝突する回数は…

$$\dfrac{v}{2r\cos\theta}\ 回\quad\cdots(答)$$

イメージコーナー

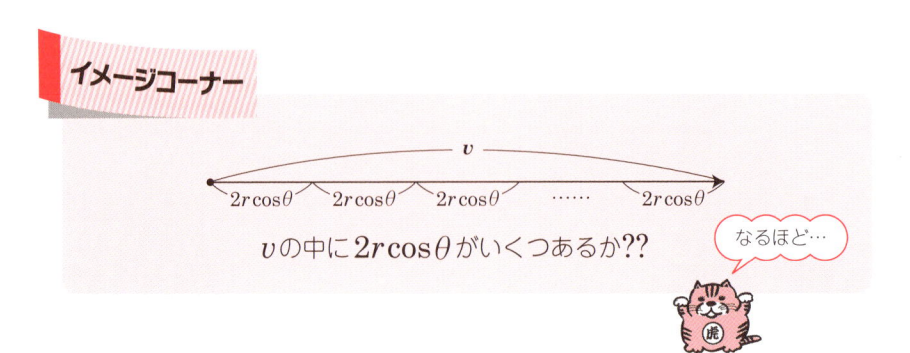

v の中に $2r\cos\theta$ がいくつあるか??

なるほど…

(4)

(2)で 👉 1個の分子が壁面に与える力積の大きさは…
$$2mv\cos\theta \,[\text{N·s}]$$

(3)で 👉 1個の分子が1秒間に壁面に衝突する回数は…
$$\frac{v}{2r\cos\theta} \,\text{回}$$

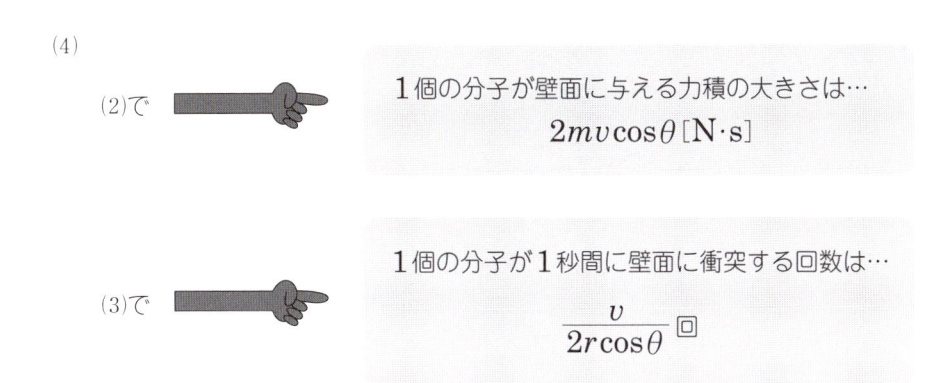

以上より，1個の分子が1秒間に壁面に与える力積の大きさは…

$$2mv\cos\theta \times \frac{v}{2r\cos\theta} = \underline{\frac{mv^2}{r}} \,[\text{N·s}] \quad \cdots(\text{答})$$

(5) (4)より，全分子（N個）が，1秒間に壁面に与える力積の大きさは…

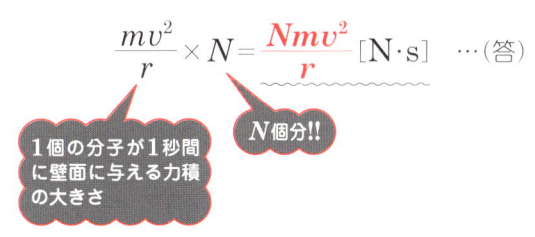

$$\frac{mv^2}{r} \times N = \underline{\frac{Nmv^2}{r}} \,[\text{N·s}] \quad \cdots(\text{答})$$

（1個の分子が1秒間に壁面に与える力積の大きさ）（N個分!!）

(6) 全分子から壁面が受ける平均の力の大きさを $F\,[\text{N}]$ とする。
このとき，

力積の大きさ ＝ 力の大きさ × 時間

であるから…

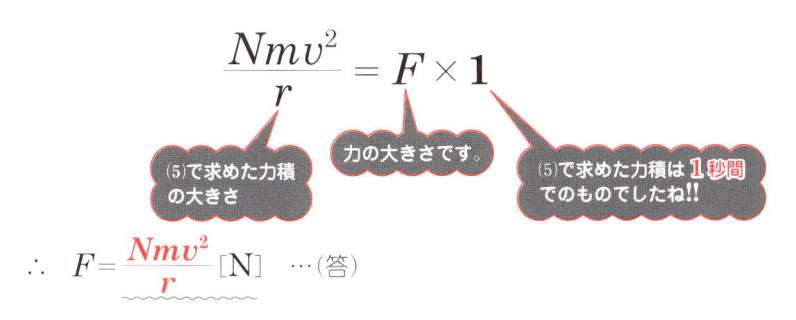

$$\frac{Nmv^2}{r} = F \times 1$$

（(5)で求めた力積の大きさ）（力の大きさです。）（(5)で求めた力積は**1秒間**でのものでしたね!!）

$$\therefore \quad F = \underline{\frac{Nmv^2}{r}} \,[\text{N}] \quad \cdots(\text{答})$$

(7) 球の表面積は $4\pi r^2 [\text{m}^2]$ であるから，全分子から壁面が受ける圧力を $P[\text{N/m}^2]$ として…

$$P = \frac{F}{4\pi r^2}$$

（中学校で習いますよ!!）
（圧力＝力÷面積）

$$= \frac{1}{4\pi r^2} \times F$$

$$= \frac{1}{4\pi r^2} \times \frac{Nmv^2}{r}$$

（(6)で求めました!!）

$$= \boldsymbol{\frac{Nmv^2}{4\pi r^3}} [\text{N/m}^2] \quad \cdots\text{(答)}$$

［Pa］でもOK!!

ちょっと言わせて

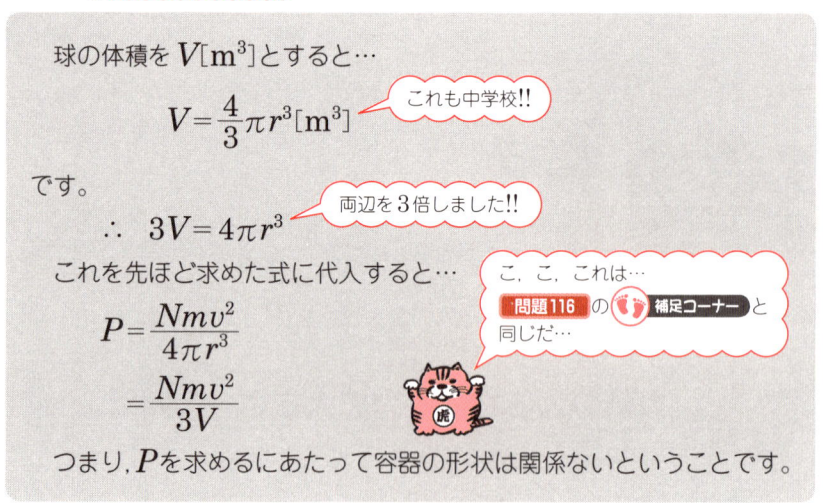

球の体積を $V[\text{m}^3]$ とすると…

$$V = \frac{4}{3}\pi r^3 [\text{m}^3]$$

（これも中学校!!）

です。

$$\therefore \quad 3V = 4\pi r^3$$

（両辺を3倍しました!!）

これを先ほど求めた式に代入すると…

$$P = \frac{Nmv^2}{4\pi r^3}$$

$$= \frac{Nmv^2}{3V}$$

こ，こ，これは… 問題116 の 補足コーナー と同じだ…

つまり，P を求めるにあたって容器の形状は関係ないということです。

Theme 33 分子運動と圧力

ザ・まとめ

体積 $V[\text{m}^3]$ の中に，N 個の気体分子が含まれており，この分子1個の質量が $m[\text{kg}]$ で，速さの2乗の平均が $\overline{v^2}[(\text{m/s})^2]$ のとき，この気体の圧力 $P[\text{Pa}]$ は…

$$P = \frac{Nm\overline{v^2}}{3V} [\text{Pa}]$$

または $[\text{N/m}^2]$

である。

注 気体分子は**理想気体**（分子の大きさが無視できて，かつ分子間力も無視できる実際にはない夢のような気体分子です♥）であることを前提としています。**実在気体**（分子の大きさがあり，分子間力もはたらく本物の気体分子）で考えると，かなりややこしいことになります。

その 4 "気体分子の運動エネルギー" を考える。

N 個の気体分子のモル数を $n[\text{mol}]$ とすると…
アボガドロ数を N_A として…

$$n = \frac{N}{N_\text{A}} \quad \cdots ①$$

> $N_\text{A} = 6.02 \times 10^{23}$
> 例えば，$N = 6.02 \times 10^{24}$ 個のとき，モル数 $n[\text{mol}]$ が知りたいなら…
> $n = \dfrac{N}{N_\text{A}} = \dfrac{6.02 \times 10^{24}}{6.02 \times 10^{23}} = 10[\text{mol}]$
> としますよね??

となります。

さらに，上の ザ・まとめ の圧力 P の式から…

$$P = \frac{Nm\overline{v^2}}{3V} \quad \cdots ②$$

> 気体分子1個の質量……$m[\text{kg}]$
> 速さの2乗の平均………$\overline{v^2}[(\text{m/s})^2]$

そして!! 気体の状態方程式から…

$$PV = nRT \quad \cdots ③$$

> 圧力…………$P[\text{Pa}]$
> 体積…………$V[\text{m}^3]$
> 温度…………$T[\text{K}]$
> 気体定数……$R[\text{J/(mol·K)}]$

まず，①と②を③に代入して，

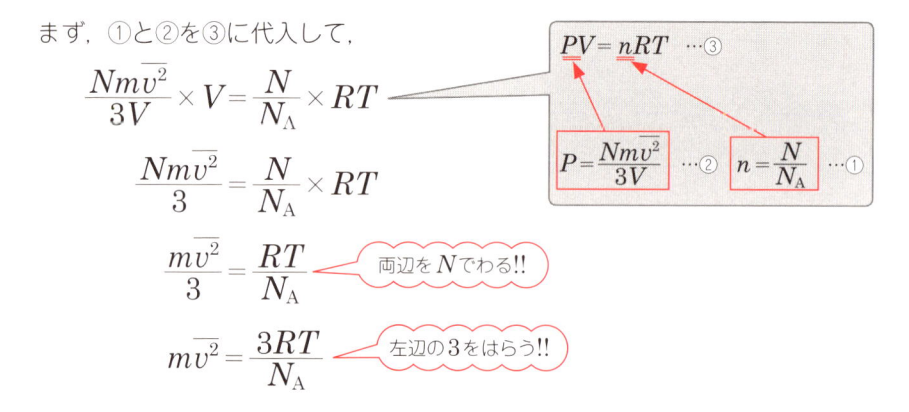

$$\frac{Nm\overline{v^2}}{3V} \times V = \frac{N}{N_A} \times RT$$

$$\frac{Nm\overline{v^2}}{3} = \frac{N}{N_A} \times RT$$

$$\frac{m\overline{v^2}}{3} = \frac{RT}{N_A}$$ 両辺をNでわる!!

$$m\overline{v^2} = \frac{3RT}{N_A}$$ 左辺の3をはらう!!

> $PV = nRT$ …③
>
> $P = \dfrac{Nm\overline{v^2}}{3V}$ …② $n = \dfrac{N}{N_A}$ …①

で!! 両辺を2でわると…

$$\frac{1}{2}m\overline{v^2} = \frac{3RT}{2N_A}$$

こ，こ，これは… 運動エネルギー!!

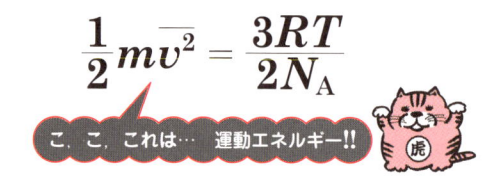

みんなが同じ点数だったら，その点が平均点となるのと同じ理屈!!

左辺の式は，気体分子1個あたりの運動エネルギーの平均値を表します。
$\frac{1}{2}m\overline{v^2}$の平均は，$\overline{\frac{1}{2}mv^2}$と表されますが…
$\frac{1}{2}m$の部分はすべての気体分子で同じ値なので，$\overline{\frac{1}{2}m} = \frac{1}{2}m$です。
よって，v^2だけ平均値で考える必要があるので，気体分子の運動エネルギーの平均値は，$\frac{1}{2}m\overline{v^2}$と表されます。

ザ・まとめ

気体分子1個あたりの運動エネルギーの平均値 $\frac{1}{2}m\overline{v^2}$ は…

$$\frac{1}{2}m\overline{v^2} = \frac{3RT}{2N_A}$$

ここで，R は気体定数，N_A はアボガドロ数で，ともに決まった値です。

そこで!! $\frac{R}{N_A} = k$ と表すと…

$$\frac{1}{2}m\overline{v^2} = \frac{3}{2}kT$$

$$\frac{3RT}{2N_A} = \frac{3}{2} \times \boxed{\frac{R}{N_A}} \times T = \frac{3}{2} \times \boxed{k} \times T$$

このとき，この k を**ボルツマン定数**と呼びます。
ちなみに，計算してみると…

$$k = \frac{R}{N_A} = \frac{8.31}{6.02 \times 10^{23}} = 1.38 \times 10^{-23} \, [\text{J/K}]$$

（覚えなくてもよい…）

それよりも大切なことが…

$\frac{1}{2}m\overline{v^2} = \frac{3}{2}k\boldsymbol{T}$ が成立するということは…

k は定数なので，"気体分子の平均運動エネルギーは T に比例する" ことが言えます。

つまり…

気体分子の平均運動エネルギーは，絶対温度に比例する!!

とゆーことは…

気体分子の運動エネルギーの合計が，気体の内部エネルギーであるから…
気体の内部エネルギーも絶対温度に比例する!!

Theme 34 さらに突っ込んだ熱力学

いよいよ終盤だなぁ♥

その1 さらに突っ込んだ "内部エネルギー" のお話

p.376でも学習しましたが，気体分子1個あたりの平均運動エネルギー $\frac{1}{2}m\overline{v^2}$ は…

$$\frac{1}{2}m\overline{v^2} = \frac{3RT}{2N_A} \quad \cdots ①$$

のように表されます。

で!! "気体の内部エネルギーは，全気体分子の運動エネルギーの総和" であるから… （N_A個です。）

1[mol]の気体分子がもつ内部エネルギーは，①の両辺にN_Aをかけて…

$$N_A \times \frac{1}{2}m\overline{v^2} = N_A \times \frac{3RT}{2N_A}$$

（アボガドロ数） $= \frac{3}{2}RT$ ← 1[mol]分の内部エネルギー

つまり…

n[mol]の気体分子がもつ内部エネルギー U[J]は…

$$U = \frac{3}{2}nRT \text{[J]}$$

となります。

この式から…

温度が ΔT[K] 上昇したときの内部エネルギーの変化量 ΔU[J]は，

$$\Delta U = \frac{3}{2}nR\Delta T \text{[J]}$$

ザ・まとめ

$n[\mathrm{mol}]$ の気体の内部エネルギー $U[\mathrm{J}]$ は…

$$U = \frac{3}{2}nRT\,[\mathrm{J}]$$

さらに，温度が $\Delta T[\mathrm{K}]$ 上昇したときの内部エネルギーの変化量 $\Delta U[\mathrm{J}]$ は…

$$\Delta U = \frac{3}{2}nR\Delta T$$

注 このお話は単原子分子（He，Ne，Ar，…など）に特にあてはまります。2原子分子や3原子分子になると，分子の回転エネルギーや振動エネルギーなどの話も加わり，ややこしくなります。
まぁ，大学で本格的に学習してくれ。

> おいらは，これ以上，学習する気はないぜ

その2 "気体の比熱" のお話

1[mol]の気体を1[K]だけ温度上昇させるのに必要な熱量を**モル比熱**と呼びます。

すると…

モル比熱を C [J/(mol・K)],モル数を n [mol],温度上昇を ΔT [K]とすると…

$$Q = nC\Delta T \text{ [J]}$$

となります。

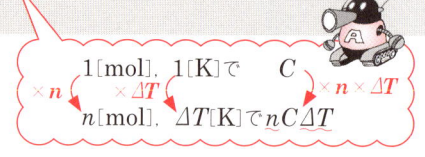

1[mol],1[K]で C
$\times n$ $\times \Delta T$ $\times n \times \Delta T$
n[mol],ΔT[K]で $nC\Delta T$

で!! このモル比熱には,2種類ありまして…

定積モル比熱

定積変化(体積が変わらないようにして気体に熱を加えるお話)のときのモル比熱を**定積モル比熱**と呼びます。

定積変化において,気体は外部に仕事をすることもなければ,また外部から仕事をされることもありません。

$$W' = P\Delta V$$

(Theme 32 参照!!)
において,体積変化 $\Delta V = 0$ より,$W' = 0$ です!!

熱力学第1法則において,$W' = 0$ より,

$$\Delta U = Q + 0$$

($\Delta U = Q + W$ で,$W = W' = 0$ です!!)

$$\therefore \Delta U = Q \quad \cdots ①$$

さらに,p.378で学習したように,

$$\Delta U = \frac{3}{2}nR\Delta T \quad \cdots ②$$

①と②より，

$$Q = \frac{3}{2}nR\Delta T$$

$$= n \times \underline{\frac{3}{2}R} \times \Delta T \quad \cdots ③$$

これと，前ページのモル比熱の式

$$Q = n\underline{C}\Delta T \quad \cdots ④$$

を比較して…

つまり…

③と④より，定積モル比熱 $C_V\,[\mathrm{J/(mol\cdot K)}]$ は…

$$C_V = \frac{3}{2}R$$

となります。

ちなみにこの値は…

$$C_V = \frac{3}{2}R = \frac{3}{2} \times 8.31 \fallingdotseq 12.5\,[\mathrm{J/(mol\cdot K)}]$$

覚える必要なし!!

そして…もうひとつ…

定圧モル比熱

定圧変化(圧力が変わらないようにして気体に熱を加えるお話)のときのモル比熱を**定圧モル比熱**と呼びます。

圧力P[Pa], 温度T[K], 体積V[m³]のn[mol]の気体に, 圧力を変えないように, 外部からQ[J]の熱を加えるとき, 温度がΔT[K]上昇し, 体積がΔV[m³]増加するとする。

熱を加える前の気体の状態方程式から…

$PV = nRT$ …㋐

熱を加えた後の気体の状態方程式から…

$P(V + \Delta V) = nR(T + \Delta T)$

つまり,

$PV + P\Delta V = nRT + nR\Delta T$ …㋑

㋑-㋐より,

$$P\Delta V = nR\Delta T \quad \cdots ①$$

$\begin{array}{r} PV + P\Delta T = nRT + nR\Delta T \quad \cdots ㋑ \\ -)\; PV = nRT \quad \cdots ㋐ \\ \hline P\Delta V = nR\Delta T \end{array}$

この気体が外部から<u>される</u>仕事Wは…

$W = -P\Delta V$ …㋩

気体が外部に<u>する</u>仕事W'は,
$W' = P\Delta V$
気体が外部から<u>される</u>仕事Wは,
$W = -P\Delta V$

①と㋩より,

$$W = -nR\Delta T \quad \cdots ②$$

さらに, p.378の気体の内部エネルギーの変化の式から…

$$\Delta U = \frac{3}{2}nR\Delta T \quad \cdots ③$$

熱力学第1法則から,

$\Delta U = Q + W$

∴ $Q = \Delta U - W$ …④

②と③を④に代入して…

$$Q = \frac{3}{2}nR\Delta T - (-nR\Delta T)$$
$$= \frac{3}{2}nR\Delta T + nR\Delta T$$
$$= \frac{5}{2}nR\Delta T$$
$$= n \times \frac{5}{2}R \times \Delta T \quad \cdots ⑤$$

これを，p.380のモル比熱の式，

$$Q = nC\Delta T \quad \cdots ⑥$$

と比較して…

つまり…

⑤と⑥より，定圧モル比熱 C_P [J/(mol·K)] は…

$$C_P = \frac{5}{2}R$$

となります。

ちなみにこの値は…

$$C_P = \frac{5}{2}R = \frac{5}{2} \times 8.31 \fallingdotseq 20.8 [\text{J/(mol·K)}]$$

覚える必要なし!!

ザ・まとめ

① 定積モル比熱 C_V [J/(mol·K)] として…

$$Q = nC_V\Delta T \quad このとき \quad C_V = \frac{3}{2}R$$

② 定圧モル比熱 C_P [J/(mol·K)] として…

$$Q = nC_P\Delta T \quad このとき \quad C_P = \frac{5}{2}R$$

問題118 標準

この断り書きがなくても，こう考えてください。

単原子分子理想気体 n [mol] の圧力と体積を右図のように A→B→C→A の経路で変化させた。状態 A の温度を T_0 [K]，気体定数を R [J/(mol·K)] として，次の各問いに答えよ。ただし，n, R, T_0 以外の文字を用いてはいけない!!

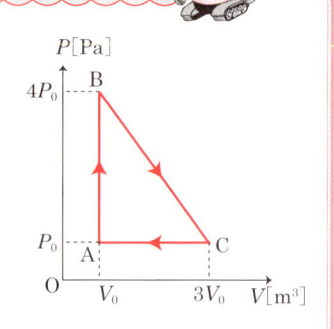

(1) 状態 B での温度 T_B [K] を求めよ。

(2) A→B の変化で，気体が外部にした仕事 W'_{AB} [J] を求めよ。

(3) A→B の変化で，気体に加えられた熱量 Q_{AB} [J] を求めよ。

(4) 状態 C での温度 T_C [K] を求めよ。

(5) B→C の変化で，気体が外部にした仕事 W'_{BC} [J] を求めよ。

(6) B→C の変化で，気体の内部エネルギーの増加量 ΔU_{BC} [J] を求めよ。

(7) B→C の変化で，気体に加えられた熱量 Q_{BC} [J] を求めよ。

(8) C→A の変化で，気体が外部にした仕事 W'_{CA} [J] を求めよ。

(9) C→A の変化で，気体の内部エネルギーの増加量 ΔU_{CA} [J] を求めよ。

(10) C→A の変化で，気体に加えられた熱量 Q_{CA} [J] を求めよ。

(11) このサイクルを熱機関と考えたとき，熱効率 e [%] を求めよ。

一定量の気体の圧力，体積，温度をいろいろ変化させて，最初の状態にもどす過程を **サイクル**（循環過程）と呼びます。

ナイスな導入

"熱力学第1法則" の表現を変えてみよう!!

今までは…（気体に外部がした仕事（気体が外部からされた仕事））

$$\Delta U = Q + W \quad \cdots ①$$

ここで，気体が外部にした仕事を W' とすると…

$$W = -W' \quad \cdots ②$$

②を①に代入して，

Theme 34 さらに突っ込んだ熱力学 385

$$\Delta U = Q - W'$$

∴ $Q = \Delta U + W'$ 　気体が外部にした仕事

この形のほうが，この手の問題には役立ちます。

解答でござる

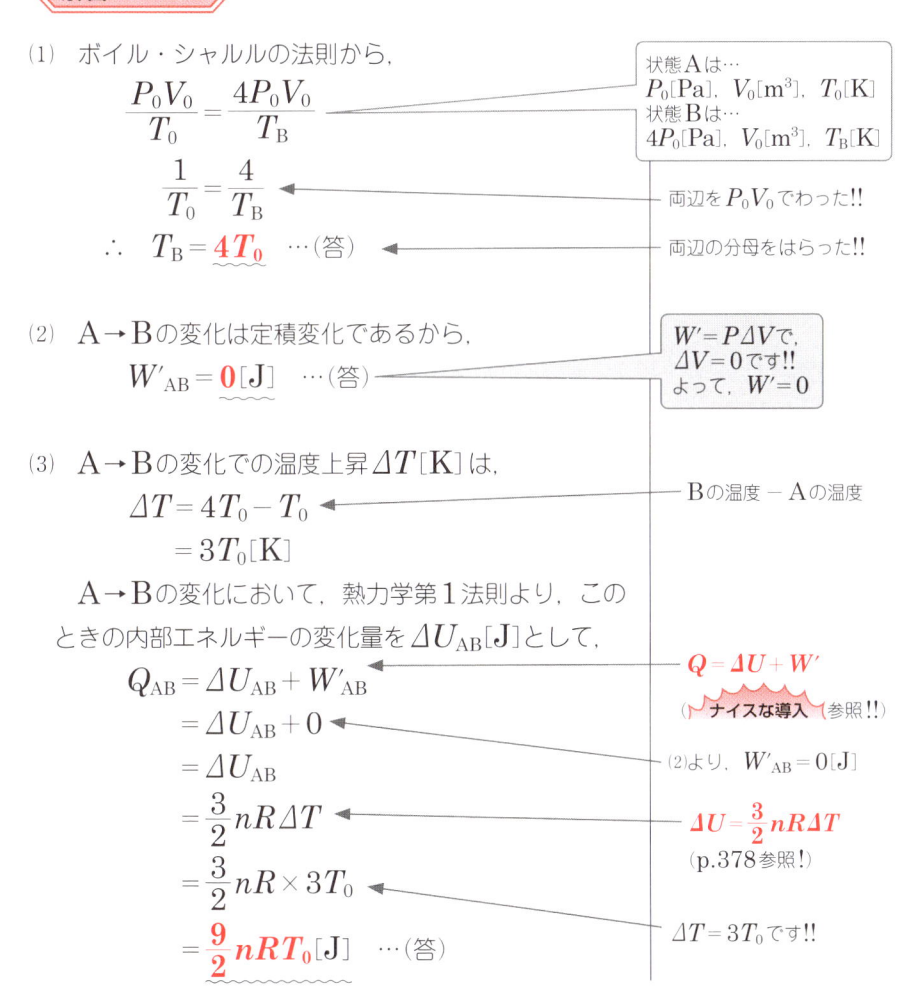

(1) ボイル・シャルルの法則から，

$$\frac{P_0 V_0}{T_0} = \frac{4 P_0 V_0}{T_B}$$

$$\frac{1}{T_0} = \frac{4}{T_B}$$

∴ $T_B = \underline{4 T_0}$ …(答)

> 状態Aは…
> P_0[Pa]，V_0[m³]，T_0[K]
> 状態Bは…
> $4P_0$[Pa]，V_0[m³]，T_B[K]

両辺を $P_0 V_0$ でわった!!

両辺の分母をはらった!!

(2) A→Bの変化は定積変化であるから，

$$W'_{AB} = \underline{0}\text{[J]} \quad \cdots(答)$$

> $W' = P\Delta V$で，
> $\Delta V = 0$です!!
> よって，$W' = 0$

(3) A→Bの変化での温度上昇 ΔT[K] は，

$$\Delta T = 4T_0 - T_0$$
$$= 3T_0 \text{[K]}$$

Bの温度 － Aの温度

A→Bの変化において，熱力学第1法則より，このときの内部エネルギーの変化量を ΔU_{AB}[J] として，

$$Q_{AB} = \Delta U_{AB} + W'_{AB}$$
$$= \Delta U_{AB} + 0$$
$$= \Delta U_{AB}$$
$$= \frac{3}{2} nR\Delta T$$
$$= \frac{3}{2} nR \times 3T_0$$
$$= \underline{\frac{9}{2} nRT_0}\text{[J]} \quad \cdots(答)$$

> $Q = \Delta U + W'$
> (ナイスな導入 参照!!)
>
> (2)より，$W'_{AB} = 0$[J]
>
> $\Delta U = \frac{3}{2} nR\Delta T$
> (p.378参照!)
>
> $\Delta T = 3T_0$です!!

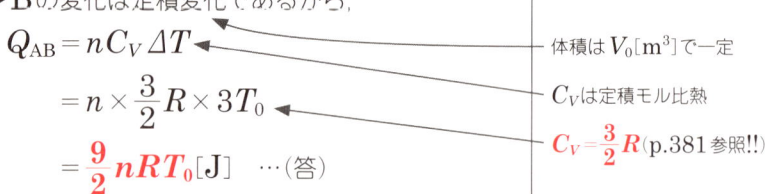

(3) A→Bの変化は定積変化であるから,

$$Q_{AB} = nC_V \Delta T$$
$$= n \times \frac{3}{2}R \times 3T_0$$
$$= \underline{\underline{\frac{9}{2}nRT_0}}[\text{J}] \quad \cdots(\text{答})$$

- 体積は$V_0[\text{m}^3]$で一定
- C_Vは定積モル比熱
- $C_V = \frac{3}{2}R$ (p.381 参照!!)

(4) ボイル・シャルルの法則から,

$$\frac{P_0 V_0}{T_0} = \frac{P_0 \times 3V_0}{T_C}$$

$$\frac{1}{T_0} = \frac{3}{T_C}$$

$$\therefore \quad T_C = \underline{\underline{3T_0}}[\text{K}] \quad \cdots(\text{答})$$

状態Aは…
$P_0[\text{Pa}]$, $V_0[\text{m}^3]$, $T_0[\text{K}]$
状態Cは…
$P_0[\text{Pa}]$, $3V_0[\text{m}^3]$, $T_C[\text{K}]$

- 両辺を$P_0 V_0$でわった!!
- 両辺の分母をはらった!!

とっくの昔に学習済みですが,状態Bと状態Cでボイル・シャルルの法則を活用しても,当然同じ結果になります。

(5) B→Cの変化で,気体が外部にした仕事$W'_{BC}[\text{J}]$は,右図の台形の面積で表される。

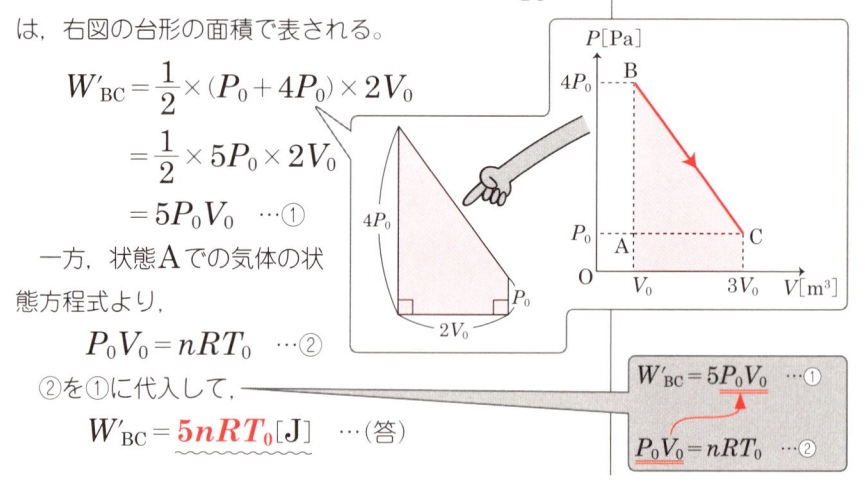

$$W'_{BC} = \frac{1}{2} \times (P_0 + 4P_0) \times 2V_0$$
$$= \frac{1}{2} \times 5P_0 \times 2V_0$$
$$= 5P_0 V_0 \quad \cdots ①$$

一方,状態Aでの気体の状態方程式より,

$$P_0 V_0 = nRT_0 \quad \cdots ②$$

②を①に代入して,

$$W'_{BC} = \underline{\underline{5nRT_0}}[\text{J}] \quad \cdots(\text{答})$$

$W'_{BC} = 5P_0 V_0 \quad \cdots ①$
$P_0 V_0 = nRT_0 \quad \cdots ②$

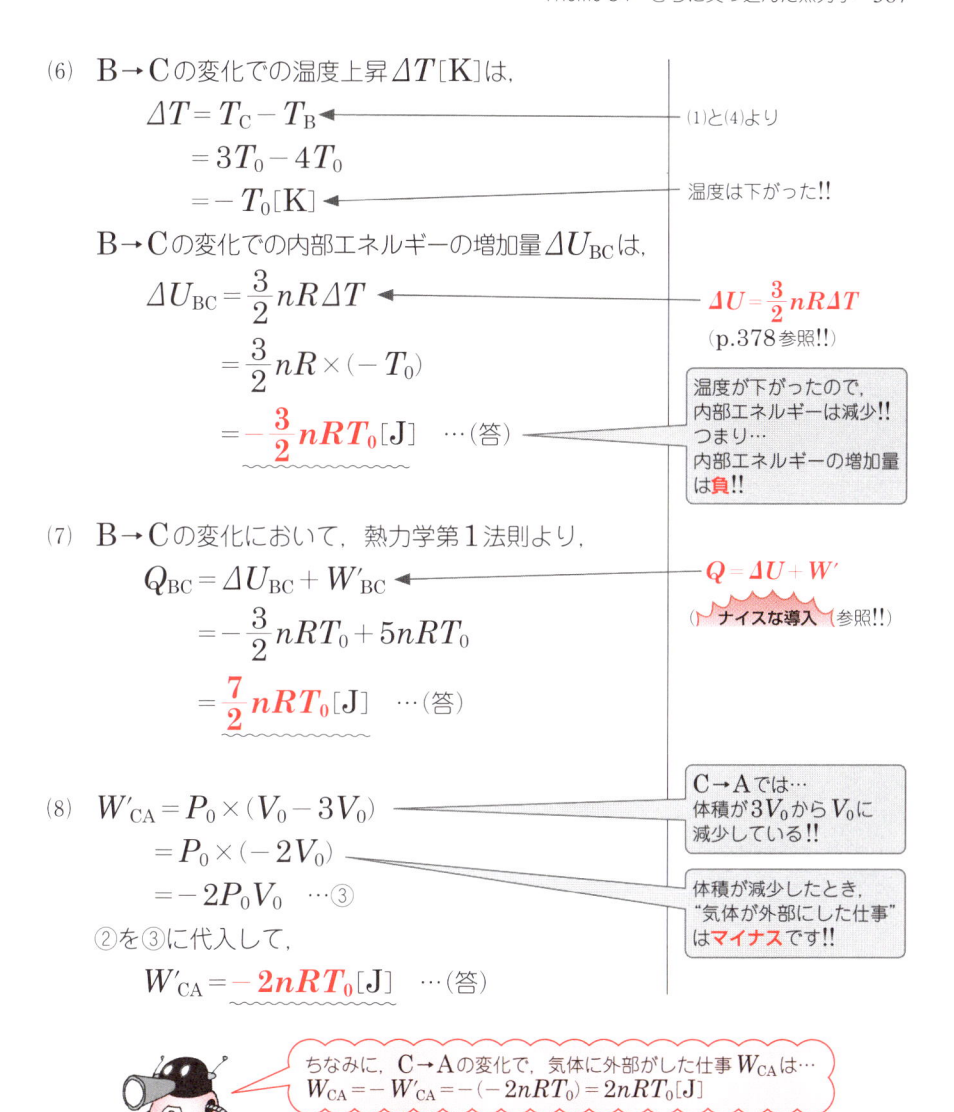

(6) B→Cの変化での温度上昇 ΔT [K]は,

$$\begin{aligned}\Delta T &= T_C - T_B \\ &= 3T_0 - 4T_0 \\ &= -T_0 \text{ [K]}\end{aligned}$$

((1)と(4)より)
(温度は下がった!!)

B→Cの変化での内部エネルギーの増加量 ΔU_{BC} は,

$$\begin{aligned}\Delta U_{BC} &= \frac{3}{2}nR\Delta T \\ &= \frac{3}{2}nR \times (-T_0) \\ &= -\frac{3}{2}nRT_0 \text{ [J]} \quad \cdots \text{(答)}\end{aligned}$$

$\Delta U = \frac{3}{2}nR\Delta T$
(p.378参照!!)

温度が下がったので,
内部エネルギーは減少!!
つまり…
内部エネルギーの増加量
は負!!

(7) B→Cの変化において, 熱力学第1法則より,

$$\begin{aligned}Q_{BC} &= \Delta U_{BC} + W'_{BC} \\ &= -\frac{3}{2}nRT_0 + 5nRT_0 \\ &= \frac{7}{2}nRT_0 \text{ [J]} \quad \cdots \text{(答)}\end{aligned}$$

$Q = \Delta U + W'$
(ナイスな導入 参照!!)

(8) $W'_{CA} = P_0 \times (V_0 - 3V_0)$
　　　　$= P_0 \times (-2V_0)$
　　　　$= -2P_0V_0 \quad \cdots \text{③}$

②を③に代入して,

$$W'_{CA} = -2nRT_0 \text{ [J]} \quad \cdots \text{(答)}$$

C→Aでは…
体積が $3V_0$ から V_0 に
減少している!!

体積が減少したとき,
"気体が外部にした仕事"
はマイナスです!!

ちなみに, C→Aの変化で, 気体に外部がした仕事 W_{CA} は…
$W_{CA} = -W'_{CA} = -(-2nRT_0) = 2nRT_0 \text{ [J]}$

(9) C→Aの変化での温度上昇 ΔT は，

$$\Delta T = T_0 - 3T_0 \quad \blacktriangleleft \text{———— Aの温度 − Cの温度}$$
$$= -2T_0 \text{[K]} \quad \blacktriangleleft \text{———— 温度は下がった!!}$$

C→Aの変化での内部エネルギーの増加量 ΔU_{CA} は，

$$\Delta U_{CA} = \frac{3}{2}nR\Delta T \quad \blacktriangleleft$$
$$= \frac{3}{2}nR \times (-2T_0)$$
$$= \underline{-3nRT_0}\text{[J]} \quad \cdots \text{(答)}$$

$\Delta U = \frac{3}{2}nR\Delta T$
(p.378参照!!)

温度が下がったので，内部エネルギーは減少!! つまり… 内部エネルギーの増加量は**負**!!

(10) C→Aの変化において，熱力学第1法則より，

$$Q_{CA} = \Delta U_{CA} + W'_{CA} \quad \blacktriangleleft$$
$$= -3nRT_0 + (-2nRT_0)$$
$$= \underline{-5nRT_0}\text{[J]} \quad \cdots \text{(答)}$$

$Q = \Delta U + W'$
(ナイスな導入 参照!!)
マイナスの意味は，気体が外部に熱を放出したという意味です!!

別解でござる

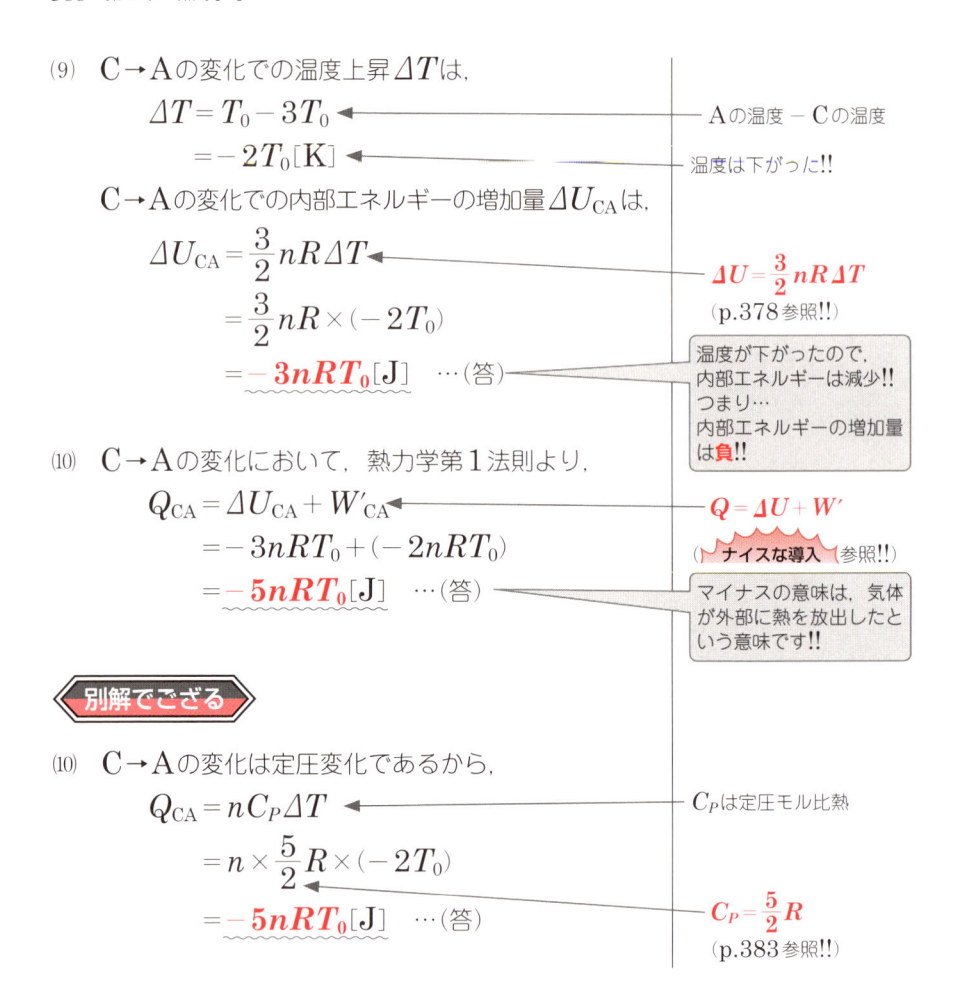

(10) C→Aの変化は定圧変化であるから，

$$Q_{CA} = nC_P\Delta T \quad \blacktriangleleft$$
$$= n \times \frac{5}{2}R \times (-2T_0)$$
$$= \underline{-5nRT_0}\text{[J]} \quad \cdots \text{(答)}$$

C_P は定圧モル比熱

$C_P = \frac{5}{2}R$
(p.383参照!!)

(11) 熱効率 = 気体が外部にした仕事の合計 / 気体に加えられた熱量

> お前…，久しぶりだな…

$$e = \frac{W'_{AB} + W'_{BC} + W'_{CA}}{Q_{AB} + Q_{BC}}$$

> 正・負にかかわらず，仕事はすべて加える!!

> ここがポイント!! Q_{CA}は負なので，加えられた熱量ではない!! よって，無視する!!

$$= \frac{0 + 5nRT_0 + (-2nRT_0)}{\frac{9}{2}nRT_0 + \frac{7}{2}nRT_0}$$

$$= \frac{3nRT_0}{8nRT_0}$$

$$= \frac{3}{8}$$

← nRT_0で約分!!

$$= \frac{3}{8} \times 100 [\%]$$

← パーセントにするために100倍!!

$$= \frac{300}{8}$$

$$= 37.5$$

$$\fallingdotseq \underline{38 [\%]} \quad \cdots (答)$$

> なるほど！

問題一覧表

問題1 キソのキソ　　　　　　　　　　　　　　　　　p.11

(1) $1080\,\mathrm{km}$ 離れた2駅間を 6.0 時間で走行する列車がある。この列車の平均の速さは何 $[\mathrm{m/s}]$ であるか。

(2) 平均の速さ $72\,[\mathrm{km/h}]$（時速 $72\,\mathrm{km}$ です!!）で走るネコ型ロボットがある。このロボットが $10000\,\mathrm{m}$ 走るのに何秒かかるか。

問題2 キソ　　　　　　　　　　　　　　　　　　　p.14

右のグラフの赤線は，ある物体の移動距離と時刻の関係を示している。
(1) 時刻 $0\,[\mathrm{s}]$ から時刻 $3\,[\mathrm{s}]$ までの平均の速さを求めよ。
(2) 時刻 $3\,[\mathrm{s}]$ から時刻 $7\,[\mathrm{s}]$ までの平均の速さを求めよ。
(3) 時刻 $3\,[\mathrm{s}]$ での瞬間の速さを求めよ。
(4) 時刻 $7\,[\mathrm{s}]$ での瞬間の速さを求めよ。

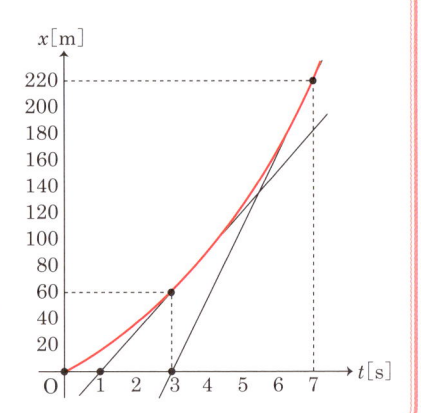

問題3 キソのキソ　　　　　　　　　　　　　　　　　p.17

ある物体が $30\,[\mathrm{m/s}]$ で等速直線運動をしている。20秒間移動したときの距離を求めよ。

問題4 キソ　p.18

右のグラフは，ある物体の速さと時間の関係を表している。
(1) $0 \sim 20$ 秒間に移動した距離を求めよ。
(2) この物体の移動距離 $x[\mathrm{m}]$ と時刻 $t[\mathrm{s}]$ の関係を表すグラフをかけ。ただし，横軸を時刻とせよ。

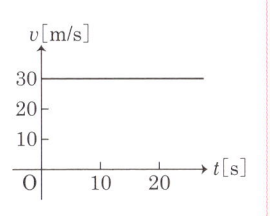

問題5 キソ　p.21

右の平行四辺形 ABCD において，$\mathrm{AE}=\mathrm{EB}=\mathrm{DF}=\mathrm{FC}$，さらに $\mathrm{AG}=\mathrm{GH}=\mathrm{HD}=\mathrm{BI}=\mathrm{IJ}=\mathrm{JC}$ である。このとき，次の各問いに答えよ。 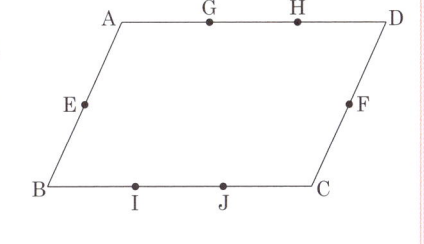
(1) $\overrightarrow{\mathrm{BG}}$ と等しいベクトルをすべて答えよ。
(2) $\overrightarrow{\mathrm{BG}}+\overrightarrow{\mathrm{BJ}}$ を求めよ。
(3) $\overrightarrow{\mathrm{AJ}}+\overrightarrow{\mathrm{AG}}$ を求めよ。
(4) $\overrightarrow{\mathrm{BF}}+\overrightarrow{\mathrm{EA}}$ を求めよ。

問題6 キソ　p.23

静水面を $3.0[\mathrm{m/s}]$ の速さで進むボートが，$4.0[\mathrm{m/s}]$ の速さで流れる川を流れに対して垂直方向に進もうとしたとき，川岸にいる人から見たボートの速さを求めよ。

問題7 キソのキソ　p.27

一直線上を時速 $200[\mathrm{km/h}]$ で走るオートバイを，時速 $200[\mathrm{km/h}]$ でパトカーが追っている。このとき，パトカーから見たオートバイの時速はどのように見えるか。

問題8　キソのキソ　p.28

(1) 一直線上を時速 $200[\text{km/h}]$ で走るオートバイを，時速 $130[\text{km/h}]$ でパトカーが追っている。このとき，パトカーから見たオートバイの時速はどのように見えるか。

(2) お互いに向かい合って，一直線上を時速 $200[\text{km/h}]$ で走行するオートバイと時速 $300[\text{km/h}]$ で走行するトラックがある。このとき，オートバイから見たトラックの時速はどのように見えるか。

問題9　標準　p.30

物体 A が x 軸上の正の向きに $10[\text{m/s}]$ で，物体 B が y 軸上の正の向きに $10[\text{m/s}]$ でそれぞれ進んでいる。このとき，物体 A に対する物体 B の相対速度の大きさと向きを答えよ。

問題10　キソ　p.37

右のグラフは，一直線上を運動しているある物体の速さと時間の関係を表している。このとき，次の各問いに答えよ。

(1) $0[\text{s}]$ から $2[\text{s}]$ の間の加速度を求めよ。

(2) $6[\text{s}]$ から $10[\text{s}]$ の間の加速度を求めよ。

(3) 加速度 $a[\text{m/s}^2]$ と時間 $t[\text{s}]$ の関係をグラフにかけ，ただし時間を横軸にせよ。

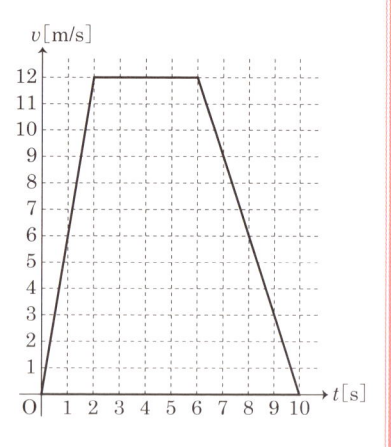

(4) この物体が動きはじめてから静止するまでに動いた距離を求めよ。

問題11 キソ　p.39

(1) $2.0[\text{m/s}^2]$で等加速度直線運動をしている物体がある。初速度が$3.0[\text{m/s}]$であったとき，$10[\text{s}]$後の速度を求めよ。
(2) 初速度$20[\text{m/s}]$で動き出した物体が一定の割合で減速し，$5.0[\text{s}]$後に静止した。この物体の加速度を求めよ。

問題12 キソ　p.41

$3.0[\text{m/s}^2]$で等加速度直線運動をしている物体がある。初速度が$5.0[\text{m/s}]$であったとき，$20[\text{s}]$後までに進んだ移動距離を求めよ。

問題13 標準　p.42

$-2.0[\text{m/s}^2]$で東向きに等加速度直線運動をしている物体がある。A地点における物体の速度は$50[\text{m/s}]$であった。このとき，次の各問いに答えよ。
(1) B地点でこの物体はいったん静止する。A地点とB地点の距離を求めよ。
(2) この物体はA地点にいた時刻から$60[\text{s}]$後にC地点にいた。C地点はA地点から考えて，どのような位置であるか。また，この$60[\text{s}]$間における移動距離を求めよ。

問題14 キソ　p.46

初速度$20[\text{m/s}]$，加速度$2.0[\text{m/s}^2]$で，等加速度直線運動をしている物体が，速度$60[\text{m/s}]$となるまでに移動した距離を求めよ。

問題15 キソ　p.49

地上から$78.4[\text{m}]$の高さの地点で，静かに手を放し鉄球を落下させた。このとき，次の各問いに答えよ。ただし重力速度は$9.8[\text{m/s}^2]$とする。
(1) 地面に達するときの速さを求めよ。
(2) 手を放してから地面に達するまでに要する時間を求めよ。

問題16 　キソ　　　　　　　　　　　　　　　　　　　　p.51

ある物体に初速度 v_0 [m/s] を与えて投げおろしたところ，t_0 秒間で地面に達した。この高さからこの物体を自由落下させた場合，何秒間で地面に達するか。ただし，重力加速度を g [m/s^2] とする。

問題17 　標準　　　　　　　　　　　　　　　　　　　　p.53

ある物体を初速度 98 [m/s] で鉛直方向に投げ上げた。重力加速度を 9.8 [m/s^2] として，次の各問いに答えよ。
(1) 最高点に達するのは何秒後か。
(2) 最高点の高さは何 m か。
(3) この物体は何秒後に投げ出された位置にもどってくるか。
(4) 投げ出された位置にもどってきたときの速さを求めよ。

問題18 　キソ　　　　　　　　　　　　　　　　　　　　p.59

高さ 22.5 [m] の塔の上から，ボールを初速度 21 [m/s] で水平方向に投げ出した。このとき，次の各問いに答えよ。ただし，重力加速度を 9.8 [m/s^2] とする。
(1) 地面に達するのは投げ出してから何秒後か。
(2) 塔の真下からボールの着地点までの水平距離は何 m か。
(3) 着地点でのボールの速さを求めよ。ただし，$\sqrt{2} = 1.4$ とせよ。

問題 19 　標準　　　　　　　　　　　　　　　p.63

水平な地面から斜め上方 $30°$ の方向に初速度 $49[\text{m/s}]$ でボールを投げた。重力加速度を $9.8[\text{m/s}^2]$ として、次の各問いに答えよ。

(1) 最高点に達するのは何秒後か。
(2) 最高点の高さは何 m か。
(3) ボールが地面に落下するのは何秒後か。
(4) ボールを投げた地点から落下点までの水平距離を求めよ。
　　ただし、$\sqrt{3} = 1.7$ とする。
(5) 落下点におけるボールの速さ(速度の大きさ)を求めよ。
(6) 落下点におけるボールの速度の向きを次に示す例にならって答えよ。
　例　斜め下方 $45°$

問題 20 　キソのキソ　　　　　　　　　　　　p.71

右図のように、ある物体に 2 つの力 $\vec{F_1}$ と $\vec{F_2}$ が作用している。これらの大きさはともに $10[\text{N}]$ であり、作用線のなす角は $120°$ である。$\vec{F_1}$ と $\vec{F_2}$ の合力 $\vec{F}$ の大きさを求めよ。

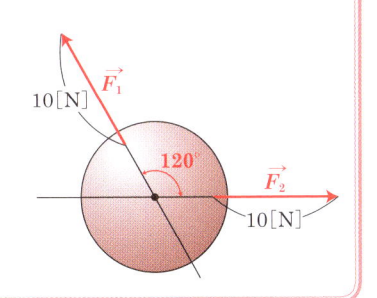

問題 21 　キソ　　　　　　　　　　　　　　　p.75

水平な 2 点 A, B にひもの両端を固定し、その途中の点 O に鉛直下向きに $6.0[\text{N}]$ の力を加えたところ、右図のような状態となった。このとき、ひも OA の張力を求めよ。

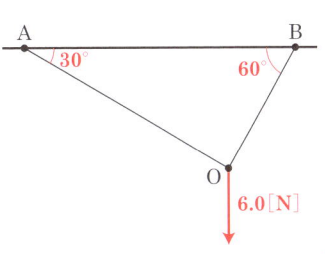

問題22 キソのキソ　p.79

ある物体を水平な床に置いた。右図のようにこの物体と床には F_1, F_2, F_3 の力が作用している。
(1) つり合いの関係にあるのは，どれとどれか。
(2) 作用・反作用の関係にある力は，どれとどれか。

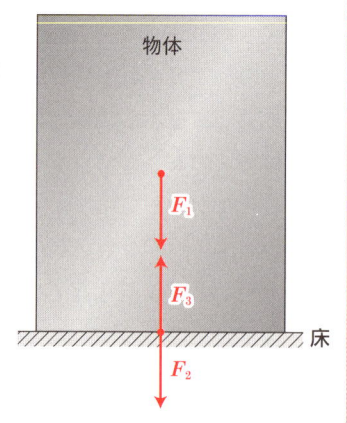

問題23 キソのキソ　p.82

$10[\text{kg}]$ の物体にはたらく重力を求めよ。ただし，重力加速度は，$g = 9.8 [\text{m/s}^2]$ とする。

問題24 キソ　p.84

(1) ばね定数が $20[\text{N/m}]$ であるばねを，$3.0[\text{cm}]$ 伸ばすために必要な力を求めよ。
(2) $0.50[\text{N}]$ の力を加えると，$2.0[\text{cm}]$ 縮むばねのばね定数を求めよ。

問題25 キソ　p.85

右図のように，あるばねを $10[\text{N}]$ の力で引っ張ったとき，次の各値を求めよ。
(1) 点Aでばねがもとにもどろうとする力の大きさを求めよ。
(2) 点Bでばねがもとにもどろうとする力の大きさを求めよ。
(3) 点Bで壁がばねを引っ張っている力の大きさを求めよ。

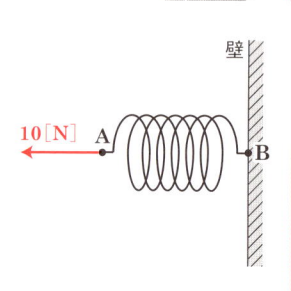

問題26　キソ　　　　　　　　　　　　　　　　p.88

ばね定数が5.0[N/m]のばねAと，3.0[N/m]のばねBを下図のように直列につなぎ，0.15[N]の力で右側を水平に引っ張った。このとき，ばねAとばねBの伸びた長さはそれぞれ何[cm]であるか。

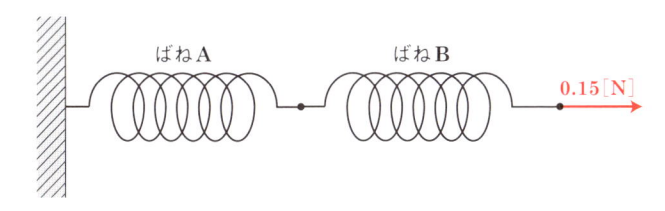

問題27　キソ　　　　　　　　　　　　　　　　p.90

ばね定数が5.0[N/m]であるばねAと，3.0[N/m]であるばねBを右図のように並列につなぎ，0.16[N]の力で右端を水平に引っ張った。このとき，ばねAとばねBの伸びた長さはそれぞれ何[cm]か。

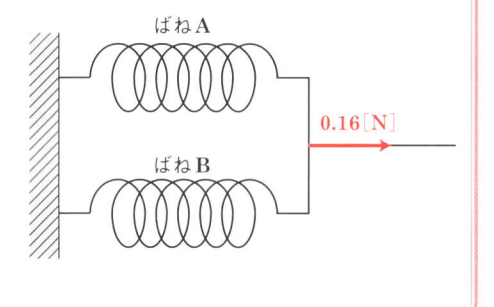

問題28　標準　　　　　　　　　　　　　　　　p.92

ばね定数がk_1のばねAと，ばね定数がk_2のばねBを，下図のように直列につなぎ，Fの力で水平に引っ張った。このとき，次の各問いに答えよ。

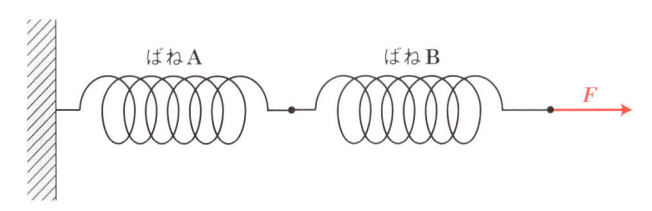

(1) ばねBが伸びた長さを求めよ。　(2) ばねAが伸びた長さを求めよ。
(3) ばねAとばねBを1本のばねと考えたときのばね定数（合成ばね定数）を求めよ。

問題29　標準　　　　　　　　　　　　　　　　　　　　p.95

ばね定数が k_1 のばねAと，ばね定数が k_2 のばねBを，下図のように並列につなぎ，F の力で水平に引っ張った。このとき，次の各問いに答えよ。

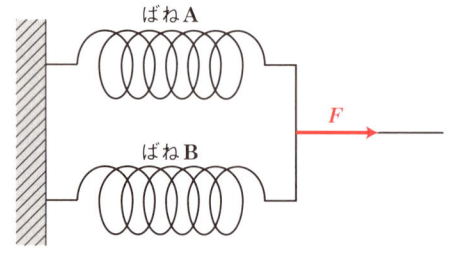

(1) ばねAが伸びた長さを求めよ。
(2) ばねBが伸びた長さを求めよ。
(3) ばねAとばねBを1本のばねと考えたときのばね定数（合成ばね定数）を求めよ。

問題30　ちょいムズ　　　　　　　　　　　　　　　　p.97

ばね定数が k_1, k_2, k_3, …の複数のばねがある。このとき，次の各問いに答えよ。

(1) これらのばねをすべて直列につないだときの合成ばね定数（1本のばねと考えたときのばね定数）を K としたとき，次の式が成り立つことを証明せよ。

$$\frac{1}{K} = \frac{1}{k_1} + \frac{1}{k_2} + \frac{1}{k_3} + \cdots$$

(2) これらのばねをすべて並列につないだときの合成ばね定数（1本のばねと考えたときのばね定数）を K としたとき，次の式が成り立つことを証明せよ。

$$K = k_1 + k_2 + k_3 + \cdots$$

問題31　標準　p.101

ばねA(ばね定数5.0[N/m])，ばねB(ばね定数2.0[N/m])，ばねC(ばね定数3.0[N/m])の3種類のばねがある。次の図のように，これらのばねを連結したときの合成ばね定数(1本のばねと考えたときのばね定数)を求めよ。

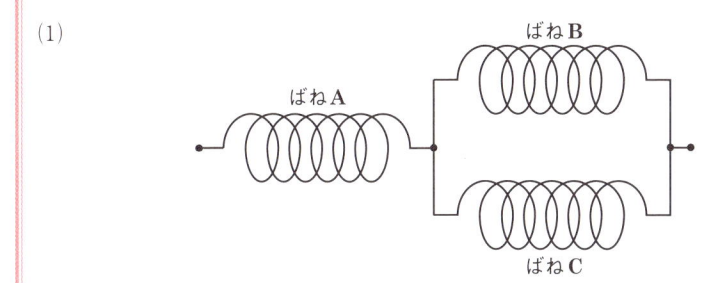

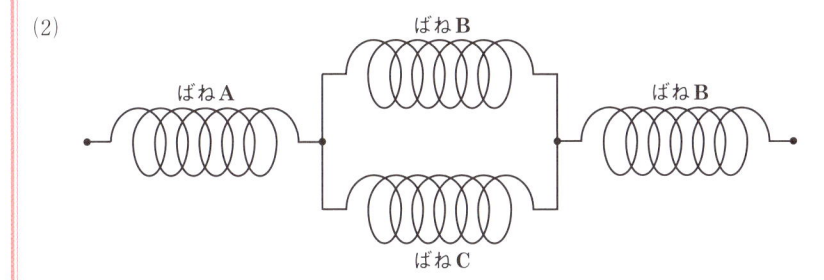

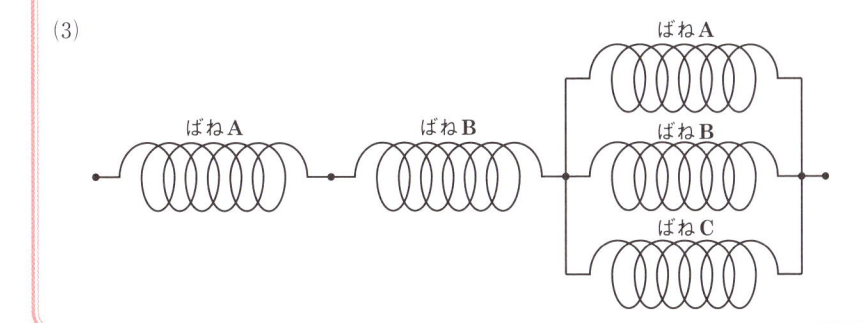

(1) ばねA — (ばねB ∥ ばねC)

(2) ばねA — (ばねB ∥ ばねC) — ばねB

(3) ばねA — ばねB — (ばねA ∥ ばねB ∥ ばねC)

問題32 ｜ キソ　　　　　　　　　　　　　p.107

水平面上に置かれている $2.0\,[\text{kg}]$ の物体に，台に対して平行な力を加える。その力の大きさを徐々に増やしていったところ，$4.9\,[\text{N}]$ に達すると物体は動いた。重力加速度を $9.8\,[\text{m/s}^2]$ として，次の各問いに答えよ。
(1) 物体に加える力が $3.0\,[\text{N}]$ のときの静止摩擦力はいくらか。
(2) この物体と平面との静止摩擦係数を求めよ。

問題33 ｜ 標準　　　　　　　　　　　　　p.110

水平な床の上に質量 $5.0\,[\text{kg}]$ の物体を置き，水平面から $30°$ 上方に物体を引くとき，その力が何 $[\text{N}]$ 以上になると物体は滑り出すか。ただし，この床と物体の静止摩擦係数を $\mu = 0.60$，重力加速度を $9.8\,[\text{m/s}^2]$ とする。

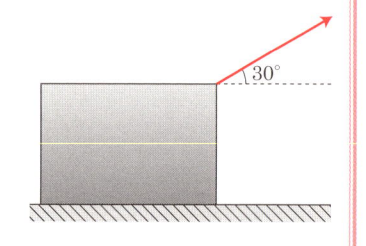

問題34 ｜ 標準　　　　　　　　　　　　　p.113

ある物体を水平な板の上に置き，板をゆっくり傾けていったところ，板と水平面との間の角が θ になったとき，物体が板の上を滑り始めた。このとき，$\tan\theta$ の値を求めよ。ただし，静止摩擦係数を μ とする。

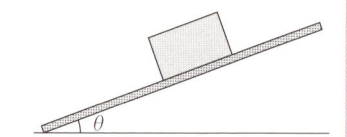

問題35　キソ　p.116

　なめらかでない水平面の上に，質量$3.0\,[\text{kg}]$の物体を置き，水平に力を加える。この力の大きさを徐々に大きくしていくと，物体は滑り始めた。その後も力を加えつづけたところ，物体は加速度運動をした。
　静止摩擦係数$\mu=0.80$，動摩擦係数$\mu'=0.50$，重力加速度$g=9.8\,[\text{m/s}^2]$として，次の各問いに答えよ。

(1) この物体を動かすために必要な力の大きさは何$[\text{N}]$であったか。
(2) この物体の速度が$20\,[\text{m/s}]$に達したとき，この物体にはたらく摩擦力は何$[\text{N}]$であるか。
(3) この物体の速度が$100\,[\text{m/s}]$に達したとき，この物体にはたらく摩擦力は何$[\text{N}]$であるか。

問題36　キソのキソ　p.120

(1) $8.0\,[\text{kg}]$の物体にある力を加えたところ，この物体に$2.0\,[\text{m/s}^2]$の加速度が生じた。この物体に加えた力の大きさは何$[\text{N}]$か。
(2) $3.0\,[\text{kg}]$の物体に$15\,[\text{N}]$の力を加えたとき，この物体に生じる加速度の大きさは何$[\text{m/s}^2]$か。

問題37　キソ　p.122

　質量$m\,[\text{kg}]$の物体に糸をつけて，$F\,[\text{N}]$の力で引き上げたとき，物体に生じる加速度の大きさを求めよ。ただし，重力加速度を$g\,[\text{m/s}^2]$とする。

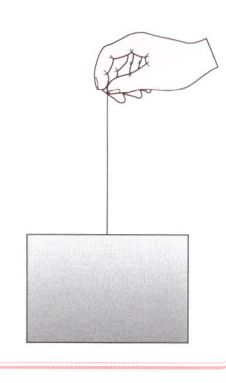

問題38 キソ　　　　　　　　　　　　　　　　p.124

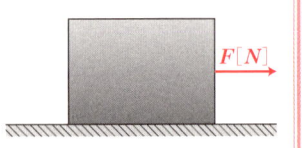

粗い(なめらかでない)台の上に質量 m [kg] の物体を置き，水平方向に F [N] の力を加えたとき，この物体は等加速度運動をした。このとき，物体に生じた加速度の大きさを求めよ。
ただし，重力加速度を g [m/s^2]，物体と台の間の動摩擦係数を μ' とする。

問題39 キソ　　　　　　　　　　　　　　　　p.126

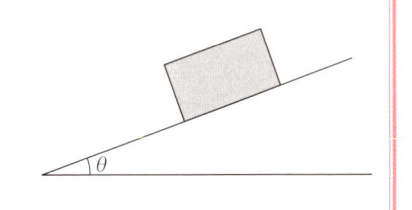

傾きの角 θ の斜面に質量 m [kg] の物体を置いたところ，この物体は等加速度運動をして斜面を滑り下りた。重力加速度を g [m/s^2]，物体と斜面の間の動摩擦係数を μ' として，物体に生じる加速度の大きさを求めよ。

問題40 標準　　　　　　　　　　　　　　　　p.130

なめらかな台の上に，伸びない糸でつないだ質量 m_A の物体 A と質量 m_B の物体 B を置いた。下図のように，物体 A に台に対して水平な力 F [N] を加えたところ，物体 A と物体 B は同じ等加速度運動をした。重力加速度を g [m/s^2] として，次の各問いに答えよ。

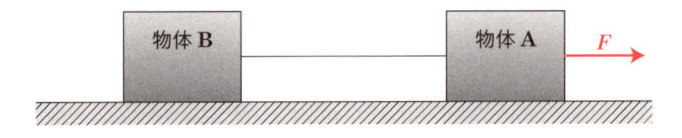

(1) 物体 A と物体 B に生じる加速度の大きさを求めよ。
(2) 物体 A と物体 B をつないだ糸にはたらく張力の大きさを求めよ。

問題41 標準　　　　　　　　　　　　　　　p.134

なめらかな水平面上に質量2.0[kg]，3.0[kg]の物体A，Bを接して置き，Aを水平方向に10[N]の力で押した。このとき，次の各問いに答えよ。ただし，重力加速度は9.8[m/s²]とする。

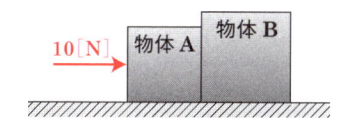

(1) A，Bの加速度の大きさは何[m/s²]か。
(2) A，Bが押し合っている力(AB間にはたらく抗力)の大きさは何[N]か。

問題42 標準　　　　　　　　　　　　　　　p.138

なめらかな台の上に，質量M[kg]の物体Aを置き，これに糸をつけて台の端の滑車を通し，糸の他端に質量m[kg]の物体Bをつるして放す。重力加速度をg[m/s²]として，次の各問いに答えよ。

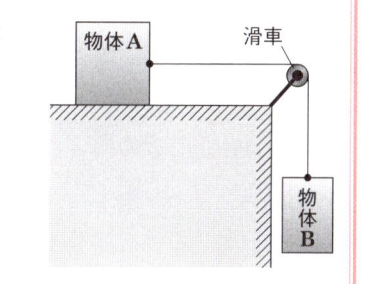

(1) 物体Aの加速度の大きさは何[m/s²]か。
(2) 糸の張力は何[N]か。

問題43 標準　　　　　　　　　　　　　　　p.141

右図のように，上面が水平な質量M[kg]の物体Aの上に，質量m[kg]の物体Bをのせて，F[N]の力で鉛直上向きに引き上げた。このとき，物体Bは物体Aから離れることなく，これらの物体は鉛直上向きに等加速度運動をしたという。重力加速度をg[m/s²]として，次の各問いに答えよ。

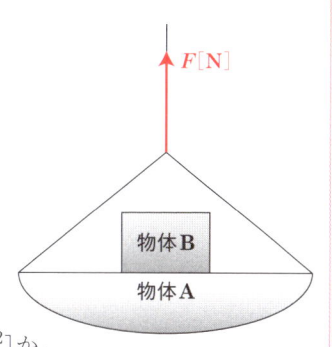

(1) A，Bに生じる加速度の大きさは何[m/s²]か。
(2) A，Bが押し合っている力(AB間の抗力)の大きさは何[N]か。

問題44　ちょいムズ　p.145

　右図のように，滑車をつけた十分に長い糸の両端に物体Aと，物体Cをのせた物体Bをつけて静かに放した。A，B，Cの質量をそれぞれm_A[kg]，m_B[kg]，m_C[kg]，重力加速度をg[m/s²]として，次の各問いに答えよ。

　ただし，$m_A < m_B + m_C$とし，物体Bと物体Cは離れなかったとする。

(1) 物体Aの加速度の大きさを求めよ。
(2) 張力Tの大きさを求めよ。
(3) 物体Bと物体Cが押し合っている力（BC間の抗力）を求めよ。

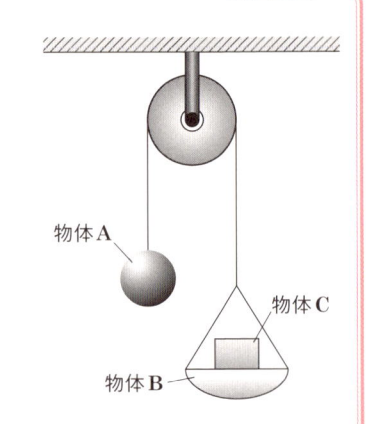

問題45　ちょいムズ　p.149

　右図のように，定滑車と動滑車からなる装置がある。定滑車にかけた軽い糸の一端に，質量$2m$[kg]のおもりAをつるし，他端に質量の無視できる動滑車をつけ，天井に固定する。動滑車に質量m[kg]のおもりBをつるして放した。重力加速度をg[m/s²]として，次の各問いに答えよ。

(1) Aの加速度の大きさを求めよ。
(2) Bの加速度の大きさを求めよ。
(3) 糸の張力を求めよ。

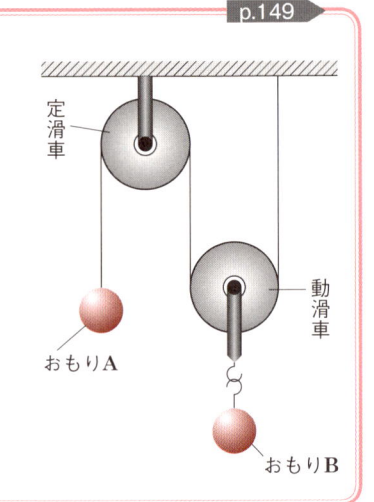

問題46　標準　p.155

右図のように，水平な台の上に$6.0[\text{kg}]$の物体Aを置き，これに糸をつけて滑車を通し，他端におもりBをつるす。物体Aと台との静止摩擦係数を0.50，動摩擦係数を0.20，重力加速度を$9.8[\text{m/s}^2]$として，次の各問いに答えよ。

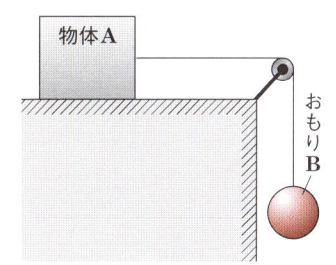

(1) おもりBの質量を徐々に増やす。おもりが何$[\text{kg}]$になれば物体Aは動き始めるか。
(2) おもりBの質量を$4.0[\text{kg}]$にしたとき，物体Aの加速度と糸の張力をそれぞれ求めよ。

問題47　モロ難　p.160

下図のように，なめらかな床の上に質量$M[\text{kg}]$の板状の物体Aを置き，その上に質量$m[\text{kg}]$の物体Bを置いた。いま，物体Bに右向きの初速度$V[\text{m/s}]$を与えたところ，物体Aも動き始めた。AとBの間の動摩擦係数をμ'，重力加速度を$g[\text{m/s}^2]$として，次の各問いに答えよ。

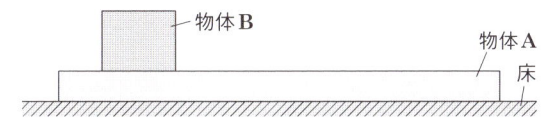

(1) 右向きを正の向きと考えたとき，物体Bに生じる加速度を求めよ。
(2) 右向きを正の向きと考えたとき，物体Aに生じる加速度を求めよ。
(3) 物体Bが物体A上で静止するのは，物体Bに初速度を与えてから何秒後か。
(4) 物体Bが物体A上で静止したとき，物体Aの速度を求めよ。

問題48　標準　p.167

小球が空気中を落下するときの空気抵抗は，ほぼ球の半径と速さに比例することが知られている。空気中では質量 m[kg]，半径 r[m]の小球が空気中を落下するとき，次の各問いに答えよ。ただし，重力加速度を g[m/s^2]とする。

(1) 小球が速さ v[m/s]で落下しているときの加速度の大きさを求めよ。ただし，空気抵抗は krv[N]で表されるものとする。
(2) この小球は最終的に一定の速さとなり，落下運動をする。この最終的な速さ（最終速度の大きさ）を求めよ。

問題49　キソのキソ　p.170

右図のような，質量 10[kg]の直方体がある。重力加速度を 9.8[m/s^2]として次の各問いに答えよ。

(1) 平面EFGHを下にして床に置いたとき，床にはたらく圧力は何[N/m^2]か。
(2) 平面CGHDを下にして床に置いたとき，床にはたらく圧力は何[Pa]か。

問題50　キソ　p.174

右図のように，体積 V[m^3]，質量 M[kg]の物体が液体中で静止している。このとき，この液体の密度を求めよ。

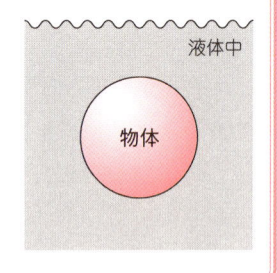

問題51 キソ　　　　　　　　　　　　　　　p.175

右図のように，質量 $m[\mathrm{kg}]$，体積 $V[\mathrm{m}^3]$ の風船が空中で静止している。風船をとりまく空気の密度を求めよ。

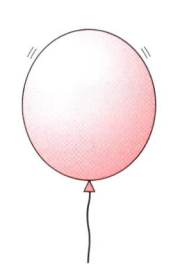

問題52 キソ　　　　　　　　　　　　　　　p.178

水平な床の上に質量 $10[\mathrm{kg}]$ の物体を置き，下図のように水平方向に一定の力を加え，等速度で $2.0[\mathrm{m}]$ 移動させた。物体と床との間の動摩擦係数を 0.50，重力加速度を $9.8[\mathrm{m/s}^2]$ として，次の各問いに答えよ。

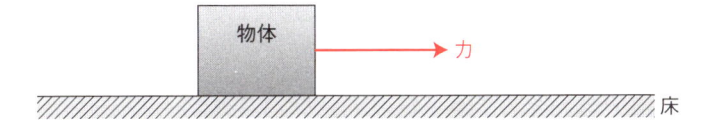

(1) 加えた力の大きさを求めよ。
(2) 加えた力のした仕事は何 $[\mathrm{J}]$ か。
(3) 摩擦力がした仕事は何 $[\mathrm{J}]$ か。
(4) 床から物体にはたらく垂直抗力がした仕事は何 $[\mathrm{J}]$ か。

問題53 キソ　　　　　　　　　　　　　　　p.182

(1) 質量 $m[\mathrm{kg}]$ の物体を $h[\mathrm{m}]$ 上方まで運ぶのに必要な仕事 $W_1[\mathrm{J}]$ を求めよ。ただし，重力加速度を $g[\mathrm{m/s}^2]$ とする。
(2) 右図のように，質量 $m[\mathrm{kg}]$ の物体を傾きが角 θ のなめらかな斜面に沿って，もとの高さから鉛直方向に $h[\mathrm{m}]$ だけ高い位置まで運ぶのに必要な仕事 $W_2[\mathrm{J}]$ を求めよ。ただし，重力加速度を $g[\mathrm{m/s}^2]$ とする。

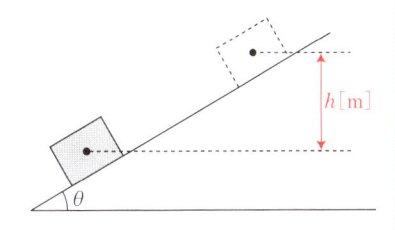

問題54　キソ　　　　　　　　　　　　　　　　p.185

高さ $20\,[\mathrm{m}]$ のビルの屋上に $5.0\,[\mathrm{kg}]$ の物体を引き上げるのに $49\,[\mathrm{s}]$ かかった。重力加速度を $9.8\,[\mathrm{m/s^2}]$ として，次の各問いに答えよ。
(1) 必要な仕事は何 $[\mathrm{J}]$ か。
(2) この場合の仕事率は何 $[\mathrm{W}]$ か。

問題55　キソ　　　　　　　　　　　　　　　　p.186

摩擦のある平面上にある物体を置き，水平方向に $F\,[\mathrm{N}]$ の力を加えつづけたところ，この物体は速度 $v\,[\mathrm{m/s}]$ で等速直線運動をした。このとき，力のした仕事率を求めよ。

問題56　キソのキソ　　　　　　　　　　　　　p.190

質量 $2.0\,[\mathrm{kg}]$ の物体が，$3.0\,[\mathrm{m/s}]$ の速度で運動している。このとき，この物体がもつ運動エネルギーは何 $[\mathrm{J}]$ か。

問題57　キソ　　　　　　　　　　　　　　　　p.191

なめらかな水平面上を，速さ $3.0\,[\mathrm{m/s}]$ で運動している質量 $2.0\,[\mathrm{kg}]$ の物体に，運動している向きに一定の力を加えつづけたところ，この物体の速さは $5.0\,[\mathrm{m/s}]$ となった。このとき，外力が物体に加えた仕事は何 $[\mathrm{J}]$ か。

問題58　標準　　　　　　　　　　　　　　　　p.191

摩擦のある水平面上に質量 $6.0\,[\mathrm{kg}]$ の物体を置き，初速度 $3.0\,[\mathrm{m/s}]$ を与えたところ，$90\,[\mathrm{cm}]$ 進んだところで物体は静止した。重力加速度を $10\,[\mathrm{m/s^2}]$ として，次の各問いに答えよ。
(1) 外力（摩擦力）が物体に加えた仕事は何 $[\mathrm{J}]$ か。
(2) 物体にはたらいた摩擦力の大きさは何 $[\mathrm{N}]$ か。
(3) 物体と水平面間の動摩擦係数を求めよ。

問題59　キソのキソ　p.194

質量$5.0[\mathrm{kg}]$の物体が地面から$2.0[\mathrm{m}]$の地点にある。重力加速度を$9.8[\mathrm{m/s^2}]$として，次の各問いに答えよ。
(1) 地面を基準点としたとき，この物体の重力による位置エネルギーを求めよ。
(2) 地上$5.0[\mathrm{m}]$の地点を基準点としたとき，この物体の重力による位置エネルギーを求めよ。

問題60　キソのキソ　p.197

ばね定数が$100[\mathrm{N/m}]$のばねを$30[\mathrm{cm}]$引き伸ばしたとき，このばねに蓄えられる弾性力による位置エネルギーを求めよ。

問題61　キソ　p.198

ばね定数が$400[\mathrm{N/m}]$のばねがある。これについて，次の各問いに答えよ。
(1) $10[\mathrm{cm}]$引き伸ばしたとき，ばねに蓄えられる弾性力による位置エネルギーは何$[\mathrm{J}]$か。
(2) (1)の状態から，さらに$10[\mathrm{cm}]$引き伸ばすとき必要な仕事は何$[\mathrm{J}]$か。

問題62　キソ　p.200

質量$1.0[\mathrm{kg}]$の物体を$28[\mathrm{m/s}]$の速さで鉛直上向きに投げ上げた。重力加速度を$9.8[\mathrm{m/s^2}]$として，次の各問いに答えよ。
(1) 投げ上げた瞬間，物体がもっている運動エネルギーは何$[\mathrm{J}]$か。
(2) 物体は投げ上げた地点から何$[\mathrm{m}]$の高さまで上昇するか。
(3) 高さ$20[\mathrm{m}]$の地点での運動エネルギーは何$[\mathrm{J}]$か。
(4) 物体の速さが$14[\mathrm{m/s}]$となるのは，投げ上げてから何$[\mathrm{m}]$の高さの点であるか。

問題 63 — キソ　　p.204

下図のような，なめらかな平面と曲面で構成された面がある。左端にばね定数 k [N/m] のばねを水平に配置し，質量 m [kg] の物体とともに l [m] だけ縮めて静かに手を放したところ，ばねは自然長にもどり，物体は水平方向に運動を始め，平面の終点である点Aを通過し，さらに高さ H [m] である点Bも通過した。重力加速度を g [m/s²] として，次の各問いに答えよ。

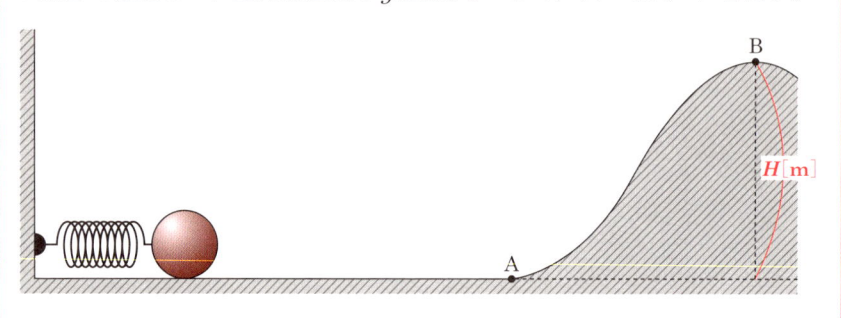

(1) 点Aを通過する瞬間の物体の速さ v_A [m/s] を求めよ。
(2) 点Bを通過する瞬間の物体の速さ v_B [m/s] を求めよ。

問題 64 — キソ　　p.210

一直線上を 15 [m/s] の速さで運動している質量 2.0 [kg] の物体がある。この物体に，運動している向きと同じ向きに 50 [N·s] の力積を加えたとき，次の各問いに答えよ。

(1) 力積を加えたあとの物体の運動量の大きさを求めよ。
(2) 力積を加えたあとの物体の速さを求めよ。

問題 65 — キソ　　p.212

右図のように，質量 0.20 [kg] の物体が右向きに 20 [m/s] の速さで壁に当たり，左向きに 8.0 [m/s] の速さではねかえってきた。右向きを正の向きとして，次の各問いに答えよ。

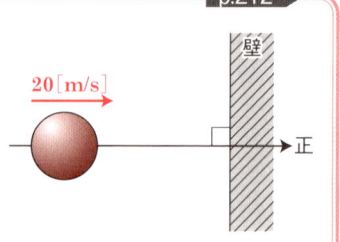

(1) 衝突前の運動量を求めよ。
(2) 衝突後の運動量を求めよ。
(3) 物体に与えられた力積を求めよ。
(4) 壁に与えられた力積を求めよ。

問題66　標準　p.214

　右向きに$8.0[\text{m/s}]$の速さで運動していた質量$3.0[\text{kg}]$の物体が，静止していた動物に撃突したところ，その物体は，鉛直上向きに速さ$6.0[\text{m/s}]$で飛ばされた。このとき，物体にはたらいた力積の大きさを求めよ。

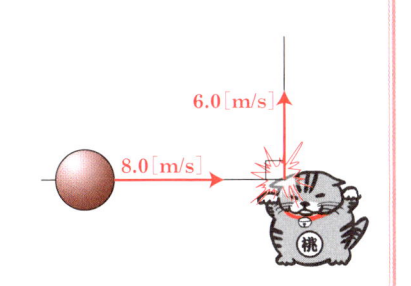

問題67　キソ　p.217

　なめらかな床の上で，質量$5.0[\text{kg}]$の物体Aが右向きに$3.0[\text{m/s}]$の速さで，質量$2.0[\text{kg}]$の物体Bが左向きに$7.0[\text{m/s}]$の速さでそれぞれ運動している。これらの物体は一直線上を運動していたため，衝突するハメになり，衝突後，物体Bは右向きに$4.0[\text{m/s}]$の速さで運動していた。衝突後の物体Aはどの向きに何$[\text{m/s}]$の速さで運動しているか。

問題68　キソ　p.219

　なめらかな床の上で，質量$8.0[\text{kg}]$の物体Aが右向きに$3.0[\text{m/s}]$の速さで，質量$2.0[\text{kg}]$の物体Bが左向きに$9.0[\text{m/s}]$の速さでそれぞれ運動している。これらの物体は一直線上を運動していたので，やがて衝突し，一体となって運動した。このとき，一体となった物体はどの向きに何$[\text{m/s}]$の速さで運動するか。

問題69　キソ　p.220

　水平方向に運動していた質量$5.0[\text{kg}]$の物体が爆発して，質量$2.0[\text{kg}]$の物体Aと，質量$3.0[\text{kg}]$の物体Bに分裂し，Aは速さ$4.0[\text{m/s}]$で，Bは速さ$6.0[\text{m/s}]$で，それぞれ爆発前と同じ向きに運動した。爆発前の物体の速さを求めよ。

問題70　標準　p.221

(1) 右図のように、なめらかな床の上に質量 M[kg] の板状の物体Aを置き、その上に、質量 m[kg] の物体Bを置いた。今、物体Bに右向きの初速度 v_0[m/s] を与えたところ、AとBの間の摩擦力により物体Aも動き始め、最終的に物体Aと物体Bは一体となって運動をした。最終的な物体の速さを求めよ。

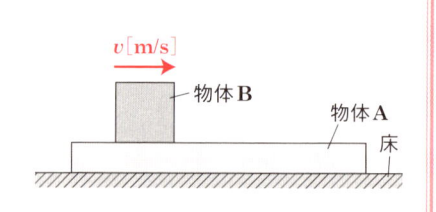

(2) なめらかな水平面と曲面が続いている質量 M[kg] の台を、なめらかな床の上に置く。台の水平面上に質量 m[kg] の小球を置き、曲面のほうへ向けて、初速度 v_0[m/s] で滑らせる。小球が運動の最高点まで達したときの台の速さを求めよ。

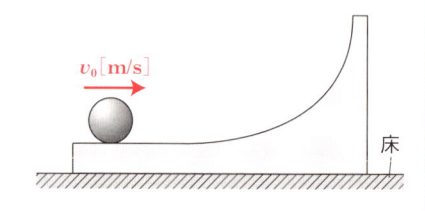

問題71　ちょいムズ　p.224

なめらかな水平面上に静止しているある質量の小球Aに、同じ質量の小球Bを速度 v[m/s] で衝突させたところ、A, Bは下図のように小球Bのもとの進行方向に対して、それぞれ $30°$, $60°$ の角をなす向きに進んだ。このとき、衝突後のA, Bの速さ v_A, v_B を v で表せ。

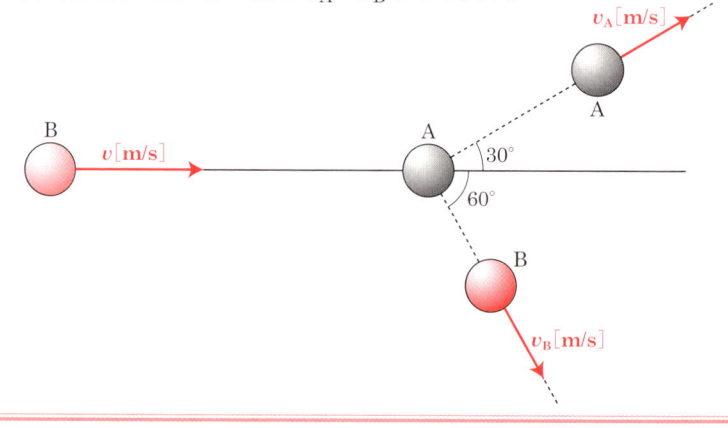

問題72 キソのキソ　　　　　　　　　　　　　　　　　　　　p.228

ある物体が速さ $30[\mathrm{m/s}]$ で壁に垂直に衝突し，速さ $18[\mathrm{m/s}]$ で垂直にはねかえってきた。このとき，はねかえり係数を求めよ。

問題73 標準　　　　　　　　　　　　　　　　　　　　　　　p.230

高さ $h_0[\mathrm{m}]$ の地点から静かに落としたボールが，床ではねかえって，高さ $h[\mathrm{m}]$ に達した。この床とボールのはねかえり係数を求めよ。

問題74 標準　　　　　　　　　　　　　　　　　　　　　　　p.232

速さ $20[\mathrm{m/s}]$ で運動していた小球が，なめらかな床に対して $60°$ の角度で衝突した。小球と平面のはねかえり係数が 0.50 であったとき，衝突後の小球の速さは何 $[\mathrm{m/s}]$ となるか。

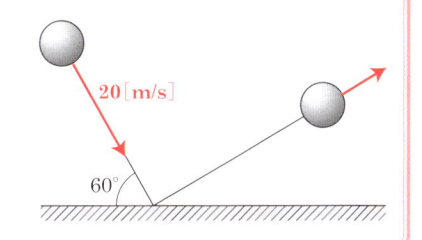

問題75 キソ　　　　　　　　　　　　　　　　　　　　　　　p.236

一直線上を右向きに $5.0[\mathrm{m/s}]$ の速さで進む物体Aと，左向きに $7.0[\mathrm{m/s}]$ の速さで進む物体Bが正面衝突した。衝突後，物体Aは左向きに速さ $3.0[\mathrm{m/s}]$ で進み，物体Bは右向きに $6.0[\mathrm{m/s}]$ で進んだ。この衝突のはねかえり係数を求めよ。

問題76 標準　　　　　　　　　　　　　　　　　　　　　　　p.238

(1) ある質量の小球Aが速度 $v_A[\mathrm{m/s}]$ で，静止している同じ質量の小球Bに弾性衝突をした。衝突後，A，Bはそれぞれどのような運動をするか。

(2) ある質量の小球Aが速度 $v_A[\mathrm{m/s}]$ で，前方を速度 v_B で同じ向きに進んでいる同じ質量の小球Bに弾性衝突をした。衝突後，A，Bはそれぞれどのような運動をするか。

問題77 キソ　　　　　　　　　　　　　　　　　　　　　p.244

右図のように，ばね定数$10[\text{N/m}]$のばねの一端を電車の壁に，他端に質量$2.0[\text{kg}]$の物体をつないだ。電車が右向きに動き出すと，ばねは自然の長さから$30[\text{cm}]$伸びた。このとき，電車の加速度の大きさを求めよ。ただし，物体と床との摩擦力は無視できるものとする。

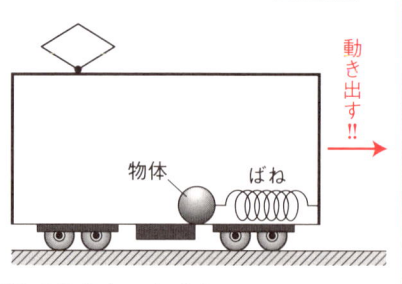

問題78 キソ　　　　　　　　　　　　　　　　　　　　　p.249

半径$2.0[\text{m}]$の円周上を，10秒間に5.0回の割合で等速円運動をする物体がある。このとき，次の各問いに答えよ。
(1) 周期を求めよ。　　　(2) 角速度を求めよ。
(3) 速さを求めよ。　　　(4) 回転数を求めよ。

問題79 キソ　　　　　　　　　　　　　　　　　　　　　p.253

なめらかな水平面上を，質量$5.0[\text{kg}]$の物体が糸でつながれ，角速度$3.0[\text{rad/s}]$で半径$2.0[\text{m}]$の等速円運動をしている。このとき，次の各問いに答えよ。
(1) 糸の張力の大きさを求めよ。
(2) 角速度を3倍にすると，張力の大きさは何倍になるか。

問題80 標準　　　　　　　　　　　　　　　　　　　　　p.255

右図のように，長さ$l[\text{m}]$の糸の一端に質量$m[\text{kg}]$のおもりをつけ，他端を天井の一点に固定し，糸が鉛直方向とθの角をなすように，おもりを水平面内で等速円運動をさせる。重力加速度を$g[\text{m/s}^2]$として，以下の問いに答えよ。 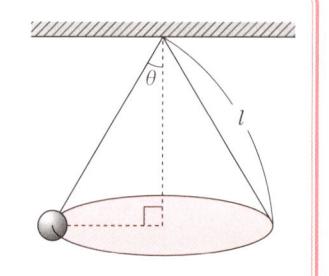
(1) 糸の張力の大きさを求めよ。
(2) 角速度を求めよ。

問題81　ちょいムズ　　　p.258

右図のように，なめらかな水平面の右端に，なめらかな点Oを中心とする半径rの半円筒が続いている。縦断面POR は鉛直である。水平面に質量mの小さな物体を置き，縦断面に垂直な初速度v_0を与えて，半円筒の面内を滑り上らせるとき，次の各問いに答えよ。ただし，重力加速度をgとする。

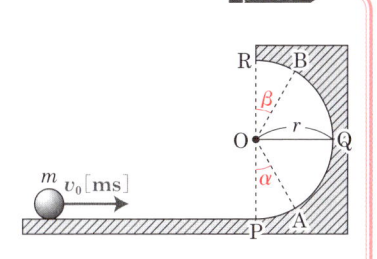

(1) 点Pを通る直前の物体にはたらく垂直抗力を求めよ。
(2) 点Pを通った直後の物体にはたらく垂直抗力を求めよ。
(3) ∠POA＝αとしたとき，物体が点Aを通過する瞬間に，面が物体におよぼす垂直抗力の大きさを求めよ。
(4) 物体が点Oと同じ高さである点Qまで上がるためには，v_0をいくら以上にすればよいか。
(5) 物体が頂点Rを通過するためには，v_0をいくら以上にすればよいか。
(6) 物体が∠ROB＝βとなるような点Bで半円筒の面から離れるとき，$\cos\beta$の値を求めよ。

問題82　ちょいムズ　　　p.266

(1) 右図のように，鉛直面で質量mの小さな物体に，長さlの糸をつけ，最下点で水平方向の初速度v_0を与える。この物体が，円運動を続けるためのv_0の条件を求めよ。ただし，重力加速度をgとする。
(2) (1)の糸を長さlの軽い棒にかえた場合，物体が円運動を続けるためのv_0の条件を求めよ。ただし，重力加速度をgとする。

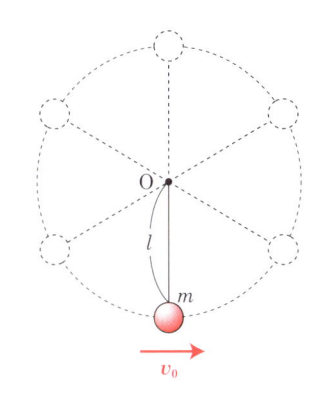

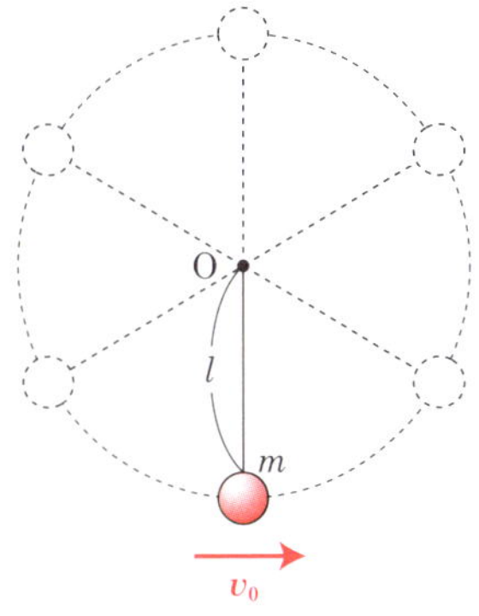

問題83　ちょいムズ　p.269

表面がなめらかな半径 r の半球が，地面に固定されている。その頂点Pに質量 m の小球を置き，水平方向の初速度 v_0 を与える。重力加速度を g として，次の各問いに答えよ。

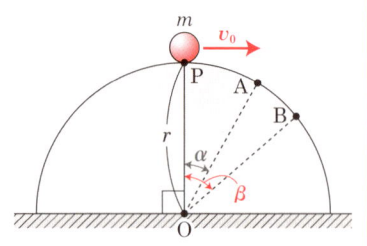

(1) 小球が点Aを通過する瞬間に，面が小球におよぼす抗力の大きさを求めよ。ただし，∠POA＝α とする。
(2) 小球が点Bで面から離れるとする。∠POB＝β のとき，$\cos\beta$ の値を求めよ。
(3) 小球が点Pでただちに面から離れるための v_0 の条件を求めよ。

問題84　標準　p.279

右のグラフは，単振動する物体の原点からの変位 $x\,[\mathrm{m}]$ と，時間 $t\,[\mathrm{s}]$ の関係を表している。

(1) 振幅 $A\,[\mathrm{m}]$ を求めよ。
(2) 周期 $T\,[\mathrm{s}]$ を求めよ。
(3) 振動数 $f\,[\mathrm{Hz}]$ を求めよ。
(4) 角振動数 $\omega\,[\mathrm{rad/s}]$ を求めよ。
(5) 速度 $v\,[\mathrm{m/s}]$ と時間 $T\,[\mathrm{s}]$ との関係を表すグラフをかけ。
(6) 加速度 $a\,[\mathrm{m/s^2}]$ と時間 $T\,[\mathrm{s}]$ との関係を表すグラフをかけ。
(7) $x = 0.10\,[\mathrm{m}]$ のときの加速度を求めよ。
(8) $x = -0.20\,[\mathrm{m}]$ のときの加速度を求めよ。

問題85　標準　p.283

下図のように，なめらかな水平面上に，質量 m[kg]のおもりのついたばね定数 k[N/m]のばねが，一端を壁に固定して置かれている。ばねが自然長のときのおもりの位置を原点 O とし，ばねが伸びる向きを正の向きとした x 軸を定める。ばねを l[m]引いて放したところ，おもりは単振動を始めた。このとき，次の各問いに答えよ。

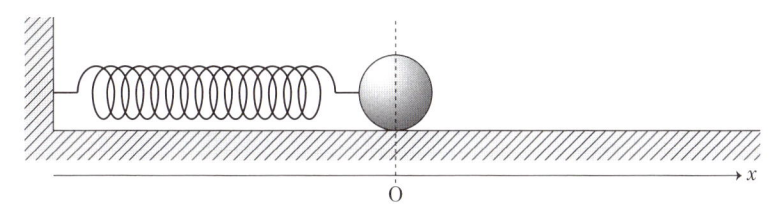

(1) この単振動の振幅を求めよ。
(2) おもりが座標 x にいるときの加速度を求めよ。
(3) この単振動の角振動数を求めよ。
(4) この単振動の周期を求めよ。

問題86　ちょいムズ　p.287

質量 m[kg]，断面積 S[m^2]の円筒形の木片が，鉛直に浮いている。

重力加速度の大きさを g[m/s^2]，水の密度を ρ[kg/m^3]として，次の各問いに答えよ。

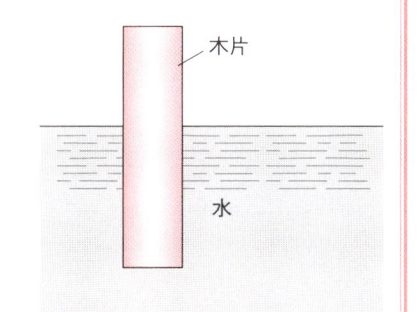

(1) 木片が水中に入っている長さ l_0[m]を求めよ。
(2) 木片を少し指で真下に押して，静かに指をはなしたところ，木片は単振動をした。この単振動の周期 T[s]を求めよ。

問題87 標準 p.290

ばね定数 k [N/m] のばねの一端を天井に固定し, 他端に質量 m [kg] のおもりをつけて, つり合いの位置から l [m] 引いて放すと, おもりは単振動を始めた。このとき, 次の各問いに答えよ。

(1) この単振動の周期を求めよ。
(2) この単振動の振幅を求めよ。

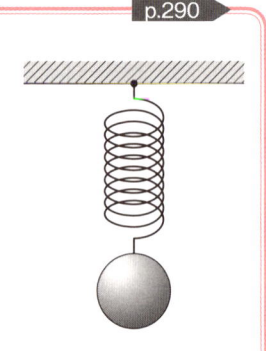

問題88 標準 p.294

次のそれぞれのばね振子の周期 T [s] を求めよ。ただし, おもりの質量はすべて m [kg] とする。

(1) ばね定数が k_1 [N/m] のばねと, ばね定数が k_2 [N/m] のばねを直列につなぎ, なめらかな水平面で単振動させる。

(2) ばね定数が k_1 [N/m] のばねと, ばね定数が k_2 [N/m] のばねを並列につなぎ, 鉛直方向に単振動させる。

(3) ばね定数が k_1 [N/m] のばねと, ばね定数が k_2 [N/m] のばねを直列につなぎ, 傾き θ のなめらかな斜面で単振動させる。

(4) ばね定数が k_1 [N/m] のばねと, ばね定数が k_2 [N/m] のばねを並列につなぎ, 鉛直上向きに a [m/s^2] で加速度運動するエレベーターの中で, 鉛直方向に単振動させる。

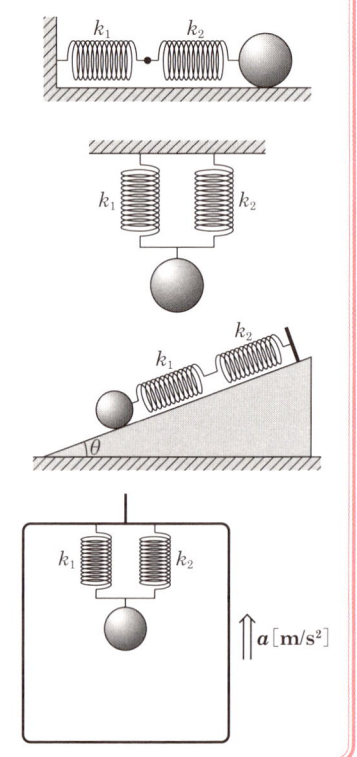

問題89 　標準　　　　　　　　　　　　　　p.297

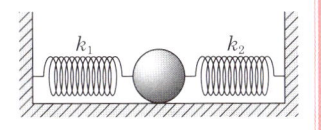

右図のように，ばね定数が k_1, k_2 のばねを水平につないだ質量 m の物体が，水平でなめらかな平面上に置かれている。2つのばねの一端は壁に固定され，ばねは自然長である。いま，物体を右に l だけ動かして放すと，物体は単振動を始めた。このとき，次の各問いに答えよ。

(1) この単振動の振幅を求めよ。
(2) この単振動の周期を求めよ。
(3) 物体がはじめの静止の位置を通る瞬間の速さを求めよ。

問題90 　キソ　　　　　　　　　　　　　　p.301

長さ $0.80\,[\mathrm{m}]$ の糸に $0.20\,[\mathrm{kg}]$ のおもりをつけて，小さく振動させた。この単振り子の周期を求めよ。ただし，重力加速度の大きさを $9.8\,[\mathrm{m/s^2}]$ とする。

問題91 　標準　　　　　　　　　　　　　　p.302

鉛直上向きに加速度 $a\,[\mathrm{m/s^2}]$ で上昇するロケットの天井に，長さ $l\,[\mathrm{m}]$ の単振り子を小さく振動させた。重力加速度を $g\,[\mathrm{m/s^2}]$ として，この単振り子の周期 $T\,[\mathrm{s}]$ を求めよ。

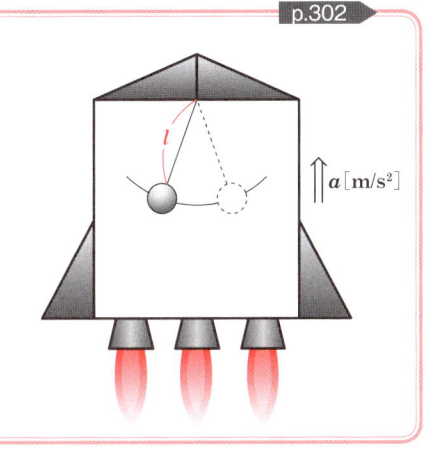

問題92 モロ難 p.303

長さ l，おもりの質量 m の単振り子の周期を T と考える。振動の中心を O として，水平方向に x 軸をとり，糸が鉛直方向と角 θ をなしているときのおもりの座標を x とする。

(1) 図1において，$\sin\theta$ の値を l と x で表せ。

(2) 図2において，糸の張力 T と，重力の法線方向の成分 $mg\cos\theta$ はつり合っている。重力の接線方向の成分 $mg\sin\theta$ が，ほぼ x 軸と平行であると考えて，x 軸の正の向きの加速度を a として，おもりの運動方程式を立てよ。

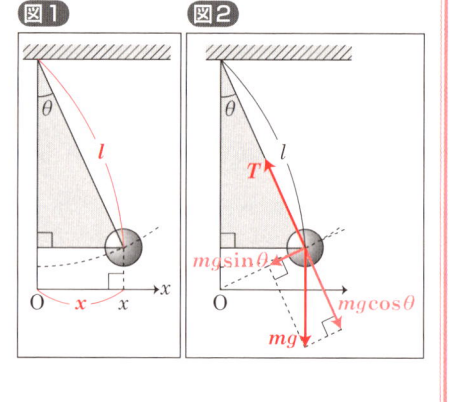

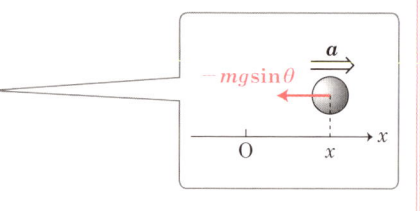

(3) (1)と(2)から，この単振り子の周期 T を求めよ。

問題93 標準 p.306

ある惑星が近日点 A，遠日点 B を通過する速さがそれぞれ，v_A，v_B で，点 A と太陽までの距離が r_A であるとき，点 B と太陽までの距離 r_B を求めよ。

問題94 キソ p.308

木星の公転軌道の半長軸(長半径)は，地球の約 5 倍ある。木星の公転周期は約何年であるか。有効数字 2 桁で答えよ。

問題95 標準 p.311

重力加速度 $g\,[\mathrm{m/s^2}]$ を，地球の質量 $M\,[\mathrm{kg}]$，地球の半径 $R\,[\mathrm{m}]$，万有引力定数 $G\,[\mathrm{N\cdot m^2/kg^2}]$ で表せ。ただし，地球は完全な球体であるとし，遠心力は無視できるものとする。

問題96　標準　p.313

ある人工衛星が，地球の中心からr[m]の円軌道を運動している。地球の半径をR[m]，重力加速度の大きさをg[m/s^2]として，人工衛星の速さを求めよ。

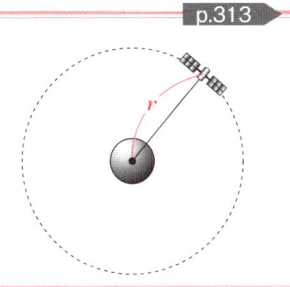

問題97　ちょいムズ　p.315

地表面から鉛直上向きに物体を打ち上げる。地球の中心から距離rのところまで到達させるためには，初速度v_0をいくらにすればよいか。ただし，地球の半径をR，重力加速度の大きさをgとする。

問題98　標準　p.318

地球の表面すれすれにまわる人工衛星の速さを**第1宇宙速度**と呼び，地上から打ち上げた人工衛星が，地球の引力圏から脱出し，無限遠方まで行ってしまう最小の初速度を**第2宇宙速度**と呼ぶ。地球の半径をR[m]，重力加速度をg[m/s^2]として，次の各問いに答えよ。
(1) 第1宇宙速度を求めよ。
(2) 第2宇宙速度を求めよ。

問題99　キソ　p.322

下図のような，楕円状の剛体に$F_1 \sim F_5$の力がはたらいています。反時計まわりを正の向きとして，点Oのまわりの力のモーメントを求めよ。ただし，力の大きさはすべて10[N]で，距離や角度は図中の値を用いよ。

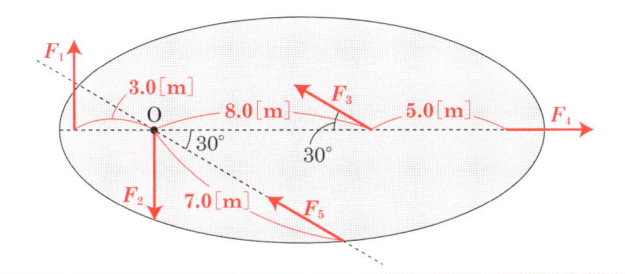

問題100 キソ　　　　　　　　　　　　　　　　　　　　p.325

下図のような棒状の剛体がある。この棒上の点Oを固定することにより，次のような2力 F_1, F_2 を加えても，回転することはなかった。このとき，AO間の距離 x [m] を求めよ。

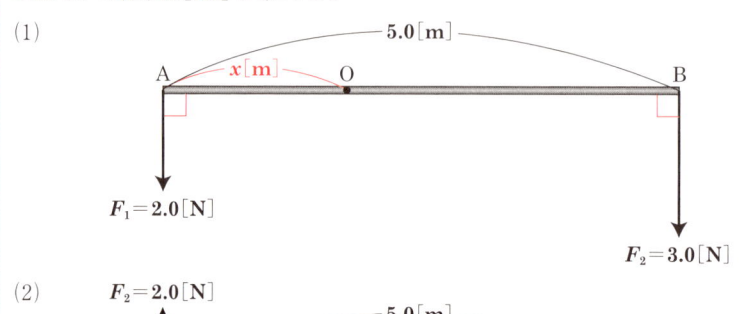

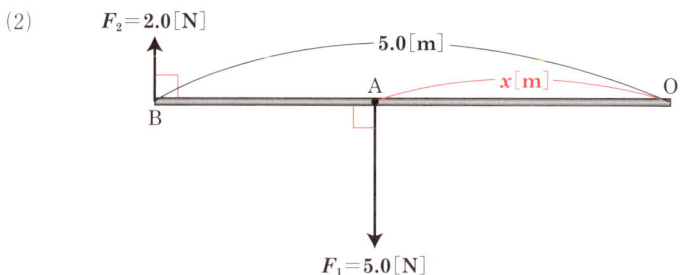

(1) $F_1 = 2.0$ [N]，$F_2 = 3.0$ [N]，AB = 5.0 [m]

(2) $F_1 = 5.0$ [N]，$F_2 = 2.0$ [N]，BO = 5.0 [m]

問題101 キソ　　　　　　　　　　　　　　　　　　　　p.329

質量が m [kg] の正方形の鉄板5枚を，右図のようにつなぎ合わせたとき，この鉄板の重心の位置を図中にかき込め。

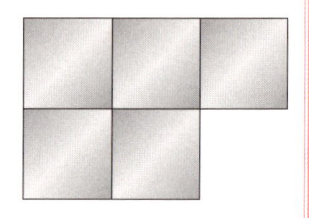

問題102 標準 p.331

右図のように、なめらかで鉛直な壁と摩擦のある床に、質量 M [kg] の棒が立てかけてあり、静止している。3点 O, A, B を決め、∠ABO = 60°であったとき、点Bにはたらく摩擦力は何 [N] であるか。ただし、重力加速度を g [m/s²] とする。

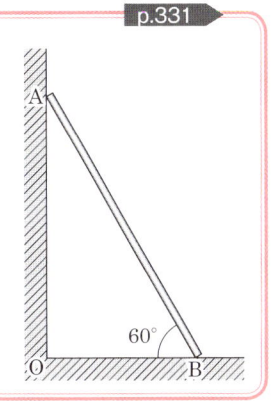

問題103 キソのキソ p.336

(1) 比熱 0.30 [J/(g·K)] の物体 200 [g] の温度を 12 [K] 上げるのに必要な熱量を求めよ。
(2) 熱容量 25 [J/K] の物体の温度を 2.6 [K] 上げるのに必要な熱量を求めよ。

問題104 キソ p.337

比熱 0.35 [J/(g·K)] の物体 30 [g] の温度を 2.0 [K] 上昇させるのに必要な熱量は何 [cal] か。ただし、1 [cal] $= 4.2$ [J] とする。

問題105 キソ p.338

質量 5.0 [kg] の物体を、高さ 3.0 [m] の地点から落としたときに発生する熱量は何 [cal] か。ただし、熱の仕事当量は 4.2 [J/cal]、重力加速度を 9.8 [m/s²] とする。

問題106 標準 p.339

熱容量 80 [J/K] の容器に温度 10 [℃] の水 200 [g] が入っている。この水の中に、80 [℃]、質量 1.0 [kg] の金属球を入れた。十分時間がたってから温度を測ったところ、水の温度は 34 [℃] であった。水の比熱を 4.2 [J/(g·K)] として、次の各問いに答えよ。

(1) 容器と水が得た熱量は何 [J] か。 (2) 金属球の比熱は何 [J/(g·K)] か。

問題107　キソのキソ　　p.342

27[℃]，3.0×10^5[Pa]で0.80[m³]の気体は，127[℃]，2.0×10^5[Pa]では，何[m³]を占めるか。

問題108　標準　　p.344

一定量の気体を容器に入れて，圧力と体積を右図のA→B→C→D→Aの順で変化させた。Aの状態では，温度が300[K]であった。次の各問いに答えよ。

(1) 状態Bの温度T_B[K]を求めよ。
(2) B→Cの間が等温変化であったとすると，状態Cの体積V_C[m³]を求めよ。
(3) 状態Dの温度T_D[K]を求めよ。

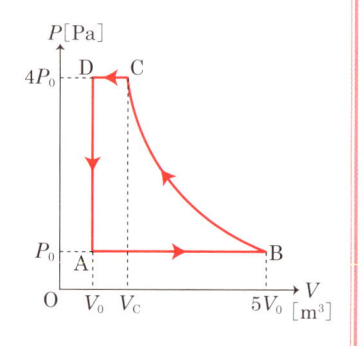

問題109　キソ　　p.349

一定量の気体を右図のようにA→B→C→Aの順に変化させた。次の各問いに答えよ。

(1) A→Bで，気体が外部にした仕事は何[J]か。
(2) B→Cで，気体が外部にした仕事は何[J]か。
(3) C→Aで，気体が外部にした仕事は何[J]か。
(4) A→B→C→Aで，気体が外部にした仕事は何[J]か。
(5) A→B→C→Aで，気体が外部からされた仕事は何[J]か。

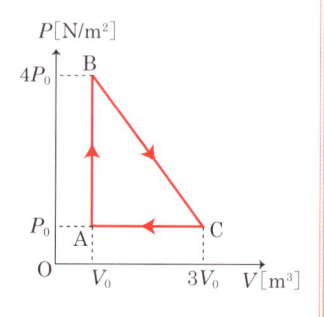

問題110 [キソ] p.354

右図のような,なめらかなピストンのついた頑丈な容器内に気体が入れてある。この気体に $500[\mathrm{J}]$ の熱を加え,$2.0\times10^5[\mathrm{Pa}]$ の圧力で $1.5\times10^{-3}[\mathrm{m}^3]$ の体積だけ圧縮した。次の各問いに答えよ。

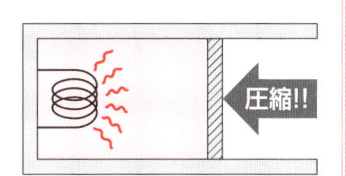

(1) 外部から気体に加えた仕事は何 $[\mathrm{J}]$ か。
(2) 気体の内部エネルギーの増加量は何 $[\mathrm{J}]$ か。

問題111 [標準] p.355

なめらかなピストンがついたシリンダー内に気体が入れてある。この気体に $500[\mathrm{J}]$ の熱を加えたところ,体積が $2.0\times10^{-3}[\mathrm{m}^3]$ だけ膨張した。

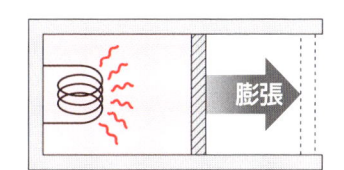

大気圧(外部の圧力)を $1.0\times10^5[\mathrm{Pa}]$ として,次の各問いに答えよ。

(1) 外部から気体に加えた仕事は何 $[\mathrm{J}]$ か。
(2) 気体の内部エネルギーの増加量は何 $[\mathrm{J}]$ か。

問題112 [標準] p.358

断熱材でつくられたシリンダー内に気体を入れ,ピストンを引いて膨張させた。ピストンを引く力がした仕事が $30[\mathrm{J}]$ であったとき,次の各問いに答えよ。

(1) 気体の内部エネルギーの変化を,増加・減少も含めて答えよ。
(2) 気体の温度は上がったか,下がったか。

問題113 【キソ】 p.360

ある装置で，$1.0[\text{g}]$あたり$3.0\times10^5[\text{J}]$の熱エネルギーが生じる燃料を$2.0[\text{kg}]$消費したところ，$1.5\times10^8[\text{J}]$の仕事を取り出すことができた。このとき，この装置の熱効率は何[%]か。

問題114 【キソ】 p.363

$0[℃]$，$1.013\times10^5[\text{Pa}]$で，$1[\text{mol}]$の気体が占める体積が$2.24\times10^{-2}[\text{m}^3]$であることを利用して，気体定数を有効数字3ケタで求めよ。

問題115 【キソ】 p.365

ある気体を$5.0\times10^{-3}[\text{m}^3]$の容器に入れて密封し，$227[℃]$まで加熱したところ，圧力は$6.0\times10^5[\text{Pa}]$を示した。この気体のモル数を求めよ。ただし，気体定数は$R=8.31[\text{J/(mol·K)}]$とする。

問題116 【標準】 p.366

1辺の長さ$l[\text{m}]$の立方体の容器に，質量$m[\text{kg}]$の分子がN個入っており，それらはすべて同じ速さ$v[\text{m/s}]$で運動しているものとする。N個の分子は$\dfrac{N}{3}$個がx軸方向，$\dfrac{N}{3}$個がy軸方向，$\dfrac{N}{3}$個がz軸方向に運動しており，分子は互いに衝突することもなく，壁とは弾性衝突(完全弾性衝突)をするものとする。このとき，次の各問いに答えよ。

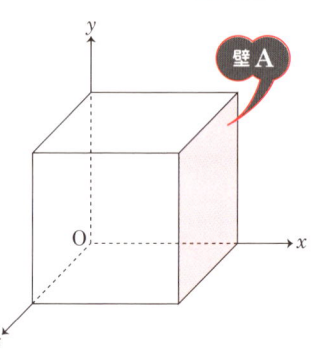

(1) 図中の壁Aが，1個の分子の1回の衝突で受ける力積の大きさを求めよ。
(2) x軸方向に運動する1個の分子が，t秒間に壁Aに衝突する回数を求めよ。
(3) 壁Aがt秒間に分子から受ける力積の大きさの総和を求めよ。
(4) 壁Aが分子から受ける平均の力を求めよ。
(5) 壁Aにはたらく圧力を求めよ。

問題117　ちょいムズ　　p.369

半径 r [m] の球形容器に，質量 m [kg] の気体分子が N 個含まれ，各分子は等しい速さ v [m/s] で不規則な方向に飛びまわっている。これらは互いに衝突することなく壁面と弾性衝突(完全弾性衝突)するものとする。次の各問いに答えよ。

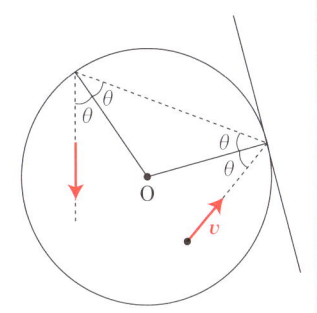

(1) 図のように，1個の分子が入射角 θ で壁面に衝突するとき，この分子にはたらいた力積の大きさを求めよ。

(2) (1)の分子が壁面に与える力積の大きさを求めよ。

(3) (1)の分子は1秒間あたり何回壁面に衝突するか。

(4) 1個の分子が1秒間に壁面に与える力積の大きさを求めよ。

(5) 全分子が1秒間に壁面に与える力積の大きさを求めよ。

(6) 全分子から壁面が受ける平均の力の大きさを求めよ。

(7) 全分子から壁面が受ける圧力を求めよ。

問題118 [標準] p.384

単原子分子理想気体 n [mol] の圧力と体積を右図のように A→B→C→A の経路で変化させた。状態 A の温度を T_0 [K]，気体定数を R [J/(mol·K)] として，次の各問いに答えよ。ただし，n，R，T_0 以外の文字を用いてはいけない!!

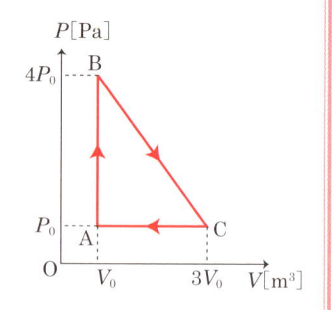

(1) 状態 B での温度 T_B [K] を求めよ。
(2) A→B の変化で，気体が外部にした仕事 W'_{AB} [J] を求めよ。
(3) A→B の変化で，気体に加えられた熱量 Q_{AB} [J] を求めよ。
(4) 状態 C での温度 T_C [K] を求めよ。
(5) B→C の変化で，気体が外部にした仕事 W'_{BC} [J] を求めよ。
(6) B→C の変化で，気体の内部エネルギーの増加量 $\varDelta U_{BC}$ [J] を求めよ。
(7) B→C の変化で，気体に加えられた熱量 Q_{BC} [J] を求めよ。
(8) C→A の変化で，気体が外部にした仕事 W'_{CA} [J] を求めよ。
(9) C→A の変化で，気体の内部エネルギーの増加量 $\varDelta U_{CA}$ [J] を求めよ。
(10) C→A の変化で，気体に加えられた熱量 Q_{CA} [J] を求めよ。
(11) このサイクルを熱機関と考えたとき，熱効率 e [％] を求めよ。

メモ欄 ♥

メ モ 欄 ♥

〔著者紹介〕

坂田　アキラ（さかた　あきら）

　N予備校講師。

　1996年に流星のごとく予備校業界に現れて以来、ギャグを交えた巧みな話術と、芸術的な板書で繰り広げられる"革命的講義"が話題を呼び、抜群の動員力を誇る。

　現在は数学の指導が中心だが、化学や物理、現代文を担当した経験もあり、どの科目を教えさせても受講生から「わかりやすい」という評判の人気講座となる。

　著書は、『改訂版 坂田アキラの 医療看護系入試数学Ⅰ・Aが面白いほどわかる本』『改訂版 坂田アキラの 数列が面白いほどわかる本』などの数学参考書のほか、理科の参考書として『大学入試 坂田アキラの 化学基礎の解法が面白いほどわかる本』『大学入試 坂田アキラの 物理基礎・物理［力学・熱力学編］の解法が面白いほどわかる本』（以上、KADOKAWA）など多数あり、その圧倒的なわかりやすさから、「受験参考書界のレジェンド」と評されることもある。

大学入試　坂田アキラの
物理基礎・物理［力学・熱力学編］の解法が面白いほどわかる本（検印省略）

2013年11月22日　第1刷発行
2019年 2月15日　第8刷発行

著　者　坂田　アキラ（さかた　あきら）
発行者　川金　正法

発　行　株式会社KADOKAWA
　　　　〒102-8177　東京都千代田区富士見2-13-3
　　　　03-3238-8521（カスタマーサポート）
　　　　https://www.kadokawa.co.jp/

落丁・乱丁本はご面倒でも、下記KADOKAWA読者係にお送りください。
送料は小社負担でお取り替えいたします。
古書店で購入したものについては、お取り替えできません。
電話049-259-1100（10：00～17：00／土日、祝日、年末年始を除く）
〒354-0041　埼玉県入間郡三芳町藤久保550-1

DTP／ビーエイト　印刷／加藤文明社　製本／鶴亀製本

©2013 Akira Sakata, Printed in Japan.
ISBN978-4-04-600057-6　C7042

本書の無断複製（コピー、スキャン、デジタル化等）並びに無断複製物の譲渡及び配信は、
著作権法上での例外を除き禁じられています。また、本書を代行業者などの第三者に依頼して
複製する行為は、たとえ個人や家庭内での利用であっても一切認められておりません。